应用型本科信息大类专业“十三五”系列教材

电气控制与PLC

主　编　王海文　李世涛

副主编　陈世军　尉晓娟　陈　媛

胡　娜　刘丽娟　李雪娇

華中科技大學出版社

http://press.hust.edu.cn

中国·武汉

内 容 简 介

本书从满足教学要求和实际工程应用出发，重点介绍了常用低压电器、电气控制线路基础及典型控制电路基本环节，典型设备电气控制电路分析，PLC部分详细阐述了西门子、三菱、欧姆龙系列PLC的基础知识及程序的设计方法、PLC控制系统设计方法，并列举了工程应用实例。

本书注重理论和实际应用相结合，内容由浅入深、通俗易懂，各章配有适量的习题，既便于教学又利于自学，可以作为学校教学或工程技术人员自学的参考教材。

为了方便教学，本书还配有电子课件等教学资源包，任课教师可以发邮件至 hustpeiit@163.com 索取。

图书在版编目(CIP)数据

电气控制与PLC/王海文，李世涛主编. —武汉：华中科技大学出版社，2015.5(2025.2重印)
应用型本科信息大类专业“十二五”规划教材
ISBN 978-7-5680-0858-7

Ⅰ.①电… Ⅱ.①王… ②李… Ⅲ.①电气控制-高等学校-教材 ②plc技术-高等学校-教材
Ⅳ.①TM571.2 ②TM571.6

中国版本图书馆CIP数据核字(2015)第099650号

电气控制与PLC 王海文 李世涛 主编

策划编辑：康 序
责任编辑：狄宝珠
责任校对：马燕红
责任监印：朱 玢
出版发行：华中科技大学出版社(中国·武汉) 电话：(027)81321913
武汉市东湖新技术开发区华工科技园 邮编：430223
录 排：武汉三月禾文化传播有限公司
印 刷：武汉邮科印务有限公司
开 本：787mm×1092mm 1/16
印 张：19.5
字 数：484千字
版 次：2025年2月第1版第4次印刷
定 价：55.00元

前言 PREFACE

《电气控制及 PLC 技术》是高等院校自动化、电气自动化、机电一体化等专业应用性很强的一门专业课。近年来,随着计算机技术、自动控制技术、现代制造技术的迅速发展,电气控制技术已由单纯的继电接触器硬接线的常规控制转向以计算机特别是 PLC 控制为核心的现代控制技术。基于高等院校学生知识结构的要求和就业岗位的特点,在遵循理论联系实际原则的基础上编写了本书。

本书按照先学后做、边学边做的原则,理论联系实际,具有较强的可操作性。通过学习,可有效提高学生的理论水平和实践操作技能,具有较强使用价值。

本书分两部分共十章。前四章内容的设计是为了使学生熟练使用低压电器,掌握电气控制电路基本环节,分析典型生产机械设备电气控制系统,培养学生分析、设计电气控制电路的能力。后六章为 PLC 控制技术,选择了具有代表性的欧姆龙 CPM1A 系列、三菱 FX 系列、西门子 S7-200 系列 PLC 产品,讲授了 PLC 的工作原理、程序设计与 PLC 应用系统设计等内容,以培养学生应用 PLC 进行电气线路设计和控制软件编写的能力。

本书在教学使用过程中,可根据专业特点和课时安排选取教学内容。每张后面附有习题与思考题,可供学生课后练习。

本书可作为高等院校本科自动化、电气技术及相近专业的电气控制及 PLC 或类似课程的教材,也可作为各类院校专科层次相关专业类似课程的选用教材,还可作为电气技术、自动化方面工程技术人员的参考书。

本书由大连工业大学王海文、大连工业大学艺术与信息工程学院李世涛担任主编,由安庆师范大学陈世军、大连工业大学艺术与信息工程学院尉晓娟、武汉科技大学城市学院陈媛和胡娜、西南科技大学城市学院刘丽娟和桂林理工大学南宁分校李雪娇担任副主编。其中,王海文老师编写第 1 章,李世涛老师编写第 6 章,陈世军老师编写第 2 章、第 3 章、第 5 章,尉晓娟老师编写第 7 章,陈媛老师编写第 10 章,胡娜老师编写第 4 章,李雪娇老师编写第 8 章,刘丽娟老师编写第 9 章,最后由王海文老师审核并统稿。潘妍秋、丑杰、宫玉瑶、殷铭一、刘春萌、王艺荧、刘倩伶协助进行了资料的整理工作。

为了方便教学,本书还配有电子课件等教学资源包,任课教师可以发邮件至 hustpeiit@163.com 索取。

在编写本书的过程中，曾参考了兄弟院校的资料及其他相关教材，并得到许多同仁的关心和帮助，再次谨致谢意。

限于篇幅及编者的业务水平，在内容上若有局限和欠妥之处，竭诚希望同行和读者赐予宝贵的意见。

编　者
2024 年 12 月

目录 CONTENTS

第1章 常用低压电器

电气控制系统和电力输配电系统中广泛使用的各类高、低压电器，在电能的生产、输送、分配及使用环节中起着控制、能量调节、电压转换、信号检测、电气保护等重要作用，并逐渐侧重于控制系统的配电、电压匹配、信号检测及电气保护等外围电气电路。

由于控制对象在电压、电流和功率等许多参数上的差异很大，控制系统无法对种类繁多的执行器件直接进行控制，而必须通过必要的电气元器件在能量上和速度上进行转换和匹配。控制系统和执行器件本身也需要工作电源，它需要通过电网经电气元器件组成的配电电路实现配送。此外，也必须为控制系统提供必要的电气保护措施，以避免因控制失效、操作失误或器件损坏等因素而造成的短路、过电流、过电压、失电压、弱磁等现象。因此，掌握低压电器知识和继电器控制技术是为了更有效地运用 PLC 等先进控制装置所必须打下的基础。

1.1 低压电器基本知识

1.1.1 电器定义及分类

电器是一种能根据外界信号(机械力、电动力和其他物理量)和要求，手动或自动地接通、断开电路，以实现对电路或非电对象的切换、控制、保护、检测、变换和调节的元件或设备。

电器的控制作用就是手动或自动地接通、断开电路，“通”称为“开”，“断”称为“关”。因此，“开”和“关”是电器最基本、最典型的功能。

电器的功能多、用途广、品种多，常用的分类方法如下。

1. 按工作电压等级分类

1) 高压电器

用于交流电压 1 200 V、直流电压 1 500 V 及以上电路中的电器。例如，高压断路器、高压隔离开关、高压熔断器等。

2) 低压电器

用于交流 50 Hz(或 60 Hz)、额定电压 1 200 V 以下以及直流额定电压 1 500 V 及以下电路中的电器。例如，接触器、继电器等。

2. 按动作原理分类

1) 手动电器

人手工操作发出动作指令的电器。例如，刀开关、按钮等。

2) 自动电器

产生电磁力而自动完成动作指令的电器。例如，接触器、继电器、电磁阀等。

3. 按用途分类

1) 控制电器

用于各种控制电路和控制系统的电器。例如，接触器、继电器、电动机启动器等。

2）配电电器

用于电能的输送和分配的电器。例如，高压断路器等。

3）主令电器

用于自动控制系统中发送动作指令的电器。例如，按钮、转换开关等。

4）保护电器

用于保护电路及用电设备的电器。例如，熔断器、热继电器等。

5）执行电器

用于完成某种动作或传送功能的电器。例如，电磁铁、电磁离合器等。

1.1.2 电磁式电器基本结构与工作原理

低压电器中大部分为电磁式电器，各类电磁式电器的工作原理基本相同，由检测（电磁机构）和执行（触头系统）两部分组成。

1. 电磁机构

1）电磁机构的结构形式

电磁机构由吸引线圈、铁芯和衔铁组成，其结构形式按衔铁的运动方式可分为直动式和拍合式。图 1-1 和图 1-2 所示是直动式和拍合式电磁机构的常用结构形式。

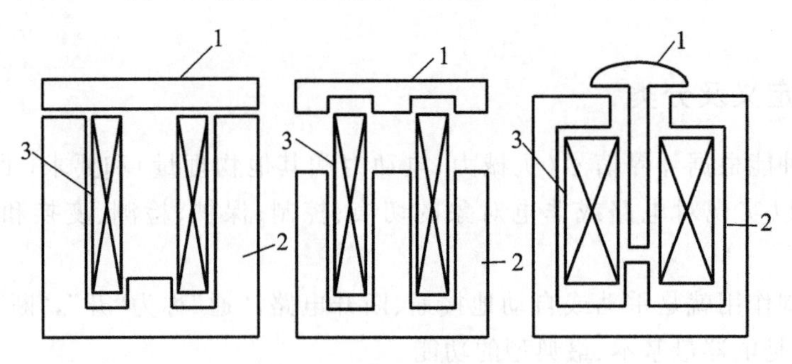

图 1-1 直动式电磁机构

1—衔铁；2—铁芯；3—吸引线圈

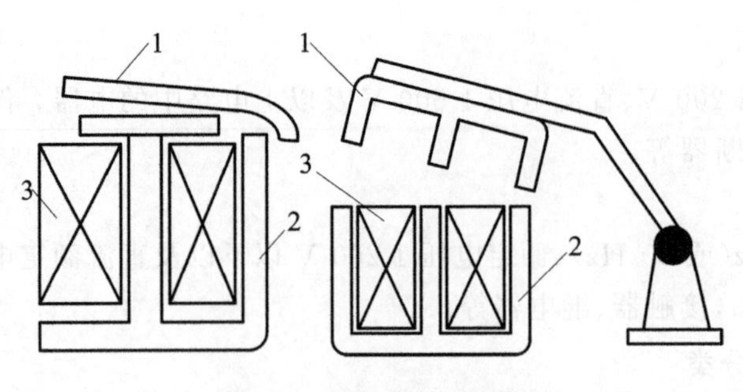

图 1-2 拍合式电磁机构

1—衔铁；2—铁芯；3—吸引线圈

吸引线圈的作用是将电能转换为磁能，即产生磁通，衔铁在电磁吸力作用下产生机械位移使铁芯吸合。通入直流电的线圈称为直流线圈，通入交流电的线圈称为交流线圈。

直流线圈通电，铁芯不会发热，只有线圈发热，因此使线圈与铁芯直接接触，易于散热。线圈一般做成无骨架、高而薄的瘦高型，以便线圈自身散热。铁芯和衔铁由软钢或工程纯铁制成。

对于交流线圈，除线圈发热外，由于铁芯中有涡流和磁滞损耗，铁芯也会发热。为了改善线圈和铁芯的散热情况，在铁芯与线圈之间留有散热间隙，而且把线圈做成有骨架的矮胖型。铁芯用硅钢片叠成，以减少涡流。

另外，根据线圈在电路中的连接方式可分为串联线圈（即电流线圈）和并联线圈（即电压线圈）。串联线圈串接在线路中，流过的电流大，为减少对电路的影响，线圈的导线粗，匝数少，线圈的阻抗较小。并联线圈并联在线路上，为减少分流作用，需要较大的阻抗，因此线圈的导线细且匝数多。

2）电磁机构的工作原理

电磁铁工作时，线圈产生的磁通作用于衔铁，产生电磁吸力，并使衔铁产生机械位移，衔铁复位时复位弹簧将衔铁拉回原位。因此，作用在衔铁上的力有两个：电磁吸力和反力。电磁吸力由电磁机构产生，反力由复位弹簧和触头等产生。电磁机构的工作特性常用吸力特性和反力特性来表达。

3）交流电磁机构上短路环的作用

由于单相交流电磁机构上铁芯的磁通是交变的，故当磁通过零时，电磁吸力也为零，吸合后的衔铁在反力弹簧的作用下将被拉开，磁通过零后电磁吸力又增大，当吸力大于反力时，衔铁又被吸合。这样，交流电源频率的变化，使衔铁产生强烈振动和噪声，甚至使铁芯松散。因此，交流电磁机构铁芯端面上都安装一个铜制的短路环，短路环包围铁芯端面约 2/3 的面积，如图 1-3 所示。

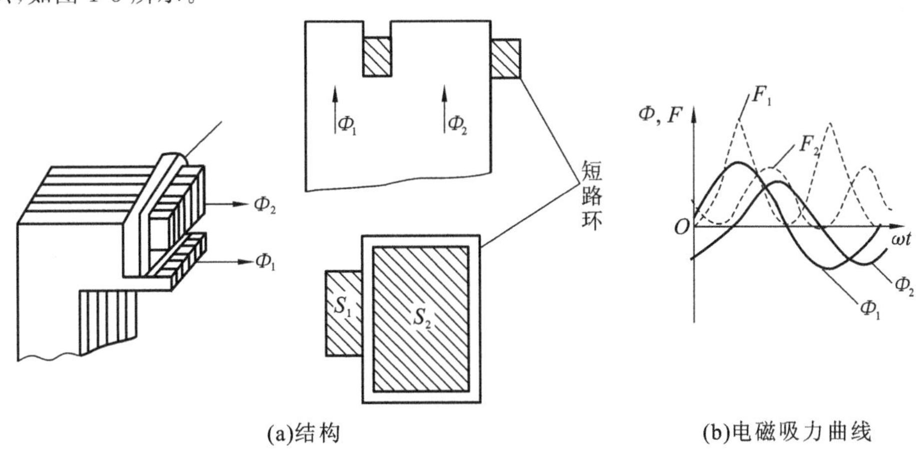

(a)结构　　(b)电磁吸力曲线

图 1-3　单相交流电磁机构铁芯

当交变磁通穿过短路环所包围的截面积 S_2 在环中产生涡流时，根据电磁感应定律，此涡流产生的磁通 Φ_2 在相位上落后于短路环外铁芯截面 S_1 的磁通 Φ_1，由 Φ_1、Φ_2 产生的电磁吸力为 F_1、F_2，作用在衔铁上的合成电磁吸力是 F_1+F_2，只要此合力始终大于其反力，衔铁就不会产生振动和噪声。

2. 触头系统

触头（触点）是电磁式电器的执行元件，用来接通或断开被控制电路。

触头的结构形式很多，按其所控制的电路可分为主触头和辅助触头。主触头用于接通或断开主电路，允许通过较大的电流；辅助触头用于接通或断开控制电路，只能通过较小的电流。

触头按其原始状态可分为常开触头和常闭触头：原始状态时（即线圈未通电）断开，线圈通电后闭合的触头叫作常开触头；原始状态闭合，线圈通电后断开的触头叫作常闭触头（线圈断电后所有触头复原）。

触头按其结构形式可分为桥形触头和指形触头，如图 1-4 所示。

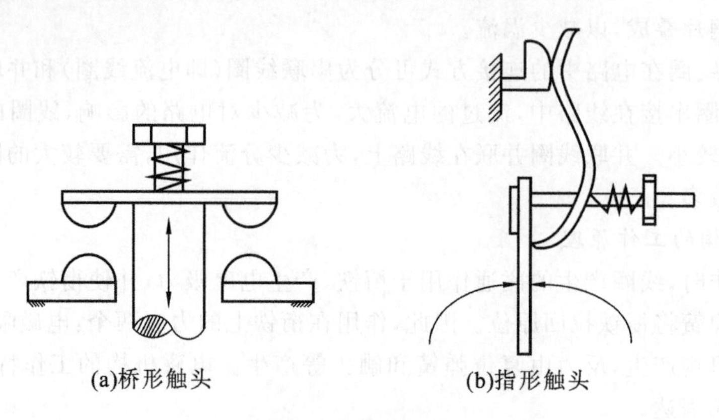

(a)桥形触头　　(b)指形触头

图 1-4　触头结构

触头按其接触形式可分为点接触、线接触和面接触三种，如图 1-5 所示。

图 1-5(a)所示为点接触，它由两个半球形触头或一个半球形与一个平面形触头构成，常用于小电流的电器中，如接触器的辅助触头或继电器触头。图 1-5(b)所示为线接触，它的接触区域是一条直线，触头的通断过程是滚动式进行的。开始接通时，静、动触头在 A 点处接触，靠弹簧压力经 B 点滚动到 C 点，断开时做相反运动。这样可以自动清除触头表面的氧化物，触头长期正常工作的位置不是在易灼烧的 A 点，而是在工作点 C，保证了触头的良好接触。线接触多用于中容量的电器，如接触器的主触头。图 1-5(c)所示为面接触，它允许通过较大的电流。这种触头一般在接触表面上镶有合金，以减少触头接触电阻并提高耐磨性，多用于大容量接触器的主触头。

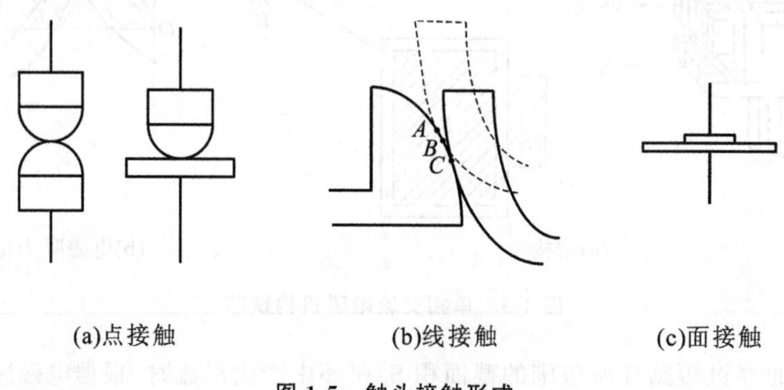

(a)点接触　　(b)线接触　　(c)面接触

图 1-5　触头接触形式

3. 灭弧工作原理

触点在通电状态下动、静触头脱离接触时，由于电场的存在，使触头表面的自由电子大量溢出而产生电弧。电弧的存在既烧损触头金属表面，降低电器的寿命，又延长了电路的分断时间，所以必须迅速消除。

1）常用的灭弧方法

(1) 迅速增大电弧长度　电弧长度增加，使触点间隙增加，电场强度降低，同时又使散热面积增大，降低电弧温度，使自由电子和空穴复合的运动加强，因而电荷容易熄灭。

(2) 冷却　使电弧与冷却介质接触，带走电弧热量，也可使复合运动得以加强，从而使电弧熄灭。

2）常用的灭弧装置

（1）电动力吹弧　电动力吹弧如图 1-6 所示。双断点桥式触头在分断时具有电动力吹弧功能。不用任何附加装置，便可使电弧迅速熄灭。这种灭弧方法多用于小容量交流接触器中。

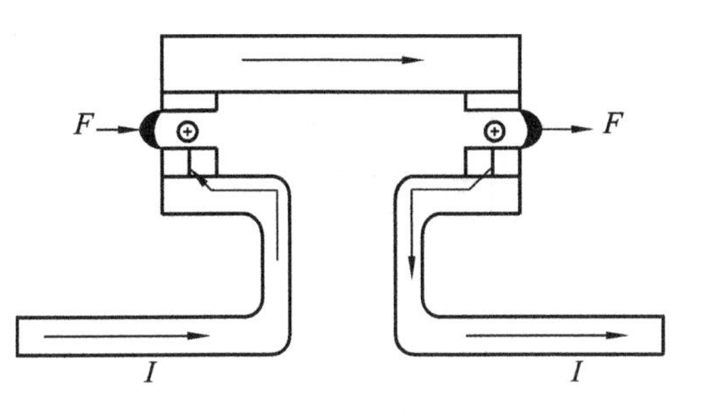

图 1-6　电动力吹弧示意图

（2）磁吹灭弧　在触点电路中串入吹弧线圈，如图 1-7 所示。该线圈产生的磁场由导磁夹板引向触点周围，其方向由右手定则确定（为图 1-7 中×所示）。触点间的电弧所产生的磁场，其方向为图中所示。这两个磁场在电弧下方方向相同（叠加），在弧柱上方方向相反（相减），所以弧柱下方的磁场强于上方的磁场。在下方磁场作用下，电弧受力的方向为 F 所指的方向，在 F 的作用下，电弧被吹离触点，经引弧角引进灭弧罩，使电弧熄灭。

（3）栅片灭弧　灭弧栅是一组镀铜薄钢片，它们彼此间相互绝缘，如图 1-8 所示。电弧进入栅片被分割成一段段串联的短弧，而栅片就是这些短弧的电极。每两片灭弧片之间都有 150～250 V 的绝缘强度，使整个灭弧栅的绝缘强度大大加强，以致外加电压无法维持，电弧迅速熄灭。此外，栅片还能吸收电弧热量，使电弧迅速冷却。基于上述原因，电弧进入栅片后就会很快熄灭。由于栅片灭弧装置的灭弧效果在交流时要比直流时强得多，因此在交流电器中常采用栅片灭弧。

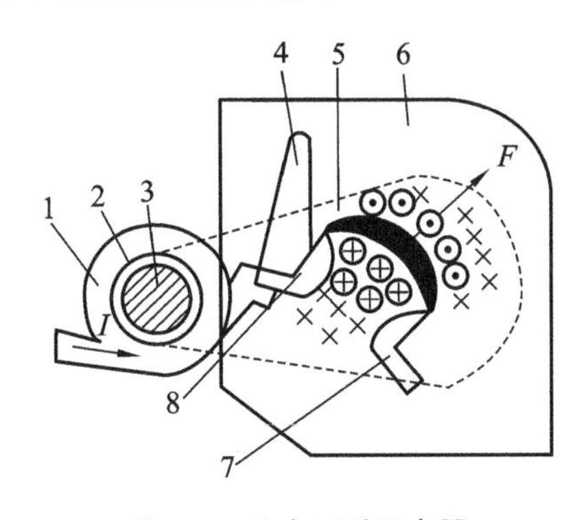

图 1-7　磁吹灭弧示意图

1—磁吹线圈；2—绝缘套；3—铁芯；4—引弧角；5—导磁甲板；6—灭弧罩；7—动触头；8—静触头

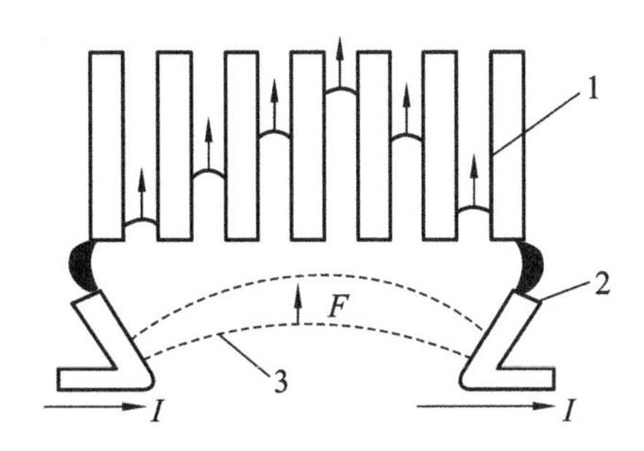

图 1-8　栅片灭弧栅示意图

1—灭弧栅片；2—触头；3—电弧

1.2　接触器

1.2.1　接触器

接触器是自动控制系统中应用最为广泛的一种低压自动控制电器，用来频繁地接通和断开交直流主电路和大容量控制电路，实现远距离自动控制，并具有欠（零）电压保护功能。主要用于控制电动机和电热设备等。

1. 接触器的结构

接触器主要由电磁机构、触点系统和灭弧装置组成，其结构示意图如图 1-9 所示。

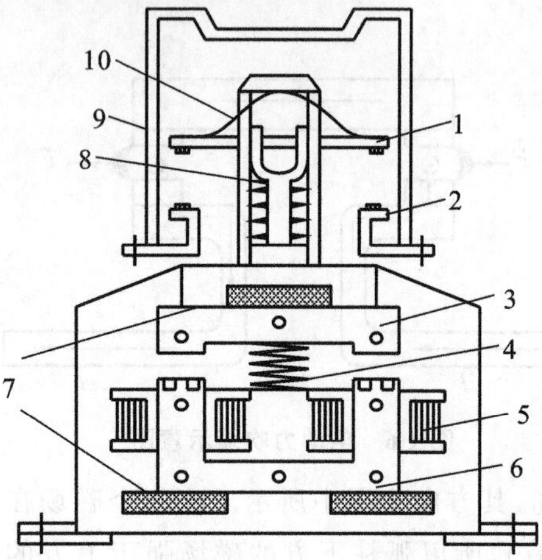

1）电磁机构

电磁机构由电磁线圈、动铁芯（衔铁）和静铁芯三部分组成，其作用是将电磁能转换成机械能，产生电磁吸力带动触点动作。

2）触点系统

触点是接触器的执行元件，用来接通或断开被控制电路。接触器的触点系统包括主触点和辅助触点。主触点用于接通或断开主电路，允许通过较大的电流；辅助触点用于接通或断开控制电路，通过的电流较小。

触点按其原始状态可分为动合触点和动断触点：原始状态时（即线圈未通电）断开，当线圈通电后闭合的触点称为动合触点；原始状态闭合，线圈通电后断开的触点称为动断触点（线圈断电后所有触点复位）。

图 1-9　CJ20 系列交流接触器结构示意图

1—动触点；2—静触点；3—衔铁；4—缓冲弹簧；5—电磁线圈；6—铁芯；7—垫毡；8—触点弹簧；9—灭弧罩；10—触点压力簧片

3）灭弧装置

当触点断开的瞬间，触点间距离极小，电场强度较大，触点间产生大量的带电粒子，形成炽热的电子流，产生弧光放电现象，称为电弧。电弧的出现，既妨碍电路的正常分断，又会使触点受到严重灼伤，为此必须采用有效的措施进行灭弧，以保证电路和电器元件工作安全可靠。要使电弧熄灭，应设法降低电弧的温度和电场强度。常用的灭弧装置有灭弧罩、灭弧栅和磁吹灭弧装置等。

接触器的图形、文字符号如图 1-10 所示。

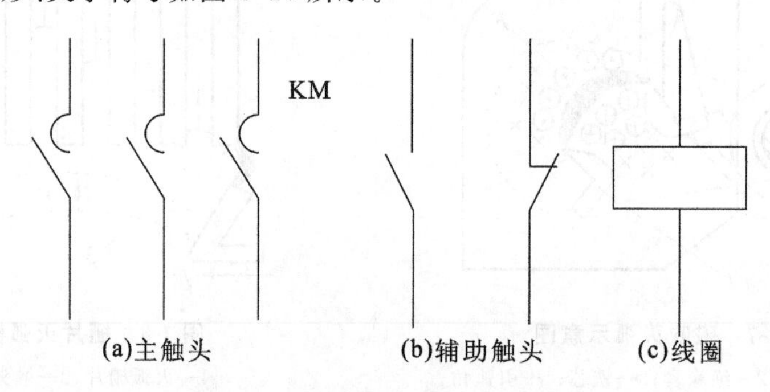

(a)主触头　(b)辅助触头　(c)线圈

图 1-10　接触器的图形、文字符号

2. 接触器的工作原理

当电磁线圈通电后，线圈电流产生磁场，使静铁芯产生吸力吸引衔铁，并带动触点动作，动断触点断开；动合触点闭合，两者是联动的。当线圈断电时，电磁吸力消失，衔铁在释放弹簧的作用下释放，使触点复位：动合触点断开，动断触点闭合。

3. 接触器的分类

接触器按其主触点所控制主电路电流的种类可分为交流接触器和直流接触器两种。交流接触器线圈通以交流电，主触点接通、断开的是交流主电路，当交变磁通穿过铁芯时，将产生涡流和磁滞损耗，使铁芯发热，为减少铁损，铁芯用硅钢片冲压而成。为便于散热，线圈做成短而粗的圆筒形绕在骨架上。

另外，在交流接触器的铁芯端面上还安装了一个铜环(短路环)，目的是消除振动和噪声，使接触器安全可靠地工作。

直流接触器线圈通以直流电流，主触点接通、断开直流主电路，直流接触器的外形如图1-11(a)所示。

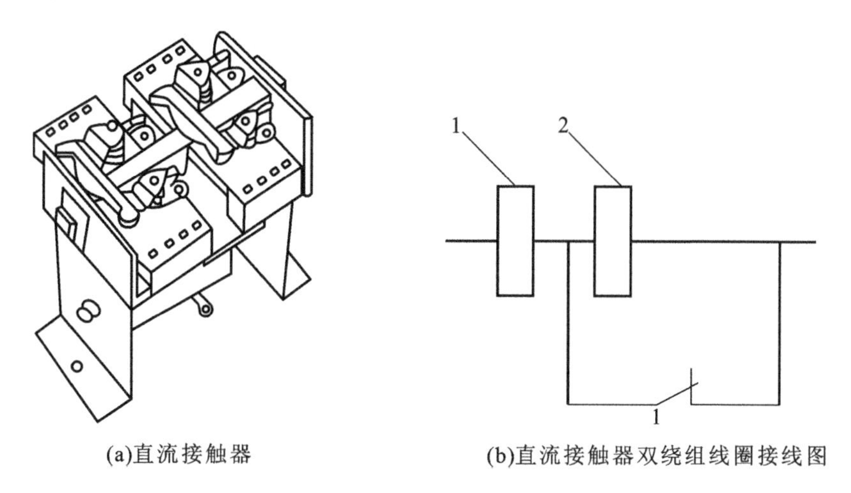

(a)直流接触器　　(b)直流接触器双绕组线圈接线图

图 1-11　直流接触器外形图及双绕组线圈接线图

由于直流接触器线圈通以直流电，铁芯中不会产生涡流和磁滞损耗，故铁芯不会发热。为方便加工，铁芯用整块钢块制成。为便于线圈散热，一般将线圈制成高而薄的圆筒状。

对于 250 A 以上的直流接触器往往采用串联双绕组线圈，直流接触器双绕组线圈接线图如图 1-11(b)所示。图中，线圈 1 为启动线圈，线圈 2 为保持线圈，接触器的一个动断辅助触点与保持线圈并联连接。在电路刚接通的瞬间，保持线圈被动断触点短接，可使启动线圈获得较大的电流和吸力。当接触器动作后，动断触点断开，两线圈串联通电，由于电源电压不变，所以电流减小，但仍可保持衔铁吸合，因而可以节电和延长电磁线圈的使用寿命。

由于直流接触器灭弧较困难，一般采用灭弧能力较强的磁吹灭弧装置。

1.2.2　接触器的表示方法

接触器主要用型号及电气符号来表示。

交流接触器的型号表示方法如下：

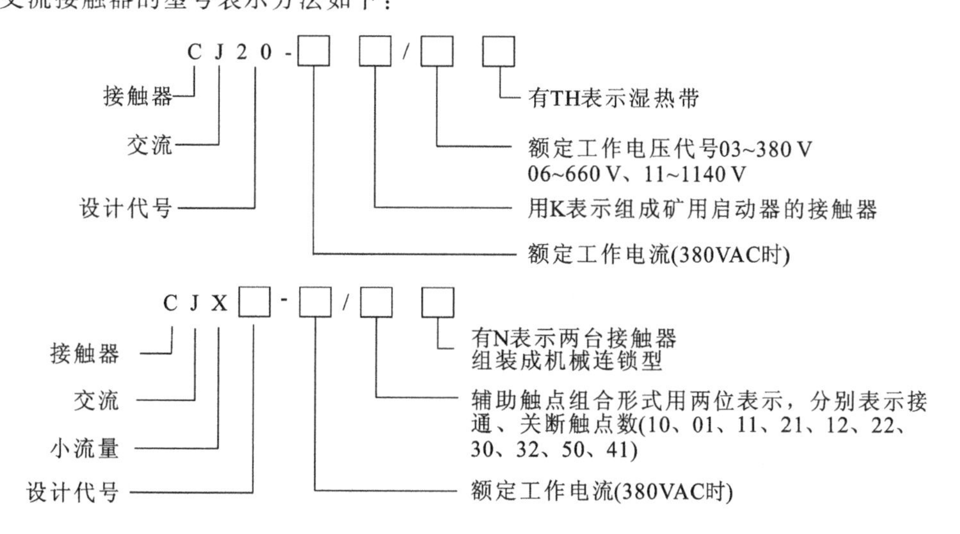

直流接触器的型号表示方法如下：

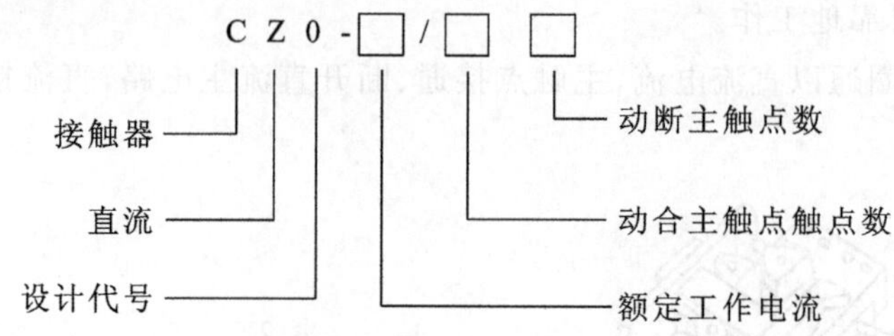

接触器的电气符号如图 1-12 所示。

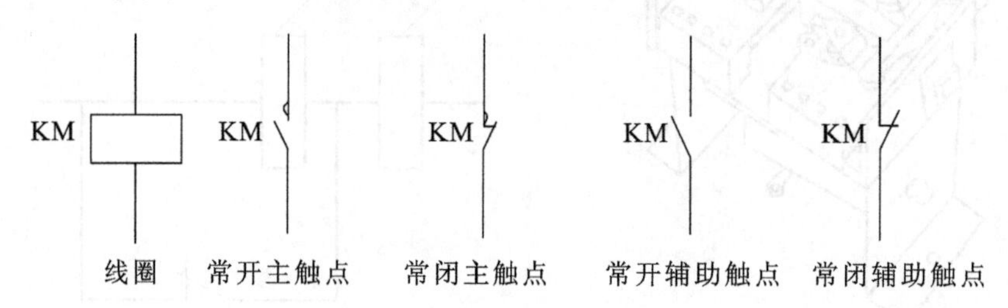

图 1-12 接触器的电气符号

1.2.3 接触器的主要技术参数及选用

1. 接触器的主要技术参数

1）额定电压

额定电压是指接触器铭牌上主触头的电压。交流接触器的额定电压一般为 220 V、380 V、660 V 及 1140 V；直流接触器的额定电压一般为 220 V、440 V 及 660 V。辅助触点的常用额定电压交流接触器为 380 V，直流接触器为 220 V。

2）额定电流

接触器的额定电流是指接触器铭牌上主触头的电流。接触器电流等级为 6 A、10 A、16 A、25 A、40 A、60 A、100 A、160 A、250 A、400 A、600 A、1 000 A、1 600 A、2 500 A 及 4 000 A。

3）线圈额定电压

接触器吸引线圈的额定电压交流接触器有 36 V、110 V、117 V、220 V、380 V 等；直流接触器有 24 V、48 V、110 V、220 V、440 V 等。

4）额定操作频率

交流接触器的额定操作频率是指接触器在额定工作状态下每小时通、断电路的次数。交流接触器一般为每小时 300～600 次，直流接触器的额定操作频率比交流接触器的高，可达到每小时 1 200 次。

2. 接触器的选用

（1）额定电压的选择：接触器的额定电压不小于负载回路的电压。

（2）额定电流的选择：一般接触器的额定电流不小于被控回路的额定电流。对于电动机负载额定电流可按经验公式计算，即

$$I_C=\frac{P_N\times 10^3}{kU_N}$$

式中：k——经验系数，通常取 $k=2.5$，若电动机启动频繁，则取 $k=2$。

（3）吸引线圈的额定电压：吸引线圈的额定电压与所接控制电路的电压相一致。

此外，接触器的选用还应考虑接触器所控制负载的轻重和负载电流的类型。

1.3 继电器

继电器是一种小信号自动控制电器，它利用电流、电压、速度、时间、温度等物理量的预定值作为控制信号来接通和分断电路。实质上，继电器是一种传递信号的电器。它根据特定形式的输入信号动作，从而达到控制信号的目的。

1.3.1 继电器的结构及工作原理

继电器由感应机构、中间机构和执行机构三部分组成。感应机构反映的是继电器的输入量，并将输入量传递给中间机构，中间机构将它与预定量（即整定值）进行比较，当达到整定值时（过量或欠量），就使执行机构产生输出量，从而接通或分断电路。

继电器的工作特点是具有跳跃式的输入输出特性，其特性曲线如图 1-13 所示。在继电器输入量 X 由零增至一定值之前，即在 X 小于 X_0 之前，继电器输出量 Y 为 Y_{min}。当输入量 X 增加到 X_0 时，继电器吸合，输出量 Y 突变为 Y_{max}；若 X 继续增大，Y 保持不变（$Y=Y_{max}$）。当输入量 X 减小，若 X 仍大于 X_c 时，输出量 Y 保持不变（$Y=Y_{max}$）。当输入量降低至 X_c 时，继电器释放，输出量 Y 由 Y_{max} 突变为 Y_{min}；若 X 继续减小，Y 保持不变（$Y=Y_{min}$）。

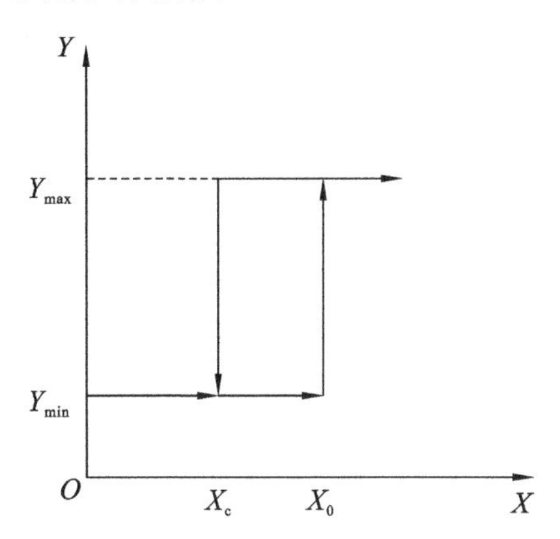

图 1-13 继电器特性曲线图

继电器的种类很多：按用途分类，有控制继电器和保护继电器；按动作原理分类，有电磁式继电器、感应式继电器、电动式继电器、电子式继电器和热继电器；按输入信号的不同分类，有电压继电器、中间继电器、电流继电器、时间继电器、速度继电器等。下面主要介绍常用的电磁式继电器、时间继电器、热继电器和速度继电器。

1.3.2 电磁式继电器

常用的电磁式继电器有电流继电器、电压继电器和中间继电器。

1. 电磁式继电器的结构及工作原理

电磁式继电器是应用最多的一种继电器，主要由电磁机构和触头系统组成，其原理如图 1-14 所示。由于继电器用于控制电路，故而流过触头的电流比较小，不需要灭弧装置。电磁式继电器的电磁机构由线圈 1、铁芯 2 和衔铁 7 组成。它的触头一般为桥式触头，有常开和常闭两种形式。另外，为了实现继电器动作参数的改变，继电器一般还具有调节弹簧松紧和改变衔铁打开后气隙大小的装置，如通过调节螺钉 6 来调节弹簧 4 的反作用力的大小，即可调节继电器的动作参数值。

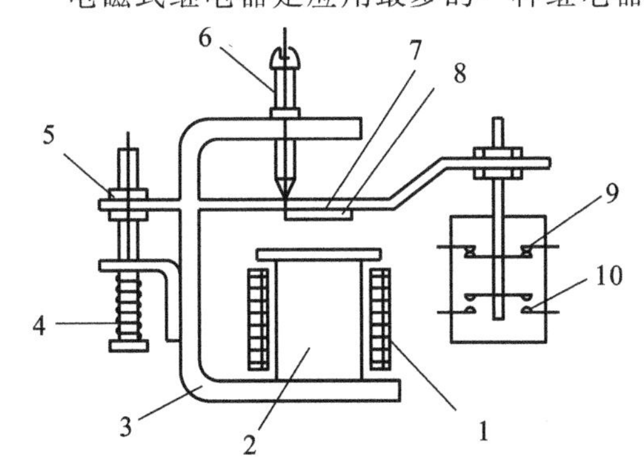

图 1-14 电磁式继电器原理图

1—线圈；2—铁芯；3—磁轭；4—弹簧；5—调节螺母；6—调节螺钉；7—衔铁；8—非磁性垫片；9—常闭触头；10—常开触头

当电路正常工作时，弹簧 4 的反作用力大于电磁吸力，衔铁 7 不动作，若通过线圈 1 的电流超过某一定值时，弹簧 4 的反作用力小于电磁吸力，衔铁 7 吸合，这时常闭触头 9 断开，常开触头 10 闭合，从而实现电路控制。

电磁式继电器的型号含义及电气符号如图 1-15 所示。

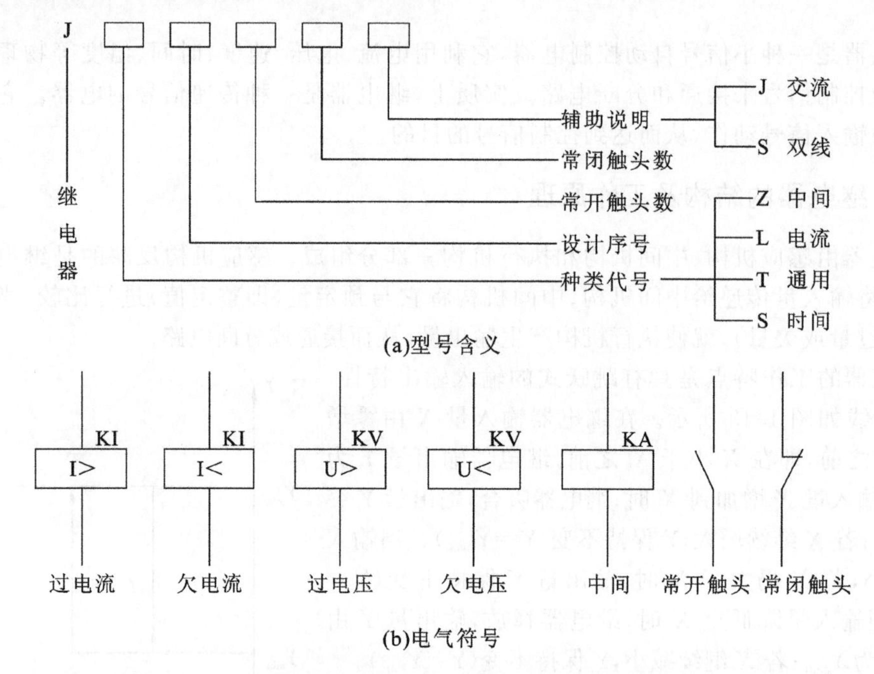

图 1-15 电磁式继电器的型号含义及电气符号

2. 电磁式电流继电器

电磁式电流继电器主要用于过载及短路保护，它反映的是电流信号。在使用时，电磁式电流继电器的线圈和负载串联，其线圈匝数少、导线粗、阻抗小。由于线圈上的压降很小，不会影响负载电路的电流。常用的电磁式电流继电器有欠电流继电器和过电流继电器两种。

电路正常工作时，欠电流继电器的衔铁是吸合的，其常开触头闭合，常闭触头断开。当电路电流减小到某一整定值以下时，欠电流继电器衔铁释放，控制电路失电，对电路起欠电流保护作用。欠电流继电器的吸引电流为线圈额定电流的 30%～65%，释放电流为线圈额定电流的 10%～20%。

电路正常工作时，过电流继电器不动作，当电路中电流超过某一整定值时，过电流继电器衔铁吸合，触头系统动作，控制电路失电，从而控制接触器及时分断电路，对电路起过流保护作用。整定范围通常为 1.1～4 倍额定电流。

3. 电磁式电压继电器

电磁式电压继电器的结构与电磁式电流继电器相似，不同的是电磁式电压继电器反映的是电压信号。它的线圈为并联的电压线圈，因此匝数多、导线细、阻抗大。按吸合电压的大小，电磁式电压继电器可分为过电压继电器和欠电压继电器。

过电压继电器用于电路的过电压保护，当被保护电路的电压正常工作时，衔铁释放；当被保护电路的电压达到过电压继电器的整定值(额定电压的 110%～115%)时，衔铁吸合，触头系统动作，控制电路失电，从而保护电路。

欠电压继电器用于电路的欠电压保护，当被保护电路的电压正常工作时，衔铁吸合；当被保护电路的电压降至欠电压继电器的释放整定值时，衔铁释放，触头系统复位，控制接触器及时分断被保护电路。欠电压继电器在电路电压为额定电压的 40%～70%时释放。

4. 电磁式中间继电器

电磁式中间继电器实质上也是一种电压继电器。它触头对数多且容量较大(额定电流5～10 A),可以将一个输入信号变成多个输出信号或将信号放大(即增大触头容量)。电磁式中间继电器的主要用途是当其他继电器的触头数量或触头容量不够时,可借助电磁式中间继电器来扩大它们的触头数量或触头容量,起到信号中转的作用。

电磁式中间继电器体积小,动作灵敏度高,并在10 A以下电路中可代替接触器起控制作用。通常依据被控制电路的电压等级,触头的数目、种类及容量来选用中间继电器。目前,国内常用电磁式中间继电器有JZ7、JZ8、JZ14、JZ15、JZ17等系列。引进产品有德国西门子公司的3TH系列和BBC公司的K系列等。

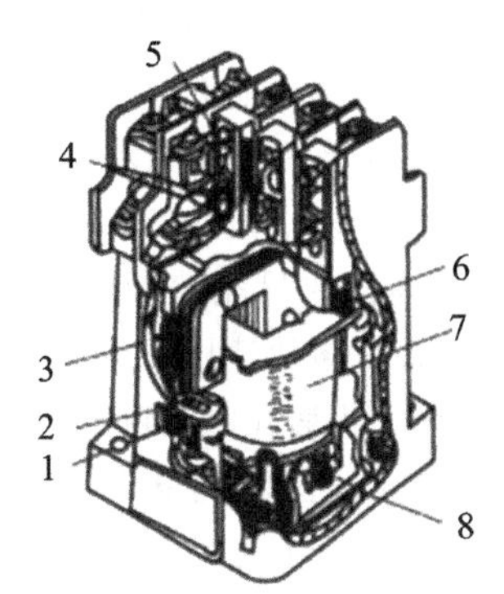

图 1-16 JZ7系列电磁式中间继电器结构图

1—静铁芯;2—短路环;3—动铁芯;4—常开触头;5—常闭触头;6—复位弹簧;7—线圈;8—反作用弹簧

JZ7系列电磁式中间继电器的结构如图1-16所示。它由线圈、静铁芯、衔铁、触头系统、反作用弹簧、复位弹簧等组成。触头共有8对,没有主辅之分,可以组成8对常开、4对常开4对常闭或6对常开2对常闭三种形式,多用于交流控制电路。JZ7系列电磁式中间继电器的主要技术数据如表1-1所示。

表 1-1 JZ7系列电磁式中间继电器的主要技术数据

型号	触头额定电压/V		触头额定电流/A	触头数量		额定操作频率/(次/小时)	吸引线圈电压/V		吸引线圈消耗功率/W	
	交流	直流		常开	常闭		50 Hz	60 Hz	启动	吸持
JZ7-44	500	440	5	4	4	1200	12、24、36、48、110、127、220、380、420、440、500	12、36、110、127、220、380、440	76	12
JZ7-62	500	440	5	6	2	1200			76	12
JZ7-80	500	440	5	8	0	1200			76	12

5. 电磁式继电器常用型号及选用

常用电磁式继电器有JL18、JL14、JZ15、3TH80、3TH82及JZC2等系列。其中JL18系列为交直流过电流继电器,JL14系列为交直流电流继电器,JZ15系列为中间继电器,3TH80、3TH82与JZC2系列类似,为接触器式继电器。

电磁式继电器是组成各种控制系统的基础元件,选用时应综合考虑继电器的功能特点、额定工作电压、额定工作电流、工作制及使用环境等因素,做到合理选择。

1.3.3 时间继电器

时间继电器是一种利用电磁原理或机械动作原理实现触头延时接通或断开的电器。时间继电器主要作为辅助电气元件用于各种电气保护及自动装置中,使被控元件达到所需要的延时效果,应用十分广泛。时间继电器种类很多,按其动作原理可分为电磁式、空气阻尼式、电动式、电子式等几种类型。按延时方式可分为通电延时型与断电延时型两种。

1. 空气阻尼式时间继电器

空气阻尼式时间继电器也称为气囊式时间继电器,它利用空气阻尼作用来达到延时的目的，由电磁机构、延时机构和触头系统三部分组成。空气阻尼式时间继电器的电磁机构有交流和直流两种，延时方式有通电延时型和断电延对型（改变电磁机构位置，将电磁铁翻转180°安装）。当动铁芯（衔铁）位于静铁芯和延时机构之间时为通电延时型；当静铁芯位于动铁芯和延时机构之间时为断电延时型。空气阻尼式时间继电器动作原理如图 1-17 所示。

对于断电延时型时间继电器[见图 1-17(a)]。当线圈 1 通电后，衔铁 4 连同推板 5 被静铁芯 2 吸引吸合，微动开关 15 推上从而使触头迅速转换。同时在空气室内与橡皮膜 9 相连的顶杆 6 也迅速向上移动，带动杠杆 14 左端迅速上移，微动开关 13 的常开触头马上闭合，常闭触头马上断开。当线圈断电时，微动开关 13 迅速复位，在空气室内与橡皮膜 9 相连的顶杆 6 在弹簧 8 作用下也向下移动，由于橡皮膜 9 下方的空气稀薄形成负压，起到空气阻尼的作用，故而顶杆 6 只能缓慢向下移动，移动速度由进气孔 11 的大小而定，可通过调节螺钉 10 调整顶杆 6 的移动速度。经过一段延时后，活塞 12 才能移到最下端，并通过杠杆 14 压动微动开关 13，使其常开触头断开，常闭触头闭合，起到延时闭合的作用。

对于通电延时型时间继电器[见图 1-17(b)]，当线圈 1 通电时，其延时常开触头要延时一段时间才闭合，常闭触头要延时一段时间才断开；当线圈 1 失电时，其延时常开触头迅速断开，延时常闭触头迅速闭合。

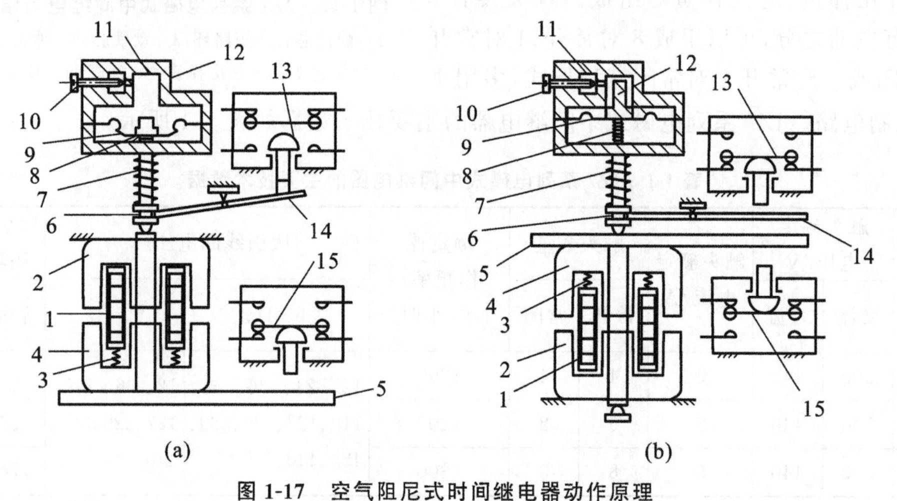

图 1-17 空气阻尼式时间继电器动作原理

1—线圈；2—静铁芯；3、7、8—弹簧；4—衔铁；5—推板；6—顶杆；9—橡皮膜；10—调节螺钉；11—进气孔；12—活塞；13、15—微动开关；14—杠杆

空气阻尼式时间继电器的优点是结构简单、延时范围大、寿命长、价格低廉；缺点是准确度低、延时误差大，在延时精度要求高的场合不宜采用。

2. 晶体管时间继电器

晶体管时间继电器也称为半导体式时间继电器，常用的有阻容式时间继电器。晶体管时间继电器是利用 RC 电路电容器充电时，电容器上的电压逐渐上升的原理作为延时基础的。因此，改变充电电路的时间常数（改变电阻值），即可整定其延时时间。晶体管时间继电器工作原理如图 1-18 所示。

晶体管时间继电器具有延时范围广、精度高、体积小、耐冲击、耐振动、调节方便及寿命长等优点。常用的产品有 JSJ、JSB、JS14、JS14S 等系列。

3. 时间继电器的型号选用及电气符号

时间继电器形式多样，各具特点，选择时应从以下几方面考虑：根据控制电路对延时触头的要求选择延时方式，即通电延时型或断电延时型；根据延时范围和精度、使用场合、工作

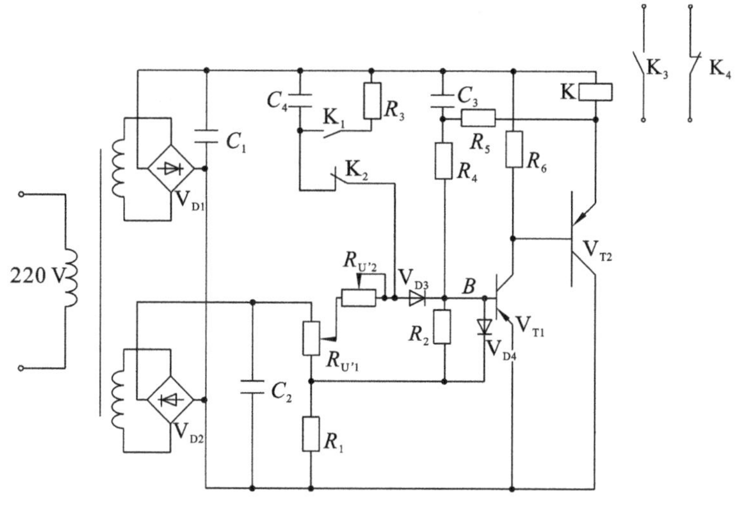

图 1-18　晶体管时间继电器工作原理图

环境等选择时间继电器的类型。

时间继电器的电气符号如图 1-19 所示。

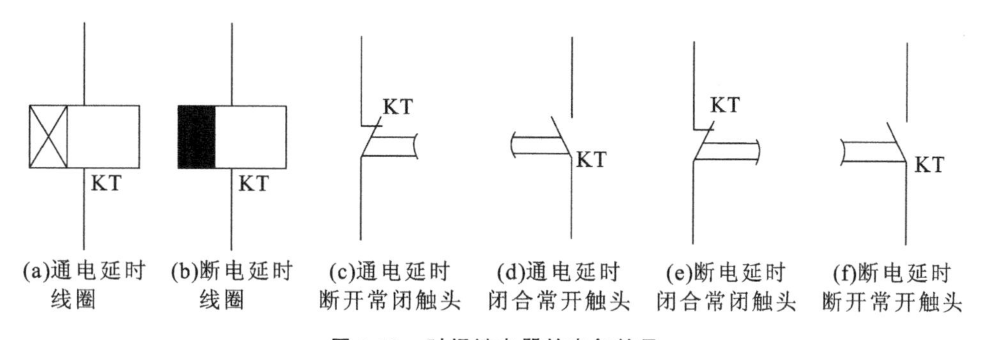

(a)通电延时线圈　(b)断电延时线圈　(c)通电延时断开常闭触头　(d)通电延时闭合常开触头　(e)断电延时闭合常闭触头　(f)断电延时断开常开触头

图 1-19　时间继电器的电气符号

1.3.4　热继电器

热继电器是利用电流的热效应原理来工作的保护电器，主要用于电动机的过载保护及对其他电气设备发热状态的控制。

1. 热继电器的工作原理

热继电器的测量元件通常采用双金属片，由两种具有不同线膨胀系数的金属片以机械碾压方法形成一体。主动层采用膨胀系数较高的铁镍铬合金，被动层采用膨胀系数很低的铁镍合金。当双金属片受热后将向被动层方向弯曲，当弯曲到一定程度时，通过动作机构使触头动作。如图 1-20 所示为热继电器动作原理示意图，发热元件 2 通电发热后，双金属片 1 受热向左弯曲，使推动导板 3 向左推动执行机构发生一定的运动。电流越大，执行机构的运动幅度也越大。当电流大到一定程度时，执行机构发生跃变，即触头发生动作从而切断主电路。

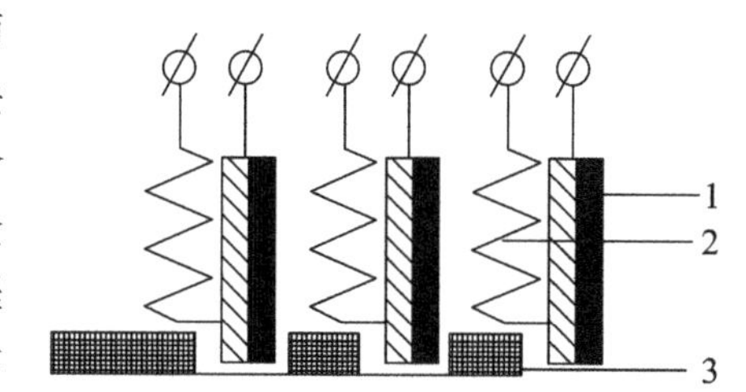

图 1-20　热继电器动作原理示意图

1—双金属片；2—发热元件；3—推动导板

2. 热继电器的常用型号及电气符号

热继电器就是专门用来对连续运行的电动机实现过载及断相保护，以防电动机因过热而烧毁的一种保护电器。在三相异步电动机的电路中，热继电器有两相和三相两种结构，三相结构中又分为带断相保护装置和不带断相保护装置两种。

常用的热继电器有 S1、JH20、JR16、JN5、JR14 等系列，引进产品有 T、3UA、LRl-D 等系列。热继电器实物图形、型号含义及电气符号如图 1-21 所示。

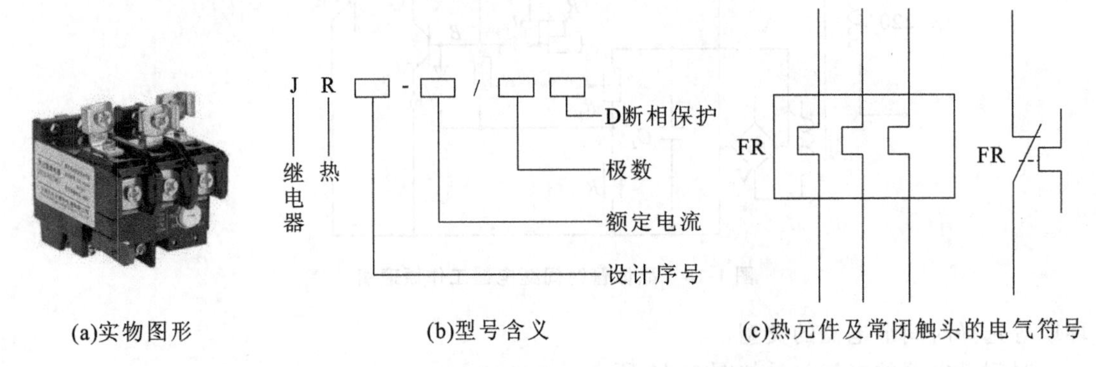

图 1-21 热继电器实物图形、型号含义及电气符号

3. 热继电器的选择原则

热继电器主要用于电动机的过载保护，使用中应考虑电动机的特性、负载性质、启动情况、工作环境等因素，具体应按以下几个方面来选择。

(1) 热继电器的型号及热元件的额定电流等级应根据电动机的额定电流来确定。热元件的额定电流应大于或略大于被保护电动机的额定电流。

(2) 三角形连接的电动机应选用带断相保护装置的三相结构形式的热继电器；星形连接的电动机可选用两相或三相结构形式的热继电器。

(3) 双金属片热继电器一般用于轻载或不频繁启动的过载保护。对于重载或频繁启动的电动机，应选用过电流继电器或能反映绕组实际温度的温度继电器来进行保护，不宜选用双金属片热继电器，因为电动机在运行过程中不断重复升温，热继电器双金属片的温升跟不上电动机绕组的温升，所以电动机将得不到可靠的过载保护。

1.3.5 速度继电器

速度继电器是根据电磁感应原理制成的，主要用于笼型异步电动机的反接制动，也称为反接制动继电器。

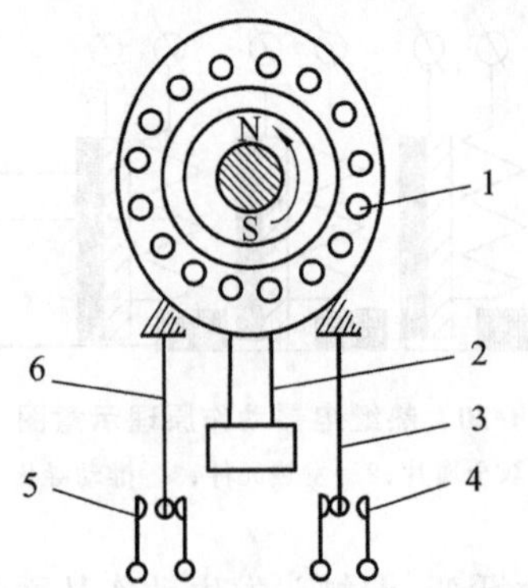

图 1-22 速度继电器的结构原理图

1—绕组；2—摆锤；3、6—簧片；4、5—静触头

速度继电器主要由定子、转子和触头三部分组成。定子的结构与笼型异步电动机相似，是由硅钢片叠成的，并在其中装有笼型绕组，转子是一个圆柱形永久磁铁，如图 1-22 所示为速度继电器的结构原理图。

速度继电器的转子与电动机同轴相联，用以接收转动信号。当电动机转动时，速度继电器的转子随之转动，在气隙中形成一个旋转磁场，绕组 1 切割磁场产生感应电动势和电流，此电流和永久磁铁的磁场作用产生转矩，使定子问转动的方向偏摆，通过定子推动触头动作，使常闭触头断开、常开触头闭合。当电动机转速下降到接近零时，转矩减小，摆锤 2 在簧片 3、6 力的作用下恢复原位，触头也会复位。

常用的速度继电器有 JY1 型和 JFZO 型两种。速度继电器的动作转速为 120 r/min，触头的复位转速在 100 r/min 以下，转速在 3 000～3 600 r/min 以下能可靠地工作。速度继电器的选择要根据被控电动机的控制要求、额定转速等进行合理选择。

速度继电器的图形符号和文字符号如图 1-23 所示。

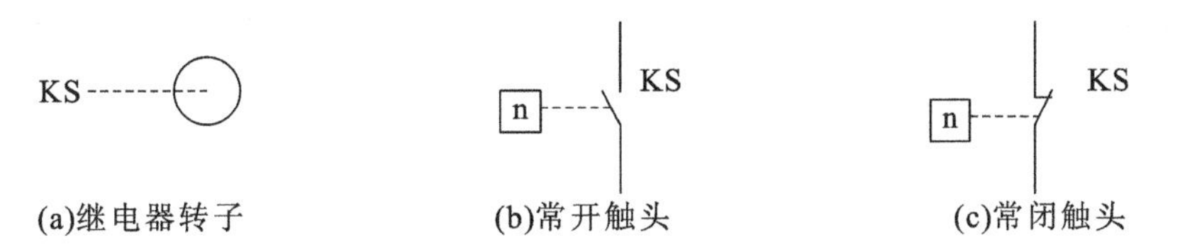

图 1-23　速度继电器的图形符号和文字符号

1.3.6　其他继电器

1. 固态继电器

固态继电器是一种新型无触头继电器，简称为 SSR。因其断开和闭合均无触头、无火花，故又称为无触头开关。它是利用信号光耦合方式使控制回路与负载回路之间没有任何电磁关系，实现了电磁隔离。固态继电器为四端组件，其中两个为输入端，两个为输出端，中间采用隔离元件，实现输入与输出的隔离。

固态继电器种类较多，按负载电源类型不同可分为直流型和交流型固态继电器。其中直流型以晶体管作为开关元件；交流型则以可控硅作为开关元件。按隔离方式不同可分为光电耦合隔离和磁隔离。常用的固态继电器有 DJ 系列。

2. 温度继电器

温度继电器是按温度原则工作的继电器。温度继电器主要用于交流 50 Hz、380 V 及以下各种自动控制电路中，可对电机、整流元件、变压器、轴承等实现过热保护。温度继电器有接触式和环境温度感应式两种形式。接触式温度继电器可供电机、电器设备中作保护和温度控制之用，其热敏电阻器直接埋置在被检测部位，当被保护设备达到规定温度值时，该继电器立即工作，达到切断电源保护设备安全的目的；环境温度感应式温度继电器主要用于电子仪器和控制设备中作为控制和保护之用，其内部的双金属片受环境温度的影响而膨胀弯曲，从而使触头迅速动作，达到接通或断开电路的目的。温度继电器一般做成密封式，体积小、重量轻。常见的温度继电器产品有 JW4 型半导体等。

继电器的种类很多，除上面介绍的几种常见继电器外，还有干簧继电器、压力继电器、综合继电器等。

1.4　低压开关和低压断路器

1.4.1　低压断路器

低压断路器曾被称为自动空气开关或自动开关。它相当于刀开关、熔断器、热继电器、过电流继电器和欠电压继电器的组合，是一种既有手动开关作用又能自动进行欠电压、失电压、过载和短路保护的电器。它是低压配电网络中非常重要的保护电器，且在正常条件下，也可用于不频繁地接通和分断电路及频繁地启动电动机。低压断路器与接触器不同的是：接触器允许频繁地接通和分断电路，但不能分断短路电流；而低压断路器不仅可分断额定电流、一般故障电流，还能分断短路电流，但单位时间内允许的操作次数较低。

低压断路器具有多种保护功能（过载、短路、欠电压保护等）、动作值可调、分断能力高、操作方便、安全等优点，所以目前被广泛应用。

低压断路器按其用途及结构特点可分为万能式（曾称框架式）、塑料外壳式、直流快速式和限流式等。万能式断路器主要用于配电网络的保护开关，而塑料外壳式断路器除用于配电网络的保护开关外，还可用于电动机、照明电路及热电电路等的控制开关。有的低压断路器还带有漏电保护功能。

1. 结构和工作原理

低压断路器由操作机构、触头、保护装置（各种脱扣器）、灭弧系统等组成。低压断路器工作原理图如图 1-24 所示。

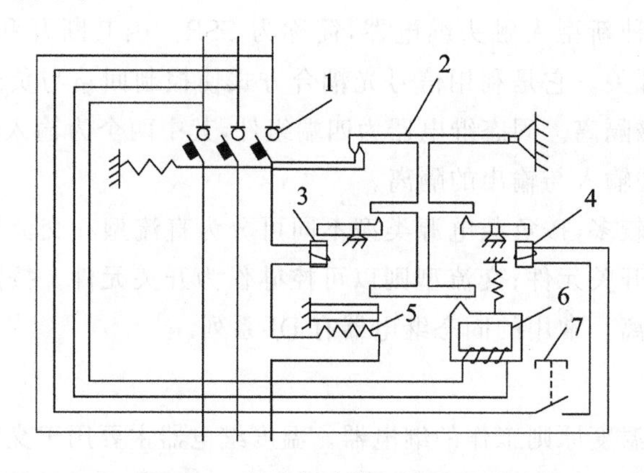

图 1-24 低压断路器工作原理图

1—主触头；2—自由脱扣机构；3—过电流脱扣器；4—分励脱扣器；
5—热脱扣器；6—欠电压脱扣器；7—启动按钮

低压断路器的主触头是靠手动操作或电动合闸的。主触头闭合后，自由脱扣机构将主触头锁在合闸位置上。过电流脱扣器的线圈和热脱扣器的热元件与主电路串联，欠电压脱扣器的线圈和电源并联。当电路发生短路或严重过载时，过电流脱扣器 3 的衔铁吸合，使自由脱扣机构 2 动作，主触头断开主电路。当电路过载时，热脱扣器 5 的热元件发热使双金属片向上弯曲，推动自由脱扣机构动作。当电路欠电压时，欠电压脱扣器 6 的衔铁释放，也使自由脱扣机构动作。分励脱扣器 4 则作为远距离控制用，在正常工作时，其线圈是断电的，在需要远距离控制时，按下启动按钮，使线圈通电，衔铁带动自由脱扣机构 2 动作，使主触头断开。

2. 低压断路器型号及代表意义

低压断路器型号及代表意义如下：

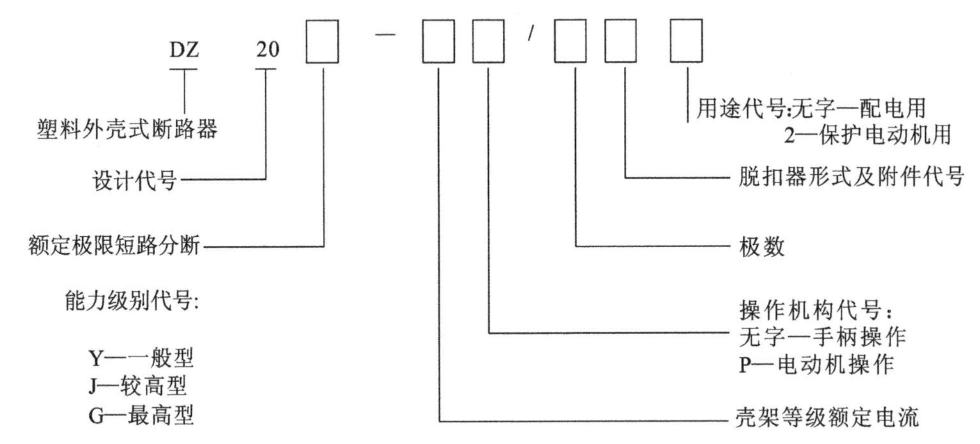

3. 低压断路器的选用

(1) 断路器的额定电压和额定电流应大于或等于线路、设备的正常工作电压和工作电流。

(2) 断路器的极限通断能力大于或等于电路最大短路电流。

(3) 欠电压脱扣器的额定电压等于线路的额定电压。

(4) 过电流脱扣器的额定电流大于或等于线路的最大负载电流。

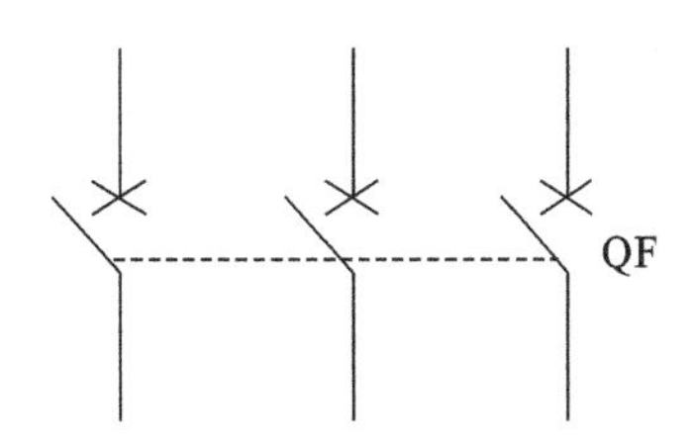

图 1-25 低压断路器的图形、文字符号

低压断路器的图形、文字符号如图 1-25 所示。

国产低压断路器 DZ15、DZX10 系列的技术参数如表 1-2 和表 1-3 所示。

表 1-2 D215 系列断路器的技术参数

型　　号	壳架额定电流/A	额定电压/V	级数	脱扣器额定电流/A	额定短路通断能力/kA	电气、机械寿命/次
DZ15—40/1901	40	220	1	6，10，16，20，25,32,40	3 (cosφ=0.9)	15 000
DZ15—40/2901		380	2			
3901 DZ15—40/3902			3			
DZ15—40/4901			4			
DZ15—63/1901	63	220	1	10，16，20，25，32,40,50,63	5 (cosφ=0.7)	10 000
DZ15—63/2901		380	2			
3901 DZ15—63/3902			3			
DZ15—63/4901			4			

1.4.2 漏电保护器

漏电保护器是一种最常用的漏电保护电器。当低压电网发生人身触电或设备漏电时，漏电保护器能迅速自动切断电源，从而避免造成事故。

漏电保护器按其检测故障信号的不同可分为电压型漏电保护器和电流型漏电保护器。前者存在可靠性差等缺点，已被淘汰，下面仅介绍电流型漏电保护器。

表 1-3 DZX10 系列断路器的技术参数

型　号	级数	脱扣器额定电流/A	附　件	
			欠电压(或分励)脱扣器	辅助触点
DZX10—100/22	2	63,80,100	欠电压:AC220,380 分励:AC220,380 DC24,48,110,220	一开一闭 两开两闭
DZX10—100/23	2			
DZX10—100/32	3			
DZX10—100/33	3			
DZX10—200/22	2	100,120,140,170,200		两开两闭 四开四闭
DZX10—200/23	2			
DZX10—200/32	3			
DZX10—200/33	3			
DZX10—630/22	2	200,250,300,350,400,500,630		
DZX10—630/23	2			
DZX10—630/32	3			
DZX10—630/33	3			

1. 结构与工作原理

漏电保护器一般由三个主要部件组成：一是检测漏电流大小的零序电流互感器；二是能将检测到的漏电流与一个预定基准值相比较，从而判断是否动作的漏电脱扣器；三是受漏电脱扣器控制的能接通、分断被保护电路的开关装置。

目前常用的电流型漏电保护器根据其结构不同分为电磁式和电子式两种。

1) 电磁式电流型漏电保护器

电磁式电流型漏电保护器的特点是把漏电电流直接通过漏电脱扣器来操作开关装置。

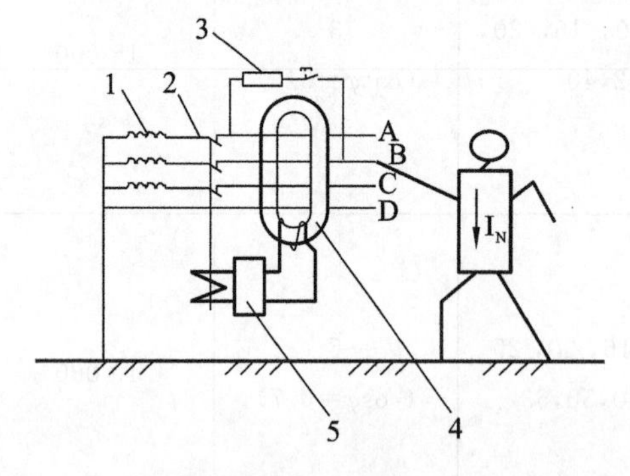

图 1-26 电磁式电流型漏电保护器工作原理图

1—电源变压器；2—主开关；3—试验回路；
4—零序电流互感器；5—电磁式漏电脱扣器

电磁式电流型漏电保护器由开关装置、试验回路、电磁式漏电脱扣器和零序电流互感器组成。其工作原理图如图 1-26 所示。

当电网正常运行时，不论三相负载是否平衡，通过零序电流互感器主电路的三相电流的相量和等于零，因此，其二次绕组中无感应电动势，漏电保护器也工作于闭合状态。一旦电网中发生漏电或触电事故，上述三相电流的相量和不再等于零，因为有漏电或触电电流通过人体和大地而返回变压器中性点。于是，互感器二次绕组中便产生感应电压加到漏电脱扣器上。当达到额定漏电动作电流时，漏电脱扣器就动作，推动开关装置的锁扣，使开关打开，分断主电路。

2）电子式电流型漏电保护器

电子式电流型漏电保护器的特点是把漏电电流经过电子放大线路放大后才能使漏电脱扣器动作，从而操作开关装置。

电子式电流型漏电保护器由开关装置、试验电路、零序电流互感器、电子放大器和漏电脱扣器组成，其工作原理图如图 1-27 所示。

电子式漏电保护器的工作原理与电磁式的大致相同。只是当漏电电流超过基准值时，立即被放大并输出具有一定驱动功率的信号使漏电脱扣器动作。

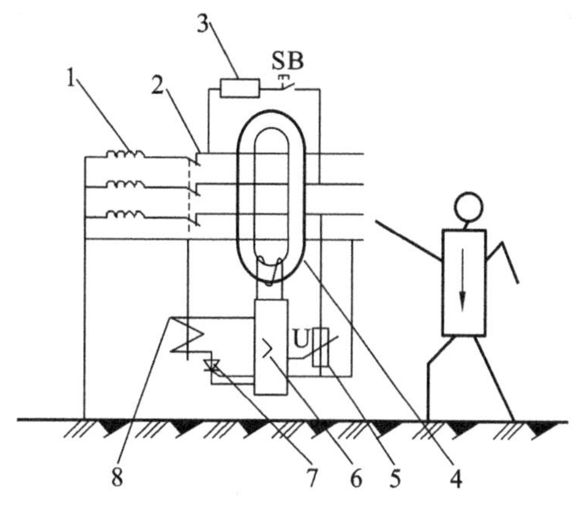

图 1-27　电子式电流型漏电保护器工作原理

1—电源变压器；2—主开关；3—试验回路；

4—零序电流互感器；5—压敏电阻；

6—电子放大器；7—晶闸管；8—脱扣器

2. 漏电保护器的选用

1）漏电保护器的主要技术参数

（1）额定电压（V）　指漏电保护器的使用电压，规定为 220 V 或 380 V。

（2）额定电流（A）　指被保护电路允许通过的最大电流。

（3）额定动作电流（mA）　指在规定的条件下，必须动作的漏电电流值。当漏电电流等于此值时，漏电保护器必须动作。

（4）额定不动作电流（mA）　指在规定的条件下，不动作的漏电电流值。当漏电电流小于或等于此值时，保护器不应动作。此电流值一般为额定动作电流的一半。

（5）动作时间（s）　指从发生漏电到保护器动作断开的时间。快速型在 0.2 s 以下，延时型一般为 0.2～2 s。

2）漏电保护器的选用

（1）手持电动工具、移动电器、家用电器应选用额定漏电动作电流不大于 30 mA 的快速动作的漏电保护器（动作时间不大于 0.1 s）。

（2）单台机电设备可选用额定漏电动作电流为 30 mA 及以上、100 mA 以下快速动作的漏电保护器。

（3）有多台设备的总保护应选用额定漏电动作电流为 100 mA 及以上快速动作的漏电保护器。

目前生产的 DZL18—20 型漏电保护器为电子式集成电路的漏电保护器，具有稳压、功耗低、稳定性好的特点，主要用于单相线路末端（如家用电器设备等负载）。其技术参数如表1-4所示。

表 1-4　DZL18—20 型电子式漏电保护器的技术参数

额定电压/V	额定电流/A	额定漏电动作电流/mA	额定漏电不动作电流/mA	动作时间/s
220	20	10，15，30	6，7.5，15	≤0.1

1.4.3　低压隔离器

低压隔离器也称刀开关。低压隔离器是低压电器中结构比较简单、应用十分广泛的一类手动操作电器，品种主要有低压刀开关、熔断器式刀开关和组合开关 3 种。

隔离器主要是在电源切除后,将线路与电源明显地隔开,以保障检修人员的安全。熔断器式刀开关由刀开关和熔断器组合而成,故兼有两者的功能,即电源隔离和电路保护功能,可分断一定的负载电流。

1. 胶壳刀开关

胶壳刀开关是一种结构简单、应用广泛的手动电器,主要用做电路的电源开关和小容量电动机非频繁启动的操作开关。

胶壳刀开关由操作手柄、熔丝、触刀、触刀座和底座组成,其实物及结构如图 1-28 所示。胶壳使电弧不致飞出而灼伤人员,防止极间电弧造成的电源短路,熔丝起短路保护作用。

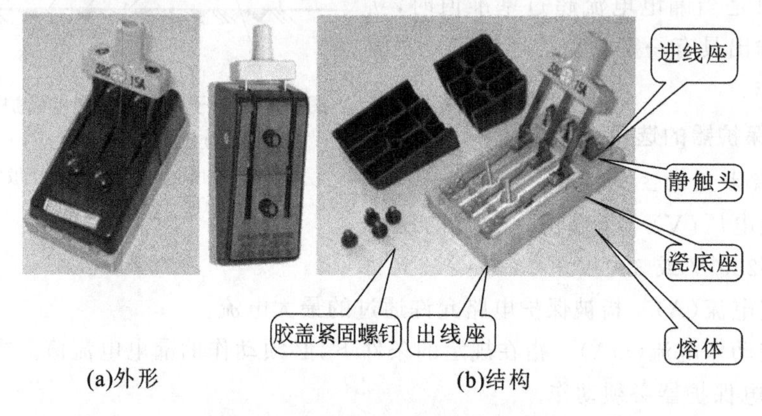

(a)外形　(b)结构

图 1-28　胶壳刀开关实物及结构图

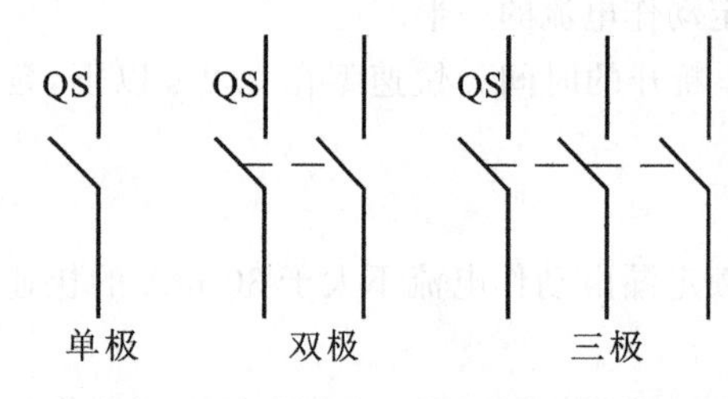

图 1-29　胶壳刀开关的图形符号及文字符号

刀开关安装时,手柄要向上,不得倒装或平装。倒装时,手柄有可能因自动下滑而引起误合闸,造成人身事故。接线时,应将电源线接在上端,负载接在熔丝下端。这样,拉闸后刀开关与电源隔离,便于更换熔丝。

刀开关的图形、文字符号如图 1-29 所示。

刀开关的主要技术参数有长期工作所承受的最大电压及额定电压,长期通过的最大允许电流及额定电流,以及分断能力等。HK1 系列胶壳刀开关的技术参数如表 1-5 所示。

表 1-5　HK1 系列胶壳刀开关的技术参数

额定电流值/A	级数	额定电压值/V	可控制电动机最大容量值/kW		触刀极限分断能力/A (cosφ=0.6)	熔丝极限分断能力/A	配用熔丝规格			
			220V	380V			熔丝成分			熔丝直径/mm
							W_{Pb}	W_{Sn}	W_{Sb}	
15	2	220	—	—	30	500	98%	1%	1%	1.45～1.59
30			—	—	60	1 000				2.30～2.52
60			—	—	90	1 500				3.36～4.00
15	3	380	1.5	2.2	30	500				1.45～1.59
30			3.0	4.0	60	1 000				2.30～2.52
60			4.4	5.5	90	1 500				3.36～4.00

2. 铁壳开关

铁壳开关也称封闭式负荷开关，用于非频繁启动、28 kW 以下的三相异步电动机。铁壳开关要由钢板外壳、触刀、操作机构、熔丝等组成，其结构如图 1-30 所示。

操作机构具有两个特点：一是采用储能合闸方式，在手柄转轴与底座间装有速断弹簧，以执行合闸或分闸，在速断弹簧的作用下，动触刀与静触刀分离，使电弧迅速拉长而熄灭；二是具有机械联锁，当铁盖打开时，刀开关被卡住，不能操作合闸。铁盖合上，操作手柄使开关合闸后，铁盖不能打开。

选用刀开关时，刀的极数要与电源进线相数相等；刀开关的额定电压应大于所控制的线路额定电压；刀开关的额定电流应大于负载的额定电流。

HH10 系列封闭式负荷开关的技术参数如表 1-6 所示。

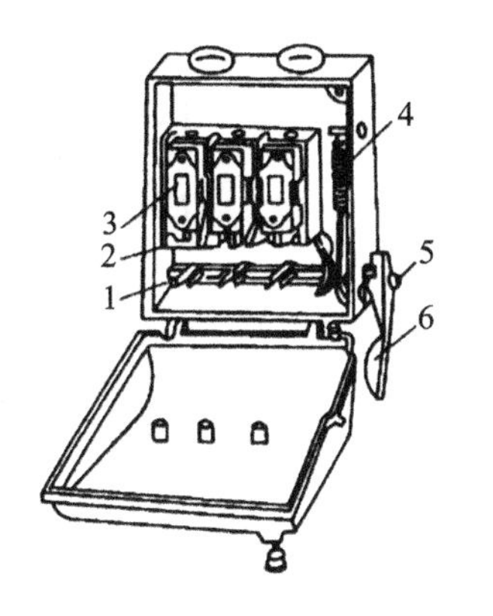

图 1-30　铁壳开关的结构图

1—触刀；2—夹座；3—熔断器；4—速断弹簧；5—转轴；6—手柄

表 1-6　HH10 系列封闭式负荷开关的技术参数

产品系列	负荷开关额定电流/A	熔断器额定电流/A	熔体额定电流/A	极限分断能力(1,1U_N,50 Hz)					极限接通分断能力(1,1U_N,50 Hz)				机械寿命(次)	电寿命(额定电压、额定电流)	
				U_N/V	熔断器形式	极限分断能力/A	功率因数	分断次数	U_N/V	通断电流/A	功率因数	实验条件		实验条件	次数
HH10	10	10	2,4,6,10	440	瓷插式	750	0.8	3	440	40	0.4	操作频率1次/分钟；通电时间不超过2 s；接通与分断10次	>10 000	功率因数0.8；操作频率2次/分钟；通电时间不超过2 s	>5 000
	20	20	10,15,20		瓷插式	1 500	0.8			80					
					RT10	50 000	0.25								
	30	30	20,25,30		瓷插式	2 000	0.8			120					
					RT10	50 000	0.25								
	60	60	30,40,50,60		瓷插式	4 000	0.8			240					
					RT10	50 000	0.25								
	100	100	60,80,100		瓷插式	4 000	0.8			250			>5 000		>2 000
					RT10	50 000	0.25								

3. 组合开关

组合开关也是一种刀开关，不过它的刀片是转动的，操作比较轻巧。组合开关在机床电气设备中用做电源引入开关，也可用来直接控制小容量三相异步电动机的非频繁正、反转。

组合开关由动触头、静触头、方形转轴、手柄、定位机构和外壳组成。它的动触头分别叠装于数层绝缘座内，其结构和图形、文字符号如图 1-31 所示。当转动手柄时，每层的动触片随方形转轴一起转动，并使静触头插入相应的动触片中，接通电路。

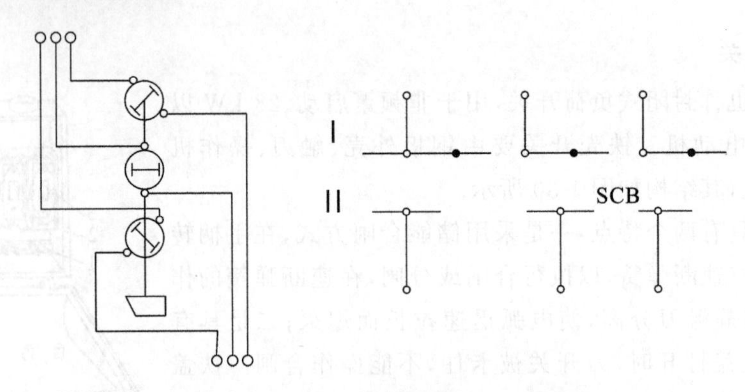

图 1-31　组合开关的结构和图形、文字符号

HZ10 系列组合开关的技术参数如表 1-7 所示。

表 1-7　HZ10 系列组合开关的技术参数

<table>
<tr><th rowspan="3">型号</th><th rowspan="3">额定电压/V</th><th rowspan="3">额定电流/A</th><th rowspan="3">极数</th><th colspan="2">极限操作电流/A</th><th colspan="2">可控制电动机最大容量和额定电流</th><th colspan="4">额定电压及额定电流下的通断次数</th></tr>
<tr><th rowspan="2">接通</th><th rowspan="2">分断</th><th rowspan="2">容量/kW</th><th rowspan="2">额定电流/A</th><th colspan="2">交流，cosφ</th><th colspan="2">直流时间常数/s</th></tr>
<tr><th>≥0.8</th><th>≥0.3</th><th>≤0.0025</th><th>≤0.01</th></tr>
<tr><td rowspan="2">HZ10—10</td><td rowspan="5">DC220，AC380</td><td>6</td><td>单数</td><td rowspan="2">94</td><td rowspan="2">62</td><td rowspan="2">3</td><td rowspan="2">7</td><td rowspan="4">20 000</td><td rowspan="4">10 000</td><td rowspan="4">20 000</td><td rowspan="4">10 000</td></tr>
<tr><td>10</td><td rowspan="4">2，3</td></tr>
<tr><td>HZ10—25</td><td>25</td><td>155</td><td>108</td><td>5.5</td><td>12</td></tr>
<tr><td>HZ10—60</td><td>60</td><td rowspan="2">—</td><td rowspan="2">—</td><td rowspan="2">—</td><td rowspan="2">—</td></tr>
<tr><td>HZ10—100</td><td>100</td><td>10 000</td><td>5 000</td><td>10 000</td><td>5 000</td></tr>
</table>

1.5　熔断器

熔断器是一种当电流超过规定值一定时间后，以它本身产生的热量使熔体熔化而分断电路的电器。广泛应用于低压配电系统和控制系统及用电设备中作短路和过电流保护。

1.5.1　熔断器结构及工作原理

熔断器主要由熔体、熔断管(座)、填料及导电部件等组成。熔体是熔断器的主要部分，常做成丝状、片状、带状或笼状。其材料有两类：一类为低熔点材料，如铅、锡的合金，锑、铝合金，锌等；另一类为高熔点材料，如银、铜、铝等。熔断器接入电路时，熔体串接在电路中，负载电流流经熔体，当电路发生短路或过电流时，通过熔体的电流使其发热，当达到熔体金属熔化温度时就会自行熔断，期间伴随着燃弧和熄弧过程，随之切断故障电路，起到保护作用。当电路正常工作时，熔体在额定电流下不应熔断，所以其最小熔化电流必须大于额定电流。填料目前广泛应用的是石英砂，它既是灭弧介质又能起到帮助熔体散热的作用。

1.5.2 熔断器的保护特性

熔断器的保护特性是指流过熔体的电流与熔体熔断时间的关系曲线，称“时间-电流特性”曲线或称“安-秒特性”曲线，如图 1-32 所示。图中 I_{min} 为最小熔化电流或称临界电流，当熔体电流小于临界电流时，熔体不会熔断。最小熔化电流 I_{min} 与熔体额定电流 I_N 之比称为熔断器的熔化系数，即 $K=I_{min}/I_N$，当 K 小时对小倍数过载保护有利，但 K 也不宜接近于 1；当 K 为 1 时，不仅熔体在 I_N 下工作温度会过高，而且还有可能因保护特性本身的误差而发生熔体在 I_N 下也熔断的现象，影响熔断器工作的可靠性。

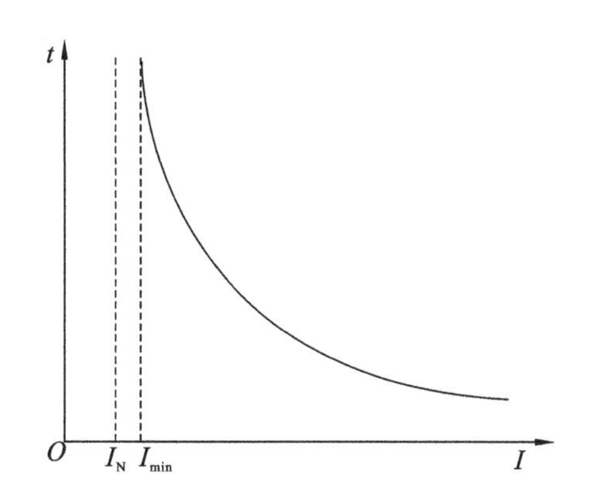

图 1-32 熔断器的保护特性(安-秒特性)曲线

当熔体采用熔点低的金属材料时，熔化时所需热量少，故熔化系数小，有利于过载保护；但材料电阻系数较大，熔体截面积大，熔断时产生的金属蒸汽较多，不利于熄弧，故分断能力较低。当熔体采用高熔点的金属材料时，熔化时所需热量大，故熔化系数大，不利于过载保护，而且可能使熔断器过热；但这些材料的电阻系数低，熔体截面积小，有利于熄弧，故分断能力高。因此，不同熔体材料的熔断器在电路中保护作用的侧重点是不同的。

1.5.3 熔断器的主要技术参数及典型产品

1. 熔断器的主要技术参数

1）额定电压

这是从灭弧的角度出发，熔断器长期工作时和分断后能承受的电压。其值一般大于或等于所接电路的额定电压。

2）额定电流

这是熔断器长期工作，各部件温升不超过允许温升的最大工作电流。熔断器的额定电流有两种：一种是熔管额定电流，也称为熔断器额定电流；另一种是熔体的额定电流。厂家为减少熔管额定电流的规格，熔管额定电流等级较少，而熔体额定电流等级较多，在一种电流规格的熔管内可安装几种电流规格的熔体，但熔体的额定电流最大不能超过熔管的额定电流。

3）极限分断能力

这是熔断器在规定的额定电压和功率因数(或时间常数)条件下，能可靠分断的最大短路电流。

4）熔断电流

这是通过熔体并使其熔化的最小电流。

2. 熔断器的典型产品

熔断器的种类很多，按结构来分有半封闭瓷插式、螺旋式、无填料密封管式和有填料密封管式。按用途分有一般工业用熔断器、半导体保护用快速熔断器和特殊熔断器。典型产品有 RL6、RL7、RL96、RLS2 系列螺旋式熔断器，RL1B 系列带断相保护螺旋式熔断器，RT18、RT18-X 系列熔断器以及 RT14 系列有填料密封管式熔断器。此外，还有引进国外技术生产的 NT 系列有填料封闭式刀型触头熔断器与 NGT 系列半导体器件保护用熔断器等。

RL 系列型号含义如下：

RL □—□

- 额定电流
- 设计序号
- 螺旋式熔断器

RL6、RL7、RL96、RLS2 系列熔断器的技术数据见表 1-8。图 1-33 所示为 RL6、RL7 螺旋式熔断器的结构图。图 1-34 所示为无填料密封管式熔断器外形和结构。图 1-35 所示为有填料密封管式熔断器外形和结构。

表 1-8 RL6、RL7、RL96、RLS2 系列熔断器的技术数据

型　　号	额定电压/V	额定电流/A		额定分断电流/kA	cosφ
		熔断器	熔体		
RL6—25，RL96—25II	500	25	2，4，6，10，16，20，25	50	0.1～0.2
RL6—63，RL96—63II		63	35，50，63		
RL6—100		100	80，100		
RL6—200		200	125，160，200		
RL7—25	660	25	2，4，6，10，16，20，25	25	
RL7—63		63	35，50，63		
RL7—100		100	80，100		
RLS2—30	500	(30)	16，20，25，(30)	50	
RLS2—63		63	35，(45)，50，63		
RLS2—100		100	(75)，80，(90)，100		

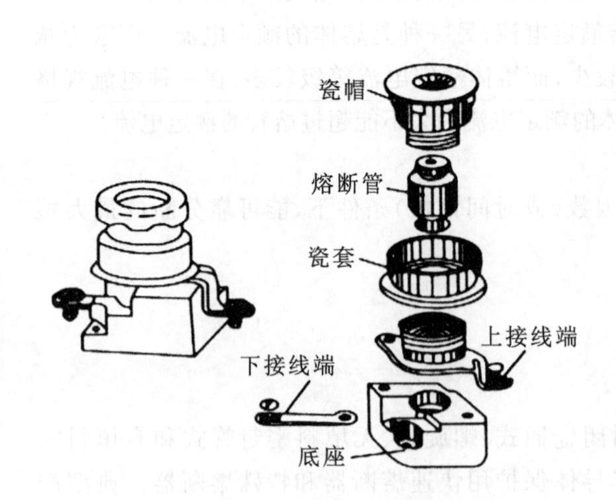

图 1-33 RL6、RL7 螺旋式熔断器结构图

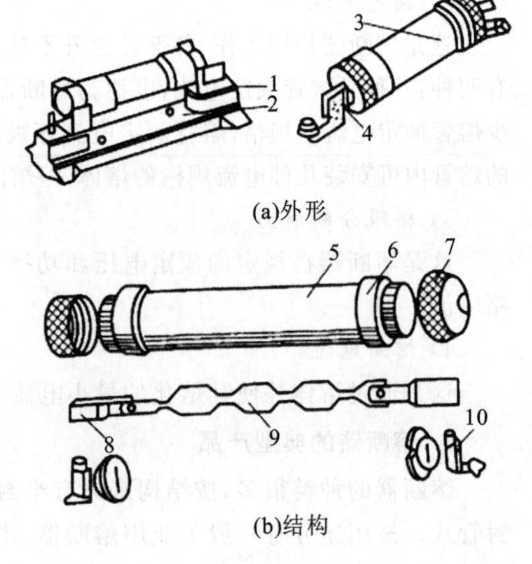

图 1-34 无填料密封管式熔断器外形和结构

1、4、10—夹座；2—底座；3—熔断器；5—硬质绝缘管；6—黄铜套管；7—黄铜帽；8—插刀；9—熔体

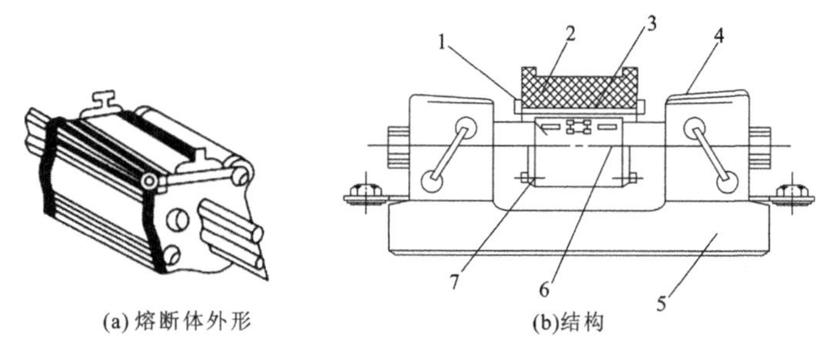

图 1-35　有填料密封管式熔断器外形和结构

1—熔断指示器；2—石英砂填料；3—熔体；4—插刀；5—底座；6—熔体；7—熔管

1.5.4　熔断器的选择

熔断器的选择主要包括选择熔断器的类型、额定电压、额定电流和熔体额定电流等。

1. 熔断器的选择原则

熔断器在选择时应遵循如下几个原则。

(1) 根据使用条件确定熔断器的类型。

(2) 选择熔断器的规格时，应先选定熔体的规格，然后再根据熔体去选择熔断器的规格。

(3) 熔断器的保护特性应与被保护对象的过载特性有良好的配合。

(4) 在配电系统中，各级熔断器应相互匹配，一般上一级熔体的额定电流要比下一级熔体的额定电流大 2～3 倍。

(5) 对于保护电动机的熔断器，应注意电动机启动电流的影响。熔断器一般只作为电动机的短路保护，过载保护应采用热继电器。

(6) 熔断器的额定电流应不小于熔体的额定电流；额定分断能力应大于电路中可能出现的最大短路电流。

2. 一般熔断器的选择

1) 熔断器类型的选择

在选择熔断器时，主要根据负载的情况和短路电流的大小来选择其类型。例如，对于容量较小的照明电路或电动机的保护，宜采用 RC1A 系列插入式熔断器或 RM10 系列无填料密封管式熔断器；对于短路电流较大的电路或有易燃气体的场合，宜采用具有高分断能力的 RL 系列螺旋式熔断器或 RT(包括 NT)系列有填料密封管式熔断器；对于保护硅整流器件及晶闸管的场合，应采用快速熔断器。

此外，也要考虑使用环境，例如，管式熔断器常用于大型设备及容量较大的变电场合；插入式熔断器常用于无振动的场合；螺旋式熔断器多用于机床配电；电子设备一般采用熔丝座。

2) 熔断器额定电压的选择

熔断器的额定电压应大于或等于所接电路的额定电压。

3) 熔体额定电流的选择

熔体额定电流大小与负载大小、负载性质有关。对于负载平稳无冲击电流的照明电路、电热电路等可按负载电流大小来确定熔体的额定电流；对于有冲击电流的电动机负载电路，为起到短路保护作用，又同时保证电动机的正常启动，其熔断器熔体额定电流的选择又分为以下三种情况。

(1) 对于单台长期工作的电动机，有

$$I_{\mathrm{Np}}=(1.5\sim2.5)I_{\mathrm{NM}} \tag{1-1}$$

式中：I_{NP}——熔体额定电流，单位为 A；

I_{NM}——电动机额定电流，单位为 A。

(2) 对于单台频繁启动的电动机，有

$$I_{Np}=(3\sim3.5)I_{NM} \tag{1-2}$$

(3) 对于多台电动机共用一熔断器保护时，有

$$I_{Np}=(1.5\sim2.5)I_{NMmax}+\sum I_{NM} \tag{1-3}$$

式中：I_{NMmax}——多台电动机中容量最大一台电动机的额定电流，单位为 A；

$\sum I_{NM}$——其余各台电动机额定电流之和，单位为 A。

在式(1-1)与式(1-3)中，对轻载启动或启动时间较短时，式中系数取 1.5；重载启动或启动时间较长时，系数取 2.5。

4) *熔断器额定电流的选择*

当熔体额定电流确定后，根据熔断器额定电流大于或等于熔体额定电流来确定熔断器额定电流。每一种电流等级的熔断器可以选配多种不同电流的熔体。

1.6 主令电器

主令电器是在自动控制系统中发出指令或信号，使接触器、继电器或其他电器动作，以达到接通或分断电路目的的电器。主令电器应用广泛、种类繁多。按其作用可分为按钮开关、行程开关、接近开关、万能转换开关等。

1.6.1 按钮开关

按钮开关又称为按钮，是一种结构简单使用广泛的手动指令电器。按钮不直接控制电路的通断，而是在控制电路中发出指令去控制接触器、继电器等，再由它们去控制电路。

按钮由按钮帽、复位弹簧、桥式触头、外壳等组成，如图 1-36 所示。按用途和结构的不同，又分为启动按钮、停止按钮、复合按钮等。

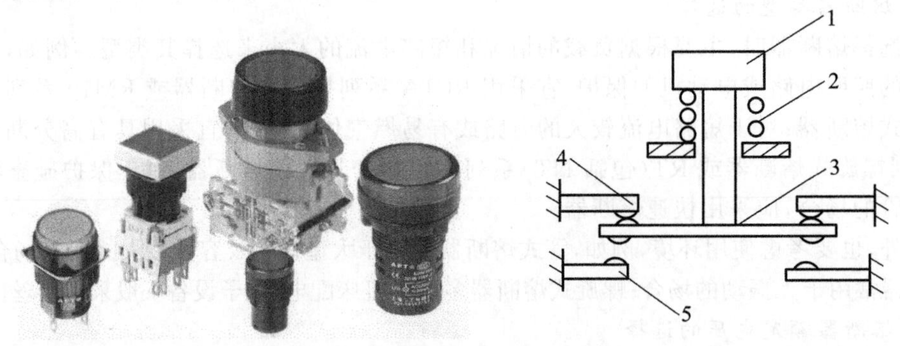

图 1-36 按钮开关结构图

1—按钮帽；2—复位弹簧；3—动触头；4—常闭静触头；5—常开静触头

为了标明各个按钮的作用，避免误操作，通常将按钮帽做成不同的颜色以示区别，其颜色有红、绿、黑、蓝、灰、白等。一般红色表示“停止”和“急停”按钮；绿色表示“启动”按钮；黑色表示“点动”按钮；蓝色表示“复位”按钮；黑白、白色或灰色表示“启动”与“停止”交替动作的按钮。

常见按钮有 LA18、LA19、LA20、LA25 等系列，其型号含义和电气符号如图 1-37 所示。

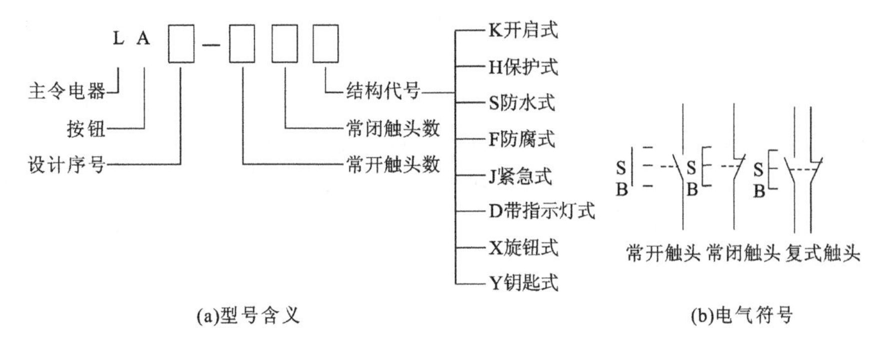

图 1-37 按钮的型号含义和电气符号

1.6.2 行程开关

行程开关又称为限位开关或位置开关，是一种利用生产机械中某些运动部件的碰撞来发出主令控制触头动作的开关电器。

行程开关的结构分为操作机构、触头系统和外壳三个部分。行程开关按运动形式分为直动式、转动式（滚轮式）和微动式三种类型。

常用的行程开关有 LX19、LXW5、JLXK1、LX32、LX33、3SE3 等系列。其中 3SE3 系列行程开关为引进西门子技术生产的，额定工作电压为 500 V，额定电流为 10 A，其机械、电气寿命比常见的行程开关长。

行程开关的型号含义和电气符号如图 1-38 所示。

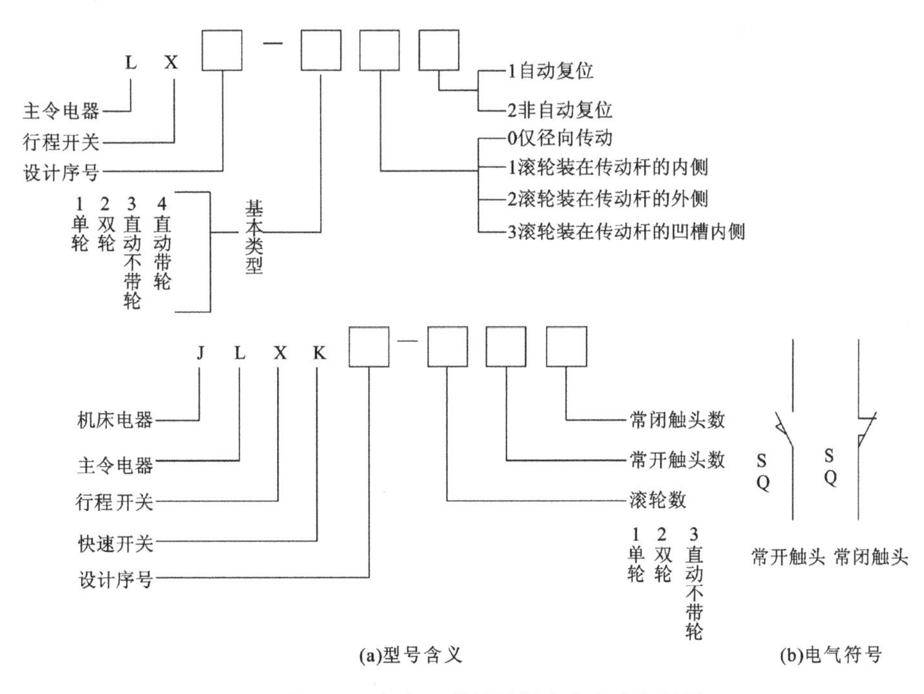

图 1-38 行程开关的型号含义和电气符号

1.6.3 接近开关

接近开关又称为无触头位置开关，是一种非接触型检测开关。它既有行程开关所具备的行程控制及限位保护特性，又可用于高速计数、液面控制、测速、检测零件尺寸、检测金属体的存在、无触头式按钮等方面。接近开关有工作稳定可靠、重复定位精度高、寿命长等特点。

接近开关按其工作原理可分为高频振荡型、电容型、霍尔型、超声波型、电磁感应型等，其中以高频振荡型最为常用。高频振荡型接近开关主要由高频振荡器、集成电路或晶体管放大器和输出三部分组成。它的工作原理如下：高频振荡器的线圈在开关的作用表面产生一个交变磁场，当有金属物体靠近感应头附近时，由于感应作用，该物体内部会产生涡流及磁滞损耗，以致振荡回路因电阻增大、能耗增加而使振荡减弱，直至停止振荡。检测电路根据振荡器的工作状态控制输出电路的工作，通过输出信号去控制继电器或其他电器，以达到控制的目的。

常用的国产接近开关的型号有 3SG、CJ、SJ、AB、LXJ0 等系列。

接近开关的实物图及电气符号如图 1-39 所示。

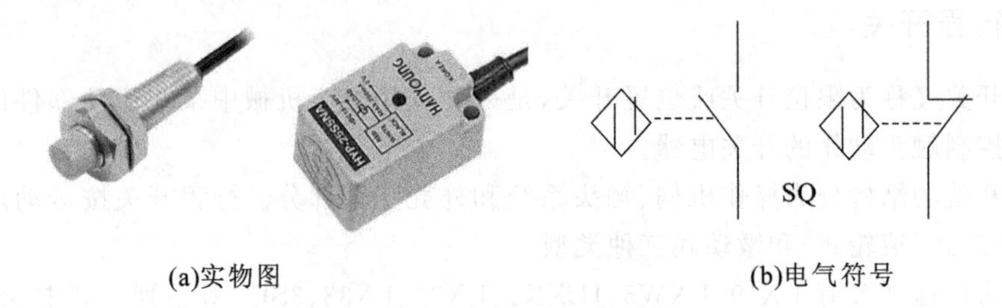

(a)实物图　(b)电气符号

图 1-39　接近开关的实物图及电气符号

1.6.4　万能转换开关

万能转换开关是一种多挡位、多段式、控制多回路的主令电器。它主要用作控制线路的转换及电气测量仪表的转换，也可用于控制小容量异步电动机的启动、换向及变速。

万能转换开关主要由接触系统、操作手柄、转轴、凸轮机构、定位机构等部件组成，用螺栓组装成整体。当操作手柄转动时，带动开关内部的凸轮转动，从而使触头按规定顺序闭合或断开。常用的万能转换开关有 LW5、LW6 等系列。

万能转换开关的结构示意图如图 1-40 所示。

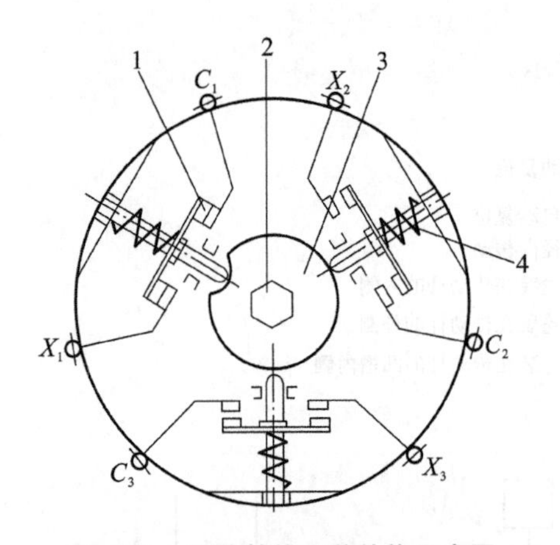

图 1-40　万能转换开关结构示意图

1—触头；2—转轴；3—凸轮；4—触头弹簧

1.7　低压电器产品型号

为了管理、生产和使用方便，对于各种用途结构的低压电器，都要按照标准规定编制型号。我国低压电器产品按 4 级制规定编制型号。

1.7.1　全型号组成形式

全型号组成形式如下：

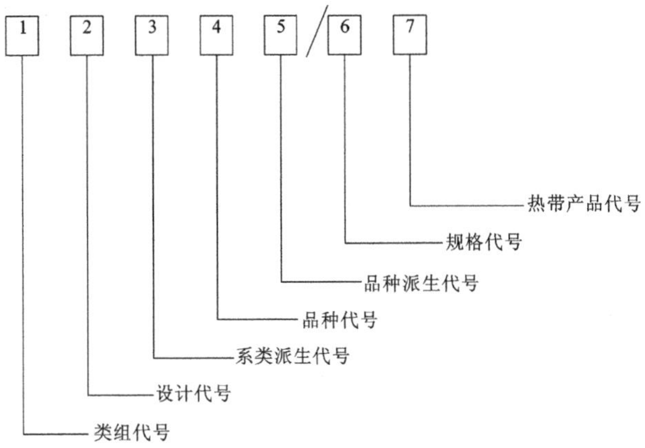

1 2 3 4 5 / 6 7

1.7.2 全型号各组成部分的确定

1. 类组代号

第一级和第二级代表电器的类别和特征，并以汉语拼音字母表示。第一位为类别代号；第二位、第三位为组别代号，表示产品名称。低压电器产品的类别及组别代号如表 1-9 所示，其竖排字母是类别代号，横排字母是组别代号。

2. 设计代号

第三级是设计代号，表示同一类组产品的设计系列。产品的系列是按不同的设计原理、性能参数及防护种类，并根据优先系数来设计的。设计代号用数字表示。

3. 基本规格代号

第四级是基本规格代号，表示产品的品种，用数字表示。

4. 通用派生代号

按表 1-10 加注。

表 1-10　通用派生代号

派生代号	意　　义
A、B、C、D…	结构设计稍有改进或变化
C	插入式
J	交流、防溅式
Z	直流、自动复位、防震、正向、重任务
W	无灭弧装置、无极性
N	逆向、可逆
S	有锁住机构、手动复位、防水式、三相、3 个电源、双线圈
P	电磁复位、防滴式、单相、两个电源、电压的
K	开启式
H	保护式、带缓冲装置
M	密封式、灭磁、母线式
L	电流的
Q	防尘式、手车式
F	高返回、带分励脱扣（此项派生字母加注于全型号之后）
T	按临时措施制造（此项派生字母加注于全型号之后）
TH	湿热带（此项派生字母加注于全型号之后）
TA	干热带（此项派生字母加注于全型号之后）

表 1-9 低压电器产品的类别及组别代号

代号	名称	A	B	C	D	G	H	J	K	L	M	P	Q	R	S	T	U	W	X	Y	Z
H	刀开关和转换开关	—	—	—	刀开关	—	封闭式负荷开关	—	开启式负荷开关	—	—	—	—	熔断器式刀开关	刀形转换开关	—	—	—	—	其他	组合开关
R	断路器	—	—	插入式	—	—	汇流排式	—	—	螺旋式	封闭管式	—	—	—	快速	有填料管式	—	—	限流	其他	—
D	低压断路器	—	—	—	—	—	—	—	—	—	灭磁	—	—	—	快速	—	—	万能式	限流	其他	塑料外壳式
K	控制器	—	—	—	—	鼓形	—	—	—	—	—	平面	—	—	—	凸轮	—	—	—	其他	—
C	接触器	—	—	—	—	高压	—	交流	—	—	—	中频	—	—	时间	通用	—	—	—	其他	直流
Q	启动器	按钮式	—	磁力	—	—	—	减压	—	—	—	—	—	—	手动	—	油浸	—	Y-Δ	其他	综合
J	控制继电器	—	—	—	—	—	—	—	—	电流	—	—	—	热	时间	通用	—	温度	—	其他	中间
L	主令电器	按钮	—	—	—	—	—	接近开关	主令控制器	—	—	—	—	—	主令开关	足踏开关	旋钮	万能转换开关	行程开关	其他	—
Z	电阻器	—	板形元件	冲片件	带形元件	管形件	—	—	—	—	—	—	—	—	烧结件	铸铁件	—	—	电阻器	其他	—
B	变阻器	—	—	旋臂式	—	—	—	—	—	励磁	—	频敏	启动	—	石墨	启动调速	油浸启动	液体启动	滑线式	其他	—
T	调整器	—	—	—	电压	—	—	—	—	—	—	—	—	—	—	—	—	—	—	—	—
M	电磁铁	—	—	—	—	—	—	—	—	—	—	—	牵引	—	—	—	—	起重	—	液压	制动
A	其他	—	触电保护器	插销	灯	—	接线盒	—	—	电铃	—	—	—	—	—	—	—	—	—	—	—

思考题与习题 1

1. 何谓电磁式电器的吸力特性与反力特性？吸力特性与反力特性之间应满足怎样的配合关系？

2. 单相交流电磁机构为什么要设置短路环？它的作用是什么？三相交流电磁铁是否需要装设短路环？

3. 从结构特征上如何区分交流、直流电磁机构？

4. 交流电磁线圈通电后，衔铁长时间被卡不能吸合，会产生什么后果？

5. 交流电磁线圈误接入直流电源，直流电磁线圈误接入交流电源，会发生什么问题？为什么？

6. 线圈电压为 220 V 的交流接触器，误接入 380 V 交流电源，会发生什么问题？为什么？

7. 接触器是怎样选择的？主要考虑哪些因素？

8. 两个相同的交流线圈能否串联使用？为什么？

9. 常用的灭弧方法有哪些？

10. 熔断器的额定电流、熔体的额定电流和熔体的极限分断电流这三者有何区别？

11. 如何调整电磁式继电器的返回系数？

12. 在电气控制线路中，既装设熔断器，又装设热继电器，各起什么作用？能否相互代用？

13. 热继电器在电路中的作用是什么？带断相保护和不带断相保护的三相式热继电器各用在什么场合？

14. 时间继电器和中间继电器在电路中各起什么作用？

15. 什么是主令电器？常用的主令电器有哪些？

16. 试为一台交流 380 V、4 kW($\cos\varphi=0.88$)、△连接的三相笼型异步电动机选择接触器、热继电器和熔断器。

练 习 题

1. 什么是电器？什么是低压电器？

2. 低压电器的分类有哪几种？

3. 简述接触器原理及结构。选择接触器时，主要考虑交流接触器的哪些参数？

4. 简述继电器的特性原理。

5. 简述电磁式继电器的原理及分类。

6. 时间继电器的分类有哪几种？如何理解其图形符号含义？

7. 简述速度继电器的工作原理及用途。

8. 什么是低压保护电器？常用的低压保护电器有哪些？

9. 简述熔断器的原理及选择原则。

10. 热继电器的工作原理及结构是什么？热继电器和熔断器保护功能有何不同之处？

11. 低压断路器是如何选择的？

12. 什么是低压主令电器？常用的低压主令电器有哪些？试简述其各自的工作原理。

13. 常用的低压执行电器有哪些？试简述其各自的工作原理。

第2章 电气控制线路图绘制与设计

电气控制是指继电器、接触器和其他低压电器组成的控制方式。电气控制线路是用导线将继电器、接触器等电器元件按一定的要求和方法联系起来，并能实现某种功能的电气线路，它能实现对电力拖动系统的启动、制动、调速和保护，从而满足生产工艺要求，实现生产过程的自动控制。不同的电气控制系统具有不同的电气控制线路，但无论是简单或是复杂的控制线路都是由基本的控制电路组成的。因此，掌握这些基本控制电路是学习整个电气控制系统工作原理的重要基础。

2.1 电气控制线路图简介

电气控制系统是由电气控制元器件按一定要求连接而成。为了清晰地表达生产机械电气控制系统的工作原理，便于系统的安装、调整、使用和维修，将电气控制系统中的各电气元器件用一定的图形符号和文字符号来表示，再将其连接情况用一定的图形表达出来，这种图形就是电气控制系统图。

常用的电气控制系统图有电气原理图、电器布置图与安装接线图。

2.1.1 电气控制系统图

在电气控制系统图中，电气元器件的图形符号、文字符号必须采用国家最新标准，即GB/T 4728—1996～2000《电气简图用图形符号》和GB 7159—1987《电气技术中的文字符号制定通则》。接线端子标记采用GB 4026—1992《电器设备接线端子和特定导线线端的识别及应用字母数字系统的通则》，并按照GB 6988—1993～2002《电气制图》的要求来绘制电气控制系统图。常用的图形符号和文字符号见本书附录B。

2.1.2 电气原理图

电气原理图是用来表示电路各电气元器件中导电部件的连接关系和工作原理的图。该图应根据简单、清晰的原则，采用电气元器件展开形式来绘制，它不按电气元器件的实际位置来画，也不反映电气元器件的大小、安装位置，只用电气元器件的导电部件及其接线端钮按国家标准规定的图形符号来表示电气元器件，再用导线将这些导电部件连接起来以反映其连接关系。所以电气原理图结构简单、层次分明、关系明确，适用于分析研究电路的工作原理，且可作为其他电气图的依据，在设计部门和生产现场获得广泛的应用。

现以图2-1所示CW6132型普通车床电气原理图为例来阐明绘制电气原理图的原则和注意事项。

1. 绘制电气原理图的原则

(1) 电气原理图的绘制标准　图中所有的元器件都应采用国家统一规定的图形符号和文字符号。

(2) 电气原理图的组成　电气原理图由主电路和辅助电路组成。主电路是从电源到电动的电路，其中有刀开关、熔断器、接触器主触头、热继电器发热元件与电动机等。主电路用粗线绘制在图面的左侧或上方。辅助电路包括控制电路、照明电路、信号电路及保护电路

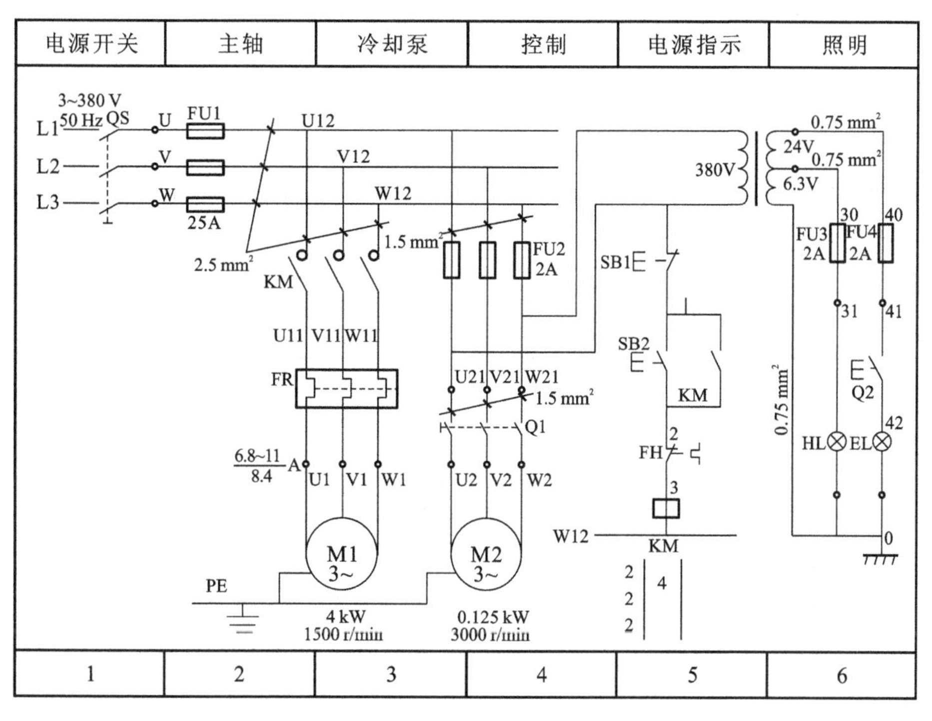

图 2-1　CW6132 型普通车床电气原理图

等。它们由继电器、接触器的电磁线圈，继电器、接触器辅助触头，控制按钮，其他控制元件触头、控制变压器、熔断器、照明灯、信号灯及控制开关等组成，用细实线绘制在图面的右侧或下方。

(3) 电源线的画法原理　图中直流电源用水平线画出，一般直流电源的正极画在图面上方，负极画在图面的下方。三相交流电源线集中水平画在图面上方，相序自上而下依 L1、L2、L3 排列，中性线(N 线)和保护接地线(PE 线)排在相线之下。主电路垂直于电源线画出，控制电路与信号电路垂直在两条水平电源线之间。耗电元器件(如接触器、继电器的线圈、电磁铁线圈、照明灯、信号灯等)直接与下方水平电源线相接，控制触头接在上方电源水平线与耗电元器件之间。

(4) 原理图中电气元器件的画法　原理图中的各电气元器件均不画实际的外形图，原理图中只画出其带电部件，同一电气元器件上的不同带电部件是按电路中的连接关系画出，但必须按国家标准规定的图形符号画出，并且用同一文字符号标明。对于几个同类电器，在表示名称的文字符号之后加上数字序号，以示区别。

(5) 电气原理图中电气触头的画法　原理图中各元器件触头状态均按没有外力作用时或未通电时触头的自然状态画出。对于接触器、电磁式继电器是按电磁线圈未通电时触头状态画出；对于控制按钮、行程开关的触头是按不受外力作用时的状态画出；对于断路器和开关电器触头按断开状态画出。当电气触头的图形符号垂直放置时，以“左开右闭”原则绘制，即垂线左侧的触头为常开触头，垂线右侧的触头为常闭触头；当符号为水平放置时，以“上闭下开”原则绘制，即在水平线上方的触头为常闭触头，水平线下方的触头为常开触头：

(6) 原理图的布局　原理图按功能布置，即同一功能的电气元器件集中在一起，尽可能按动作顺序从上到下或从左到右的原则绘制。

(7) 线路连接点、交叉点的绘制　在电路图中，对于需要测试和拆接的外部引线的端子，采用“空心圆”表示；有直接电联系的导线连接点，用“实心圆”表示；无直接电联系的导线交叉点不画黑圆点，但在电气图中尽量避免线条的交叉。

（8）原理图绘制要求　原理图的绘制要层次分明，各电器元件及触头的安排要合理，既要做到所用元件、触头最少，耗能最少，又要保证电路运行可靠，节省连接导线以及安装、维修方便。

2. 电气原理图图面区域的划分

为了便于确定原理图的内容和组成部分在图中的位置，有利于读者检索电气线路，常在各种幅面的图纸上分区。每个分区内竖边方面用大写的拉丁字母编号，横边用阿拉伯数字编号。编号的顺序应从与标题栏相对应的图幅的左上角开始，分区代号用该区的拉丁字母或阿拉伯数字表示，有时为了分析方便，也把数字区放在图的下面。为了方便读图，利于理解电路工作原理，还常在图面区域对应的原理图上方标明该区域的元件或电路的功能，以方便阅读分析电路。

3. 继电器、接触器触头位置的索引

电气原理图中，在继电器、接触器线圈的下方注有该继电器、接触器相应触头所在图中位置的索引代号，索引代号用图面区域号表示。其中左栏为常开触头所在图区号，右栏为常闭触头所在图区号。

4. 电气图中技术数据的标注

电气图中各电气元器件的相关数据和型号，常在电气原理图中电器元件文字符号下方标注出来。如图 2-1 中热继电器文字符号 FR 下方标有 6.8～11 A，该数据为该热继电器的动作电流值范围，而 8.4 A 为该继电器的整定电流值。

2.1.3　电气布置图

电器元件布置图是用来表明电气原理图中各元器件的实际安装位置，可视电气控制系统复杂程度采取集中绘制或单独绘制。常画的有电气控制箱中的电器元件布置图、控制面板图等。电器元件布置图是控制设备生产及维护的技术文件，电器元件的布置应注意以下几个方面。

（1）体积大和较重的电器元件应安装在电器安装板的下方，而发热元件应安装在电器安装板的上面。

（2）强电、弱电应分开，弱电应屏蔽，防止外界干扰。

（3）需要经常维护、检修、调整的电器元件安装位置不宜过高或过低。

（4）电器元件的布置应考虑整齐、美观、对称。外形尺寸与结构类似的电器应安装在一起，以利于安装和配线。

（5）电器元件布置不宜过密，应留有一定间距。如用走线槽，应加大各排电器间距，以利于布线和维修。

电器布置图根据电器元件的外形尺寸绘出，并标明各元器件间距尺寸。控制盘内电器元件与盘外电器元件的连接应经接线端子进行，在电器布置图中应画出接线端子板并按一定顺序标出接线号。图 2-2 所示为 CW6132 型车床控制盘电器布置图，图 2-3 所示为 CW6132 型车床电气设备安装布置图。

2.1.4　安装接线图

安装接线图主要用于电器的安装接线、线路检查、线路维修和故障处理，通常接线图与电气原理图和元器件布置图一起使用。接线图表示出项目的相对位置、项目代号、端子号、导线号、导线型号、导线截面等内容。接线图中的各个项目（如元件、器件、部件、组件、成套设备等）采用简化外形（如正方形、矩形、圆形）表示，简化外形旁应标注项目代号，并应与电

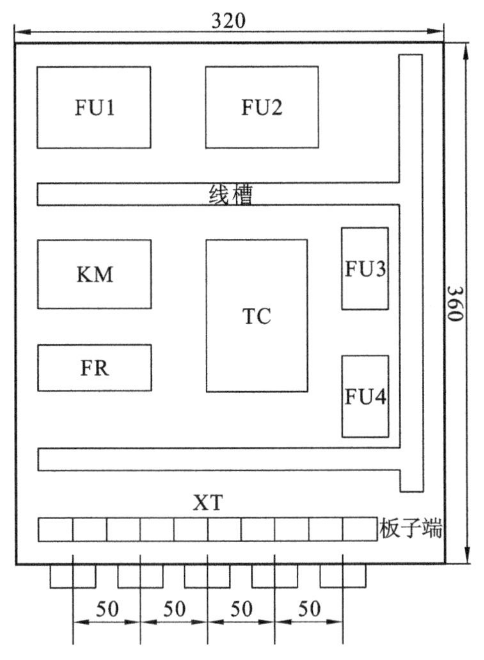

图 2-2 CW6132 型车床控制盘电气布置图

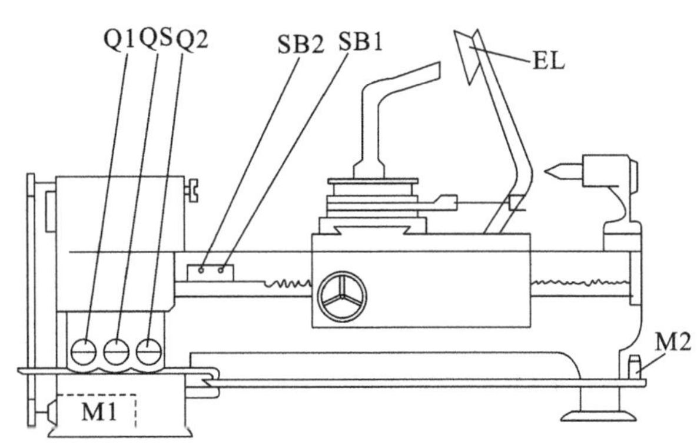

图 2-3 CW6132 型车床电气设备安装布置图

气原理图中的标注一致。

电气接线图的绘制原则如下。

(1) 各电气元器件均按实际安装位置绘出,元器件所占图面按实际尺寸以统一比例绘制。

(2) 一个元器件中所有的带电部件均画在一起,并用点划线框起来,即采用集中表示法。

(3) 各电气元器件的图形符号和文字符号必须与电气原理图一致,并符合国家标准。

(4) 各电气元器件上凡是需接线的部件端子都应绘出,并予以编号,各接线端子的编号必须与电气原理图上的导线编号相一致。

(5) 绘制安装接线图时,走向相同的相邻导线可以绘成一股线。

图 2-4 是根据上述原则绘制的与图 2-1 对应的电器箱外连部分电气安装接线图。

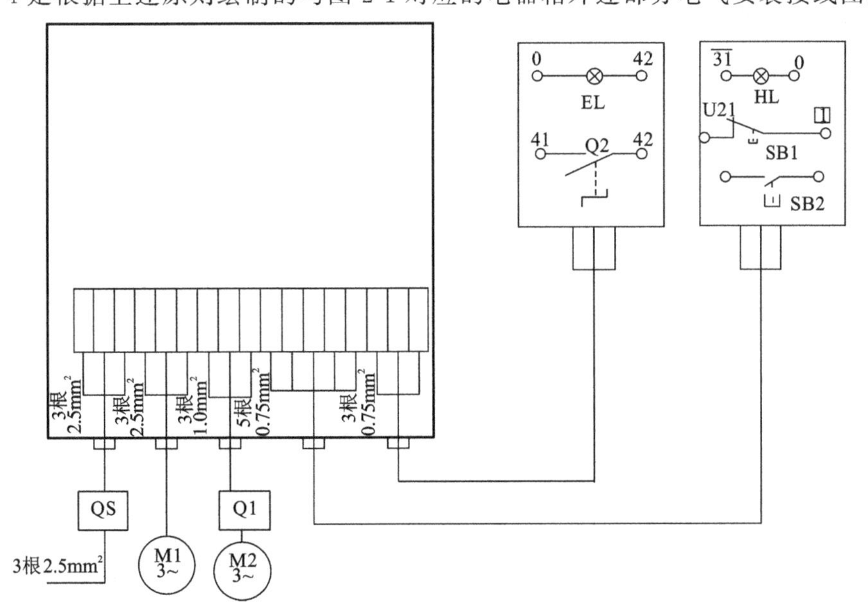

图 2-4 CW6132 型车床电气安装接线图

2.2 电气控制线路图的绘制与识别

2.2.1 电气制图与识图的相关国家标准

电气制图与识图必须按照相关国家标准，常用电气制图与识图标准如下。

(1) GB/T 4728.2～4728.5—2005、GB/T 4728.6～4728.13—2008《电气简图用图形符号》系列标准。该标准规定了各类电气产品所对应的图形符号，标准中规定的图形符号基本与国际电气技术委员会(IEC)发布的有关标准相同。

(2) GB/T 5465.2—2008《电气设备用图形符号 第2部分：图形符号》。该标准规定了电气设备用图形符号及其应用范围、字母代码等内容。

(3) GB/T 14689—2008、GB/T 14690—1993、GB/T 14691—1993《技术制图》系列标准。该标准规定了电气图纸的幅面、标题栏、字体、比例、尺寸标注等。

以上标准的详细内容请查阅相关国家标准。

2.2.2 电路图类型及其识读

机床电气控制电路图常见的类型有系统图与框图、电气原理图、电器元件布置图、电气接线图与接线表。其中电气接线图又包括单元接线图、互连接线图和端子接线图。下面对普通机床涉及的电气原理图和电气接线图识读作进一步介绍。

1. 机床电气原理图识读

用图形符号并按工作顺序排列，详细表示电路、设备或成套装置的全部基本组成和连接关系，而不考虑其实际位置的简图称为电气原理图。该图是以图形符号代表其实物，以实线表示其电气性能连接，按电路、设备或成套装置的功能和原理绘制的。电气原理图主要用来详细理解设备或其组成部分的工作原理，为测试和寻找故障提供信息，与框图、接线图等配合使用可进一步了解设备的电气性能及装配关系。

电气原理图的绘制规则应符合国家相关标准。

1) 电气原理图中的图线

在电气制图中，一般只使用4种形式的图线：实线、虚线、点划线和双点划线。其图线的形式及一般应用见表2-1。

表2-1 电气图中图线的形式及一般应用

图线名称	图线形式	一般应用
实线	————————	基本线、简图主要内容用线、可见轮廓线、可见导线
虚线	----------------	辅助线、屏蔽线、机械连接线、不可见轮廓线、不可见导线、计划扩展内容线
点划线	—·—·—·—	分界线、结构图框线、功能图框线、分组图框线
双点划线	—··—··—··—	辅助图框线

在电气技术文件的编制中，图线的粗细可根据图形符号的大小选择，一般选用两种宽度的图线，并尽可能地采用细图线。有时为区分、突出符号或避免混淆而特别需要，也可采用粗图线，一般粗图线的宽度为细图线宽度的两倍。在绘图中，如需两种或两种以上宽度的图线，则应按细图线宽度的2的倍数依次递增选择。

图线的宽度一般从下列数值中选取：0.25 mm、0.35 mm、0.5 mm、0.7 mm、1.0 mm、1.4 mm。

2）电气原理图中的箭头与指引线

电气原理图中的箭头符号有开口箭头和实心箭头两种形式。开口箭头如图 2-5(a)所示，主要用于表示能量和信号流的传播方向。实心箭头如图 2-5(b)所示，主要用于表示可变性、力和运动方向以及指引线方向。

指引线主要用于指示注释的对象，采用细实线绘制，其末端指向被注释处。末端在连接线上的指引线，采用在连接线和指引线交点上画一短斜线或箭头表示终止，并允许有多个末端。图 2-5(c)表示自上而下 1、3 线为 BV-2.5 mm^2；2、4 线为 BV-4 mm^2。

3）电气原理图的布局方法

电气原理图的布局比较灵活，原则上要求：布局合理、图面清晰、便于读图。

（1）水平布局　水平布局即将元件和设备按行布置，使其连接线处于水平布置状态，如图 2-6(a)所示。

（2）垂直布局　垂直布局即将元件和设备按列布置，使其连接线处于垂直布置状态，如图 2-6(b)所示。

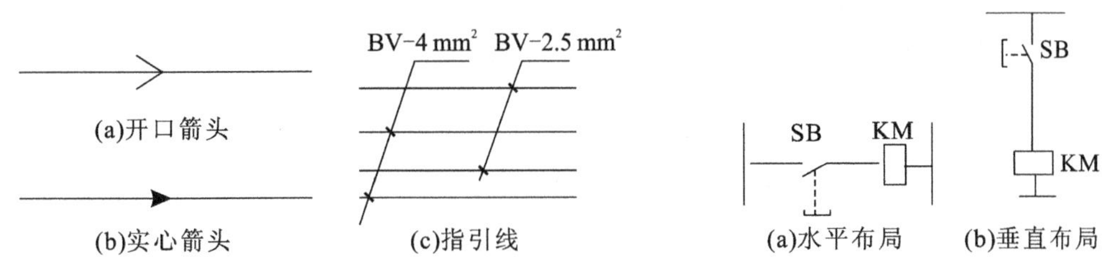

图 2-5　图中的箭头和指引线　　**图 2-6　电气原理图的布局**

4）电气原理图的基本表示方法

（1）单线表示法和多线表示法　用一条图线表示两根或两根以上的连接线或导线的方法叫作单线表示法，如图 2-7(a)所示；每根连接线或导线都用一条图线表示的方法叫作多线表示法，如图 2-7(b)所示。从图 2-7 可以看出，图 2-7(a)与图 2-7(b)表示的内容相同。

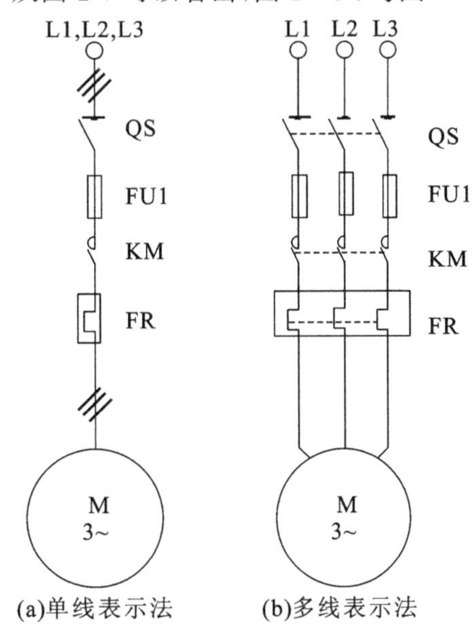

图 2-7　电气原理图的单线表示法和多线表示法

（2）集中表示法和分开表示法（展开表示法） 集中表示法就是把设备或成套装置中的一个项目各组成部分的图形符号在简图上绘制在一起的方法；分开表示法是把一个项目中的某些图形符号在简图中分开布置，并用项目代号表示它们之间相互关系的方法。

图 2-8(a)中的 KM 和 FR 采用的是集中表示法；图 2-8(b)中的 KM 和 FR 则采用的是分开表示法。

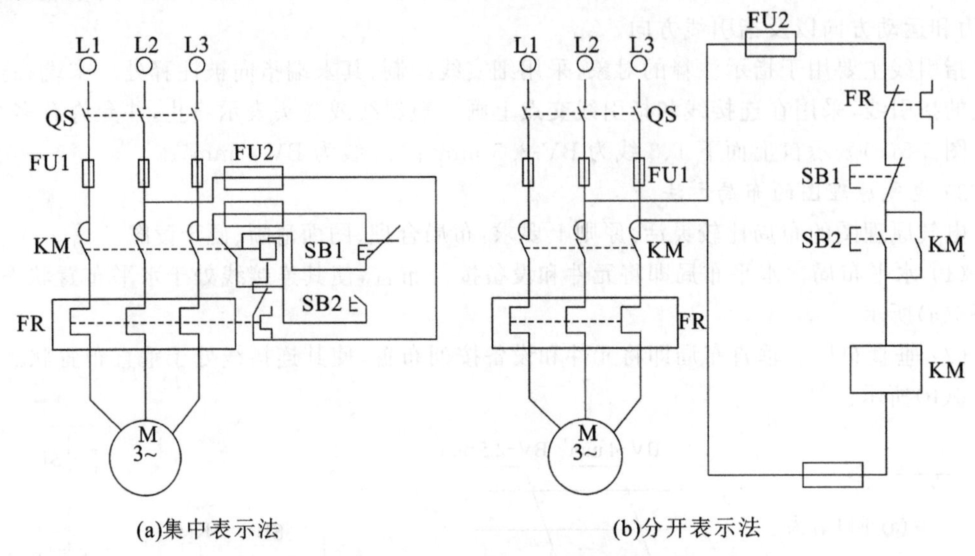

图 2-8 电气原理图的集中表示和分开表示法

5）电气原理图中可动元件的表示方法

（1）工作状态 组成部分可动的元件，应按以下规定位置或状态绘制：继电器、接触器等单一稳定状态的元件，应表示在非激励或断电状态；断路器、负荷开关和隔离开关应表示在断开（OFF）位置；标有断开位置的多个稳定位置的手动控制开关应表示在断开位置，未标有断开位置的控制开关应表示在图中规定的位置；应急、事故、备用、警告等用途的手动控制开关，应表示在设备正常工作时的位置或其他规定位置。

（2）触点符号的取向 为了与设定的动作方向一致，触点符号的取向应该是，当元件受激时，水平连接线的触点动作向上；垂直连接线的触点动作向右，当元件的完整符号中含有机械锁定、阻塞装置、延迟装置等符号时，这一点特别重要。在触点排列复杂而无机械锁定装置的电路中，采用分开表示法时，为使图面布局清晰、减少连接线的交叉，可以改变触点符号的取向。触点符号的取向如图 2-9 所示。

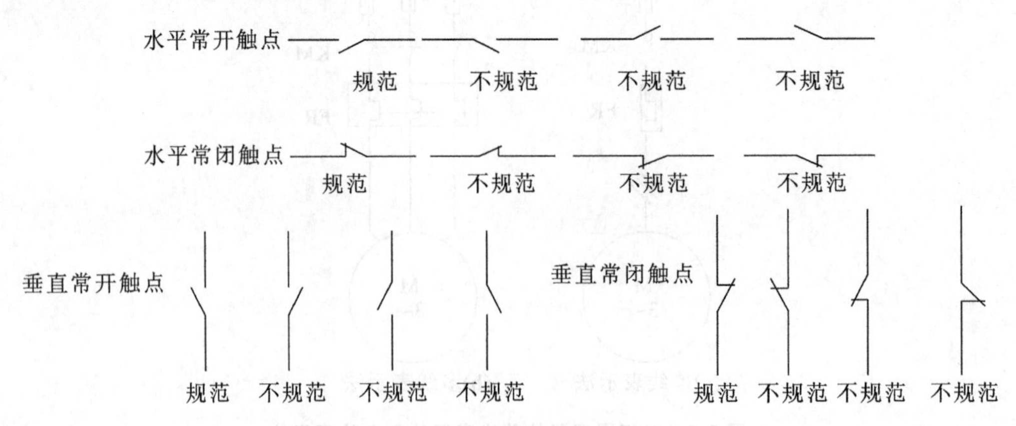

图 2-9 触点符号的取向

（3）多位开关触点状态的表示方法　对于有多个动作位置的开关，通常采用表格表示法或符号表示法来表示其触点的通断状态。图 2-10 所示为一个具有 3 个位置 3 组触点的开关。为了表示此开关在Ⅰ、Ⅱ、Ⅲ3 个位置时触点 1-2、3-4、5-6 的通断状态，可以采用图 2-10（a）表格的形式，也可采用图 2-10（b）符号的形式。图 2-10（b）中的 3 条虚线表示开关的 3 个位置Ⅰ、Ⅱ、Ⅲ，1-2、3-4、5-6 表示开关的 3 组触点，黑点代表该黑点对应的触点在该黑点所在位置（虚线）时导通，例如在Ⅰ位置时 1-2 导通，在Ⅱ位置时 3-4、5-6 导通，在Ⅲ位置时只有 5-6 导通。

位置	触点或端子		
	1-2	3-4	5-6
Ⅰ	×	—	—
Ⅱ	—	×	×
Ⅲ	—	—	×

×：通　　—：断

(a)表格表示法

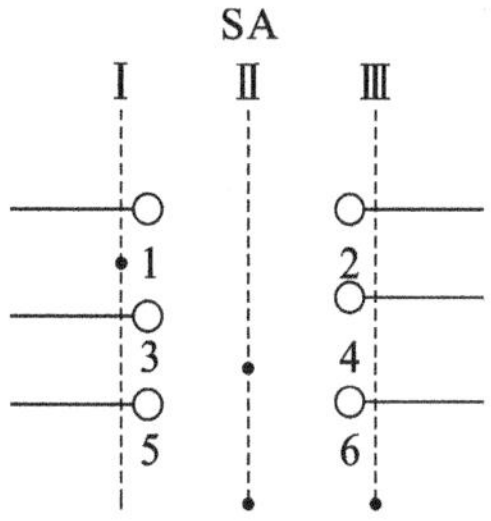

SA
Ⅰ Ⅱ Ⅲ
1 2 3 4 5 6

(b)符号表示法

图 2-10　多位开关触点状态的表示方法

6）电器元器件的位置表示

为了准确寻找元器件和设备在图上的位置，可采用表格或插图的方法表示。

（1）表格法是在采用分开表示法的图中将表格分散绘制在项目的驱动部分（如线圈）下方，在表格中表明该项目其他部分位置，如图 2-11（部分电路）所示；或者集中制作一张表格，在表格中表明各项目其他部分位置。集中表格法表示触点位置如表 2-2 所示。

表 2-2　集中表格法表示触点位置

名　称	常开触点	常闭触点	位　置
KM1	1-2、3-4、5-6		1/2
	13-14		1/7
	23-24		
		11-12	
		21-22	
KMF2	1-2、3-4、5-6		1/4
	13-14		1/9
	23-24		
		11-12	
		21-22	

图 2-11 所示为表格法的形式之一。图中 K1～K5 线圈下方的十字表格上部一左一右常开、常闭触点表示该器件所属的各种常开、常闭触点；十字表格下部一左一右数字对应表示该器件所属的各种常开、常闭触点所在支路编号。

图 2-12 所示（部分电路）为表格法的另一种形式。图中 KM1 和 KM2 线圈下方的表格为两条竖杠 3 个隔间，左中右 3 个隔间中的数字分别表示 KM1 和 KM2 的主触点、辅助常开

触点、辅助常闭触点所在支路编号；×表示没有采用的触点。

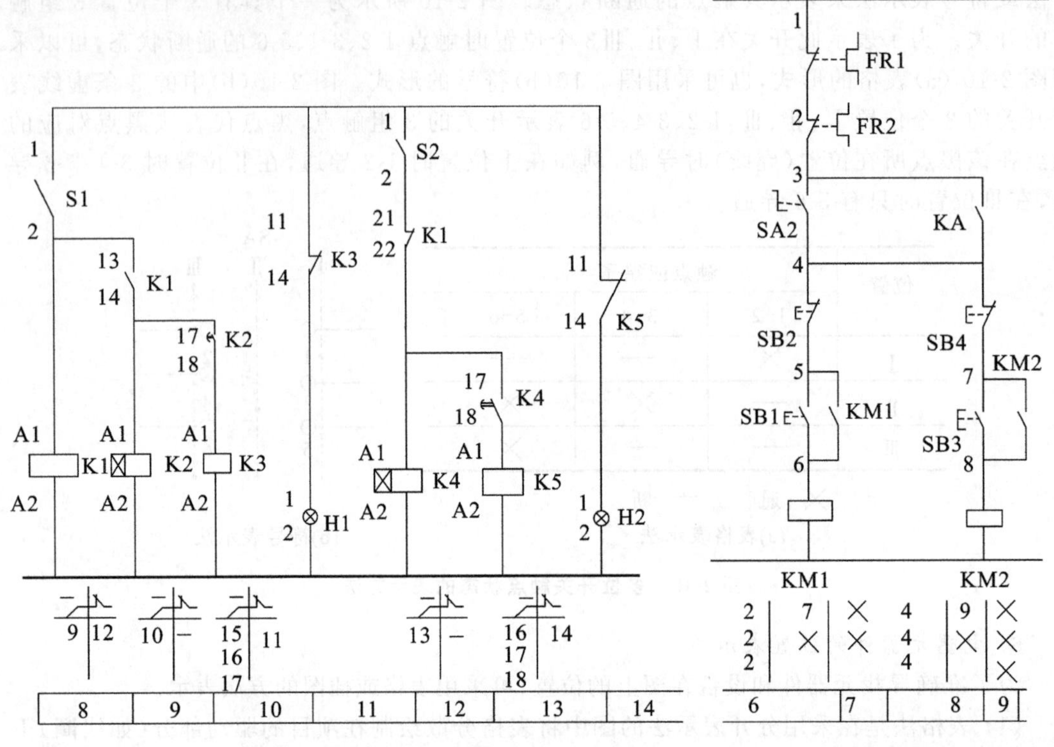

图 2-11　电器元器件的位置表示法图例之一　　　图 2-12　电器元器件的位置表示法图例之二

表 2-2 所示为表格法的第 3 种形式——集中表格法。采用集中表格法时，原理展开图驱动线圈下方不设表格，而是将所有驱动设备的触点集中绘制在一张表格中。表中常开、常闭触点栏内的数字表示该设备所有触点的端子编号；位置一栏的数字对应表示常开或常闭触点所在的图纸编号和所在页图纸上的位置。例如表 2-2 中 KM1 的 1-2、3-4、5-6 主触点在第 1 张图的 2 区；KM1 的 13-14 辅助触点在第 1 张图的 7 区；KM1 的 23-24、11-12、21-22 辅助触点则没有采用。表 2-2 与图 2-12 表达的是同一个内容，但表 2-2 的表述更详细一些。

（2）插图法是在采用分开表示法的原理图中插入若干项目图形，每个项目图形绘制有该项目驱动元件和触点端子位置号等。图 2-13 所示为采用插图法表示表 2-2 的内容。

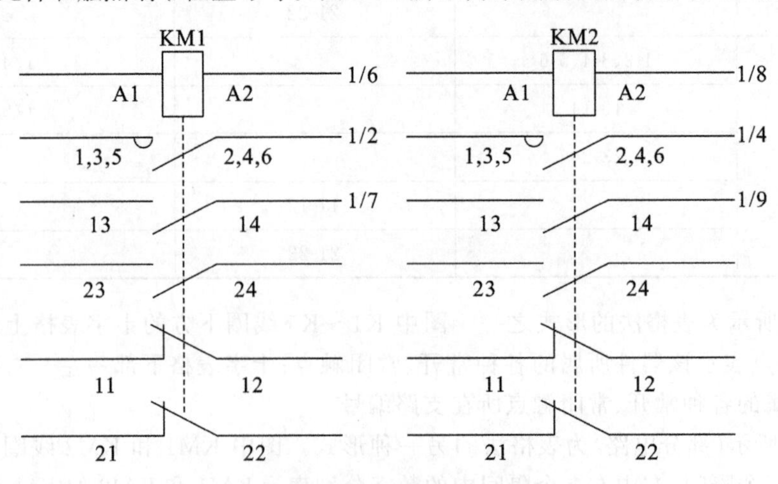

图 2-13　电器元器件的位置表示法图例之三

插图一般布置在原理展开图的任何一边的空白处，甚至可绘制在另外一张图纸上。

7) 电气原理图中连接线的表示方法

连接线是用来表示设备中各组成部分或元器件之间的连接关系的直线，如电气图中的导线、电缆线、信号通路及元器件、设备的引线等。在绘制电气图时，连接线一般采用实线绘制。

(1) 连接线的一般表示方法　图 2-14(a)所示为导线的一般符号，可用于表示一根导线、导线组、电缆、总线等。

当用单线制表示一组导线时，需标出导线根数，可采用图 2-14(b)所示的方法；若导线少于 4 根，可采用图 2-14(c)所示的方法，一斜杠表示一根导线。

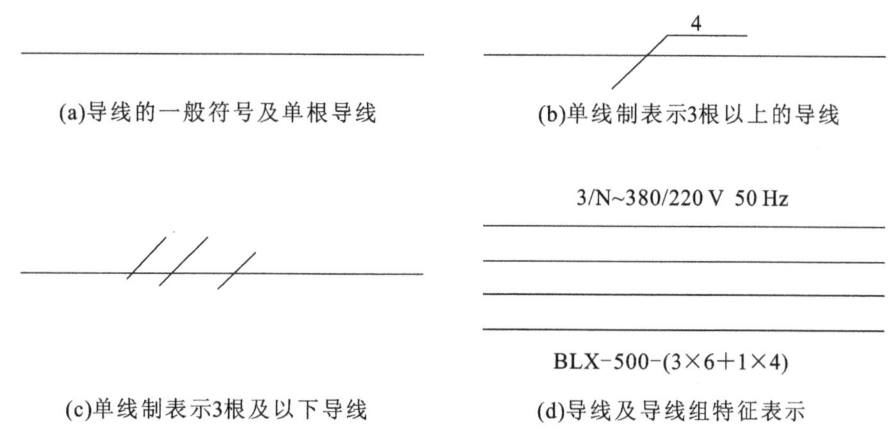

图 2-14　连接线的一般表示方法

导线特征通常采用符号标注，即在横线上面或下面标出需标注的内容，如电流种类、配电制式、频率和电压等。图 2-14(d)表示一组三相四线制线路，该线路额定线电压为 380 V，额定相电压为 220 V，频率为 50 Hz，由 3 根 6 mm^2 和 1 根 4 mm^2 的铝芯橡皮导线组成。

(2) 图线的粗细表示　为了突出或区分某些重要的电路，连接导线可采用不同宽度的图线表示。一般而言，需要突出或区分的某些重要电路采用粗图线表示，如电源电路、一次电路、主信号通路等，其余部分则采用细实线表示。

(3) 连接线接点的表示方法　如图 2-15 所示，T 形连接线的接点可不画圆点，十字连接线的接点必须画圆点，否则，表示不连接。

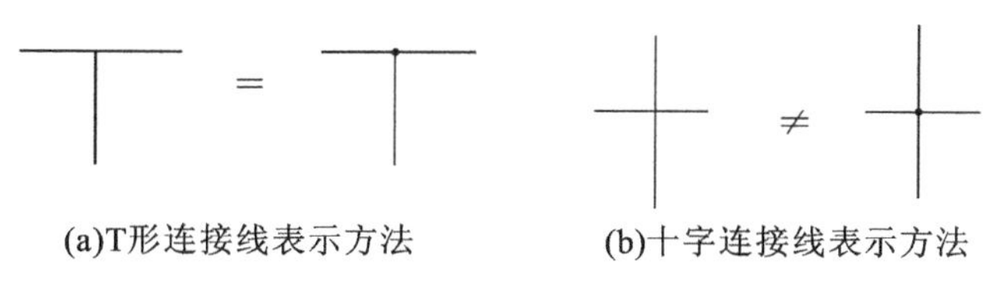

图 2-15　连接线接点的表示方法

(4) 连接线的连续表示法和中断表示法　电路图连接线大都采用连续线表示。只有当电路复杂，不便采用连续线表示或采用连续线表示容易误导识读时，才采用中断表示法。中断表示法及其标记如图 2-16 所示。采用中断表示法是简化连接线作图的一个重要手段。当穿越图面的连接线较长或穿越稠密区域时，允许将连接线中断，并在中断处加注相应的标记，以表示其连接关系，如图 2-16(a)所示，L 与 L 是相连的。对于去向相同线组的中断，应在相应线组末端加注适当的标记，如图 2-16(b)所示。当一条图线需要连接到另外的图上时，必须采用中断线表示，同时应在中断线的末端相互标出识别标记，如图 2-16(c)所示，第 23 张图的 L 线应连接到第 24 张图的 A4 区的 L 线，第 24 张图的 L 线应连接到第 23 张图的 C5 区的 L 线,其余连线的道理一样。

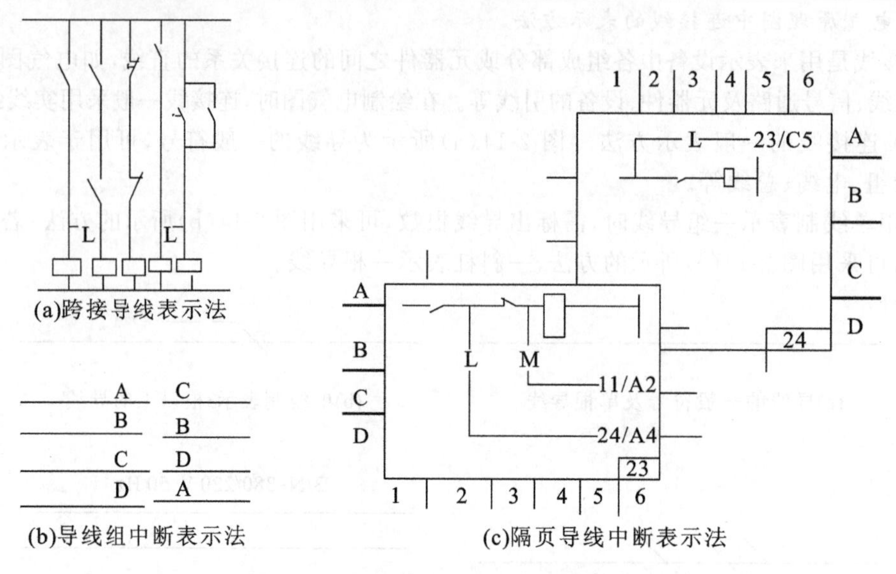

图 2-16 连接线的中断表示法及其标记

2. 机床电气接线图识读

接线图是在电路原理图、位置图等图的基础上绘制和编制出来的,主要用于电气设备及电气线路的安装接线、线路检查、维修和故障处理。在实际工作中,接线图常与电气原理图、位置图配合使用。为了进一步说明问题,有时还要绘制一个关于接线图的表格,即接线表。接线图和接线表可以单独使用,也可以组合使用,一般以接线图为主,接线表给予补充。

按照功能的不同,接线图和接线表可分为单元接线图和单元接线表、互连接线图和互连接线表、端子接线图和端子接线表 3 种形式。

1) 单元接线图

单元接线图应提供一个结构单元或单元组内部连接所需的全部信息,如图 2-17 所示。其中图 2-17(a)所示为多线制连续线表示的单元接线图;图 2-17(b)所示为单线制连续线表示的单元接线图;图 2-17(c)所示为中断线表示的单元接线图。图中有两种数字:导线上所标数字为线号;矩形实线框内所标数字为设备端子号。中断线表示的单元接线图采用了远端标记法和独立标记法相加的混合标记法,即导线上既标注线号(独立标记法),又标注对方的端子号(远端标记法)。“— K22”等为项目种类代号。

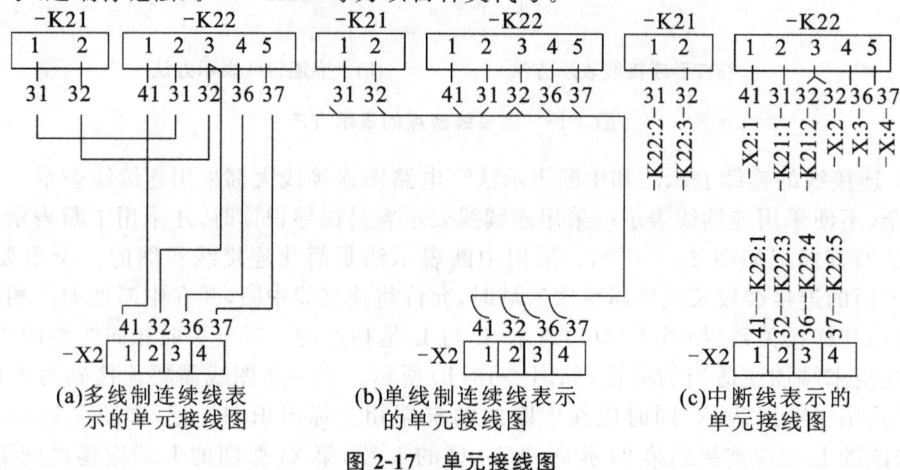

图 2-17 单元接线图

2）互连接线图

互连接线图应提供不同结构单元之间连接的所需信息。图 2-18 所示为单线制连续线表示的互连接线图；图 2-19 所示为中断线表示的互连接线图。图中“— W101”等为连接电缆号；“3×1.5”等为连接电缆芯线使用根数 3 及其缆芯截面积(1.5 mm^2)；“＋D”等为单元位置代号。

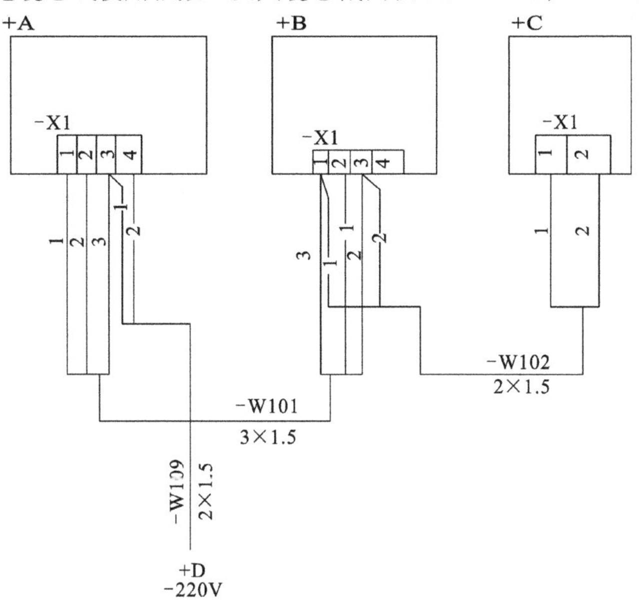

图 2-18 单线制连续线表示的互连接线图

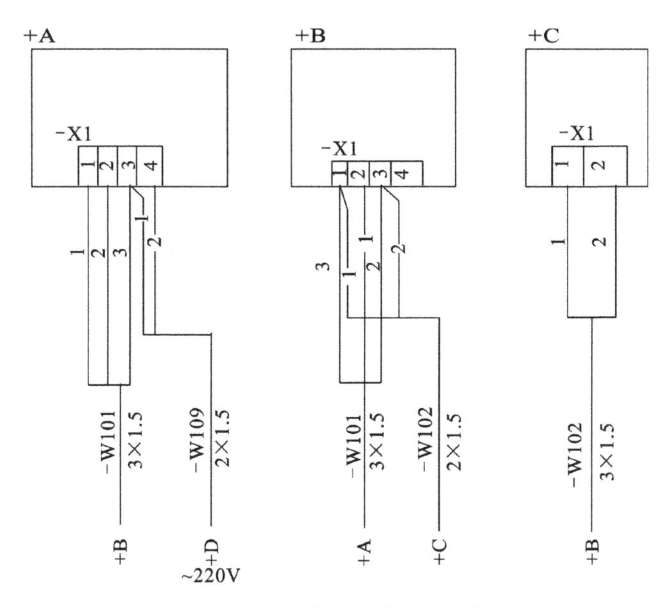

图 2-19 中断线表示的互连接线图

3）端子接线图

端子接线图应提供一个结构单元与外部设备连接所需的信息。端子接线图一般不包括单元或设备的内部连接，但可提供有关的位置信息。对于较小的系统，经常将端子接线图与互连接线图合二为一。

图 2-20 所示为某机电设备端子电气接线图。图中标明了机床主板接线端与外部电源进线、按钮板、照明灯、电动机之间的连接关系，也标注了穿线用包塑金属软管的直径和长

度，连接导线的根数、截面及颜色等。

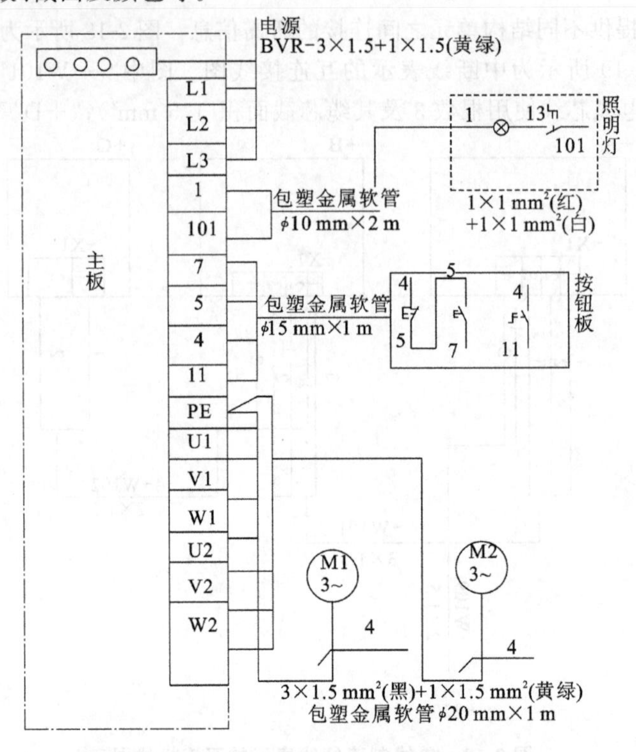

图 2-20　某机电设备端子电气连接图

2.3　电气控制线路设计注意事项

2.3.1　保护控制线路工作的安全和可靠性

电气元件要正确连接，电器的线圈和触头连接不正确，会使控制线路发生误动作，有时会造成严重的事故。

(1) 线圈的连接。在交流控制线路中，不能串联接入两个电器线圈，如图 2-21 所示。即使外加电压是两个线圈额定电压之和，也是不允许的。因为每个线圈上所分配到的电压与线圈阻抗成正比，两个电器动作总有先后顺序，先吸合的电器，磁路先闭合，其阻抗比没吸合的电器大，电感显著增加，线圈上的电压也相应增大，故没吸合电器的线圈的电压达不到吸合值。同时电路电流将增加，有可能会烧毁线圈。因此，两个电器需要同时动作时，线圈应并联连接。

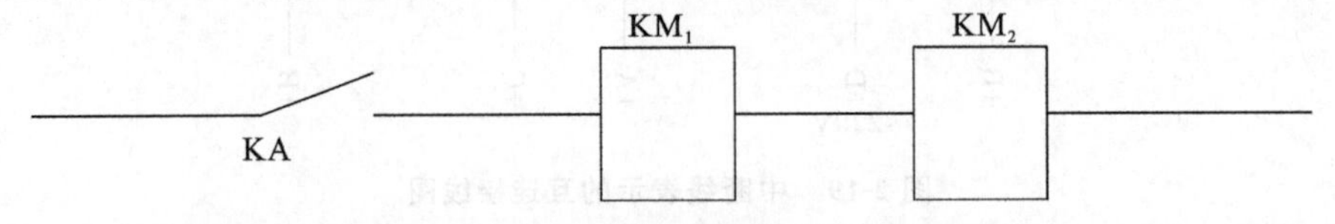

图 2-21　不能串联接入两个电器线圈

(2) 电器触头的连接。同一个电器的常开触头和常闭触头位置靠得很近，不能分别接在电源的不同相上。不正确连接电器的触头如图 2-22(a)所示，限位开关 SQ 的常开触头和常闭触头不是等电位，当触头断开产生电弧时，很可能在两触头之间形成飞弧而引起电源短路。正确连接电器的触头如图 2-22(b)所示，此时两触头电位相等，不会造成飞弧而引起电源短路。

(3) 线路中应尽量减少多个电器元件依次动作后才能接通另一个电气元件，如图 2-23

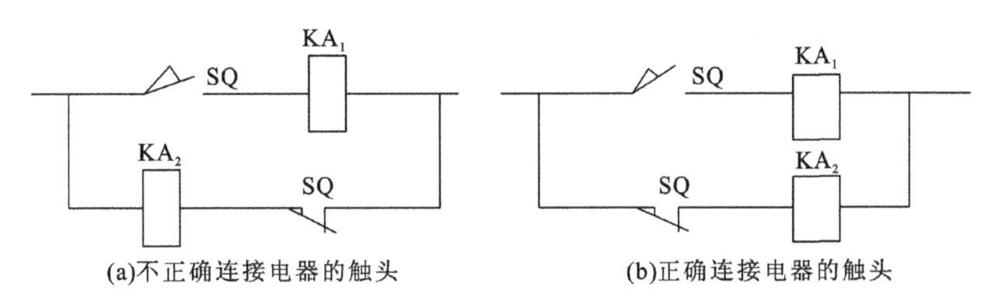

(a)不正确连接电器的触头　　(b)正确连接电器的触头

图 2-22　电器触头的连接

所示。在图 2-23(a)中,线圈 KA_3 的接通要经过 KA、KA_1、KA_2 3 对常开触头。若改为图 2-23(b)所示的连接,则每一线圈的通电只需经过一对常开触头,工作较可靠。

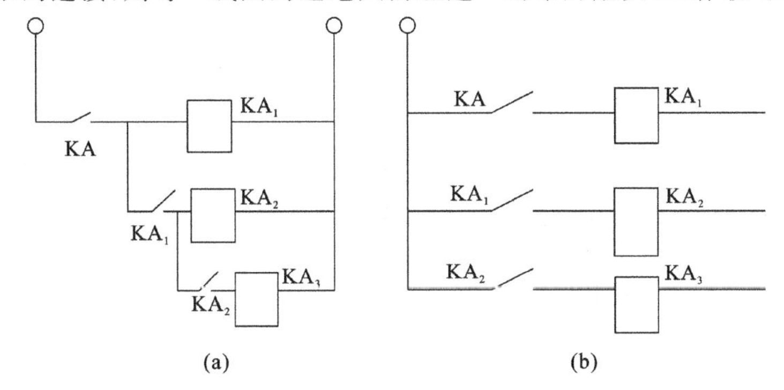

(a)　　(b)

图 2-23　减少多个电气元件一次通电

(4) 应考虑电器触头的接通和分断能力,若容量不够,可在线路中增加中间继电器或增加线路中触头的数目。增加接通能力用多触头并联连接;增加分断能力用多触头串联连接。

(5) 应考虑电气元件触头"竞争"问题。同一继电器的常开触头和常闭触头有"先断后合"型和"先合后断"型。

通电时常闭触头先断开,常开触头后闭合;断电时常开触头先断开,常闭触头后闭合,属于"先断后合"型。而"先合后断"则相反:通电时常开触头先闭合,常闭触头后断开;断电时常闭触头先闭合,常开触头后断开。如果触头动作先后发生"竞争"的话,电路工作则不可靠。触头"竞争"线路如图 2-24 所示,若继电器 KA 采用"先合后断"型,则自锁环节起作用,如果 KA 采用"先断后合"型,则自锁不起作用。

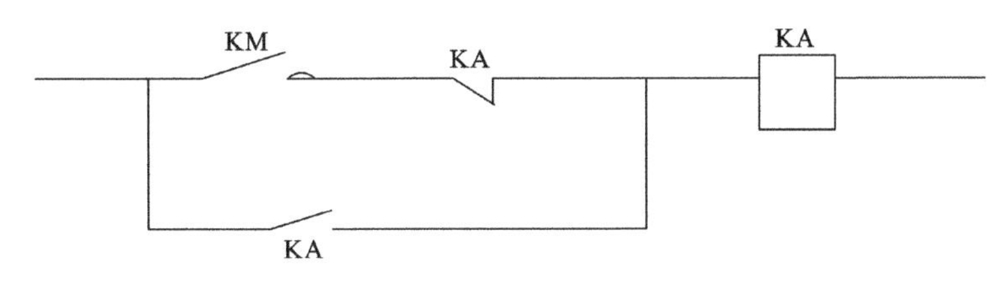

图 2-24　触头"竞争"线路

2.3.2　控制线路力求简单、经济

(1) 尽量减少触头的数目。尽量减少电气元件和触头的数目,所用的电器、触头越少,则越经济,出故障的机会也越少,如图 2-25 所示。

(2) 尽量减少连接导线。将电气元件触头的位置合理安排,可减少导线根数和缩短导线的长度,以简化接线,如图 2-26 所示,启动按钮和停止按钮共同放置在操作台上,而接触器放置在电气柜内。从按钮到接触器要经过较远的距离,所以必须把启动按钮和停止按钮直接连接，这样可减少连接线。

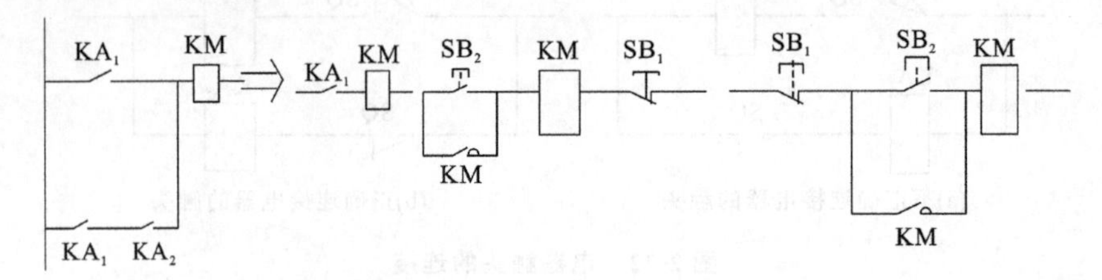

图 2-25　减少触头数目　　　　图 2-26　减少连接导线

(3) 控制线路在工作时，除必要的电气元件必须长期通电外，其余电器应尽量避免长期通电，以延长电气元件的使用寿命和节约电能。

2.3.3　防止寄生电路

控制线路在工作中出现意外接通的电路称为寄生电路。寄生电路会破坏线路的正常工作，造成误动作。图 2-27 所示为一个具有过载保护和指示灯显示的可逆电动机的控制线路，电动机正转时过载，则热继电器动作时会出现寄生电路，如图中虚线所示，使接触器 KM_1 不能断电，起不到保护作用。

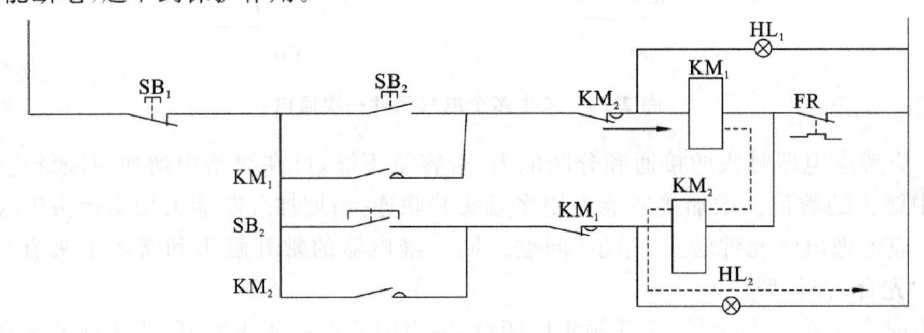

图 2-27　寄生电路

思考题与习题 2

1. 电气控制原理图设计方法有几种？常用什么方法？电气控制原理图的要求有哪些？
2. 采用分析设计法，设计一个以行程原则控制的机床控制电路。要求工作台每往复一次(自动循环)，即发出一个控制信号，以改变主轴电动机的转向一次。
3. 某机床由两台三相笼型异步电动机 M1 与 M2 拖动，其拖动要求是：

(1) M1 容量较大，采用 Y-△减压启动，停车带有能耗制动；

(2) M1 启动后经 20 s 后方允许 M2 启动(M2 容量较小可直接启动)；

(3) M2 停车后方允许 M1 停车；

(4) M1 与 M2 启动、停止均要求两地控制。

试设计电气原理图并设置必要的电气保护线路。

4. 如何绘制电气设备的总装配图、总接线图及电器部件的布置图与接线图？
5. 电路图常见的类型有哪些？
6. 电气原理图的布局有哪些？
7. 电气原理图的基本表示方法有哪些？
8. 电气接线图有哪些？
9. 什么是单元接线图、互连接线图、端子接线图？

第3章 电气控制电路基本环节

在电力拖动自动控制系统中，各类生产机械均由电动机拖动，其控制电路由接触器、继电器、按钮和行程开关等组成，对电力拖动系统的启动、制动、反向和调速等进行控制，从而实现对电力拖动系统的保护和生产过程自动化。它具有结构简单、工作可靠、维护方便且价格低廉等优点。由于各种生产机械的工艺过程不同，其控制电路也千差万别，但都遵循一定的原则和规律，都是由多个简单的基本环节组成。因此，掌握电气控制电路的基本环节，将对了解生产机械整个电气控制电路的原理及维修方法打下良好的基础。本章将介绍电气控制电路的一些主要基本环节。

3.1 电气控制电路基本规律

3.1.1 继电器-接触器控制基本环节

应用继电器、接触器及其他低压电器组成的控制系统，称为继电器-接触器控制系统，系统全部用低压电器硬件组成。采用继电器-接触器控制，无论机械设备的控制电路如何复杂，我们都可以将其分解为结构相对独立的基本控制环节，采用低压电器控制。常见的电路基本控制环节有点动控制电路、自保持控制电路、正反转控制（可逆控制）电路、顺序启动与顺序停止控制电路、保护电路、延时控制电路等。复杂控制电路都是由基本的控制环节组合而成，本节将重点介绍这些基本控制环节。

1. 启停、自锁环节和连续控制

图3-1所示为三相异步电动机单向全压启动、停止、连续自锁控制电路。主电路由刀开关（QS）、熔断器（FU）、接触器（KM）的主触点、热继电器（FR）的热元件和电动机（M）构成。控制回路由FR的常闭触点、停止按钮（SB1）、启动按钮（SB2）、接触器线圈（KM）和常开触点（KM）组成，这是最典型的启动、停止、连续、自锁控制电路，通常称为启-保-停电路。

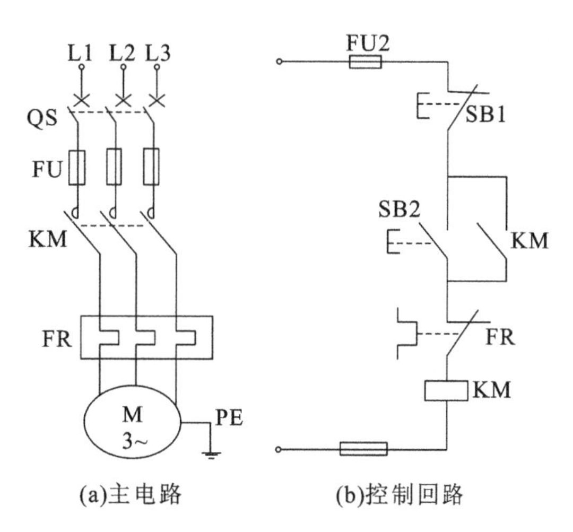

图3-1 三相异步电动机启-保-停控制电路

启动时，合上QS，按下按钮SB2，则KM线圈通电，接触器KM吸合，主触点闭合，电动机接通电源开始全压启动，同时接触器KM的辅助常开触点也闭合，使KM线圈经两条路通电。这样，当松开按钮SB2时，SB2复位跳开，KM线圈通过接触器KM的辅助常开触点，照样通电处于吸合状态，从而保证电动机的连续运行。这种依靠接触器自身的辅助触点而使其线圈保持通电的现象称为自锁或自保持。

要使电动机停止运转，只要按一下停止按钮SB1即可，这时接触器KM线圈断电，KM的主触点断开主电源，电动机停止运转，同时KM的辅助常开触点也断开，控制回路解除自锁，即使手松开停止按钮 SB1，控制回路也不能再自行启动。

2. 点动控制

在生产实际中，有的生产机械需要点动控制，如夹紧机构在夹紧过程中机床的对刀调整、快速进给等。有的生产机械进行运动位置调整时，也需要点动控制。图 3-2 列出了几种点动控制电路。

图 3-2(a)是点动控制电路的最基本形式。当按下启动按钮 SB 时，接触器 KM 通电吸合，其主触点闭合，电动机接通电源启动运转。当松开启动按钮 SB 时，在恢复弹簧作用下，SB 恢复常开状态，接触器 KM 断电释放，电动机断电停止。

图 3-2(b)是带手动开关 SA 的点动控制电路。当需要点动时，将开关 SA 打开，操作 SB2 即可实现点动控制。当需要连续控制时，将开关 SA 闭合，将 KM 的自锁触点接入，操作 SB2 即可实现连续控制。

图 3-2(c)中增加了一个复合按钮 SB3。这样，需要点动控制时，按下按钮 SB3，其常闭触点先断开接触器 KM 自锁电路，常开触点后闭合，接通启动控制电路，KM 线圈通电，主触点闭合，电动机启动运转。当松开 SB3 时，KM 线圈断电，主触点断开，电动机停止转动。若需要电动机连续运转，由按钮 SB2、SB1 来实现连续控制。

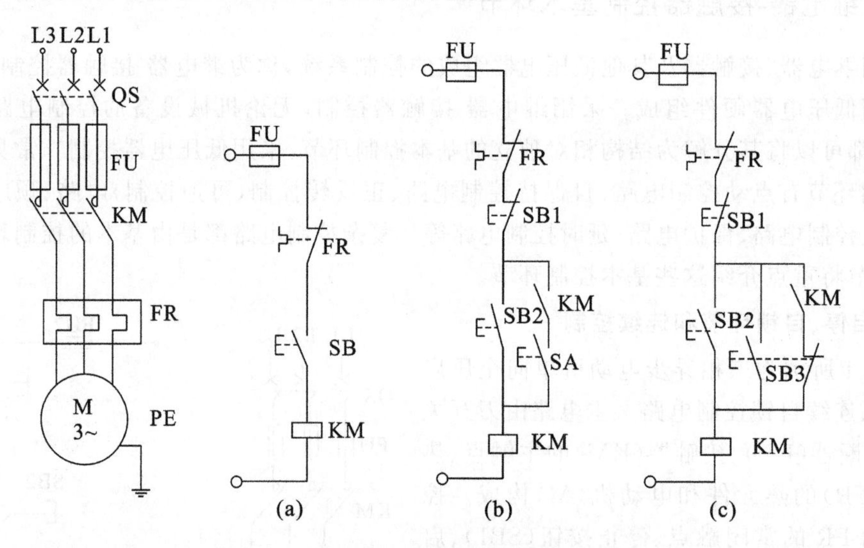

图 3-2　点动控制电路

3. 接触器控制的电动机正、反转运行电路

接触器控制的电动机正反向运行电路实质上是两个方向相反的单向运行电路的组合。为了避免正反向同时工作引起电源短路，必须在这两个运行电路中加设互锁装置，保证同时只能有一个电路工作。按照电动机正反转操作顺序的不同，分“正—停—反”和“正—反—停”两种控制电路。

1) 电动机“正—停—反”控制电路

图 3-3 所示为接触器控制的三相异步电动机正、反转控制电路。图 3-3(a)所示为电动机“正—停—反”控制电路，主电路中的 KM1、KM2 分别为实现正、反转的接触器主触点。为防止两个接触器同时得电而导致电源短路，利用两个接触器的常闭触点 KM1、KM2 分别串接在对方的工作线圈电路中，构成相互制约关系，以保证电路安全可靠地工作，这种相互制约的关系称为“联锁”，又称“互锁”，实现互锁的常闭辅助触点称为互锁(或联锁)触点。

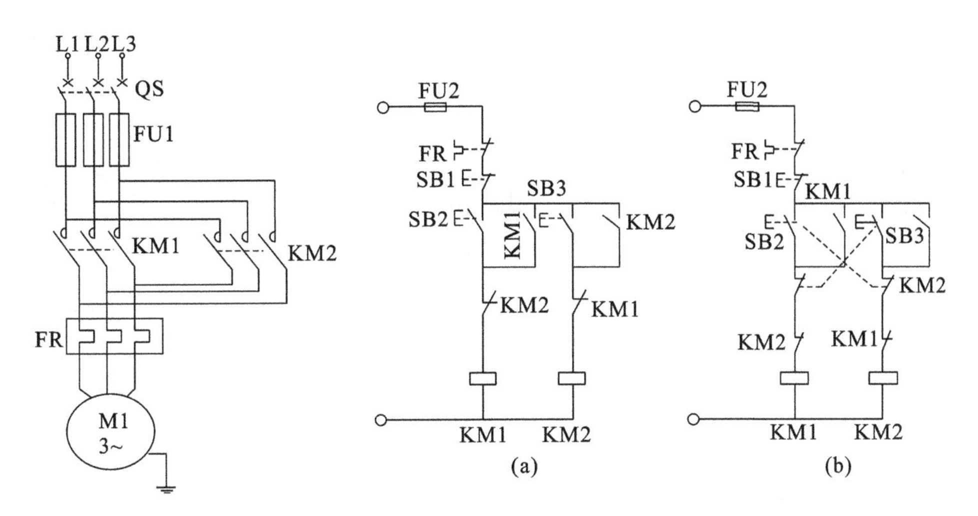

图 3-3　三相异步电动机正反转控制电路

图 3-3(a)所示控制电路作正反向转换控制时，必须先按下停止按钮 SB1，待工作接触器线圈失电后，再按反向启动按钮实现反转，故它具有“正—停—反”控制功能。

2) 电动机“正—反—停”控制电路

在实际应用中，为提高工作效率，减少辅助工作时间，要求直接实现从正转向反转转换的控制(通常采用这种控制方式的电动机的功率较小)，这时图 3-3(a)所示控制电路就不能实现，可采用如图 3-3(b)所示的“正—反—停”控制电路。

在图 3-3(b)中采用复合按钮来控制电动机的正、反转。在该控制电路中，正转启动按钮 SB2 的常开触点串接于正转接触器 KM1 的线圈回路，用于接通 KM1 的线圈，而 SB2 的常闭触点则串接于反转接触器 KM2 线圈回路中，工作时首先断开 KM2 的线圈，以保证 KM2 不得电，同时 KM1 得电。反转启动按钮 SB3 的接法与 SB2 类似，常开触点串接于 KM2 的线圈回路，常闭触点串接于 KM1 的线圈回路中，从而保证按下 SB3 使 KM1 不得电，KM2 能可靠得电，实现电动机的反转。

在图 3-3(a)中，由接触器 KM1、KM2 常闭触点实现的互锁称为电气互锁，而图 3-3(b)中由复合按钮 SB2、SB3 常闭触点实现的互锁称为“机械互锁”或“按钮互锁”。

图 3-3(b)中既有“电气互锁”，又有“按钮互锁”，故称为“双重互锁”，控制电路中两种“互锁”同时发生故障的概率很低，确保两个接触器不会同时工作而使电源短路，所以该电路工作可靠性高，且操作方便，为电力拖动系统所常用。

3) 具有自动往复功能的正反转控制电路

在生产实际中，有很多机床的工作台需要自动往复运动，如龙门刨床、导轨磨床等。

工作台的自动往返运动通常是通过行程开关来检测往返运动的相对位置，从而控制电动机的正反转运行来实现的。

图 3-4(a)所示为机床工作台往复运动示意图。行程开关 SQ1、SQ2 固定安装在机床上，反映工作台的起点与终点。挡铁 A、B 固定在工作台上，行程开关 SQ3、SQ4 起正反向极限保护作用。图 3-4(b)、(c)所示为自动往复控制电路，工作原理分析如下。

(1) 启动控制：合上开关 QS，按下按钮 SB2，使 KM1 线圈得电并自锁，其常闭触点断开，切断 KM2 线圈的回路，实现互锁，电动机 M 通电正转，工作台向前运动；当挡铁 B 压下 SQ2 时，SQ2 的常闭触点切断 KM1 线圈回路，电动机停止正转，同时其常开触点闭合，接通

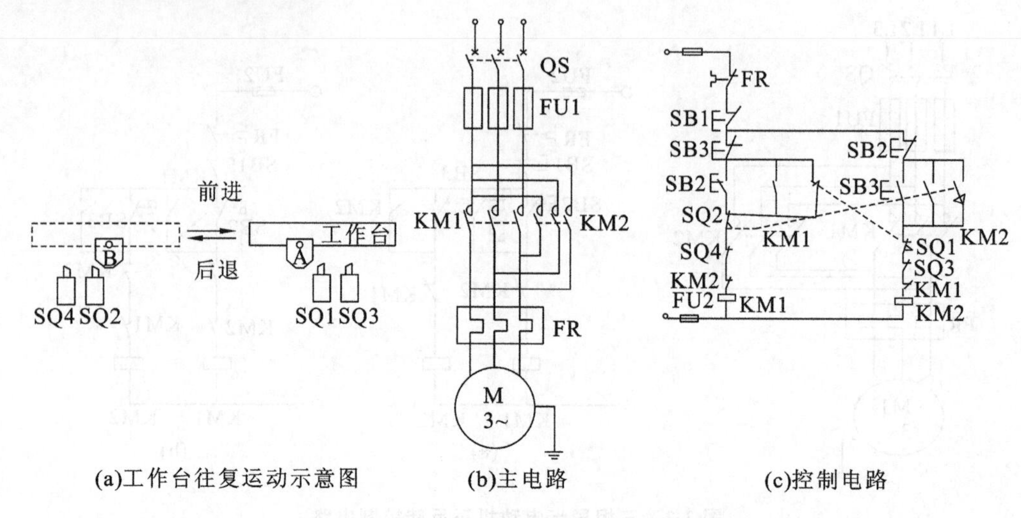

(a)工作台往复运动示意图　　(b)主电路　　(c)控制电路

图 3-4　机床工作台自动往返运动控制电路

KM2 线圈回路并使 KM2 自锁，同时 KM2 的常闭触点切断 KM1 回路，实现互锁，电动机开始反转，工作台向后运动；当挡铁 A 压下 SQ1 时，SQ1 的常闭触点切断 KM2 线圈回路，同时接通 KM1 回路并使其自锁，电动机又开始正转进入下一个循环。

(2) 停机控制：按下 SB1，接触器 KM1、KM2 线圈失电，电动机 M 断电停机，工作台停止运动。若工作中因行程开关失灵而无法实现换向，则由极限行程开关 SQ3、SQ4 实现极限保护，避免运动部件因超出极限位置而发生事故。

以上这种用行程开关来控制运动部件行程位置的方法，称为行程控制原理。行程控制原理是实现机械设备自动化和生产过程自动化中应用最广泛的控制方法之一。

4. 多地点与多条件控制

在一些大型生产机械和设备上，要求操作人员能在不同方位进行操作与控制，即实现多地点控制。在某些机械设备上，为保证操作安全，需要满足多个条件，设备才能开始工作，这样的控制称为多条件控制。多地点与多条件控制电路如图 3-5 所示（主电路与图 3-2 相同）。

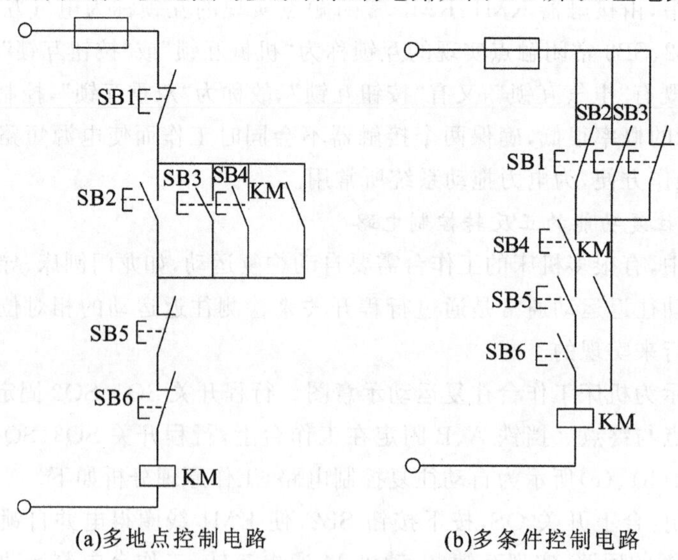

(a)多地点控制电路　　(b)多条件控制电路

图 3-5　多地点与多条件控制电路

多地点控制是用多组启动按钮、停止按钮来进行的，这些按钮连接的原则是：启动按钮常开触点要并联，即逻辑或的关系；停止按钮常闭触点要串联，即逻辑与的关系。图 3-5(a)所示为多地点控制电路。多条件控制采用多组按钮或继电器触点来实现，这些按钮或触点连接的原则如下：常开触点要串联，即逻辑与的关系；常闭触点视设备的具体控制要求可并联或串联。图 3-5(b)所示为多条件控制电路。

5. 顺序控制

在多机拖动系统中，各电动机所起的作用不同，有时需按一定的顺序启动，才能保证操作过程的合理性和工作的安全可靠。例如，磨床上要求先启动油泵电动机，再启动主轴电动机。顺序启停控制电路有顺序启动、同时停止的控制电路和顺序启动、顺序停止的控制电路两种类型。

图 3-6(a)所示为两台电动机顺序启动控制电路主电路，图 3-6(b)、(c)所示为控制电路。其中图 3-6(b)所示电路工作原理如下：按下按钮 SB2，KM1 得电并自锁，电动机 M1 运转，同时串在 KM2 控制回路中的 KM1 常开触点也闭合。此时再按下 SB4，KM2 得电并自锁，则电动机 M2 启动。如果先按下 SB4，因 KM1 常开触点断开，电动机 M2 不能先启动，达到了按顺序启动的要求。

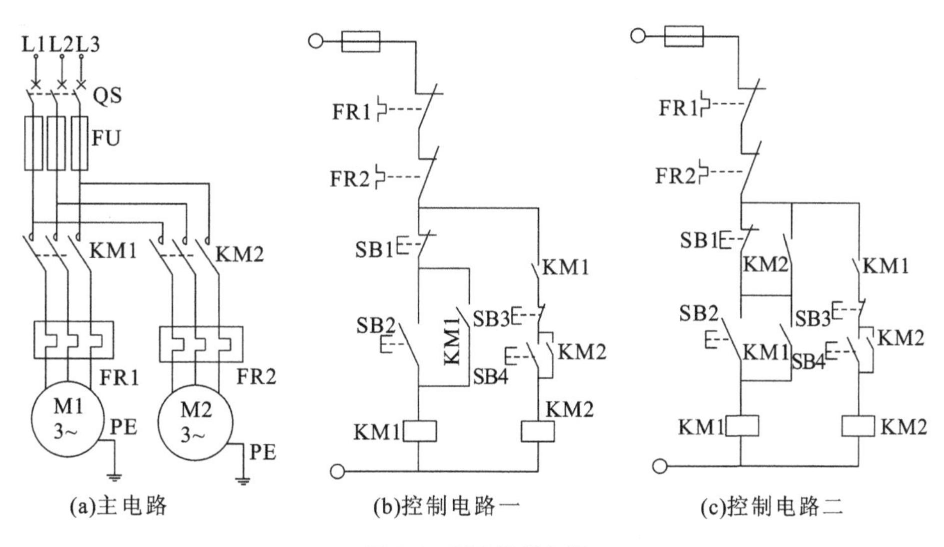

图 3-6　顺序控制电路

生产机械除要求按顺序启动外，有时还要求按一定顺序停止，如带式输送机，第一台运输机先启动，再启动第二台；停车时应先停第二台，再停第一台，这样才不会造成物料在传送带上的堆积和滞留。另外有些机床也要求按一定顺序停止，如卧式铣床，启动时应先启动主轴电动机 M1，再启动进给电动机 M2；停止时应先停 M2，再停 M1，这样才不会破坏被加工零件表面的精度及损坏刀具。图 3-6(c)所示为按顺序启动和停止的控制电路，要达到这个目的，只需在顺序启动控制电路图的基础上，将接触器 KM2 的一个辅助常开触点并接在停止按钮 SB1 的两端。这样，即使先按 SB1，由于 KM2 得电，电动机 M1 也不会停转。只有按下 SB3，电动机 M2 先停后，此时按下 SB1 才有效，达到先停 M2、后停 M1 的要求。

许多顺序控制还要求有一定的时间间隔，这可以通过时间继电器来实现。图 3-7 所示电路就具有这样的功能。图中 KM1、KM2 分别控制电动机 M1、M2，电动机 M1 启动 t 秒后，时间继电器 KT 延时时间到，其延时闭合的常开触点接通 KM2 并使其自锁，电动机 M2

启动。KM2 的常闭触点断开，切断时间继电器 KT 的线圈，使 KT 停止工作。

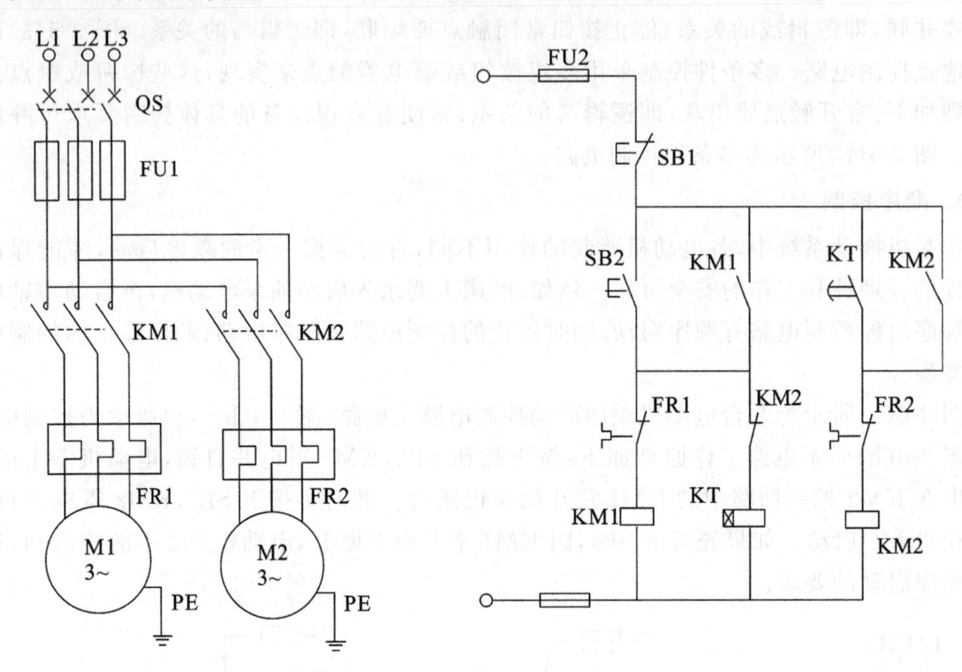

图 3-7 按时间顺序启动的控制电路

3.2 三相异步电动机的启动方法

3.2.1 鼠笼型全压启动方法

全压启动即直接启动，是一种简单、可靠且经济的启动方式，但三相笼型异步电动机的全压启动电流 I_{st} 是其额定电流 I_N 的 4～7 倍，过大的启动电流 I_{st} 会造成电网电压显著下降，直接影响在同一电网工作的其他用电器，而且电动机频繁启动会严重发热，加速线圈老化，缩短电动机的寿命。因此当三相异步电动机的参数满足下式时，可以采用全压启动，否则必须采用降压启动：

$$\frac{I_{st}}{I_N} \leqslant 0.75 + \frac{S_s}{4P_N}$$

式中：I_{st}——电动机启动电流，单位为 A；

I_N——电动机额定电流，单位为 A；

S_s——电源容量，单位为 kW；

P_N——电动机额定功率，单位为 kW。

全压启动的方式有刀开关直接启动和接触器直接启动两种。对小型冷却泵、台钻、砂轮机、风扇等，可用胶壳闸刀开关、铁壳开关、按钮、接触器等电器直接启动或停止；对中小型普通机床的主轴电动机通常采用接触器直接启动或停止。

电机全压启动的控制电路可参考图 3-8 和图 3-9 所示，其电路工作在前边已作详细分析，在此不再赘述，此类控制电路的重点在于自锁控制和各种保护环节的作用。

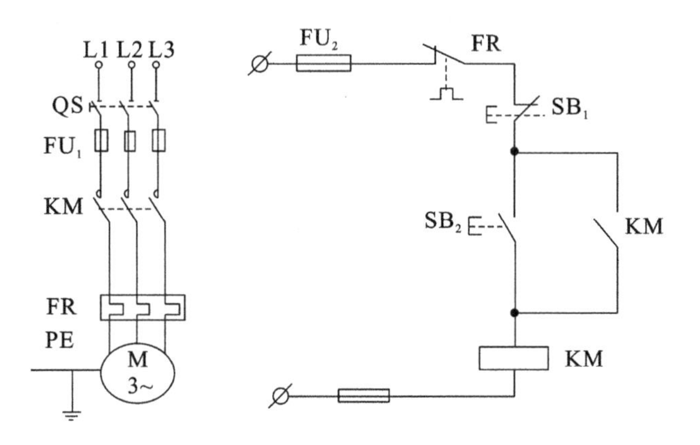

图 3-8　接触器控制的电动机单向运转电路

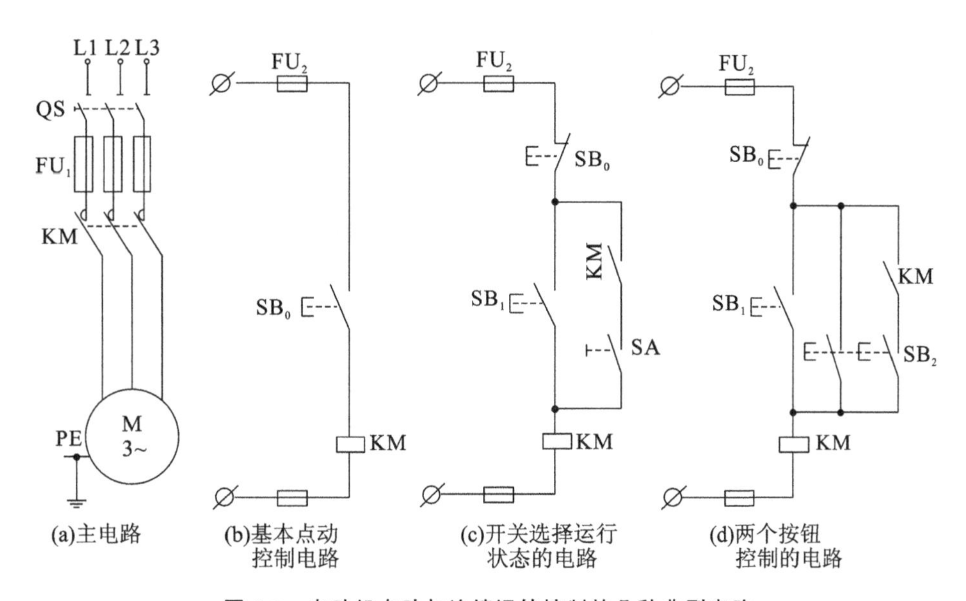

图 3-9　电动机点动与连续运转控制的几种典型电路

3.2.2　鼠笼型降压启动方法

较大容量的笼型异步电动机(大于 10 kW)因启动电流较大，直接启动电流为其标称额定电流的 4～8 倍，启动转矩为标称额定转矩的 0.5～1.5 倍，所以一般都采用降压启动方式来启动。启动时降低加在电动机定子绕组上的电压，启动后再将电压恢复到额定值，使之在正常电压下运行。电枢电流和电压成正比，所以降低电压可以减小启动电流，不至于在电路中产生过大的电压降，减少对线路电压的影响。

降压启动方法有定子电路串电阻(或电抗)、星形-三角形换接、自耦变压器、延边三角形和使用软启动器等。其中延边三角形方法已基本不用，常用的方法是星形-三角形降压启动和使用软启动器。

1. 星形-三角形换接降压启动控制线路

正常运行时定子绕组接成三角形，而且三相绕组 6 个抽头引出的笼型异步电动机常采用星形-三角形降压启动方法来达到限制启动电流的目的。

启动时，定子绕组首先接成星形，待转速上升到接近额定转速时，将定子绕组的接线由星形换接成三角形，电动机便进入全电压正常运行状态。因功率在 4 kW 以上的三相笼型异步电动机均为三角形接法，故都可以采用星形-三角形换接启动方法，如图 3-10 所示。

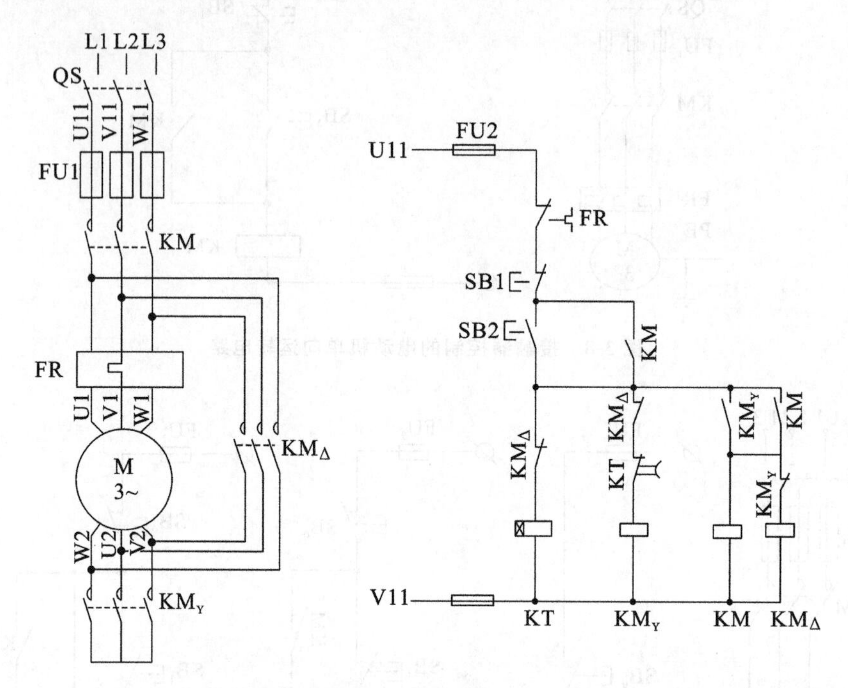

图 3-10 星形-三角形降压启动控制

图 3-10 所示电路图的工作原理如下：

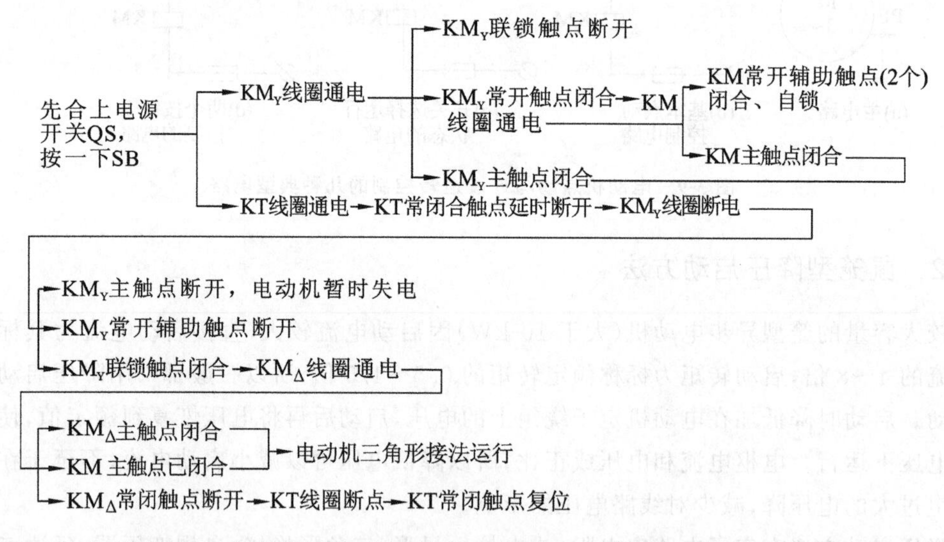

下面来分析星形-三角形降压启动时的启动电流和启动转矩，并与直接启动相比较。

设 U_{N} 为电网的线电压；U_{YP} 为定子绕组星形接法时的相电压；$U_{\triangle P}$ 为定子绕组三角形接法时的相电压；I_{YP} 为星形接法时的启动相电流；$I_{\triangle P}$ 为三角形接法时的启动相电流；I_{YL} 为星形接法时的启动线电流；$I_{\triangle L}$ 为三角形接法时的启动线电流；Z 为绕组每相阻抗。

星形接法启动时：

$$I_{YL}=I_{YP}=\frac{U_{YP}}{2}=\frac{U_{N}}{\sqrt{3}\times 2}$$

三角形接法启动时：

$$I_{\triangle P}=\frac{U_{\triangle P}}{Z}=\frac{U_N}{Z},\quad I_{\triangle L}=\sqrt{3}I_{\triangle P}=\sqrt{3}\frac{U_N}{Z}$$

两式相除，得：

$$\frac{I_{YL}}{I_{\triangle L}}=\frac{\dfrac{U_K}{\sqrt{3}\times Z}}{\sqrt{3}\dfrac{U_N}{Z}}=\frac{1}{3}$$

可见，星形接法的启动线电流为三角形接法的 1/3。

设 M_{QY} 为星形接法的启动转矩，M_{QA} 为三角形接法的启动转矩，则星形接法的启动转矩为三角形接法的 1/3，所以星形-三角形启动只适用于空载或轻载启动，且正常工作是三角形接法的电动机，此法经济可靠。

2. 自耦变压器降压启动控制线路

在自耦变压器降压启动控制线路中，电动机启动电流的限制是靠自耦变压器降压来实现的。线路的设计思想和串电阻启动线路基本相同，也是采用时间继电器完成电动机由启动到正常运行的自动切换，所不同的是启动时串接自耦变压器，启动结束时自动将其切除。

定子绕组串接自耦变压器降压启动控制线路如图 3-11 所示。

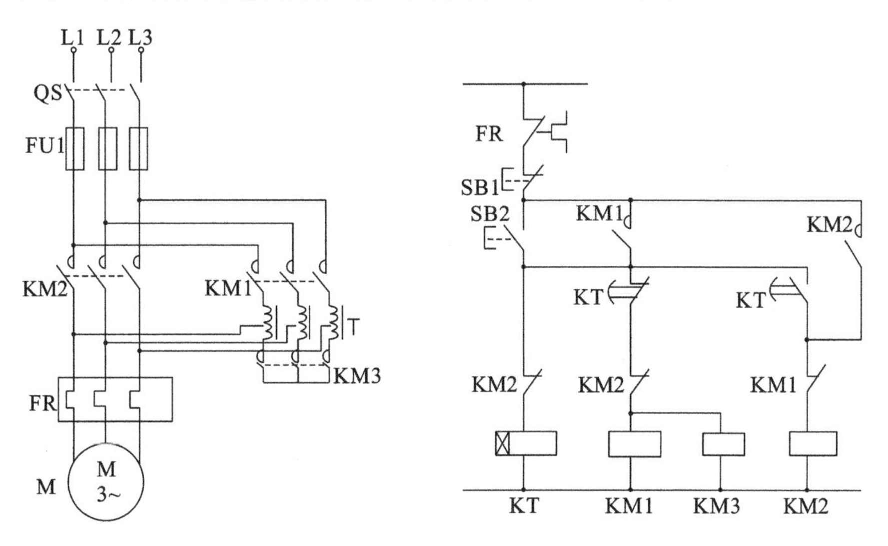

图 3-11　定子绕组串接自耦变压器降压启动控制线路

当启动电动机时，合上刀开关 QS，按下启动按钮 SB2，接触器 KM1、KM3 与时间继电器 KT 的线圈同时得电，KM1、KM3 主触点闭合，电动机定子绕组经自耦变压器接至电源降压启动。当时间继电器 KT 延时时间到，一方面其常闭的延时触点打开，KM1、KM3 线圈失电，KM1、KM3 主触点断开，将自耦变压器从电网上切除；同时，KT 的常开延时触点闭合，接触器线圈 KM2 得电，KM2 主触点闭合，电动机投入正常运转。

串自耦变压器启动与串电阻相比，其优点是：在同样的启动转矩时，对电网的电流冲击小，功率损耗小。其缺点是：自耦变压器相对电阻来说结构复杂，价格较高。这种线路主要用于较大容量的电动机，以减小启动电流对电网的影响。

综合以上几种启动电路线路可见，一般均采用时间继电器及按照时间原则切换电压，以此实现降压启动。由于这种线路工作可靠，受外界因素（如负载、飞轮转动惯量以及电网电压)变化的影响较小,线路及时间继电器的结构都比较简单,因而在电动机启动控制线路中多采用时间原则控制其启动过程。

3. 电动机的软启动控制线路

前述几种传统三相异步电动机的启动线路比较简单,不需要增加额外启动设备,但其启动电流冲击通常很大,启动转矩比较小。如在直接启动方式下,启动电流为额定电流值的 4～8 倍,启动转矩为额定值的 0.5～1.5 倍;在定子串电阻降压启动方式下,启动电流为额定值的 4～5 倍,启动转矩为额定值的 0.5～0.75 倍;在星形-三角形启动方式下,启动电流为额定电流值的1.8～2.6 倍,在星形-三角形切换时会出现电流冲击,启动转矩为额定值的 0.5 倍;串自耦变压器降压启动,启动电流为额定电流值的 1.7～4 倍,在电压切换时会出现电流冲击,启动转矩为额定值的 0.4～0.85 倍。因而上述这些方法经常用于对启动特性要求不高的场合。

20 世纪 90 年代以来,大功率笼型异步电动机的应用越来越广泛,而大功率电动机启动必然伴随两个问题,即大的电流冲击和机械冲击,其危害性是十分严重的,必须引起足够的重视。传统的降压启动方式(如自耦降压等)是不能从根本上解决这两个问题的。软启动技术就是在这个背景下成熟和发展起来的。

所谓电动机软启动,就是在电动机启动过程中,在电动机主回路串接变频变压器件或分压器件,使电动机端电压从某一设定值自动无级地上升至全压、电动机转速平稳上升至全速的一种电动机启动方式。软启动具有以下一些特点。

(1) 在整个启动过程中电动机平稳加速,无机械冲击。

(2) 尽可能降低启动电流,切换时没有电流冲击。

(3) 启动电流、启动转矩可调节,还有电动机过载保护功能。

例如,ABB 公司生产的 Altistart 46 系列软启动器,其启动电流在额定值的 2～5 倍之间可调节,启动转矩在额定值的 0.15～1.0 倍之间可调节。如图 3-12 所示为三相异步电动机用软启动器启动控制线路。图中虚线框所示为软启动器,其内部具有电动机过载保护功能,当电路正常时,内部继电器 KA1 常开触点处于闭合状态;若发生过载故障,KA1 常开触点打开。当启动过程完成,内部继电器 KA2 常开触点闭合。

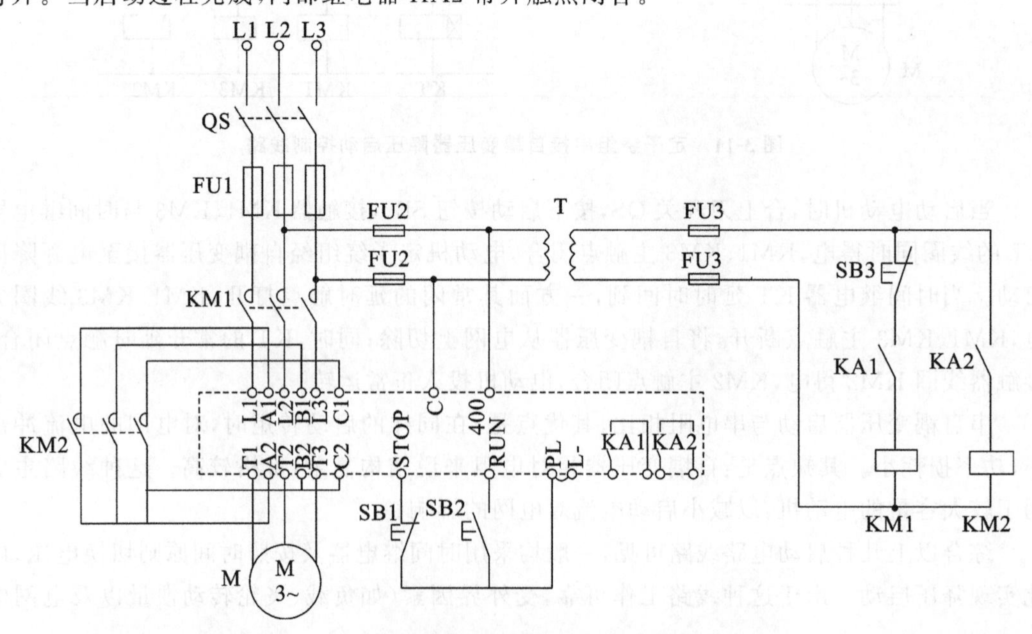

图 3-12　三相异步电动机用软启动器启动控制线路

此电路的主要作用是利用软启动器启动电动机。此软启动器进线处接有进线接触器KM1，当开关QS合闸，KM1即闭合。按启动按钮SB2，电动机按设定的启动方式启动，当启动完成后，内部继电器KA2常开触点闭合，KM2接触器线圈吸合，电动机转由旁路接触器KM2触点供电，同时将软启动器内部的功率晶闸管短接，电动机通过接触器由电网直接供电，但此时过载保护仍起作用，KA1相当于过载保护继电器的触点。若发生过载，则切断接触器KM1电源，软启动器进线电源切除。因此电动机不需要额外增加过载保护电路。正常停车时，按停车按钮SB1，停止指令使旁路接触器KM2跳闸，软启动器重新工作，使电动机在可控的状态下减速停车。按钮SB3为紧急停车用，当按下SB3时，接触器KM1直接跳闸，软启动器内部的KA2触点复位，KM2跳闸，电动机自动停转。

随着电力电子技术的快速发展，智能型软启动器得到广泛应用。智能型软启动器是一种集软启动、软停车、轻载节能和多功能保护于一体的新颖电动机控制装备。它不仅实现了在整个启动过程中无冲击而平滑地启动电动机，而且可根据电动机负载的特性来调节启动过程中的参数，如限流值、启动时间等。此外，它还具有多种对电动机的保护功能，这就从根本上解决了传统的降压启动设备的诸多弊端。

1）软启动与传统降压启动性能的比较

软启动与传统降压启动性能指标的比较见表3-1。

表3-1　软启动与传统降压启动性能指标的比较

启动方式	星形/三角形启动	自耦降压启动	磁控软启动	电子式软启动
启动电压	$0.577U_N$	U_N/K	200 V	由零逐步升至全压
启动电流	$0.33I_{qz}$	I_{qz}/K^2	$(1.8\sim2.5)I_N$	$0.3I_N\sim3I_N$之间调节
启动转矩	$0.33T_{qz}$	T_{qz}/K^2	$(1\sim2.5)T_{qz}$	$0.3I_{qz}\sim T_{qz}$
转换方式	开路	开路	闭路	闭路
电流冲击	2次以上	2次以上	1次	0次
最初投资	低	较高	较高	高

2）软启动的工作原理与运行特点

三相交流异步电动机的启动转矩T_{st}直接与所加电压的二次方有关，也就是说，只要降低电动机接线端子上的电压就会影响此值，如图3-13所示。

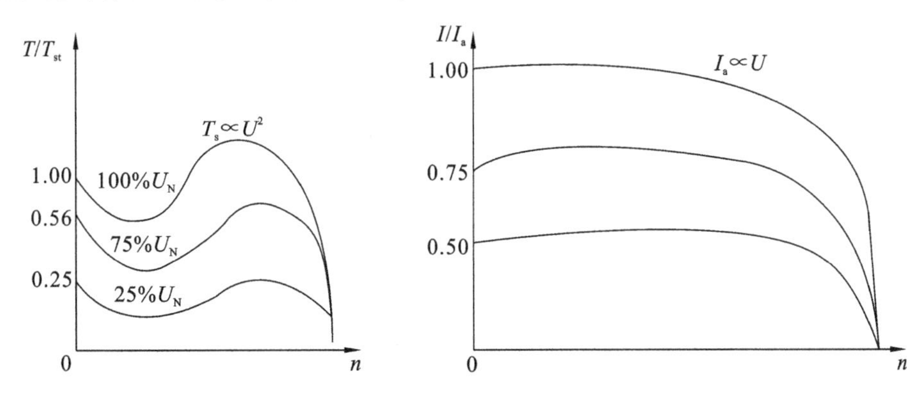

图3-13　启动转矩T_{st}、转速与所加电压的关系

软启动的工作原理是通过控制串接于电源与被控制电动机之间的三相反并联晶闸管的导通角，使电动机的端子电压从预先设定的值上升到额定电压，软启动的框图如图3-14所示。

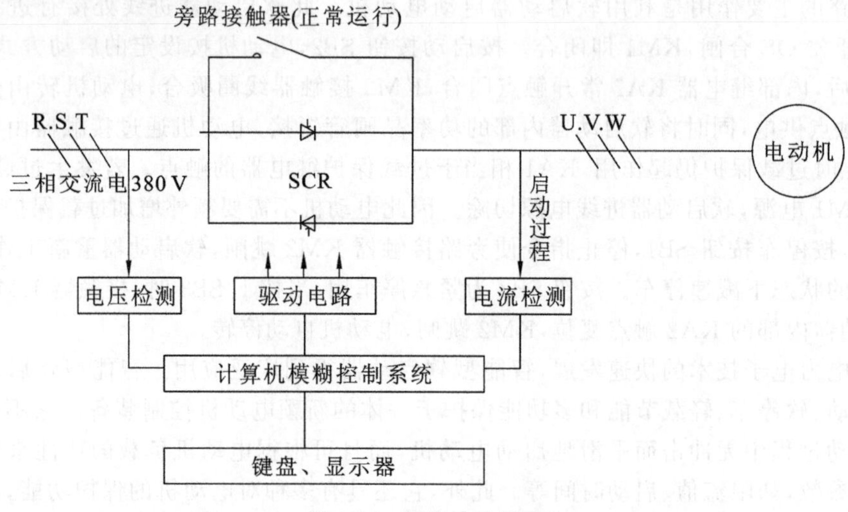

图 3-14 软启动的框图

3）软启动的方式

（1）电压双斜坡启动。

如图 3-15 所示，在启动过程中，电动机的输出转矩随电压增加，在启动时提供一个初始的启动电压 U_s，U_s 根据负载可调，将 U_s 调到输出转矩大于负载静摩擦转矩，使电动机能立即开始运行。这时输出电压从 U_s 开始按一定的斜率上升（斜率可调），电动机不断加速。当输出电压达到升速电压 U_r 时，电动机也基本达到额定转速。软启动器在启动过程中自动检测达速电压，当电动机达到额定转速时，使输出电压达到额定电压。

（2）限流启动。

就是电动机启动过程中限制其启动电流不超过某一设定值 I_m 的软启动方式。其输出电压从零开始迅速增长，直到输出电流达到预先设定的电流限值 I_m，然后在保持输出电流 I 小于 I_m 的条件下逐渐升高电压，直到额定电压为止，电动机转速逐渐升高，直到额定转速。

这种启动方式的优点是启动电流小，且可按需调整，对电网影响小；其缺点是在启动时难以知道启动电压降，不能充分利用压降空间。

（3）突跳启动。

这是启动开始阶段，让晶闸管在极短的时间内全导通后回落，再按原设定的值线性上升，进入恒流启动，该启动方法适用于重载并需克服摩擦阻力的启动场合。采用此方式可以减少启动时的振动，如图 3-16 所示。

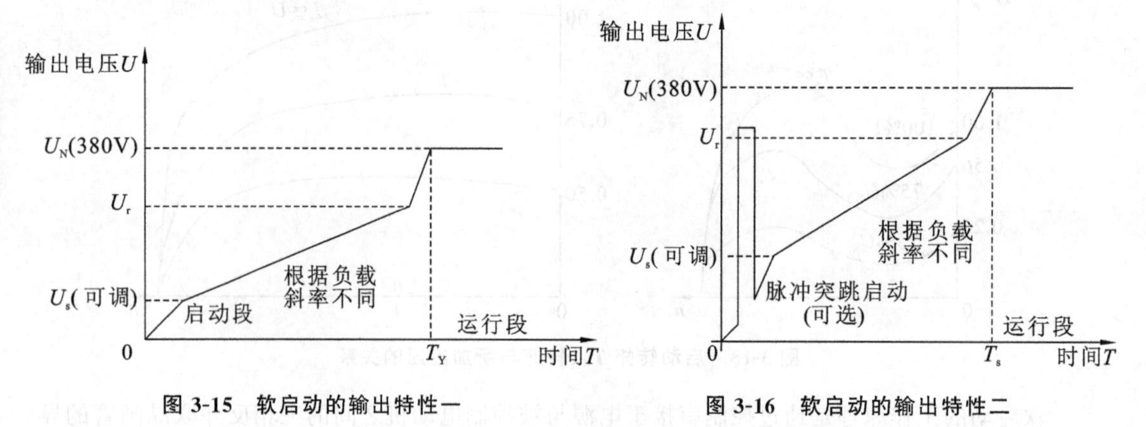

图 3-15 软启动的输出特性一

图 3-16 软启动的输出特性二

4）软启动的运行特点

（1）能使电动机启动电压以恒定的斜率平稳上升，启动电流小，对电网无冲击电流，减小负载的机械冲击。

（2）启动电压上升斜率可调，保证了启动电压的平滑性，启动电压可在 30% U_N～70% U_N（U_N为额定电压）范围内连续可调。

（3）可以根据不同的负载设定启动时间。

（4）启动器还具有可控硅短路保护、断相保护、过热保护、欠电压保护等功能。

5）软启动的应用场合

现在市场有多种型号的软启动可供用户选择，不同产品所具功能也不尽相同。选择软启动时建议遵循下述原则：凡不需要调速的各种应用场合都可使用一般异步电动机，它适用于各种泵类负载或风机类负载，需要软启动与软停车。对于变负载工况，电动机长期处于轻载运行，只有短时或瞬间处于满负荷运行场合，应用软启动器（不带旁路接触器）则具有轻载节能的效果。

3.2.3 绕线型启动方法

在大、中容量电动机的重载启动时，增大启动转矩和限制启动电流两者之间的矛盾十分突出。三相绕线式电动机的优点之一是可以在转子绕组中串接电阻或频敏变阻器进行启动，由此达到减小启动电流、提高转子电路的功率品质因数和增加启动转矩的目的。一般在要求启动转矩较高的场合，绕线式异步电动机的应用非常广泛，如桥式起重机吊钩电动机、卷扬机等。

1. 转子绕组串接启动电阻启动控制

串接于三相转子电路中的启动电阻，一般都连接成星形。在启动前，启动电阻全部接入电路，在启动过程中，启动电阻被逐级地短接。电阻被短接的方式有三相电阻不平衡短接法和三相电阻平衡短接法。不平衡短接法是转子每相的启动电阻按先后顺序被短接，而平衡短接法是转子三相的启动电阻同时被短接。使用凸轮控制器来短接电阻宜采用不平衡短接法，因为凸轮控制器中各对触头闭合顺序一般是按不平衡短接法来设计的，故控制线路简单，如桥式起重机就是采用这种控制方式。使用接触器来短接电阻时宜采用平衡短接法。下面介绍使用接触器控制的平衡短接法启动控制。

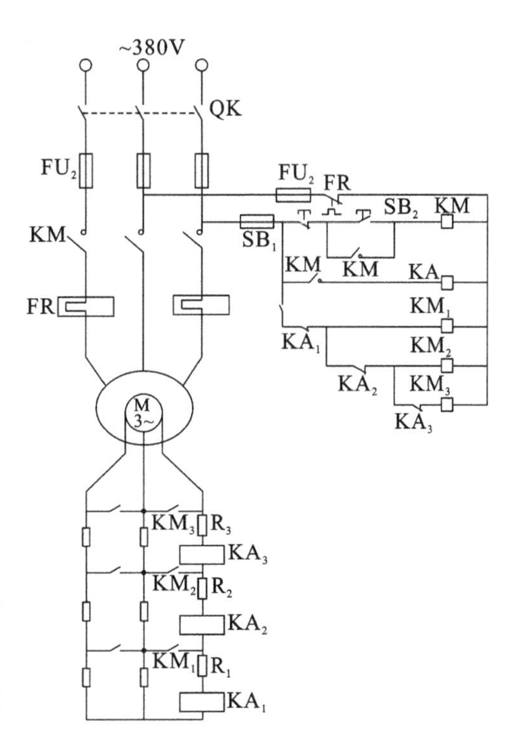

图 3-17 转子绕组电阻启动控制线路

转子绕组串电阻启动控制线路如图 3-17 所示。该线路按照电流原则实现控制，利用电流继电器根据电动机转子电流大小的变化来控制电阻的分组切除。KA_1～KA_3为欠电流继电器，其线圈串接于转子电路中，KA_1～KA_3这 3

个电流继电器的吸合电流值相同，但释放电流值不同，KA_1的释放电流最大，首先释放，KA_2次之，KA_3的释放电流最小，最后释放。刚启动时启动电流较大，KA_1～KA_3同时吸合动作，使全部电阻接入。随着电动机转速升高电流减小，KA_1～KA_3依次释放，分别短接电阻，直到将转子串接的电阻全部短接。

启动过程如下：合上开关QK→按下启动按钮SB_2→接触器KM通电，电动机M串入全部电阻($R_1+R_2+R_3$)启动→中间继电器KA通电，为接触器KM_1～KM_3通电做准备→随着转速的升高，启动电流逐步减小，首先KA_1释放→KA_1常闭触头闭合→KM_1通电，转子电路中KM_1常开触头闭合→短接第一级电阻R_1→然后KA_2释放→KA_2常闭触头闭合→KM_2通电、转子电路中KM_2常开触头闭合→短接第二级电阻R_2→KA_3最后释放→KA_3常闭触头闭合→KM_3通电，转子电路中KM_3常开闭合→短接最后一段电阻R_3，电动机启动过程结束。

控制线路中设置了中间继电器KA，是为了保证转子串入全部电阻后电动机才能启动。若没有KA，当启动电流由零上升在尚未到达电流继电器的吸合电流值时，KA_1～KA_3不能吸合，将使接触器KM_1～KM_3同时通电，则转子电阻($R_1+R_2+R_3$)全部被短接，则电动机直接启动。设置KA后，在KM通电后才能使KA通电，KA常开触头闭合，此时启动电流已达到欠电流继电器的吸合值，其常闭触头全部断开，使KM_1～KM_3线圈均断电，确保转子串入全部电阻，防止电动机直接启动。

2. 转子绕组串接频敏变阻器启动控制

在绕线转子电动机的转子绕组串电阻启动过程中，由于逐级减小电阻，启动电流和转矩突然增加，故产生一定的机械冲击力。同时由于串接电阻启动，使线路复杂，工作不可靠，而且电阻本身比较粗笨，能耗大，使控制箱体积较大。从20世纪60年代开始，我国开始推广应用自己独创的频敏变阻器启动。频敏变阻器的阻抗随着转子电流频率的下降自动减小，常用于较大容量的绕线转子电动机，是一种较理想的启动方法。

频敏变阻器实质上是一个特殊的三相电抗器。铁芯由E形厚钢板叠成，为三相三柱式，每一个铁芯柱上套有一个绕组，三相绕组连接成星形，将其串接于电动机转子电路中，相当于接入一个铁损较大的电抗器，频敏变阻器等效电路如图3-18所示。图中，R_d为绕组直流电阻，R为铁损等效电阻，L为等效电感，R、L值与转子电流频率有关。

在启动过程中，转子电流频率是变化的。刚启动时，转速等于0，转差率$s=1$，转子电流的频率f_2与电源频率f_1的关系为$f_2=sf_1$，所以刚启动时$f_2=f_1$，频敏变阻器的电感和电阻均为最大，转子电流受到抑制。随着电动机转速的升高而s减小，f_2下降，频敏变阻器的阻抗也随之减小。所以，绕线转子电动机转子串接频敏变阻器启动时，随着电动机转速的升高，变阻器阻抗也自动逐渐减小，实现了平滑的无级启动。此种启动方式在桥式起重机和空气压缩机等电气设备中获得广泛应用。

转子绕组串接频敏变阻器的启动控制线路如图3-19所示。该线路可利用转换开关SC选择自动控制和手动控制两种方式。在主电路中，TA为电流互感器，作用是将主电路中的大电流变换成小电流进行测量。另外，在启动过程中，为避免因启动时间较长而使热继电器FR产生误动作，在主电路中，用KA的常闭触头将FR的发热元件短接，启动结束投入正常运行时，FR的发热元件才接入电路。

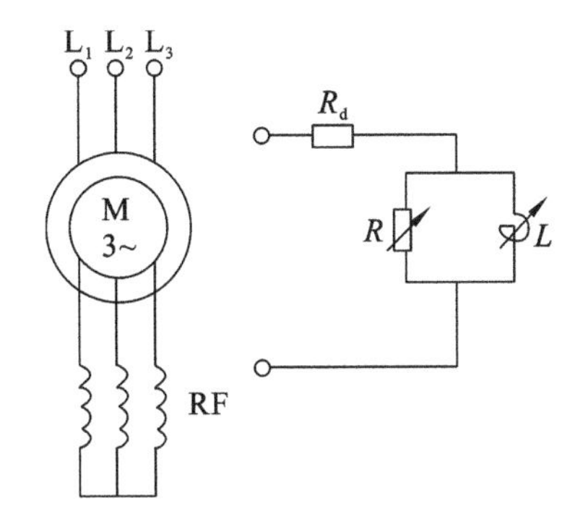

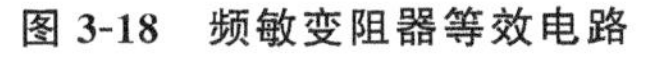
图 3-18 频敏变阻器等效电路

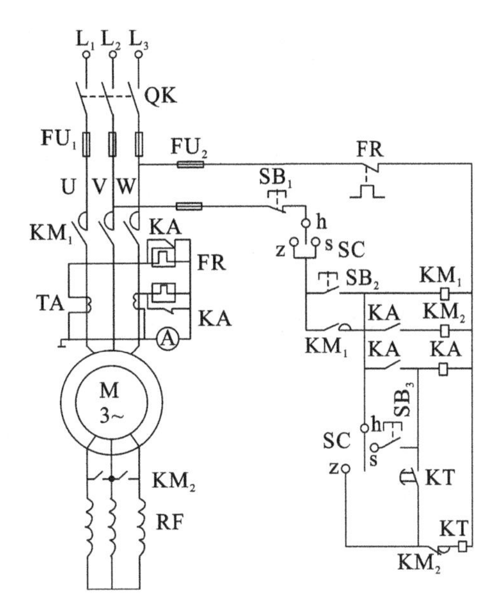

图 3-19 转子绕组串接频敏变阻器的启动控制线路

启动过程具体如下。

自动控制过程如下：

将转换开关SC置于“z”位置→合上刀开关QK→按下启动按钮SB_2→接触器KM_1通电→KM_1主触头闭合→电动机

→时间继电器KT通电 —延时 t(s)→ KT延时闭合

→M转子电路串入频敏变阻器启动

合常开触头→中间继电器KA通电→KA常开触头闭合→接触器KM_2通电→KM_2主触头闭合，将频敏变阻器短接→时间断电器KT断电，启动过程结束

手动控制过程如下：将转换开关 SC 置于“s”位置→按下启动按钮 SB_2→接触器 KM_1 通电→KM_1 主触头闭合，电动机 M 转子电路中串入频敏变阻器启动→待电动机启动结束，按下启动按钮 SB_3→中间继电器通电→接触器 KM_2 通电→KM_2 主触头闭合。最后将频敏变阻器短接，启动过程结束。

3.3 三相异步电动机的制动方法

三相异步电动机从切断电源到完全停转，由于惯性的作用，总要经过一段时间。许多生产机械，如铣床、镗床和组合机床都要求迅速停车及准确定位，这就要求对电动机进行强迫停车，即制动。制动的方式一般有机械制动和电气制动两种。机械制动是利用电磁铁或液压操纵机械抱闸机构，使电动机快速停转的方法。电气制动实质上是使电动机产生一个与原转动方向相反的制动转矩。常用的电气制动有能耗制动、反接制动、发电制动和电容制动等。

3.3.1 能耗制动控制

能耗制动是指电动机断开三相交流电源后，迅速给定子绕组加入直流电源，以产生静止磁场，起阻止旋转的作用，待转子转速接近零时再切除直流电源，达到制动的目的。

能耗制动控制电路如图 3-20 所示。其工作过程是：合上电源开关 Q，按下启动按钮 SB2，KM1 线圈通电并自锁，电动机 M 启动运行。当需要停车时，按下停止按钮 SB1，KM1 线圈断电，切断电动机电源；同时 KM2、KT 线圈通电并自锁，将两相定子接入直流电源进行能耗制动。转速迅速下降，当接近零时，KT 延时时间到，其延时动断触点动作，使 KM2、KT 先后断电，制动结束。

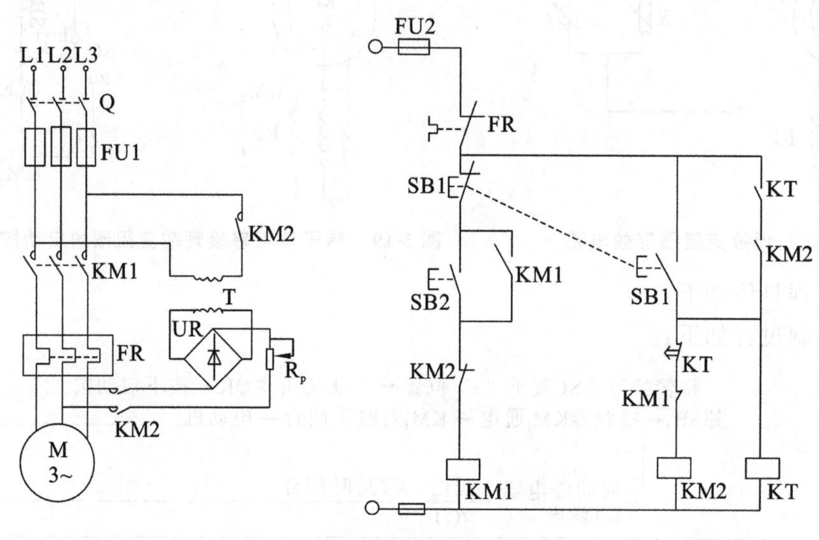

图 3-20　能耗制动控制电路

能耗制动的效果与通入直流电流的大小和电动机转速有关，在同样的转速下，电流越大，其制动时间越短。一般取直流电流为电动机空载电流的 3～4 倍，过大电流会使定子过热。直流电源中串接的 RP 用于调节制动电流的大小。

能耗制动具有制动准确、平稳，能量消耗小等优点，但制动转矩小，故适用于要求制动准确、平稳的设备，如磨床、组合机床的主轴制动。

3.3.2 反接制动控制

反接制动是通过改变电动机三相电源的相序，使电动机定子绕组产生的旋转磁场与转子旋转方向相反，产生制动，使电动机转速迅速下降。当电动机转速接近零时应迅速切断三相电源，否则电动机将反向启动。为此采用速度继电器来检测电动机的转速变化，并将速度继电器调整在 $n>120$ r/min 时速度继电器触点动作，而当 $n<100$ r/min 时触点复位。

图 3-21 所示为反接制动控制电路。图中，KM1 为单向旋转接触器，KM2 为反接制动接触器，KS 为速度继电器，R 为反接制动电阻。其工作过程如下：合上电源开关 Q，按下启动按钮 SB2，KM1 线圈通电并自锁，电动机 M 启动运转，当转速升高后，速度继电器的动合触点 KS 闭合，为反接制动做准备。停车时，按下停止复合按钮 SB1，KM1 线圈断电，同时 KM2 线圈通电并自锁，电动机反接制动，当电动机转速迅速降低到接近零时，速度继电器 KS 的动合触点断开，KM2 线圈断电，制动结束。

反接制动时，由于制动电流很大，因此制动效果显著，但在制动过程中有机械冲击，故适

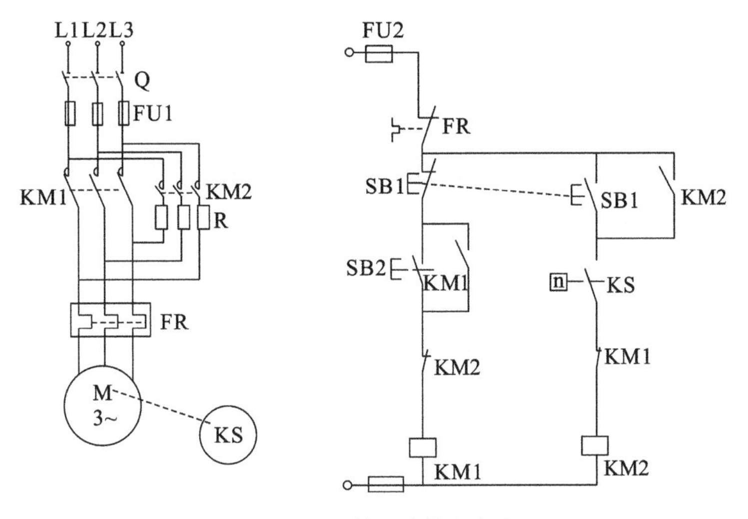

图 3-21　反接制动控制电路

用于不频繁制动、电动机容量不大的设备，如铣床、镗床和中型车床的主轴制动。

3.3.3　电容制动控制

电容制动是在切断三相异步电动机的交流电源后，在定子绕组上接入电容器，转子内剩磁切割定子绕组产生感应电流，向电容器充电，充电电流在定子绕组中形成磁场，磁场与转子感应电流相互作用，产生与转向相反的制动力矩，使电动机迅速停转。电容制动控制电路如图 3-22 所示。

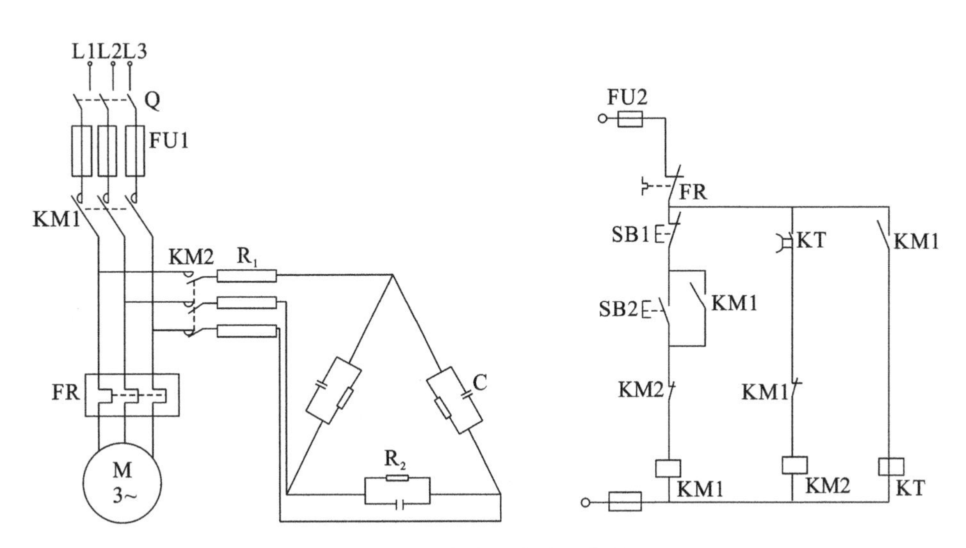

图 3-22　电容制动控制电路

其工作过程如下：合上电源开关 Q，按下启动按钮 SB2，接触器 KM1 通电并自锁，KM1 主触点闭合，电动机启动运行。时间继电器 KT 线圈通电，其延时打开的动合触点闭合，为 KM2 通电做准备。停车时，按下停止按钮 SB1，KM1 线圈断电，触点复位，KM2 线圈通电，主触点闭合电容器接入定子电路，进行制动；同时时间继电器线圈断电进行延时，KT 延时时间到，KT 延时打开的动合触点断开，KM2 断电，电容器断开，制动结束。

3.4 三相异步电动机的调速方法

在很多领域中，要求三相笼型异步电动机的速度为无级调速。其目的是实现自动化控制、节能、提高产品质量和生产效率。如钢铁行业的轧钢机、鼓风机，机床行业中的车床、机械加工中心等，都要求三相笼型异步电动机可调速。从广义上讲，电动机调速可分为两大类，即定速电动机与变速联轴节配合的调速方式以及自身可调速的电动机。前者一般都采用机械式或油压式变速器，电气式只有一种即电磁转差离合器。其缺点是调速范围小且效率低。后者电动机直接调速，其调速方法很多，如变更定子绕组的极对数、变极调速和变频调速。变极调速控制最简单，价格便宜，但不能无级调速。变频调速控制最复杂，但性能最好，随着其成本日益降低，目前已广泛应用于工业自动控制领域中。

3.4.1 基本概念

三相笼型异步电动机的转速公式为

$$n=n_0(1-s)=60f_1(1-s)/p$$

式中：n_0——电动机的同步转速；

p——极对数；

s——转差率；

f_1——供电电源频率。

对三相笼型异步电动机来讲，调速的方法有三种：改变极对数 p 的变极调速、改变转差率 s 的降压调速和改变电动机供电电源频率 f_1 的变频调速。下面主要介绍变极调速和变频调速，其他调速方法可参考相关书籍。

3.4.2 变极调速控制线路

变极调速这一线路的设计思想是通过接触器触点改变电动机绕组的接线方式来达到调速目的的。

变极电动机一般有双速、三速、四速之分，双速电动机定子装有一套绕组，而三速、四速则为两套绕组。

电动机变极采用电流反向法。下面以电动机单相绕组为例来说明变极原理。图 3-23(a)所示为极数等于 4($p=2$)时的一相绕组的展开图，绕组由相同的两部分串联而成，两部分各称为半相绕组，一个半相绕组的末端 X1 与另一个半相绕组的首端 A2 相连接。图 3-23(b)所示为绕组的并联连接方式展开图，则磁极数目减少一半，由 4 极变成 2($p=1$)极。从图 3-23(a)、(b)可以看出，串联时两个半相绕组的电流方向相同，都是从首端进、末端出；改成并联后，两个半

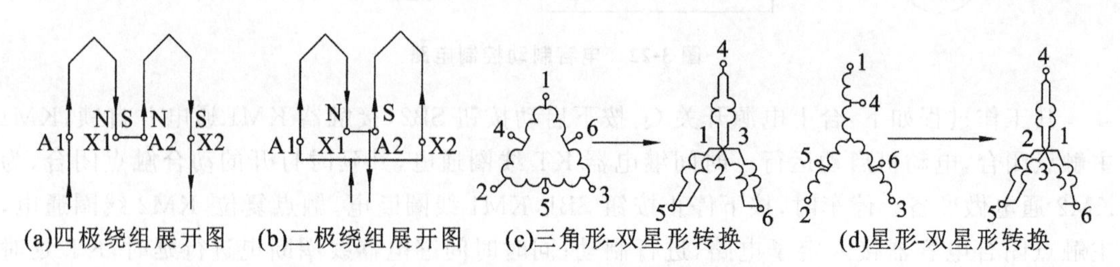

图 3-23　双速电动机改变极对数的原理

相绕组的电流方向相反，当一个半相绕组的电流从首端进、末端出时，另一个半相绕组的电流便从末端进、首端出。因此，改变磁极数目，则是通过改变半相绕组的电流方向来实现的。

图 3-23(c)和图 3-23(d)所示为双速电动机三相绕组连接图。图 3-23(c)所示为三角形(四极，低速)-双星形(二极，高速)接法；图 3-23(d)所示为星形(四极，低速)-双星形(二极，高速)接法。

双速电动机调速控制线路如图 3-24 所示。图中接触器 KM1 工作时，电动机低速运行；接触器 KM2、KM3 工作时，电动机高速运行。SB2、SB3 分别为低速和高速启动按钮。若按低速启动按钮 SB2，接触器 KM1 通电并自锁，电动机接成三角形并低速运转。若按高速启动按钮 SB3 直接启动，接触器 KM1 通电自锁，时间继电器 KT 线圈通电自锁，电动机先低速运转，当 KT 延时时间到，时间继电器 KT 首先延时打开常闭触点，切断接触器 KM1 线圈电源，然后接触器 KM2、KM3 线圈通电自锁，KM3 的通电使时间继电器 KT 线圈断电，故自动切换使 KM2、KM3 工作，电动机高速运转，这样先低速后高速的控制，目的是限制启动电流。

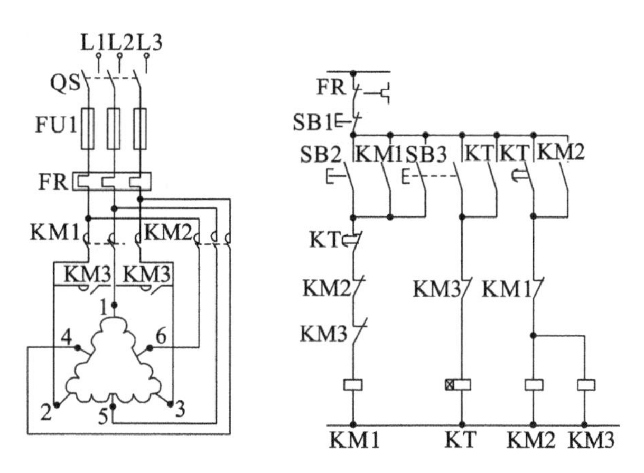

图 3-24　双速电动机调速控制线路

双速电动机调速的优点是可以适应不同负载性质的要求，如需要恒功率时可采用三角形-双星形接法，如需要恒转矩调速时可采用星形-双星形接法。双速电动机调速线路简单、维修方便，但它是有极调速且价格较高。变极调速通常要与机械变速配合使用，以扩大其调速范围。

3.4.3　变频调速与变频器的使用

近十多年来，随着控制技术和电力电子技术的发展，变频器的使用越来越广泛。一是由于变频调速的性能好；二是变频器的价格有了大幅度的降低。

变频调速的特点如下：可以使用标准电动机，如不需维护的笼型电动机，可以连续调速，改变转速方向可通过电子回路改变相序实现，启动电流小，加减速度可调节，电动机可以高速化和小型化，防爆容易，保护功能齐全(如过载保护、短路保护、过电压和欠电压保护)等。

变频调速的应用领域非常广泛。它可应用于机床，如车床、机械加工中心、钻床、铣床、磨床，主要目的是提高生产效率和质量。它也广泛应用于其他领域，如各种传送带的多台电动机同步、调速，起重机等。

1. 变频调速的基本概念

改变电源频率，就可改变电动机的同步转速。异步电动机采用变频器进行调速控制时，为了避免电动机磁饱和,可以控制电动机的磁通,同时抑制启动电流,需要根据电动机的特性对供电电压、电流、频率进行适当的控制,使电动机产生必需的转矩。

变频器的控制方式可分为两种,即开环控制和闭环控制。开环控制有 V/F 控制方式,闭环控制有矢量控制等方式。

1) V/F 控制

异步电动机的转速由电源频率和极对数决定,所以改变频率,电动机就可以调速运转。但是频率改变时电动机内部阻抗也要改变,如果仅改变频率,将产生由弱励磁引起的转矩不足、由过励磁引起的磁饱和现象,使电动机功率因数和效率显著下降。

V/F 控制是这样一种控制方式,即改变频率的同时控制变频器输出电压,使电动机的磁通保持一定,在较广范围内调速运转时,电动机的功率因数和效率不下降。即控制电压与频率之比,所以称为 V/F 控制。

作为变频器调速控制方式,V/F 控制比较简单,现多用于通用变频器、风机泵类机械的节能运行、生产流水线工作台传动和空调等家用电器中。

2) 矢量控制

我们知道,直流电动机的电枢电流控制方式,使直流电动机构成的传动系统的调速、控制性能非常优良。矢量控制是按照直流电动机电枢电流控制思想,在交流异步电动机上实现该控制方法,并且达到与直流电动机具有相同的控制性能。

矢量控制是这样的一种控制方式,即将供给异步电动机的定子电流在理论上分成两部分:产生磁场的电流分量(磁场电流)和与磁场相垂直、产生转矩的电流分量(转矩电流)。该磁场电流、转矩电流与直流电动机的磁场电流、电枢电流相当。在直流电动机中,利用整流子和电刷机械换向,使两者保持垂直,并且可分别供电。对异步电动机来讲,其定子电流在电动机内部,利用电磁感应作用,可在电气上分解为磁场电流和垂直的转矩电流。

矢量控制就是根据上述原理,将定子电流分解成磁场电流和转矩电流,任意进行控制,同时再将两者合成后的定子电流供给异步电动机。

矢量控制方式使交流异步电动机具有与直流电动机相同的控制性能。目前采用这种控制方式的变频器已广泛应用于生产实际中。

2. 各种控制方式的变频器特性比较

1) V/F 控制变频器特点

(1) 它是最简单的一种控制方式,不用选择电动机,通用性优良。

(2) 与其他控制方式相比,在低速区内电压调整困难,故调速范围窄,通常在 1∶10 左右的调速范围内使用。

(3) 急加、减速或负载过大时,抑制过电流能力有限。

(4) 不能精确控制电动机实际速度,不适合于同步运转场合。

2) 矢量控制变频器特点

(1) 需要使用电动机参数,一般用做专用变频器。

(2) 调速范围在 1∶100 以上。

(3) 速度响应性极高,适合于急加、减速运转和连续 4 象限运转,能适用于任何场合。

3. 使用变频器调速的控制线路

目前实用化的变频器种类很多,下面以西门子 MICROMASTER 440 为例,简要说明变频器的使用。

MICROMASTER 440 是一种集多种功能于一体的变频器,它适用于各种需要电动机调速的场合。它可通过操作面板或通过现场总线通信方式操作,通过修改其内置参数,即可工作于各种场合。其主要特点如下：内置多种运行控制方式；快速电流限制，实现无跳闸运行；内置式制动斩波器，实现直流注入制动；具有PID控制功能的闭环控制，控制器参数可自动整定；多组参数设定且可相互切换，变频器可用于控制多个交替工作的生产过程；多功能数字、模拟输入/输出口，可任意定义其功能，具有完善的保护功能。

1）控制方式

变频器运行的控制方式，即变频器输出电压与频率的不同控制关系。可通过变频器相应的参数设置选择，主要有以下几种控制方式。

（1）线性V/F控制　变频器输出电压与频率为线性关系，用于改变转矩和恒定转矩负载。

（2）带磁通电流控制（FCC）的线性V/F控制　在这种模式下，变频器根据电动机特性实时计算所需要的输出电压，以此来保持电动机的磁通处于最佳状态，此方式可提高电动机效率和改善电动机动态响应特性。

（3）平方V/F控制　变频器输出电压平方与频率为线性关系，用于改变转矩负载，如风机和泵。

（4）带“能量优化控制（ECO）”的线性V/F控制　此方式的特点是变频器自动增加或降低电动机电压，搜寻并使电动机运行在损耗最小的工作点。

（5）无传感器矢量控制　用固有的滑差补偿对电动机的速度进行控制。采用这一控制方式时，可以得到大的转矩、改善瞬态响应特性和具有优良的速度稳定性，而且在低频时可提高电动机的转矩。

（6）无传感器的矢量转矩控制　变频器可以直接控制电动机的转矩。当负载要求具有恒定的转矩时，变频器通过改变向电动机输出的电流，使转矩维持在设定的数值。

另外，还有与纺织机械相关的V/F控制方式。

2）保护特性

过电压和欠电压保护、变频器过热保护、接地故障保护、短路保护、电动机过载保护和用PTC为传感器的电动机过热保护等。

3）变频器内部功能方框图

如图3-25所示为变频器内部功能方框图。DIN1～DIN6为数字输入端子，一般用于变频器外部控制，其具体功能由相应设置决定。例如，出厂时设置DIN1为正向运行、DIN2为反向运行等，根据需要通过修改参数可改变功能。AIN1、AIN2为模拟信号输入端子，可作为频率给定信号和闭环时反馈信号输入，KA1、KA2、KA3为继电器输出，其功能也是可编程的。AOUT1、AOUT2端子为模拟量输出4～20 mA信号。PTC端子用于电动机内置PTC测温保护，为PTC传感器输入端。P＋、N－为485通信接口。

变频器可使用操作面板控制，也可使用端子控制，还可使用485通信接口对其进行远程控制。

4）应用举例

如图3-26所示为使用变频器的异步电动机可逆调速系统控制线路。此线路实现电动机正、反向运行并调速和点动功能。根据功能要求，首先要对变频器编程并修改参数来选择控制端子的功能，将变频器DIN1、DIN2、DIN3和DIN4端子分别设置为正转运行、反转运行、正向点动和反向点动功能。图中KA1为变频器的输出继电器，定义为正常工作时KA1触点闭合，当变频器出现故障时或者电动机过载时触点打开。

按启动按钮SB2，接触器触点KM通电并自锁，若变频器有故障则不能自锁。变频器通过接触器触点KM接通电源上电。SB3、SB4为正、反向运行控制按钮，运行频率由电位器R_P给定。SB5、SB6为正、反向点动运行控制按钮，点动运行频率可由变频器内部设置。按钮SB1为总停止控制按钮。

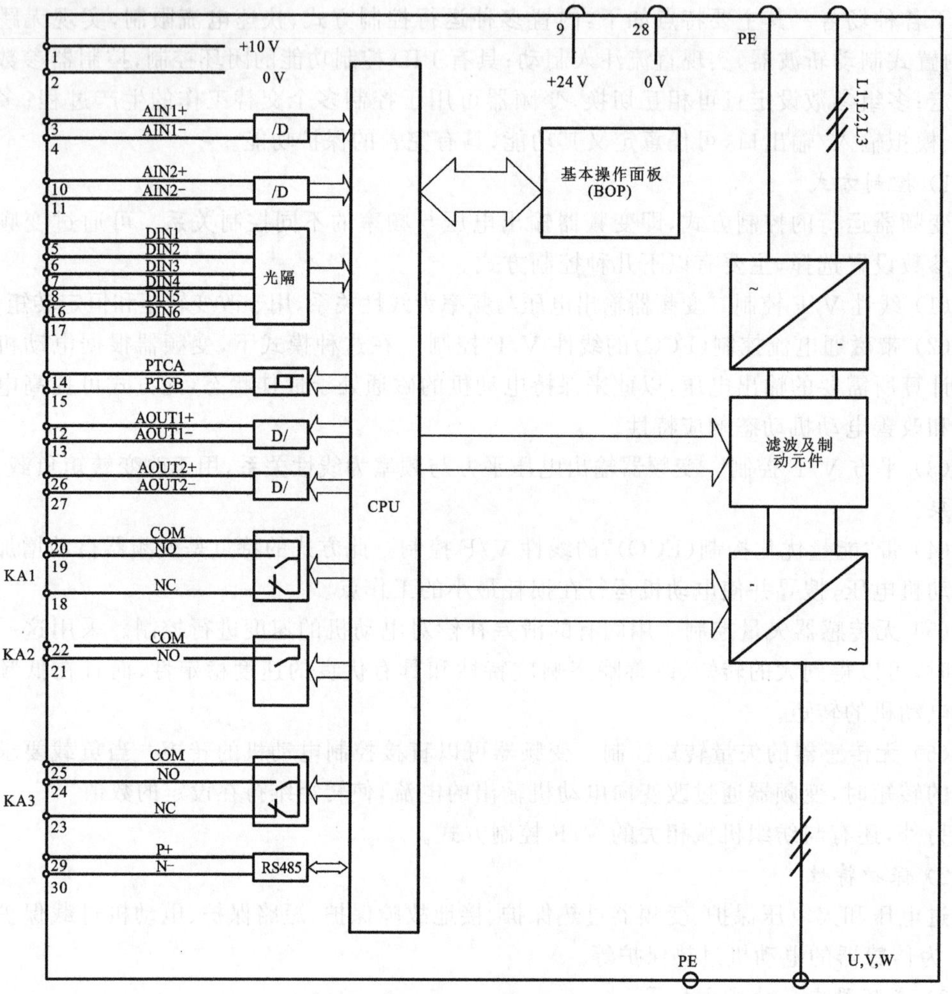

图 3-25　变频器内部功能方框图

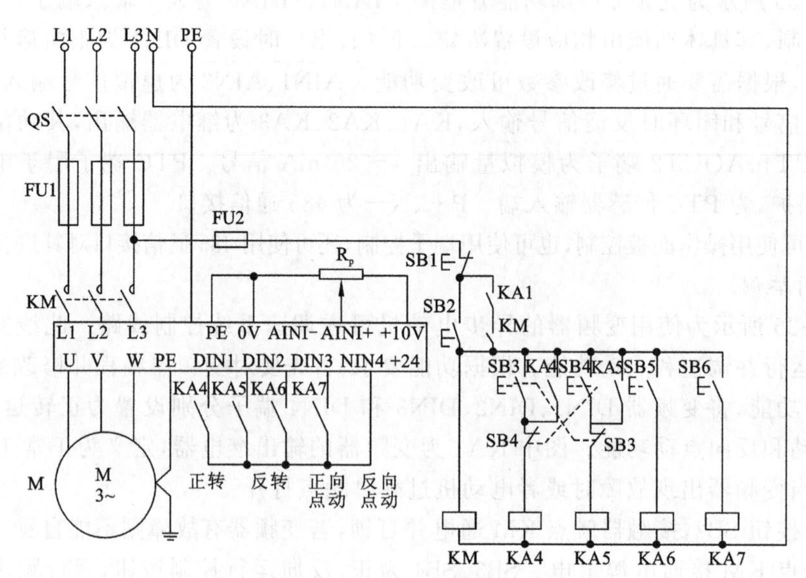

图 3-26　使用变频器的异步电动机可逆调速系统控制线路

3.5 直流电动机的电气控制

直流电动机具有良好的启动、制动和调速性能，容易实现各种运行状态的控制。直流电动机有串励、并励、复励和他励四种，其控制电路基本相同，本节仅介绍直流他励电动机的启动、反向和制动的电气控制。

3.5.1 直流电动机单向旋转启动控制

直流电动机在额定电压下直接启动，启动电流为额定电流的10～20倍，会产生很大的启动转矩，导致电动机换向器和电枢绕组损坏。为此在电枢回路中串入电阻启动。同时，他励直流电动机在弱磁或零磁时会产生“飞车”现象，因此在接入电枢电压前，应先接入额定励磁电压，而且在励磁回路中应有弱磁保护。图3-27所示为直流电动机电枢串两级电阻，按时间原则启动控制电路。图中KM1为线路接触器，KM2、KM3为短接启动电阻接触器，KOC为过电流继电器，KUC为欠电流继电器，KT1、KT2为时间继电器，R_3为放电电阻。

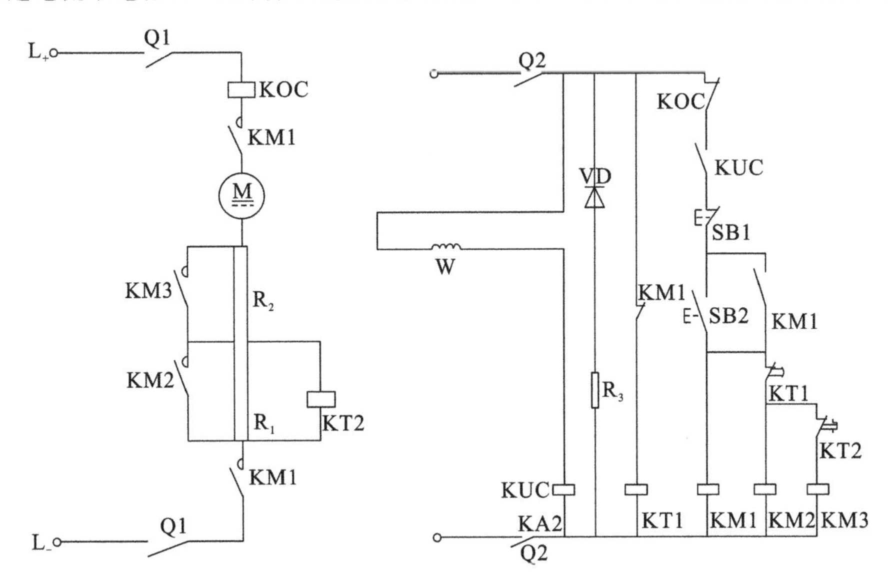

图3-27 直流电动机电枢串电阻单向运转启动电路

1. 电路工作原理

合上电枢电源开关Q1和励磁与控制电路电源开关Q2，励磁回路通电，KA2线圈通电吸合，其常开触头闭合，为启动做好准备；同时，KT1线圈通电，其常闭触头断开，切断KM2、KM3线圈电路。保证串入R_1、R_2能启动。按下启动按钮SB2，KM1线圈通电并自锁，主触头闭合，接通电动机电枢回路，电枢串入两级启动电阻启动；同时KM1常闭辅助触头断开，KT1线圈断电，为延时使KM2、KM3线圈通电，短接R_1、R_2做准备。在串入R_1、R_2启动的同时，并接在R_1电阻两端的KT2线圈通电，其常开触头断开，使KM3不能通电，确保R_2电阻串入启动。

经一段时间延时后，KT1延时闭合触头闭合，KM2线圈通电吸合，主触头短接电阻R_1，电动机转速升高，电枢电流减小。就在R_1被短接的同时，KT2线圈断电释放，再经一定时间的延时，KT2延时闭合触头闭合，KM3线圈通电吸合，KM3主触头闭合短接电阻R_2，电动机在额定电枢电压下运转，启动过程结束。

2. 电路保护环节

过电流继电器 KOC 实现电动机过载和短路保护;欠电流继电器 KUC 实现电动机弱磁保护;电阻 R_3 与二极管 VD 构成励磁绕组的放电回路,实现过电压保护。

3.5.2　直流电动机可逆运转启动控制

图 3-28 所示为改变直流电动机电枢电压极性实现电动机正反转控制电路。图中 KM1、KM2 为正、反转接触器,KM3、KM4 为短接电枢电阻接触器,KT1、KT2 为时间继电器,R_1、R_2 为启动电阻,R_3 为放电电阻,ST1 为反向转正向行程开关,ST2 为正向转反向行程开关。启动时电路工作情况与图 3-27 所示电路相同,但启动后,电动机将按行程原则实现电动机的正、反转,拖动运动部件实现自动往返运动。电路工作原理由读者自行分析。

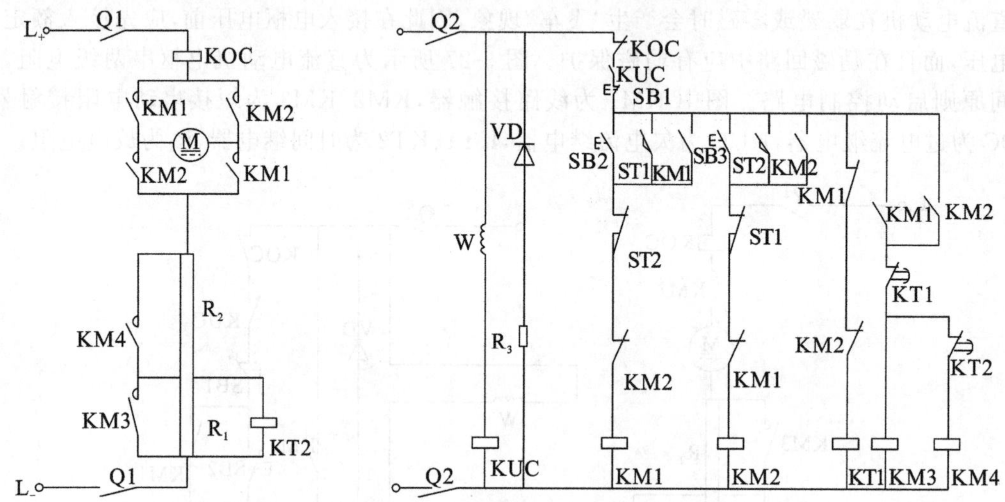

图 3-28　直流电动机正反转控制电路

3.5.3　直流电动机单向运转能耗制动控制

图 3-29 所示为直流电动机单向运转能耗制动电路。图中 KM1、KM2、KM3、KA1、KA2、KT1、KT2 作用与图 3-27 相同,KM4 为制动接触器,KV 为电压继电器。

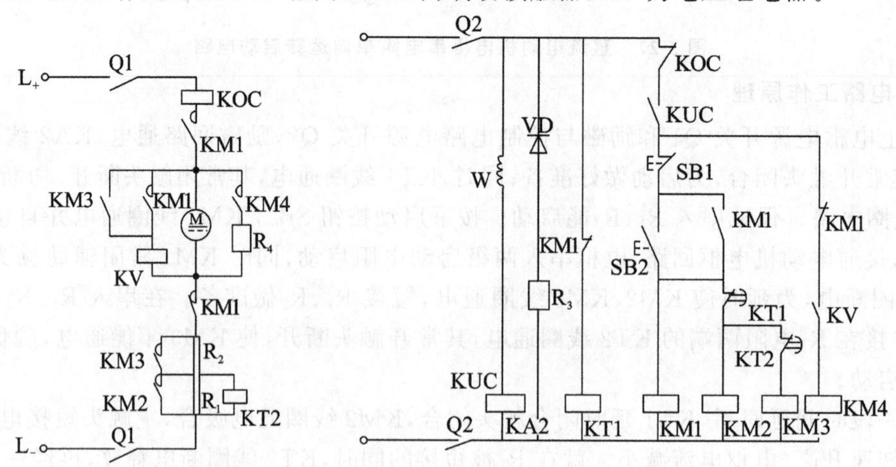

图 3-29　直流电动机单向运转能耗制动电路

如电路工作原理如下:电动机启动时电路工作情况与图 3-27 所示的电路相同,此处不再复述。停车时，按下停止按钮 SB1，KM1 线圈断电释放，其主触头断开电动机电枢电源，电动机以惯性旋转。由于此时电动机转速较高，电枢两端仍建立足够大的感应电动势，使并联在电枢两端的电压继电器 KV 经自锁触头仍保持通电吸合状态，KV 常开触头仍闭合，使 KM4 线圈通电吸合，其常开主触头将电阻 R_4 并联在电枢两端，电动机实现能耗制动，使转速迅速下降，电枢感应电动势也随之下降，当降至一定值时电压继电器 KV 释放，KM4 线圈断电，电动机能耗制动结束，电动机自然停车。

3.5.4 直流电动机可逆旋转反接制动控制

图 3-30 所示为直流电动机可逆旋转反接制动控制电路。图中 KM1、KM2 为电动机正、反转接触器，KM3、KM4 为短接启动电阻接触器，KM5 为反接制动接触器，KOC 为过电流继电器，KUC 为欠电流继电器，KV1、KV2 为反接制动电压继电器，R_1、R_2 为启动电阻，R_3 为放电电阻，R_4 为反接制动电阻，KT1、KT2 为时间继电器、ST1 为正转变反转行程开关，ST2 为反转变正转行程开关。

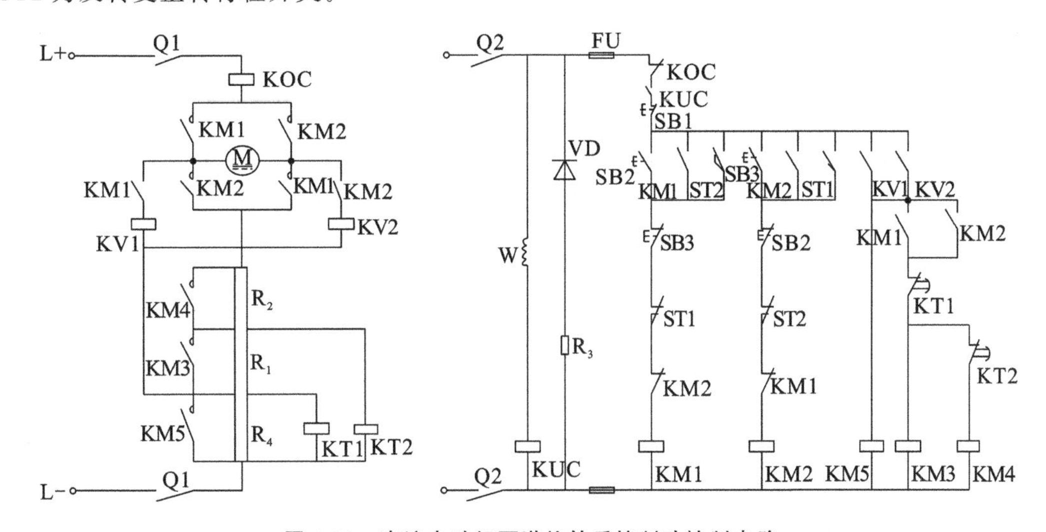

图 3-30　直流电动机可逆旋转反接制动控制电路

该电路为按时间原则两级启动，能实现正、反转并通过 ST1、ST2 行程开关实现自动换向，在换向过程中能实现反接制动，以加快换向过程。下面以电动机正转运行变反转运行为例来说明电路工作情况。

电动机正在作正向运转并拖动运动部件作正向移动，当运动部件上的撞块压下行程开关 ST1 时，KM1、KM3、KM4、KM5、KV1 线圈断电释放，KM2 线圈通电吸合。电动机电枢接通反向电源，同时 KV2 线圈通电吸合，反接时的电枢电路见图 3-31。

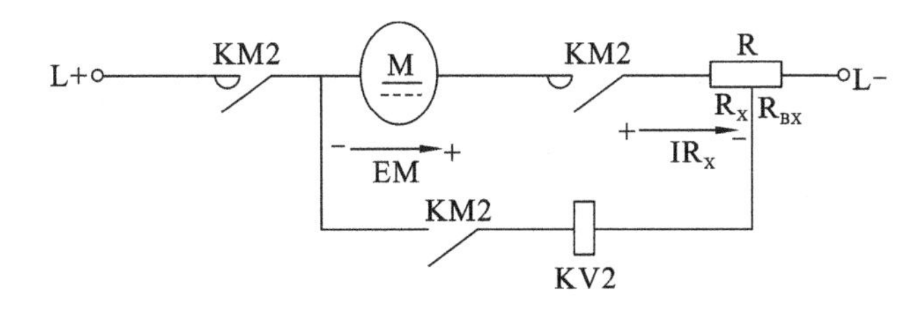

图 3-31　反接时的电枢电路

由于机械惯性，电动机转速及电动势 E_M 的大小和方向来不及变化，且电动势 E_M 方向与电枢串电阻电压降 IR_x 方向相反，此时加在电压继电器 KV2 线圈上的电压很小，不足以使 KV2 吸合，KM3、KM4、KM5 线圈处于断电释放状态，电动机电枢串入全部电阻进行反接制动，电动机转速迅速下降，随着电动机转速的下降，电动机电势 E_M 迅速减小，电压继电器 KV2 线圈上的电压逐渐增加，当 $n \approx 0$ 时，$E_M \approx 0$，加至 KV2 线圈电压加大并使其吸合动作，常开触头闭合，KM5 线圈通电吸合。KM5 主触头短接反接制动电阻 R_4，同时 KT1 线圈断电释放，电动机串入 R_1、R_2 电阻反向启动，经 KT1 断电延时触头闭合，KM3 线圈通电，KM3 主触头短接启动电阻 R_1，同时 KT2 线圈断电释放，经 KT2 断电延时触头闭合，KM4 线圈通电吸合，KM4 主触头短接启动电阻 R_2，进入反向正常运转，拖动运动部件反向移动。

当运动部件反向移动撞块压下行程开关 ST2 时，则由电压继电器 KV1 来控制电动机实现反转时的反接制动和正向启动过程，此处不再复述。

3.5.5 直流电动机调速控制

直流电动机可改变电枢电压或改变励磁电流来调速，前者常由晶闸管构成单相或三相全波可控整流电路，经改变其导通角来实现降低电枢电压的控制；后者常改变励磁绕组中的串联电阻来实现弱磁调速。下面以改变电动机励磁电流为例来分析其调速控制原理。

图 3-32 所示为直流电动机改变励磁电流的调速控制电路。电动机的直流电源采用两相零式整流电路，电阻 R 兼有启动限流和制动限流的作用，电阻 RP 为调速电阻，电阻 R_2 用于吸收励磁绕组的自感电动势，起过电压保护作用。KM1 为能耗制动接触器，KM2 为运行接触器，KM3 为切除启动电阻接触器。

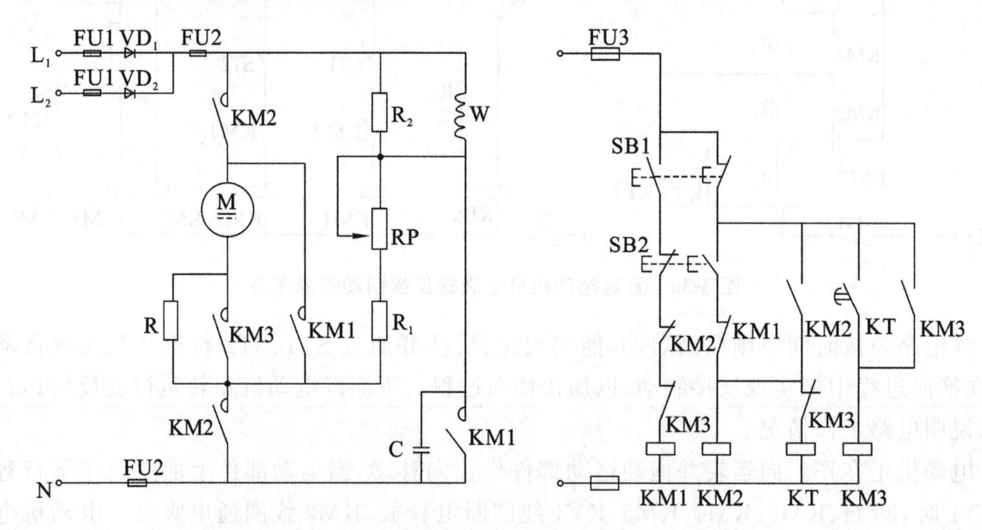

图 3-32 直流电动机改变励磁电流的调速控制电路

电路工作原理如下。

（1）启动　按下启动按钮 SB2，KM2 和 KT 线圈同时通电并自锁，电动机 M 电枢串入电阻 R 启动。经一段延时后，KT 通电延时闭合触头闭合，使 KM3 线圈通电并自锁，KM3 主触头闭合，短接启动电阻 R，电动机在全压下启动运行。

（2）调速　在正常运行状态下，调节电阻 RP，改变电动机励磁电流大小，从而改变电动机励磁磁通，实现电动机转速的改变。

（3）停车及制动　在正常运行状态下，按下停止按钮 SB1，接触器 KM2 和 KM3 线圈同时断电释放，其主触头断开，切断电动机电枢电路；同时 KM1 线圈通电吸合，其主触头闭合，通过电阻 R 接通能耗制动电路，而 KM1 另一对常开触头闭合，短接电容器 C，使电源电压全部加在励磁线圈两端，实现能耗制动过程中的强励磁作用，加强制动效果。松开停止按钮 SB1，制动结束。

3.6 电液控制系统

电液控制系统即电气控制系统与液压系统的组合，是用电气控制电路来控制液压传动系统向外传动能量，从而控制运动部件完成规定动作的系统。

由液压传动的知识可知，液压传动具有传递平稳、可靠、均匀等优点，而且能提供比电动机更大的动力。电气控制电路结构简单、控制方便，因此电液控制系统很容易实现自动化控制，目前被广泛应用在各种自动化设备上，如组合机床、机械加工自动线、数控机床以及汽车等方面。

3.6.1 液压传动系统与电磁阀

液压传动系统主要由四部分组成：动力装置（液压泵及驱动电动机）、执行机构（液压缸或液压马达）、控制调节装置（溢流阀、调速阀、压力阀、换向阀）和辅助装置（油箱、油管、液位计）。动力装置为系统提供动力；执行机构通过执行元件运动来带动负载运动；控制调节装置通过对液体的压力、流量和流动方向的调节，实现对传输动力的调节，进而满足执行元件的运动要求；辅助装置为系统的正常工作提供保障。

液压传动系统工作时，溢流阀和调速阀的工作状态是预先设定好的，只要换向阀能够根据工作循环的要求改变工作状态，就能实现各工步液压系统的要求，完成不同的运动转换。因此对液压传动系统工作循环的自动控制，就是对换向阀的工作状态进行控制（除特殊情况）。

换向阀因结构的不同可采用机械、液压和电动三种方式改变阀的工作状态，从而实现接通、断开油路或改变液流方向。在电液控制电路中使用较多的是电磁换向阀，即由电磁铁推动顶杆使阀芯移动从而改变其工作状态，电磁换向阀图形符号如图 3-33 所示。

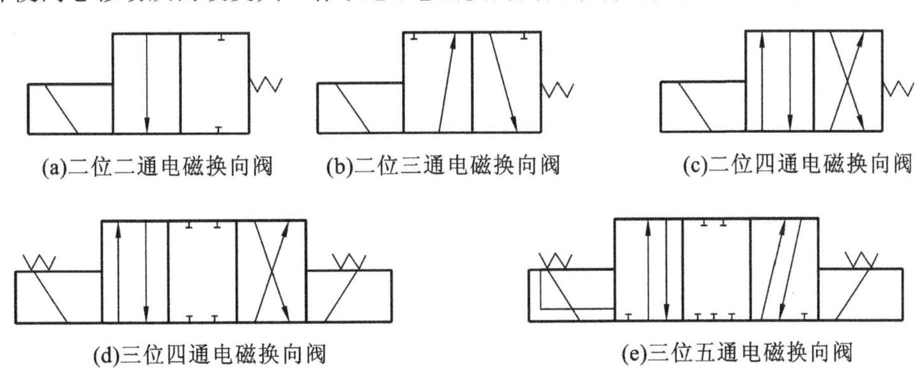

图 3-33　电磁换向阀的图形符号

3.6.2 电液控制系统实例

液压动力滑台是典型的电液控制装置，它是组合机床上实现进给运动的一种通用部件，配上动力头和不同的主轴箱可以对工件完成铣削、钻、镗、扩、铰、刮端面、倒角以及攻螺纹等加工工序。动力滑台由液压缸驱动，其液压传动系统原理图以及在电气和机械装置配合下可实现的工作循环图如图 3-34(a)所示。

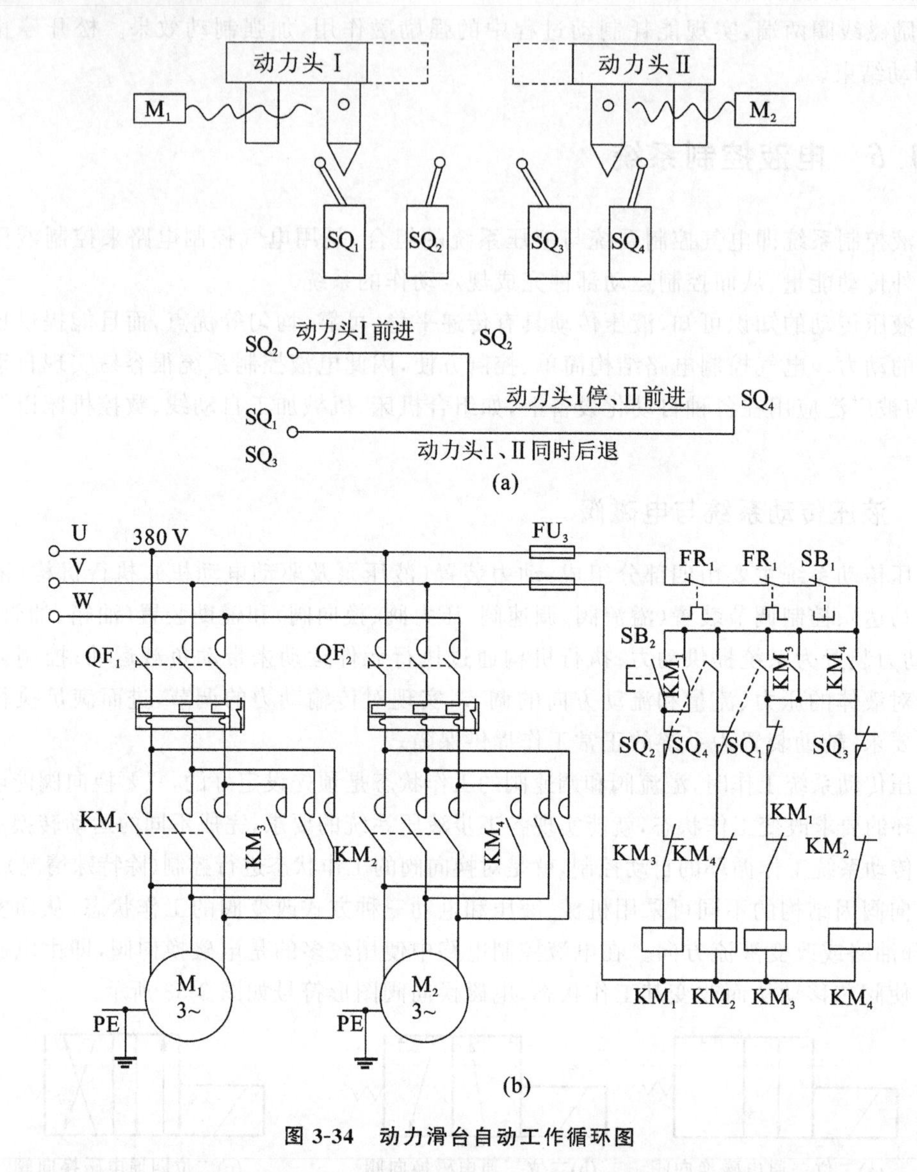

图 3-34　动力滑台自动工作循环图

电液控制系统的分析分三步：① 工作循环图分析，用来确定工步顺序、每步的工作内容以及各工步转换主令；② 液压传动系统分析，对照液压传动系统原理图，确定每工步中应通电的电磁阀线圈，结合分析结果和工作循环图中给出的条件列出电磁铁动作顺序表，列出电磁线圈通电状态及转换主令；③ 控制电路分析，对照电磁铁动作顺序表，逐步分析电路如何在转换主令的控制下完成电磁阀线圈通、断电的控制。

液压动力滑台的控制电路如图 3-34(b)所示，因为电磁阀没有触头，对短信号无自锁能力，所以要使用中间继电器，系统有手动和自动两种工作方式。

液压动力滑台的自动工作循环共有四个工步：滑台快进、工进、快退及原位停止。在自动工作方式下，按下 SB_2 启动按钮，液压动力滑台将进行自动循环。

综合以上分析可知，液压动力滑台的工作循环实际上是电液控制系统不断启动和制动的过程。

3.7 电气控制系统常用的保护措施

电气保护环节用于保障长期工作条件下电气设备与操作人员的安全，是所有电气控制系统中不可缺少的环节。常用的电气保护环节有短路保护、过电流保护、过载保护、电压保护、弱磁保护等。

3.7.1 短路保护

电气控制线路中的电器或配线绝缘遭到损坏、负载短路或接线错误时，都可能产生短路故障。短路时产生的瞬时故障电流是额定电流的十几倍甚至几十倍。电气设备或配电线路因短路电流产生的强大电动力可能产生电弧、发生损坏甚至引起火灾。

短路保护要求在短路故障产生后的极短时间内切断电源，常用方法是在线路中串接熔断器或低压断路器。低压断路器的动作电流整定为电动机启动电流的 1.2 倍。

3.7.2 过电流保护

过电流是指电动机或电器元件超过其额定电流的运行状态，过电流一般比短路电流小，在 6 倍额定电流以内。电气线路中发生过电流的可能性大于短路发生的可能性，特别是在电动机频繁启动和频繁正反转时。在过电流情况下，若能在达到最大允许温升之前电流值恢复正常，电器元件将仍能正常工作，但是过电流造成的冲击电流会损坏电动机，所产生的瞬时电磁大转矩会损坏机械传动部件，因此要及时切断电源。

过电流保护常用过电流继电器来实现。将过电流继电器线圈串接在被保护线路中，当电流达到其整定值，过电流继电器动作，其动断触头串接在接触器线圈所在的支路中，使接触器线圈断电，再通过主电路中接触器的主触头断开，使电动机电源及时切断。

3.7.3 过载保护

过载是指电动机运行电流超过其额定电流但小于 1.5 倍额定电流的运行状态，此运行状态在过电流运行状态范围内。若电动机长期过载运行，其绕组温升将超过允许值而绝缘老化或损坏。过载保护要求不受电动机短时过载冲击电流或短路电流的影响而瞬时动作，通常采用热继电器作过载保护元件。

当 6 倍以上额定电流通过热继电器时，需经 5 s 后才动作，可能在热继电器动作前，热继电器的加热元件已烧坏，所以在使用热继电器作过载保护时，必须同时装有熔断器或低压断路器等短路保护装置。

电动机缺相保护可选用带断相保护的热继电器来实现过载与缺相双重保护。

3.7.4 电压异常保护

电动机应在额定电压下工作，电压过高、过低甚至故障断电，都可能造成设备或人身事故，所以应根据要求设置失电压保护、过电压保护和欠电压保护等环节。

1. 失电压保护

电动机正常运转时如因为电源电压突然消失，电动机将停转。一旦电源电压恢复正常，电动机有可能自行启动，从而造成机械设备损坏，甚至造成人身事故。失电压保护是为防止电压恢复时电动机自行启动或电器元件自行投入工作而设置的保护环节。

采用接触器和按钮控制的启动、停止控制线路就具有失电压保护作用。因为当电源电压突然消失时，接触器线圈就会断电而自动释放，从而切断电动机电源。当电源电压恢复时，由于接触器自锁触头已断开，所以电动机不会自行启动。

但在采用不能自动复位的手动开关、行程开关控制接触器的线路中，就需采用专门的零电压继电器，一旦断电，零电压继电器释放，其自锁电路断开，电源恢复时，电动机就不会自行启动。

2. 欠电压保护

当电源电压降至60%～80%额定电压时，将电动机电源切断而停止工作的环节称为欠电压保护环节。除了采用接触器本身有按钮的控制方式进行欠电压保护外，还可采用欠电压继电器进行欠电压保护。

将欠电压继电器的吸合电压整定为0.8～0.85 U_N、释放电压整定为0.5～0.7U_N。欠电压继电器跨接在电源上，其动合触头串接在接触器线圈电路中，当电源电压低于释放值时，欠电压继电器动作使接触器释放，接触器主触头断开，电动机电源实现欠电压保护。

3. 过电压保护

电磁铁、电磁吸盘等大电感负载及直流电磁机构、直流继电器等，在通断时会产生较高的感应电动势，会造成电磁线圈被击穿而损坏。过电压保护通常是在电磁线圈两端并联一个电阻、电阻串电容或二极管串电阻，以形成一个放电回路，实现过电压保护。

3.7.5 弱磁保护

直流电动机在一定磁场强度下才能启动，如果磁场过弱，电动机的启动电流就会很大。当直流电动机运行过程中磁场突然减弱或消失，其转速就会迅速升高，甚至发生“飞车”现象，因此需采用弱磁保护。

弱磁保护是通过电动机励磁回路中串接欠电流继电器来实现的，一旦励磁电流消失或降低过多，欠电流继电器释放，其触头切断接触器线圈，使主电路中的电动机电源切断而停转。

3.7.6 超速保护

机电设备运行速度超过规定允许速度时，将造成设备损坏或人身事故，所以应设置超速保护装置来控制电动机转速或及时切断电动机电源。

表3-2列出了常用电气保护环节的保护内容及采用的保护元器件。

表3-2 常用电气保护环节的保护内容及采用的保护元器件

保护环节名称	故障原因	采用的保护元件
短路保护	电源负载短路	熔断器、低压断路器
过电流保护	错误启动、过大的负载转矩频繁正、反向启动	过电流继电器
过载保护	长期过载运行	热继电器、热敏电阻、低压断路器、热脱扣装置
电压异常保护	电源电压突然消失、降低或升高	零电压、欠电压、过电压继电器或接触器、中间继电器
弱磁保护	直流励磁电流突然消失或减小	欠电流继电器
超速保护	电压过高、弱磁场	过电压继电器、离心开关、测速发电机

图 3-35 所示的电气控制线路中集中体现了常用的保护环节。其中起保护作用的各元器件分别为:短路保护——熔断器 FU1、FU2;过载保护——热继电器 FR;过电流保护——过电流断电器 KI1、KI2;零电压保护——中间继电器 KA;欠电压保护——欠电压继电器 KV;联锁保护——KM1、KM2 互锁。

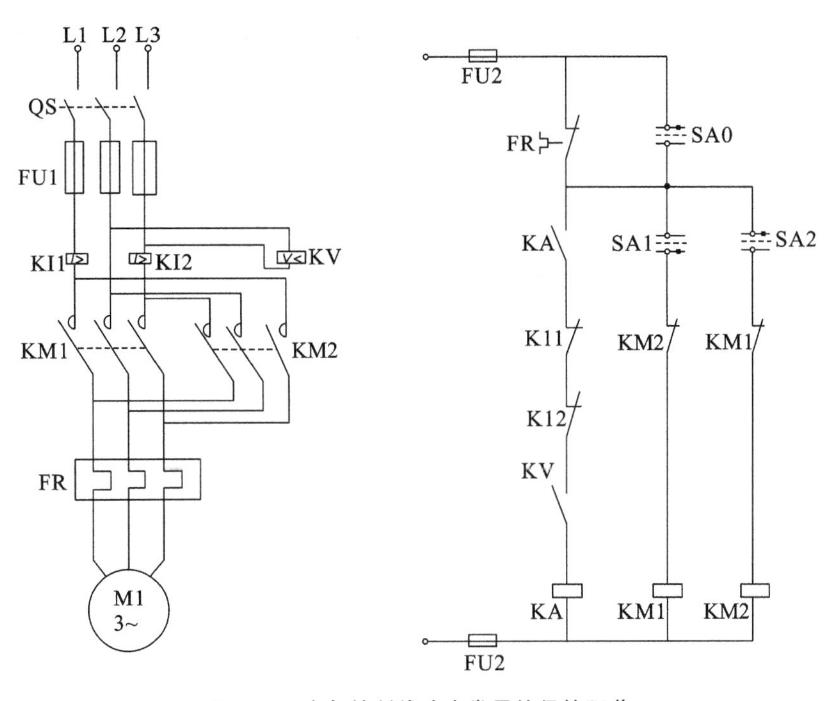

图 3-35 电气控制线路中常用的保护环节

实际应用时不会采用全部保护的环节,但短路保护、过载保护、零电压保护是不可缺少的环节。

练 习 题

1. 叙述"自锁"、"互锁"的定义,它们在电气控制系统中起什么作用?

2. 在接触器正、反转控制电路中,若正、反向控制的接触器同时通电,会发生什么现象?

3. 在电气控制线路中采用低压断路器作电源引入开关,电源电路是否还要用熔断器作短路保护?控制电路是否还要用熔断器作短路保护?

4. 三相异步交流电动机降压启动的原理和常用方法是什么?

5. 定子绕组为 Y 形接法的三相异步电动机能否用 Y-△降压启动?为什么?

6. 三相异步交流电动机的制动方法有哪些?它们一般用在什么场合?

7. 画出一台电动机启动后经过一段时间,另一台电动机就能自行启动的控制电路。

8. 某生产机械要求由 M1、M2 两台电动机拖动,M2 能在 M1 启动一段时间后自行启动,但 M1、M2 可单独控制启动和停止。

9. 试设计两台笼型异步电动机的顺序起、停控制线路和主电路,其要求如下:

(1) M1 先启动,M2 后启动;

(2) 停车时,按先 M2 后 M1 的顺序停止;

(3) M1 可点动。

第4章 典型设备电气控制电路分析

电气控制设备种类繁多，拖动控制方法各异，控制电路也各不相同。在阅读电气图时，重要的是要学会其基本分析方法，本章通过对典型设备电气控制电路的分析，进一步阐述分析电气控制系统的方法与步骤，使读者掌握分析电气图的方法，培养阅读电气图的能力；加深对生产设备中机械、液压与电气控制紧密配合的理解；学会从设备加工工艺出发，掌握几种典型设备的电气控制；为电气控制系统的设计、安装、调试、维护打下基础。

4.1 电气控制电路分析基础

4.1.1 电气控制分析的依据

分析设备电气控制的依据是设备本身的基本结构、运行情况、加工工艺要求和对电力拖动自动控制的要求，也就是要熟悉控制对象，掌握其控制要求，这样分析起来才有针对性。这些依据的获得来源于设备的有关技术资料，其主要有设计说明书、电气原理图、电气接线图及电器元件一览表等。

4.1.2 电气控制分析的内容

通过对各种技术资料的分析，掌握电气控制电路的工作原理、操作方法、维护要求等。

1. 设备说明书

设备说明书由机械、液压部分与电气两部分组成，阅读这两部分说明书，重点掌握以下一些内容。

(1) 设备的构造，主要技术指标，机械、液压、气动部分的传动方式与工作原理。

(2) 电气传动方式，电机及执行电器的数目，规格型号、安装位置、用途与控制要求。

(3) 了解设备的使用方法，操作手柄、开关、按钮、信号灯装置以及在控制电路中的作用。

(4) 必须清楚地了解与机械、液压部分直接关联的电器，如行程开关、电磁阀、电磁离合器、传感器、压力继电器、微动开关等的位置，工作状态以及与机械、液压部分的关系，在控制中的作用。特别应了解机械操作手柄与电器开关元件之间的关系，以及液压系统与电气控制的关系。

2. 电气控制原理图

这是电气控制电路分析的中心内容。电气控制原理图由主电路、控制电路、辅助电路、保护与联锁环节以及特殊控制电路等部分组成。在分析电气原理图时，必须与阅读其它技术资料结合起来，根据电动机及执行元件的控制方式、位置及作用，各种与机械有关的行程开关，主令电器的状态来理解电气工作原理。在分析电气原理图时，还可通过设备说明书提供的电器元件一览表来查阅电器元件的技术参数，进而分析出电气控制电路的主要参数，估计出各部分的电流、电压值，以使在调试或检修中合理使用仪表进行检测。

3. 电气设备的总装接线图

阅读分析电气设备的总装接线图，可以了解系统的组成分布情况，各部分的连接方式，主要电气部件的布置、安装要求，导线和导线管的规格型号等，从而对设备的电气安装有个清晰的了解，这是电气安装必不可少的资料。

阅读分析总装接线图应与电气原理图、设备说明书结合起来。

4. 电器元件布置图与接线图

这是制造、安装、调试和维护电气设备必需的技术资料。在测试、检修中可通过布置图和接线图迅速方便地找到各电器元件的测试点，进行必要的检测、调试和维修。

4.1.3 电气原理图的阅读分析方法

电气原理图阅读分析基本原则是“先机后电、先主后辅、化整为零、集零为整、统观全局、总结特点”。最常用的方法是查线分析法，即以某一电动机或电器元件线圈为对象，从电源开始，由上而下，自左至右，逐一分析其接通断开关系，并区分出主令信号、联锁条件，保护环节等。根据图区坐标标注的检索和控制流程的方法分析出各种控制条件和输出条件之间的因果关系。

(1) 先机后电　首先了解设备的基本结构、运行情况、工艺要求、操作方法，从而对设备有个总体的了解，进而明确设备对电力拖动自动控制的要求，为阅读和分析电路做好前期准备。

(2) 先主后辅　新阅读主电路，看设备有几台电动机拖动，各台电动机的作用，结合工艺要求弄清这台电动机的启动、转向、调速、制动等的控制要求及其保护环节，而主电路的各控制要求是由控制电路来实现的，此时要运用化整为零去阅读分析控制电路，最后再分析辅助电路。

(3) 化整为零　在分析控制电路时，将控制电路功能分为若干个局部控制电路，从电源和主令信号开始，经过逻辑判断，写出控制流程，用简便明了的方式表达出电路的自动工作过程。

然后分析辅助电路，辅助电路包括信号电路、检测电路与照明电路等，这部分电路具有相对独立性，其辅助作用而不影响主要功能，这部分电路大多是由控制电路中的元件来控制，可结合控制电路一并分析。

在某些控制电路中，还设置了一些与主电路、控制电路关系不密切，相对独立的某些特殊环节，如计数装置，自动检测系统，晶闸管触发电路与自动测温装置等。可参照上述分析过程，运用所学过的电子技术、变流技术、检测与转换等知识逐一分析。

(4) 化零为整，统观全局　经过“化整为零”逐步分析每一局部电路的工作原理之后，必须用“集零为整”的办法来“统观全局”，看清各局部电路之间的控制关系、联锁关系，机电之间的配合情况，各种保护环节的设置等，从而对整个电路，对电路中的每个电器，电器中的每一对触头的作用了如指掌。

(5) 总结特点　各种设备的电气控制虽然都是由各种基本控制环节组合而成，但其整机的电气控制都有各自的特点，这也是各种设备电气控制的区别所在，应给予总结，这样才能加深对电气设备电气控制的理解。

4.2 卧式车床电气控制电路分析

普通卧式车床是一种应用极为广泛的金属切削机床，主要用来车削外圆、内圆、端面、螺纹和定型表面，并可以通过尾架进行钻孔、铰孔、攻螺纹等加工。现以 C650 普通卧式车床为例，说明生产机械电气原理图的分析过程。

4.2.1 主要结构和运动情况

C650 卧式机床属中型车床，加工工件回转半径最大可达 1 020 mm，长度可达 3 000 mm。其结构主要由床身、主轴变速箱、进给箱、溜板箱、刀架、尾架、丝杆和光杆等部分组成，如图 4-1 所示。

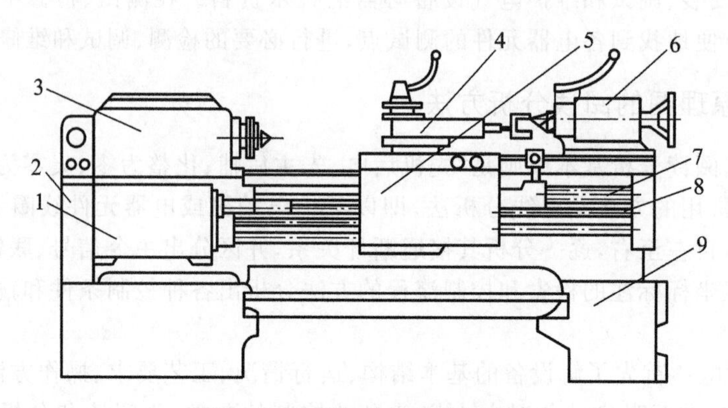

图 4-1 普通车床的结构示意图

1—进给箱；2—挂轮箱；3—主轴变速箱；4—溜板与刀架；
5—溜板箱；6—尾架；7—丝杆；8—光杆；9—床身

车床的主运动为工件的旋转运动，它是由主轴通过卡盘带动工件旋转，其为车削加工时的主要切削功率。车削加工时，应根据加工工件、刀具种类、工件尺寸、工艺要求等来选择不同的切削速度，普通车床一般采用机械变速，车削加工时，一般不要求反转，但在加工螺纹时，为避免乱扣，要反转退刀，再以正向进刀继续进行加工，所以要求主轴能够实现正反转。车床的进给运动是溜板带动刀架的横向或纵向的直线运动，其运动方式有手动和机动两种，主运动与进给运动由一台电动机驱动并通过各自的变速箱来调节主轴旋转或进给速度。

此外，为提高效率、减轻劳动强度，C650 车床的溜板箱还能快速移动，称为辅助运动。

4.2.2 C650 车床对电气控制的要求

C650 卧式车床由三台三相笼型异步电动机拖动，即主轴电动机 M1、冷却泵电动机 M2 和刀架快速移动电动机 M3，从车削加工工艺要求出发，对各电动机的控制要求如下。

(1) 主轴电动机 M1，20 kW 采用全压下的空载直接启动，能实现正反向旋转的连续运行。为便于对工件做调整运动，即对刀操作，要求主轴电动机能实现单方向的点动控制，同时定子串入电阻获得低速点动。

主轴电动机停车时，由于加工工件转动惯量较大，采用反接制动。加工过程中为显示电动机工作电流设有电流监视环节。

(2) 冷却泵电动机 M2 用以车削加工时提供冷却液，采用直接启动，单向旋转，连续工作。

(3) 快速移动电动机 M3，单相点动，短时运转。

(4) 电路应有必要的保护和联锁，有安全可靠的照明电路。

4.2.3 C650 车床的电气控制电路分析

图 4-2 所示为 C650 型普通车床电气原理图。

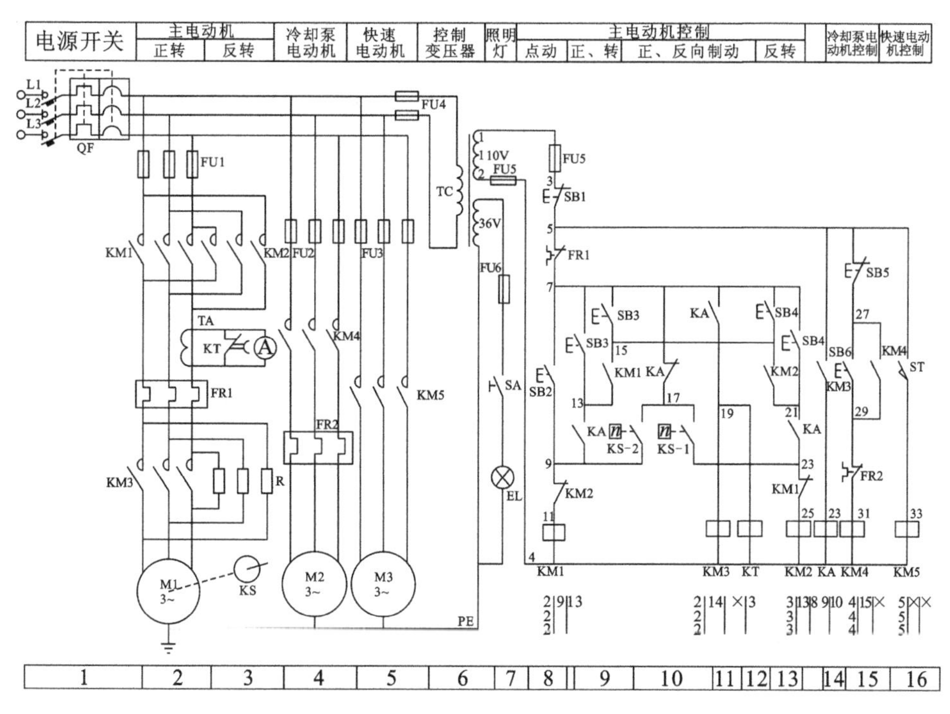

图 4-2　C650 型普通车床电气原理图

1. 主电路分析

带脱钩器的低压断路器 QS 将三相电源引入，FU1 为主轴电动机 M1 短路保护用熔断器，FR1 为 M1 的过载保护热继电器，R 为限制电阻，限制反接制动时的电流冲击，防止在电动时连续启动电流造成电动机的过载。通过电流互感器 TA 接入电流表已监视主轴电动机线电流，KM1、KM2 为主轴电动机正、反转接触器，KM3 为制动限流接触器。

冷却泵电动机 M2 由接触器 KM4 控制单向连续运转，FU2 为短路保护用熔断器，FR2 为过载保护用热继电器。

快速移动电动机 M3 由接触器 KM5 控制单向旋转点动控制，获得短时工作，FU3 为其短路保护用熔断器。

2. 控制电路分析

控制电路电源由控制变压器 TC 供给控制电路交流电压 110 V，照明电路交流电压 36 V，FU5 为控制电路短路保护用熔断器，FU6 为照明电路短路保护用熔断器，局部照明灯 EL 由主令开关 SA 控制。

1）主电动机的点动调整控制

M1 的点动控制由点动按钮 SB2 控制，按下 SB2，接触器 KM1 线圈通电吸合，KM1 主触头闭合，M1 定子绕组经限流电阻 R 与电源接通，电动机在低速下正向运动。当转速达到速度继电器 KS 动作值时，KS 正转触头 KS-1 闭合，为点动停止反接制动做准备，松开 SB2，KM1 线圈断电，KM1 触头复原，因 KS-1 仍闭合，使 KM2 线圈通电，M1 被反接串入电阻进行反接制动停车，当转速达到 KS 释放转速时，KS-1 触头断开，反接制动结束。

2）主电动机的正反转控制

主电动机正转由正向启动按钮 SB3 控制，按下 SB3 接触器，KM3 首先通电吸合，其主触点闭合将限流电阻 R 短接，KM3 常开辅助触头闭合，使中间继电器 KA 通电吸合，触头

KA(13-9)闭合使接触器 KM1 通电吸合，电动机 M1 在全电压下直接启动，由于 KM1 的常开触头 KM1(15-13)闭合，KA(7-15)闭合，将 KM1 和 KM3 自锁，获得正向连续运转。

主电动机的反转由反向启动按钮 SB4 控制，控制过程与正转控制类同。将 KM1、KM2 的常闭辅助触头串接在对方线圈电路中起互锁作用。

3）主电动机的反接制动控制

主电动机正、反转运行停车时均有反接制动，制动时电动机串入限流电阻。图中 KS-1 为速度继电器正转常开触头，KS-2 为反转常开触头，以主电动机正转运行为例。接触器 KM1、KM3、中间继电器 KA 已通电吸合且 KS-1 闭合，当正转停车，按下停止按钮 SB1、KM3、KM1、KA 线圈同时断电释放，KM3 主触头断开，电阻 R 串入电机定子电路，KA 常闭触头 KA(7-17)复原闭合，KM1 主触头断开，断开电动机正相序三相交流电源。此时电动机以惯性高速旋转，速度继电器触头 KS-1(17-23)仍闭合，当松开停止按钮 SB1 时，卷反转接触器 KM2 线圈经 1-3-5-7-17-23-25-4-2 线路通电吸合，电动机接入反相序三相电源，串入电阻进行反接制动，使转速迅速下降，当 n 小于每分钟 100 转时，KS-1 触头断开，KM2 线圈断电，反接制动结束，自然停车至零。

反向停车制动与正向停车制动类似。

4）刀架的快速移动和冷却泵控制

刀架的快速移动是转动刀架手柄压动行程开关 ST，使接触器 KM5 通电吸合，控制电动机 M3 来实现的。冷却泵电动机 M2 的启动和停止是通过按钮 SB5、SB6 控制。

5）辅助电路

监视主回路负载的电流表是通过电流互感器 TA 接入的，为防止电动机启动、点动和制动电流对电流表的冲击，线路中接入一个时间继电器 KT，且 KT 线圈与 KM3 线圈并联。当启动时，KT 线圈通电吸合，但 KT 的延时断开的常闭触头尚未动作，将电流表短路。启动后，KT 延时断开的常闭触头才断开，电流表内才有电流流过。

6）完善的联锁与保护

主电动机正反转有互锁，熔断器 FU1～FU6 实现短路保护。热继电器 FR1、FR2 实现 M1、M2 的过载保护。接触器 KM1、KM2、KM4 采用按钮与自锁控制方式，使 M1 与 M2 具有欠压与零压保护。

3. 电路特点

C650 车床电气控制电路特点如下。

(1) 采用 3 台电动机拖动，尤其是车床溜板箱的快速移动单有一台电动机拖动。

(2) 主轴电动机不但有正、反向运转，还有单向低速点动的调整控制，正、反向停车时均具有反接制动控制。

(3) 设有检测主轴电动机工作电流的环节。

(4) 具有完善的保护与联锁装置。

4.3 摇臂钻床电气控制电路分析

钻床是一种用途广泛的万能铣床，可进行钻孔、扩孔、铰孔、攻螺纹及修刮端面等多种形式的加工。钻床按结构形式可分为立式钻床、卧室钻床、摇臂钻床、深孔钻床、台式钻床等。在各种钻床中，摇臂钻床操作方便、灵活，适用范围广，特别适用于带有多孔大型工件的孔加工，是机械加工中常用的机床设备，具有典型性。下面以 Z3040 型摇臂钻床为例进行分析。

4.3.1 机床结构与运动形式

摇臂钻床一般由底座、内外立柱、摇臂、主轴箱和工作台等部件组成，如图 4-3 所示。

内立柱固定在底座的一端，外立柱套在内立柱上，并可绕内立柱 360°回转，摇臂的一端为套筒，它套在外立柱上，借助于升降丝杆的正反向旋转，摇臂可沿外立柱上下移动。由于升降螺母固定在摇臂上，所以摇臂只能与外立柱一起绕内立柱回转。主轴箱是一个复合的部件，它由主电动机、主轴和主轴传动机构、进给和变速机构以及机床的操作机构等部分组成。主轴箱安装在摇臂的水平导轨上。通过手轮操作可使主轴箱沿摇臂水平导轨作径向运动。这样，主轴 5 通过主轴箱在摇臂上的水平移动及摇臂的回转可方便地调整至机床尺寸范围内的任意位置。为适应加工不同高度工件的需要，可调节摇臂在立柱上的位置。Z3040 钻床中，主轴箱沿摇臂的径向运动和摇臂的回转运动为手动调整。

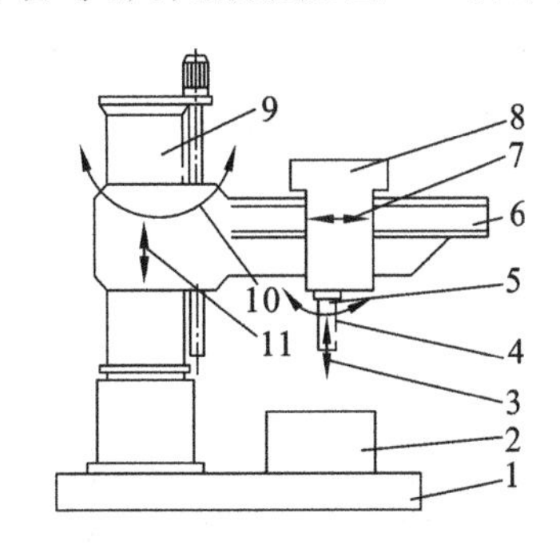

图 4-3　摇臂钻床结构及运动情况示意图

1—底座；2—工作台；3—主轴纵向进给；
4—主轴旋转主运动；5—主轴；6—摇臂；
7—主轴箱沿摇臂径向运动；8—主轴箱；
9—内外立柱；10—摇臂回转运动；
11—摇臂上下垂直运动

钻削加工时，主轴的旋转运动为主运动，主轴的纵向运动为进给运动，即钻头一面旋转一面做纵向进给。此时主轴箱夹紧在摇臂的水平导轨上，摇臂与外立柱夹紧在内立柱上。辅助运动有：摇臂沿外立柱的上下垂直移动；主轴箱沿摇臂水平导轨的径向移动；摇臂的回转运动。

4.3.2 电力拖动特点与控制要求

1. 电力拖动特点

(1) 摇臂钻床运动部件较多，为简化传动装置，采用多电动机拖动，分别是主轴电动机、摇臂升降电动机、液压泵电动机及冷却泵电动机。

(2) 摇臂钻床的主运动与进给运动皆为主轴的运动，为此这两种运动由一台主轴电动机拖动，分别经主轴传动机构，进给传动机构来实现主轴的旋转与进给。

2. 控制要求

(1) 4 台电动机容量均较小，采用直接启动方式，主轴要求正反转，但采用机械方法实现，主轴电动机单向旋转。

(2) 升降电动机要求正反转。液压泵电动机用来驱动液压泵送出不同流向的压力油，推动活塞，带动菱形块动作来实现内外立柱的夹紧与放松以及主轴箱和摇臂的夹紧与放松，故液压泵电动机要求正反转。

(3) 摇臂的移动严格按照摇臂松开、摇臂移动到位、摇臂夹紧的程序进行，因此摇臂的夹紧放松与摇臂升降应按上述程序自动进行。

(4) 钻削加工时，应由冷却泵电动机推动冷却泵，供出冷却液进行钻头冷却。

(5) 要求有必要的联锁与保护环节。

(6) 具有机床安全照明电路与信号指示电路。

4.3.3 电气控制电路分析

图 4-4 所示为 Z3040 型摇臂钻床电气原理图。

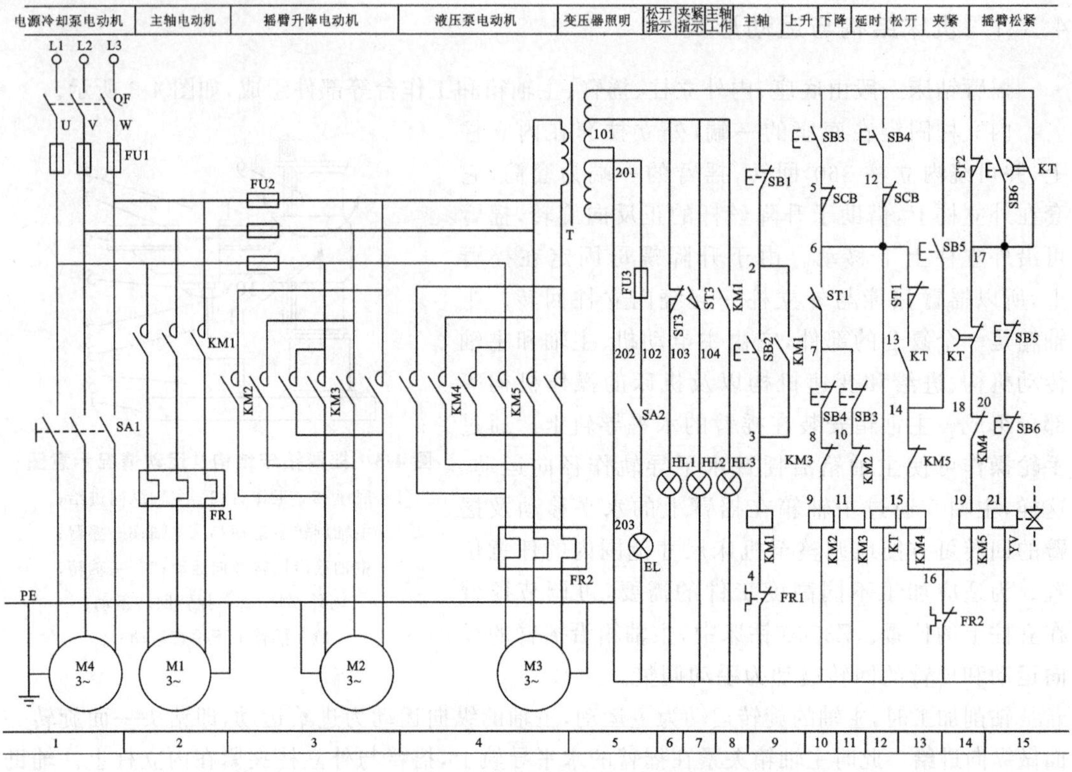

图 4-4　Z3040 型摇臂钻床电气原理图

图中 M1 为主轴电动机，M2 为摇臂升降电动机，M3 为液压泵电动机，M4 为冷却泵电动机。

主轴箱上装有 4 个按钮 SB2、SB1、SB3 与 SB4 分别是主电动机启动、停止按钮，摇臂上升、下降按钮。主轴箱转盘上有 2 个按钮 SB5、SB6 分别为主轴箱及立柱松开按钮和夹紧按钮。转盘为主轴箱左右移动手柄，操纵杆则操纵主轴的垂直移动，两者均为手动。主轴也可机动进给。

1. 主电路分析

三相电源由低压断路器 QF 控制。M1 为单向旋转，由接触器 KM1 控制。主轴的正反转是另一套由主轴电动机拖动齿轮泵送出压力油的液压系统，经“主轴变速，正反转及空挡”操作手柄来获得的。M1 由热继电器 FR1 作过载保护。

M2 由正反转接触器 KM2、KM3 控制实现正反转，应摇臂移动是短时的，不用设过载保护，但其与摇臂的放松和夹紧之间有一定的配合关系，这由控制电路去保证。

M3 由接触器 KM4、KM5 控制实现正反转，设有热继电器 FR2 作过载保护。

M4 电动机容量小，仅 0.125 kW，由开关 SA1 控制启动、停止。

2. 控制电路分析

(1) 主轴电动机控制。由按钮 SB2、SB1 与接触器 KM1 构成主轴电动机启动-停止控制电路，M1 启动后，指示灯 HL3 亮，表示主轴电动机的旋转。

(2) 摇臂升降及夹紧、放松控制。摇臂钻床工作时，摇臂应夹紧在外立柱上，发出摇臂移动信号后，须先松开夹紧装置，当摇臂移动到位后，夹紧装置再将摇臂夹紧，本电路能自动完成这一过程。

由摇臂上升按钮SB3、下降按钮SB4及正反转接触器KM2、KM3组成具有双重互锁的电动机正反转点动控制电路。由于摇臂的升降控制须与夹紧机构液压系统密切配合，所以与液压泵电动机的控制密切相关。液压泵电动机正反转由正反转接触器KM4、KM5控制，拖动双向液压泵，送出压力油，经二位六通阀送至摇臂夹紧机构实现夹紧与放松。下面以摇臂上升为例分析摇臂升降及夹紧、放松的控制。

按下摇臂上升点动按钮SB3，时间继电器KT通电吸合，瞬动常开触头KT(13-14)，KT(1-17)闭合，前者使KM4线圈通电吸合，后者使电磁阀YV线圈通电。由于液压泵电动机M3正转启动，拖动液压泵送出压力油，经二位六通阀进入摇臂松开油腔，推动活塞与菱形块，使摇臂松开。同时活塞杆通过弹簧片压动行程开关ST1，其常闭触头ST1(6-13)断开，接触器KM4断电释放，液压泵电动机停止旋转，摇臂维持在松开状态；同时，ST1常开触头ST1(6-7)闭合，使KM2线圈通电吸合，摇臂升降电动机M2启动旋转，拖动摇臂上升。

当摇臂上升到预定位置，松开上升按钮SB3，KM2、KT线圈通电，M2依惯性旋转至停止，摇臂停止上升。经延时，KT(17-18)闭合，KM5线圈通电，使液压泵电动机M3反转，触头KT(1-17)断开，电磁阀YV断电。送出的压力油经另一条油路流入二位六通阀，再进入摇臂夹紧油腔，反向推动活塞与菱形块，使摇臂夹紧。值得注意的是，在KT断电延时的1～3 s时间内，KM5线圈仍处于断电状态，而YV仍处于通电状态，这段延时就确保了横梁升降电动机在断开电源依惯性旋转经1～3 s完全停止旋转后，才开始摇臂的夹紧动作，所以KT延时长短依电动机M2切断电源到完全停止的惯性大小来调整。

当摇臂夹紧后，活塞杆通过弹簧片压动行程开关ST2，使ST2(1-17)断开，KM5线圈断电，M3停止旋转，摇臂夹紧完成。摇臂夹紧的行程开关ST2应调整到摇臂夹紧后能够动作，若调整不当摇臂夹紧后仍不能动作，会使液压泵电动机长期工作而过载。为防止由于长期过载而损坏液压泵电动机，电动机M3虽然短时运行，也仍采用热继电器作过载保护。

摇臂升降的极限保护由组合开关SCB来实现。SCB有两对常闭触头，当摇臂上升或下降到极限位置时相应常闭触头断开，切断对应的上升或下降接触器KM2与KM3线圈电路，使M2停止，摇臂停止移动，实现极限位置保护。此时可按下放方向移动启动按钮，使M2反向旋转，拖动摇臂反向移动。

(3) 主轴箱与立柱的夹紧、放松控制。立柱与主轴箱均采用液压操纵夹紧放松，两者是同时进行的，工作时要求二位六通阀YV不通电。松开与夹紧分别由松开按钮SB5和夹紧按钮SB6，控制。指示灯HL1、HL2指示其动作。

按下松开按钮SB5时，KM4线圈通电吸合，M3电机正转，拖动液压泵送出压力油，此时电磁阀线圈YV不通电，其提供的高压油经二位六通电磁阀到另一油路，进入立柱与主轴箱松开油腔，推动活塞和菱形块使立柱和主轴箱同时松开。当立柱与主轴箱松开后，行程开关ST3不受压复位，触头ST3(101-102)闭合，指示灯HL2亮，表明立柱与主轴箱已松开，于是可以手动操作主轴箱在摇臂的水平导轨上移动。当移动到位，按下夹紧按钮SB6时，KM5线圈通电吸合，M3电机反转，拖动液压泵送出压力油至夹紧油腔，使立柱与主轴箱同时夹紧。当确已夹紧，压下ST3，触头ST3(101-102)断开，HL1灯灭，触头ST3(101-103)闭合，HL2灯亮，指示立柱与主轴箱均已夹紧，可以进行钻削加工。

(4) 冷却泵电动机M4的控制。M4电动机由开关SA1手动控制，单向旋转。

(5) 联锁与保护环节。SCB组合开关实现摇臂上升与下降的限位保护。ST1行程开关实现摇臂松开到位，开始升降的联锁。ST2行程开关实现摇臂完全夹紧，液压泵电动机M3停止运转的联锁。KT时间继电器实现升降电动机M2断开电源，待M2停止后再进行夹紧的联锁。M2电动机正反转具有双重互锁，M3电动机正反转具有电气互锁。

SB5、SB6立柱与主轴箱松开、夹紧按钮的常闭触头串接在电磁阀YV线圈电路中，实现立柱与主轴箱松开、夹紧操作时，压力油只进入立柱与主轴箱夹紧油腔而不进入摇臂夹紧油腔的联锁。

熔断器FU1～FU5实现电路的短路保护。热继电器FR1、FR2为电动机M1、M3的过载保护。

3. 照明与指示信号指示灯电路分析

HL1为主轴箱与立柱松开指示灯，灯亮表示已松开，可以手动操作主轴箱沿摇臂移动或推动摇臂回转。

HL2为主轴箱与立柱夹紧指示，灯亮表示已夹紧，可以进行钻削加工。

HL3为主轴旋转工作指示灯。

EL机床局部照明灯，由控制变压器TC供给24 V安全电压，由手动开关SA2控制。

4. Z3040型摇臂钻床电气控制特点

(1) Z3040型摇臂钻床是机、电、液的综合控制。机床有两套液压系统：一套是由单向旋转的主轴电动机拖动齿轮泵送出压力油，通过操纵手柄来操纵机构实现主轴正、反转、停车制动、空档、预选与变速的操纵机构液压系统；另一套是由液压泵电动机拖动液压泵送出压力油来实现摇臂的夹紧与松开，主轴箱和立柱的夹紧和放松的夹紧机构液压系统。

(2) 摇臂的升降控制与摇臂夹紧放松的控制有严格的程序要求，以确保先松开，再移动，移动到位后自动夹紧，所以对M2、M3电动机的控制有严格程序要求，这些由电气控制电路控制，液压、机械配合来实现。

(3) 电路具有完善的保护和联锁，有明显的信号指示。

4.4 卧式镗床电气控制电路分析

镗床是一种精密加工机床，主要用于加工精确的孔和各孔间相互位置要求较高的零件。按用途不同，镗床可以分为卧式镗床、立式镗床、坐标镗床、金刚镗床和专门化镗床，以卧式镗床使用为最多。T68镗床除镗孔外，还可用于钻孔、铰孔及加工端面，加上车螺纹附件后，还可车削螺纹；装上平旋盘刀架，还可以加工大的孔径和端面。

4.4.1 机床主要结构和运动形式

T68卧式镗床的结构如图4-5所示，主要由床身、前立柱、镗头架、后立柱、尾座、下溜板、上溜板工作台等部分组成。

床身是一个整体的铸件，在它的一端固定有前立柱，在前立柱的垂直导轨上装有镗头架，镗头架可沿导轨垂直移动。镗头架上装有主轴、主轴变速箱、进给箱与操纵机构等部件。切削刀具固定在镗轴前端的锥形孔里，或装在平旋盘的刀具溜板上。在镗削加工时，镗轴一面旋转，一面沿轴向做进给运动。平旋盘只能旋

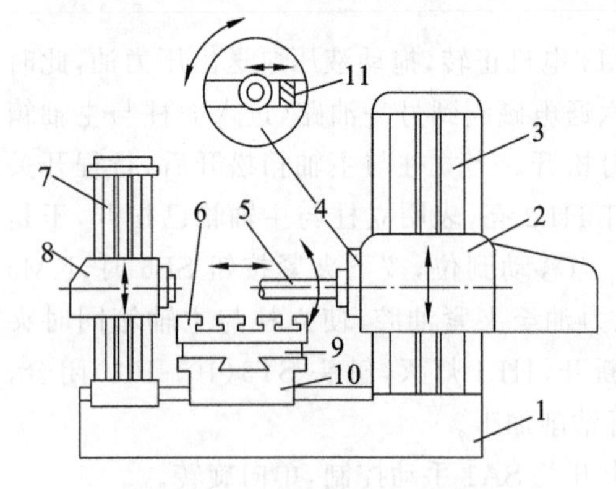

图4-5　T68卧式镗床结构示意图

1—床身；2—镗头架；3—前立柱；4—平旋盘；5—镗轴；6—工作台；7—后立柱；8—尾座；9—上溜板；10—下溜板；11—刀具溜板

转，装在其上的刀具溜板做径向进给运动。镗轴和平旋盘轴经有各自的传动链传动，因此可以独立旋转，也可以不同转速同时旋转。

在床身的另一端装有后立柱，后立柱可沿床身导轨在镗轴轴线方向调整位置。在后立柱导轨上安装有尾座，用来支撑镗轴的末端，尾座与镗头价同时升降，保证两者的轴心在同一水平线上。

安装工件的工作台安放在床身中部的导轨上，它由下溜板、上溜板与可转动的工作台组成，下溜板可沿床身导轨作纵向运动，上溜板可沿下溜板的导轨作横向运动，工作台相对于上溜板可作回转运动。

由上可知，T68 卧式镗床的运动形式有以下三种：

（1）主运动为镗轴和平旋盘的旋转运动；

（2）进给运动为镗轴的轴向进给、平旋盘刀具溜板的径向进给、镗头架的垂直进给、工作台的纵向进给和横向进给；

（3）辅助运动为工作台的回转、后立柱的轴向移动、尾座的垂直移动及各部分的快速移动等。

4.4.2 电力拖动方式和控制要求

镗床加工范围广，运动部件多，调速范围宽，而进给运动决定了其切削量，切削量又与主轴转速、刀具、工件材料、加工精度等相关，所以一般卧式镗床主运动与进给运动由一台主轴电动机拖动，由各自传动链传动。为缩短辅助时间，镗头架上、下，工作台前、后、左、右及镗轴的进、出运动除工作进给外，还应有快速移动，由快速移动电动机拖动。

T68 卧式镗床控制要求主要有以下几点。

（1）主轴旋转与进给量都有较宽的调速范围，主运动与进给运动由一台电动机拖动，为简化传动机构采用双速笼型异步电动机。

（2）由于各种进给运动都有正反不同方向的运转，故主电动机要求正、反转。

（3）为满足调整工作需要，主电动机应能实现正反转的点动控制。

（4）保证主轴停车迅速、准确，主电动机应有制动停车环节。

（5）主轴变速与进给变速可在主电动机停车或运转时进行。为便于变速时齿轮啮合，应有变速低速冲动过程。

（6）为缩短辅助时间，各进给方向均能快速移动，配有快速移动电动机拖动，采用快速电动机正、反转的点动控制方式。

（7）主电动机为双速电机，有高、低两种速度提供选择，高速运转时应先经低速启动。

（8）由于运动部件多，应设有必要的联锁与保护环节。

4.4.3 电气控制电路分析

图 4-6 所示为 T68 型卧式镗床电气原理图。

1. 主电路分析

电源经低压断路器 QS 引入，M1 为主电动机，由接触器 KM1、KM2 控制其正、反转；KM6 控制 M1 低速运转（定子绕组接成三角形，为 4 极），KM7、KM8 控制 M1 高速运转（定子绕组接成双星型，为 2 极）；KM3 控制 M1 反接制动限流电阻。M2 为快速移动电动机，由 KM4、KM5 控制其正反转。热继电器 FR 作过载保护，M2 为短时运行不需过载保护。

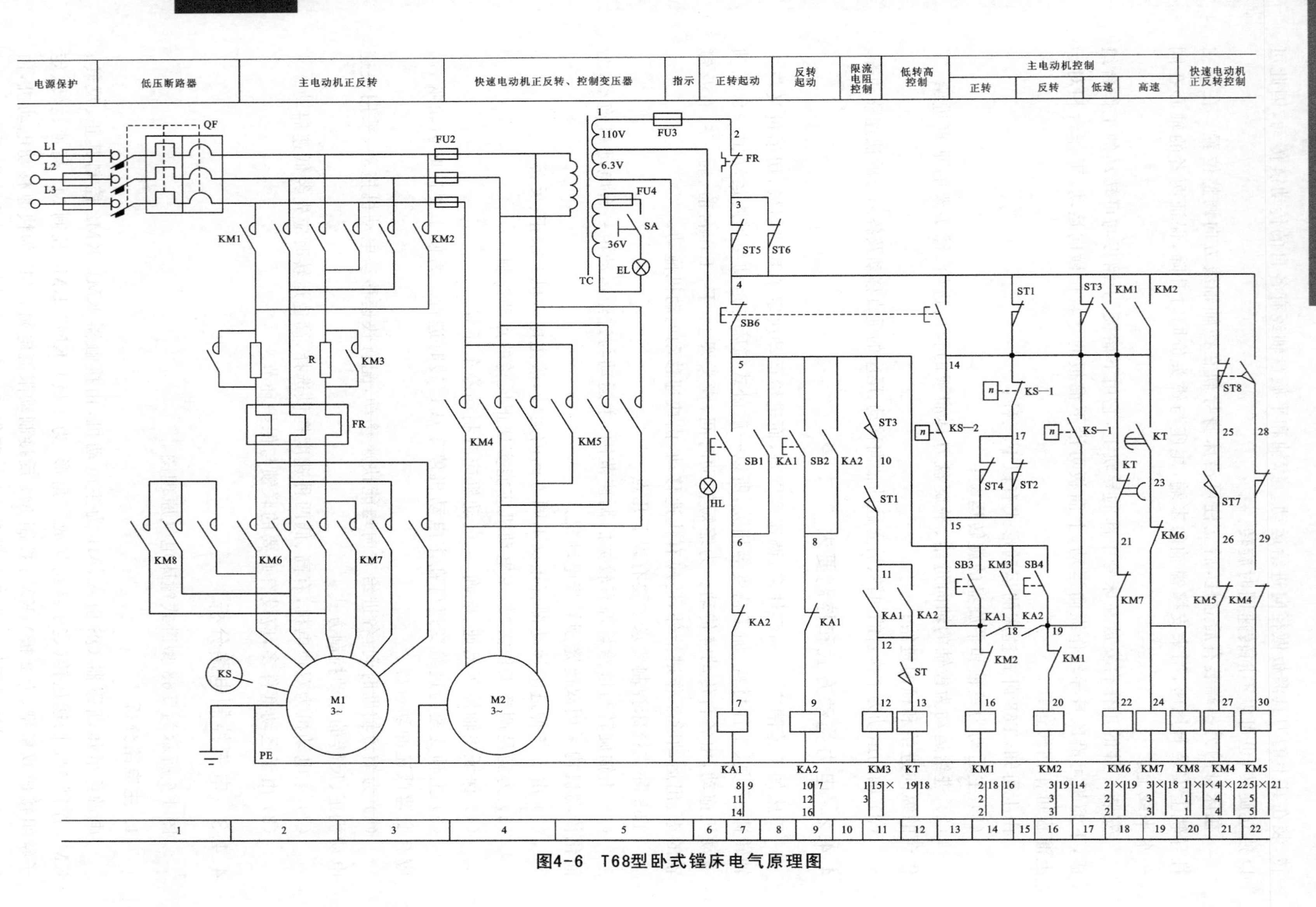

图4-6　T68型卧式镗床电气原理图

2. 控制电路分析

由控制变压器 TC 提供 110 V 控制电路电压，36 V 局部照明电压及 6.3 V 指示电路电压。

(1) M1 主电动机的点动控制。由主电动机正反转接触器 KM1、KM2，正反转点动按钮 SB3、SB4 组成 M1 电动机正反控制电路。点动时，M1 三相绕组接成三角形且串入电阻 R 实现低速点动。

以正向点动为例，合上电源开关 QS，按下 SB3 按钮，KM1 线圈通电，主触头接通三相正序电源，KM1(4-14)闭合，KM6 线圈通电，电动机 M1 三相绕组接成三角形，串入电阻 R 低速启动。由于 KM1、KM6 此时都不能自锁固为点动，当松开 SB3 按钮时，KM1、KM6 相继断电，M1 断电而停车。

反向点动，由 SB4、KM2 和 KM6 控制。

(2) M1 电动机正反转控制。M1 电动机正反转由正反转启动按钮 SB1、SB2 操作，由中间继电器 KA1、KA2 及正反转接触器 KM1、KM2，并配合接触器 KM3、KM6、KM7、KM8 来完成 M1 电动机的可逆运行控制。

M1 电动机启动前，主轴变速，进给变速均已完成，即主轴变速与进给变速手柄置于推合位置，此时行程开关 ST1、ST3 被压下，触头 ST1(10-11)，ST3(5-10)闭合。当选择 M1 低速运转时，将主轴速度选择手柄置于“低速”挡位，此时经速度选择手柄联动机构是高低速行程开关 ST 处于释放状态，其触头 ST(12-13)断开。

按下 SB1，KA1 通电并自锁，触头 KA1(11-12)闭合，使 KM3 通电吸合；触头 KM3(5-18)闭合与 KA1(15-18)闭合，使 KM1 线圈通电吸合，触头 KM1(4-14)闭合又使 KM6 线圈通电，于是 M1 电动机定子绕组接成三角形，接入正相序三相交流电源全电压启动低速正常运行。

反向低速启动运行是由 SB2、KA2、KM3、KM2 和 KM6 控制的，其控制过程与正向低速运行相类似，此处不再复述。

(3) 电动机高低速的转换控制。行程开关 ST 是高低速的转换开关，即 ST 状态决定 M1 是在三角形接线下运行还是在双星形接线下运行，ST 的状态是由主轴孔盘变速机构机械控制，高速时 ST 被压动，低速时 ST 不被压动。

以正向高速启动为例，来说明高低速转换控制过程。将主轴速度选择手柄置于“高速”挡，ST 被压动，触头 ST(12-13)闭合。按下 SB1 按钮，KA1 线圈通电并自锁，相继使 KM3、KM1 和 KM6 通电吸合，控制 M1 电动机低速正向启动运行；在 KM3 线圈通电的同时 KT 线圈通电吸合，待 KT 延时时间到，触头 KT(14-21)断开使 KM6 线圈断电释放，触头 KT(14-23)闭合使 KM7、KM8 线圈通电吸合，这样，使 M1 定子绕组由三角形接法自动换成双星形接线，M1 自动由低速变成高速运行。由此可知，主电动机在高速挡为两级启动控制，以减少电动机高速挡启动时的冲击电流。

反向高速挡启动运行，是由 SB2、KA2、KM3、KT、KM2、KM6、KM7 和 KM8 控制的，其控制过程与正向高速启动运行相类似。

(4) M1 电动机的停车制动控制。由 SB6 停止按钮、KS 速度继电器、KM1 和 KM2 组成了正反向反接制动控制电路。下面仍以 M1 电动机正向运行时的停车反接制动为例加以说明。

若 M1 为正向低速运行，即由按钮 SB1 操作，由 KA1、KM3、KM1 和 KM6 控制使 M1 运转，欲停车时，停下按停止按钮 SB6，使 KA1、KM3、KM1 和 KM6 相继断电释放。由于电动机 M1 正转时速度继电器 KS-1(14-19)触头闭合，所以按下 SB6 后，使 KM2 线圈通电并自锁,并使 KM6 线圈仍通电吸合,此时 M1 定子绕组接成三角形,并串入限流电阻 R 进行反接制动,当速度降至 KS 复位转速时 KS-1(14-19)断开,使 KM2 和 KM6 断电释放,反接制动结束。

若 M1 为正向高速运行,即由 KA1、KM3、KM1、KM7 和 KM8 控制下使 M1 运作。欲停车时,按下 SB6 按钮,使 KA1、KM3、KM1、KT、KM7 和 KM8 线圈相继断电,于是 KM2 和 KM6 通电吸合,此时 M1 定子绕组接成三角形,并串入限流电阻 R 反接制动。

M1 电动机的反向高速或低速运行时的反接制动,与正向的类似,都是 M1 定子绕组接成三角形接法,串入限流电阻 R 进行,由速度继电器控制。

(5) 主轴及进给变速控制。T68 卧式镗床的主轴变速与进给变速可在停车时进行也可以在运行中进行。变速时将变速手柄拉出,转动变速盘。选好速度后,再将变速手柄推回。拉出变速手柄时,相应的变速行程开关不受压;推回变速手柄时,相应的变速行程开关压下,ST1、ST2 为主轴变速用行程开关,ST3、ST4 为进给变速用行程开关。

① 停车变速。由 ST1～ST4、KT、KM1、KM2 和 KM6 组成主轴和进级变速时的低速脉冲控制,以便使轮顺利啮合。

下面以主轴变速为例加以说明。因为进给运动未进行变速,进给变速手柄处于推回状态,进给变速开关 ST3、ST4 均为受压状态,触头 ST3(4-14)断开,ST4(17-15)断开。主轴变速时,拉出主轴变速手柄,主轴变速行程开关 ST1、ST2 不受压,此时触头 ST1(4-14),ST2(17-15)由断开状态变为接通状态,使 KM1 通电并自锁,同时也使 KM6 通电吸合,则 M1 串入电阻 R 低速正向驱动。当电动机转速到达 1 r/min 左右时,此时 KS-1(14-17)常闭触头断开,KS-1(14-19)常开触头闭合,使 KM1 线圈通电释放,而 KM2 通电吸合,且 KM6 仍通电吸合。于是,M1 进行反接制动,当转速降,100 r/min 时,速度继电器 KS 释放,触头复原 KS-1(14-17)常闭触头由断开变为接通,KS-1(14-19)常开触头由接通都变为断开,使 KM2 断电释放,KM1 仍通电吸合,M1 又正向低速启动。

由上述分析可知:当主轴变速手柄拉出时,M1 转向低速启动,而后又制动为缓慢脉动转动,以利齿轮啮合。当主轴变速完成将主轴变速手柄推回原位时,主轴变速开关 ST1、ST2 压下,使 ST1、ST2 常闭触头断开,ST1 常开触头闭合,则低速脉动转动停止。

进给变速时的低速脉动转动与主轴变速时相类同,但此时起作用的是进给变速开关 ST3 和 ST4。

② 运行中的变速控制。主轴或进给变速可以在停车状态下进行,也可在运行中进行变速。

下面以 M1 电动机正向高速运行中的主轴变速为例,说明运行中变速的控制过程。

M1 电动机在 KA1、KM3、KM1、KT、KM7 和 KM8 控制下高速运行。此时要进行主轴变速,欲拉出主轴变速手柄,主轴变速开关 ST1、ST2 不再受压,此时 ST1(10-11)触头由接通变为断开,ST1(4-14)、ST2(17-15)触头由断开变为接通,则 KM3、KT 线圈断电释放,KM1 断电释放,KM2 通电吸合,KM7、KM8 断电释放,KM6 通电吸合。于是 M1 定子绕组接为三角形联结,串入限流电阻 R 进行正向低速反接制动,使 M1 转速迅速下降,当转速下降到速度继电器 KS 释放转速时,又由 KS 控制 M1 进行正向低速脉动转动,以利齿轮啮合。待推回主轴变速手柄时,ST1、ST2 行程开关压下,ST1 常开触头由断开变为接通状态。此时 KM3、KT、KM1 和 KM6 通电吸合,M2 先正向低速(三角形联结)启动,后在时间继电器 KT 的控制下,自动转为高速运行。

由上述可知,所谓运行中变速是指机床拖动系统在运行中,可拉出变速手柄进行变速,而机床电气控制系统则可使电动机接入电气制动，制动后又控制电动机低速脉动旋转，利于齿轮啮合。待变速完成后，推回变速手柄又能自动启动运转。

（6）快速移动控制。主轴箱、工作台或主轴的快速移动，由快速手柄操作，并联动行程开关 ST7、ST8，控制接触器 KM4 或 KM5，进而控制快速移动电动机 M2 正反转来实现快速移动。将快速手柄扳在中间位置，ST7、ST8 均不被压，M2 电动机停转。若将快速手柄扳到正常位置，ST7 压下，KM4 线圈通电吸合，M2 正转，相应部件获得反向快速移动。

（7）联锁保护环节分析。T68 卧式镗床电气控制电路具有完善的联锁与保护环节。

① 主轴箱或工作台与主轴机动进给联锁。为了防止在工作台或主轴箱机动进给时出现将主轴或平旋盘刀具溜板也扳到机动进给的误操作，安装有与工作台、主轴箱进给操作手柄有机械联动的行程开关 ST5，在主轴箱上安装了与主轴进给手柄、平旋盘刀具溜板进给手柄有机械联动的行程开关 ST6。

若工作台或主轴箱的操作手柄扳在机动进给时，压下 ST5，其常闭触头 ST5(3-4)断开；若将主轴或平旋盘刀具溜板进给操作手柄扳在机动进给时，压下 ST6，其常闭触头 ST6(3-4)断开，所以，当这两个进给操作手柄中的任意一个扳在机动进给位置时，电动机 M1 和 M2 都可以启动运行。但若两个进给操作手柄同时扳在机动进给位置时，ST5、ST6 常闭触头都断开，切断了控制电路电源，电动机 M1、M2 无法启动，也就避免了误操作造成事故的危险，实现了联锁保护作用。

② M1 电动机正反转控制、高低速控制、M2 电动机的正反转控制均设有互锁控制环节。

③ 熔断器 FU1～FU4 实现短路保护，热继电器 FR 实现 M1 过载保护；电路采用按钮、接触器或继电器构成的自锁环节具有欠电压和零电压保护作用。

3. 辅助电路分析

机床设有 36 V 安全电压局部照明灯 EL，由开关 SA 手动控制。电路还设有 6.3 V 电源接通指示灯 HL。

4. 电气控制电路特点

（1）主轴与进给电动机 M1 为双速笼型异步电动机。低速时，由接触器 KM6 控制，将定子绕组接成三角形；高速时，由接触器 KM7、KM8 控制，将定子绕组接成双星形。高、低速转换由主轴孔盘变速机构里的行程开关 ST 控制。低速时，可直接启动；高速时，先低速启动，而后自动转化为高速启动的二级启动控制，以减小启动电流。

（2）电动机 M1 能正反转运行、正反向点动及反接制动。在点动、制动以及变速中的脉动慢转时，在定子电路中，均串入限流电阻 R 以减少启动和制动电流。

（3）主轴变速和进给变速均可在停车情况或在运行中进行，只要进行变速，M1 电动机就脉动缓慢转动，以利于齿轮啮合，使变速过程顺利进行。

（4）主轴箱、工作台与主轴由快速移动电动机 M2 拖动实现其快速移动，它们之间的机动进给有机械和电气联锁保护。

4.5 卧式铣床电气控制电路分析

铣床可用来加工平面、斜面、沟槽，加上分度头可以铣切直齿齿轮和螺旋面，装上圆工作台可以铣切凸轮和弧形槽，所以铣床在机械行业的机床设备中占有相当大的比重，在金属切削机床中使用数量仅次于车床，按结构形式和加工性能不同，可以分为卧式铣床、立式铣床、龙门铣床、仿形铣床以及各种专门铣床。X62W 型卧式铣床是应用最为广泛的铣床之一，本节以此为例进行分析。

4.5.1 卧式万能铣床主要结构及运动情况

X62W 卧式万能铣床主要由底座、床身、悬梁、刀杆支架、工作台、溜板和升降台等部分组成，其外形见图 4-7。

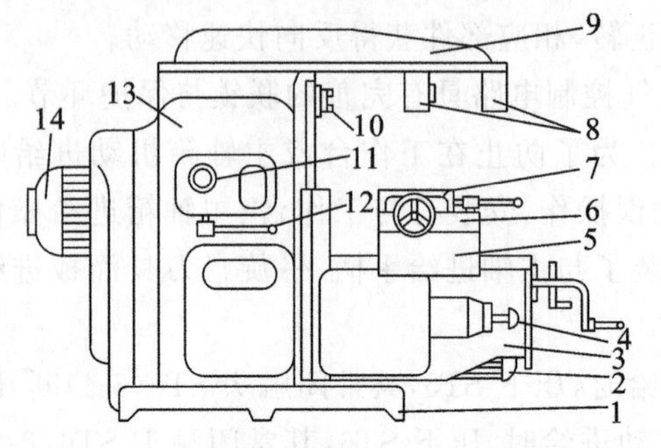

图 4-7 X62W 卧式万能铣床外形图

1—底座；2—进给电动机；3—升降台；4—进给变速手柄及变速盘；5—溜板；6—转动部分；7—工作台；8—刀杆支架；9—悬梁；10—主轴；11—主轴变速盘；12—主轴变速手柄；13—床身；14—主轴电动机

箱形的床身 13 固定在底座 1 上，在床身内装有主轴传动机构及主轴变速机构，在车身的顶部有水平导轨，其上装着带有一个或两个刀杆支架的悬梁。刀杆支架用来支撑安装铣刀心轴的一端，而心轴另一端则固定在主轴上。在床身的前方有垂直导轨，一端悬持的升降台可沿其作上下移动。在升降台上面的水平导轨上，装有可平行于主轴线方向移动的溜板 5。工作台 7 可沿溜板上部转动部分 6 的导轨在垂直于主轴轴线的方向移动（纵向移动），这样，安装在工作台上的工件，可以在三个方向调整位置或完成进给运动，此外，由于转动部分对溜板 5 可绕垂直轴线转动一个角度，这样工作台于水平面上除能平行或垂直于主轴轴线方向进给外，还能在倾斜方向进给，从而完成铣螺旋槽的加工。该铣床还可以安装圆工作台以扩大铣削能力。

由上分析可知，X62W 卧式万能铣床的运动形式有主运动、进给运动及辅助运动。主轴带动铣刀的旋转运动为主运动；加工中工作台带动工件在 3 个互相垂直方向上的直线移动或圆工作台的旋转运动为进给运动；而工作台带动工件在 3 个垂直方向上的快速直线移动为辅助运动。

4.5.2 万能卧式铣床的电力拖动特点与控制要求

（1）X62W 万能卧式铣床，主轴传动系统在床身内部，进给系统在升降台内，而且主运动与进给运动之间没有速度比例协调的要求，故采用单独传动，及主轴和工作台分别由主轴电动机，进给电动机拖动，其中工作台工作进给与快速移动由进给电动机拖动，而快速移动是采用快速电磁铁吸合来改变传动链的传动比来实现的。

（2）主轴电动机采用空载启动，为能进行顺铣和逆铣加工，要求主轴能实现正、反转，但旋转方向不需经常改变，仅在加工前预选主轴转动方向而在加工过程中不变换。

（3）铣削加工是多刀多刃不连续切削，负载波动。为减轻负载波动的影响，往往在主轴传动系统中加入飞轮，使转动惯量加大，但为实现主轴快速停车，主轴电动机应设有停车制动。

（4）工作台的垂直，横向，和纵向三个方向的运动有一台进给电动机拖动，R3 个方向的选择是由操作手柄改变传动链来实现的。每个方向又有正反向的运动，这就要求进给电动机能正、反转。而且同一时间只允许工作台只有一个方向的移动，故应有联锁保护。

（5）使用圆工作台时，工作台不得移动，即圆工作台的旋转运动与工作台上、下、左、右、前、后 6 个方向的运动之间有联锁控制。

(6) 为适应铣削加工需要，主轴转速与进给速度应有较宽的调节范围。X62W万能铣床采用机械变速，改变变速箱的传动比来实现，为保证变速时齿轮易于啮合，减少齿轮端面的冲击，要求变速时电动机有冲动控制。

(7) 根据工艺要求，主轴旋转和工作台进给有先后顺序控制，即进给运动要在铣刀旋转之后进行，加工结束必须在铣刀停转前停止进给运动。

(8) 为供给铣削加工时冷却液，应由冷却泵电动机拖动冷却泵，供给冷却液。

(9) 为适应铣削加工时操作者的正面与侧面操作要求，机床应对主轴电动机的启动与停止及工作台的快速移动控制，具有两地控制的性能。

(10) 工作台上、下、左、右、前、后6个方向的运动应具有限位保护。

(11) 应有局部照明电路。

4.5.3 X62W型卧式万能铣床控制电路分析

图4-8所示为X62W型卧式万能铣床的电气原理图，图中M1为主轴拖动电动机，M2为工作台进给拖动电动机，M3为冷却泵拖动电动机，QS为电源开关。由于该机床机械操作与电气开关密切相关，因此，在分析电气原理图时，应对机械操作手柄与相应开关电器的动作关系，各开关的作用及各开关的状态都应一一弄清。如ST1、ST2是与纵向机构操作手柄有机械联系的纵向进给行程开关，ST3、ST4是与垂直、横向机构操作手柄有机械联系的垂直、横向进给行程开关，ST6为进给变速冲动开关，ST7为主轴变速冲动开关，SC1为圆工作台转换开关，SC4为主轴转向选择开关等，然后再分析电路。

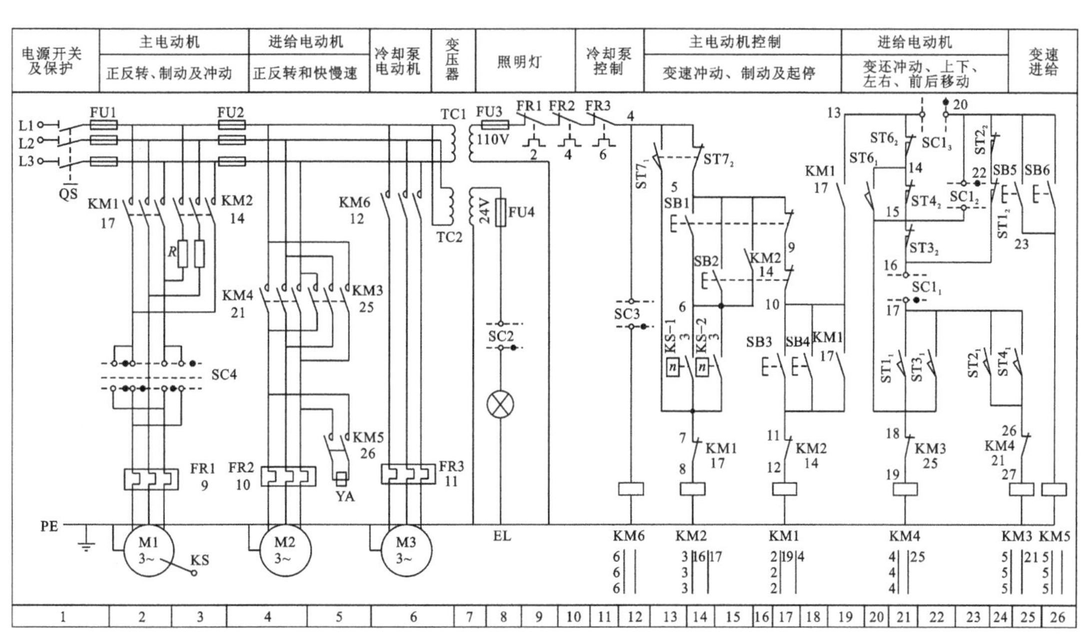

图4-8 X62W型卧式万能铣床电气原理图

1. 主电路分析

电源经电源开关QS引入，主轴电动机M1由接触器KM1控制，由转向选择开关SC4预选转向。接触器KM2的主触头串接两相电阻并与速度继电器KS配合，实现M1的停车反接制动。另外还通过机械机构和接触器KM2实现主轴变速冲动控制。

工作台拖动电动机M2由正、反转接触器KM3、KM4的主触头实现正、反转，并由快速移动接触器 KM5 的主触头控制快速电磁铁 YA，来决定工作台的移动速度，当 KM5 接通为工作台快速移动，当 KM5 断开为工作台慢速工作进给。

冷却泵拖动电动机 M3 由接触器 KM6 控制，实现单方向旋转。

2. 控制电路分析

1）控制电路电源

由于该电路控制电器较多，控制电路电压采用交流 110 V，由控制变压器 TC1 供给。

2）主轴电动机 M1 的控制

控制电路中的 SB3 和 SB4 是两处控制的启动按钮，SB1 和 SB2 是两处控制的停止按钮，为方便操作，它们分别装在机床两处：一处在床身侧面；另一处在工作台前方。主轴电动机通过弹性联轴器和变速机构的齿轮传动链拖动主轴，使主轴获得 18 级不同的转速。

（1）主轴电动机 M1 的启动控制。启动前先合上电源开关 QS，再把主轴换向开关 SC4 扳到主轴所需要的旋转方向，然后按下启动按钮 SB3 或 SB4，接触器 KM1 的线圈通电并自锁，KM1 主触头闭合，M1 实现全压启动。

当主轴电动机 M1 的转速高于 140 r/min 时，速度继电器 KS 的常开触头 KS-1 或 KS-2 闭合，为主轴电动机 M1 的停车反击制动做好准备。

（2）主轴电动机 M1 的停车制动控制。当需要主轴电动机 M1 停转时，按下停止按钮 SB1 或 SB2，接触器 KM1 线圈断电释放，同时接触器 KM2 线圈通电吸合，KM2 主触头闭合，使主轴电动机 M1 的电源相序改变，进行反接制动。当主轴电动机转速低于 100 r/min 时，速度继电器 KS 的常开触头复原，反接制动接触器 KM2 线圈断电释，KM2 主触头断开，使电动机 M1 的反向电源切断，制动过程结束，以后依惯性旋转至零。

（3）主轴变速时的冲动控制。主轴变速时的冲动控制，是利用变速手柄与冲动行程开关 ST7 通过机械上的联动机构进行控制的。

主轴变速时，先把主轴变速手柄向下压，使手柄的榫块自槽中滑出，然后拉动手柄，使榫块落到第二道槽内为止，转动变速刻度盘，选择所需的转速，再把变速手柄以连续较快的速度推回原来的位置，当变速手柄推回原来位置时，其联动机构瞬时压合变速行程开关 ST7，使 ST7-2 断开 ST7-1 闭合，接触器 KM2 线圈瞬时通电吸合，使主轴电动机 M1 瞬时反向转动一下，以利于变速是时的齿轮啮合，当变速手柄榫块落入槽内时 ST7 不再受压，ST7 即刻复原，接触器 KM2 又断电释放，主轴电动机 M1 断电停转，主轴变速冲动结束。

主轴电动机 M1 在旋转时，可以不按停止按钮直接进行变速操作，这是因为将变速手柄从原位拉向前面时，压合行程开关 ST7，ST7-2 断开，切断接触器 KM1 线圈电路，电动机 M1 断电，同时，ST7-1 闭合，使接触器 KM2 线圈通电吸合，对电动机 M1 进行反接制动；当变速手柄拉到前面后，行程开关 ST7 不再受压而复原，主轴电动机 M1 断电停转，此时再转动主轴变速盘选择所需转速，然后再将变速手柄推回，进行变速冲动，完成齿轮的啮合。但是主轴在新转速下旋转还需重新启动主轴电动机，所以主轴电动机 M1 转动时的变速是先对主轴电动机反接制动停转，再选择主轴所需转速，进行冲动便于齿轮啮合直至电动机停转。要使主轴在转速下旋转还需再次启动主轴电动机。

3）工作台进给电动机 M2 的控制

转换开关 SC1 是控制圆工作台运动的，在不需要圆工作台运动时，转换开关 SC1 的触头 SC1-1 闭合，SC1-2 断开，SC1-3 闭合，其工作状态见表 4-1。

表 4-1　圆工作台转换开关 SA1 工作状态

触头＼位置	接通圆工作台	断开圆工作台
SC1-1	−	+
SC1-2	+	−
SC1-3	−	+

当主轴电动机 M1 的线路接触器 KM1 通电吸合后，其辅助常开触头 KM1(10-13)闭合，将工作台进给运动控制电路的电源接通，所以只有在 KM1 通电吸合后，工作台才能运动。

工作台的运动方向有上、下、左、右、前、后 6 个方向。

(1) 工作台左右(纵向)运动的控制。工作台左右纵向运动是由工作台进给电动机 M2 来拖动的，有工作台纵向操作手柄来控制。此手柄是复式的，一个安装在工作台底座的正面中央位置，另一个安装在工作台底座的左下放。手柄有 3 个位置：向左、向右、中间位置。在接触器 KM1 辅助触头 KM1(10-13)闭合后，将手柄扳到向右或向左运动方向时，手柄的联动机构一方面使纵向运动传动丝杆的离合器接合，为纵向运动丝杆的转动做准备；另一方面，压下行程开关 ST1 或 ST2，使接触器 KM3 或 KM4 线圈通电吸合，其主触头控制进给电动机 M2 的正、反转，进而使运动丝杆正、反转，拖动工作台向右或向左运动。若将手柄扳到中间位置时，纵向传动丝杆的离合器脱开，行程开关 S1T 或 ST2 断开，电动机 M2 断电，工作台停止运动。工作台纵向行程开关工作状态见表 4-2。

表 4-2　工作台纵向行程开关工作状态

触头＼纵向操作手柄	向左	中间(停)	向右
ST1-1	−	−	+
ST1-2	+	+	−
ST2-1	+	−	−
ST2-2	−	+	+

工作台左右运动的行程可通过安装在工作台两端的挡铁位置来控制，当工作台纵向运动到极限位置时，挡铁撞动纵向操作手柄，使它回到中间位置，工作台停止运动，从而实现纵向运动的终端保护。

(2) 工作台的上下和前后运动的控制 工作台的上下(垂直)运动和前后(横向)运动全是由“工作台垂直与横向操纵手柄”来控制的。此操纵手柄有两个，分别安装在工作台的左侧前方和后方，操作手柄的联动机构与行程开关 ST3 和 ST4 相关联，行程开关装在工作台的左侧，前面是一个 ST4，控制台的向上及向后运动；后面一个是 ST3，控制工作台的向下及向前运动，此手柄有 5 个位置：上、下、前、后及中间位置。工作台垂直、横向行程开关工作状态见表 4-3。

表 4-3　工作台垂直、横向行程开关工作状态

触头＼垂直及横向操作手柄	向前 向下	中间(停)	向后 向上
ST3-1	+	−	−
ST3-2	−	+	+
ST4-1	−	−	+
ST4-2	+	+	−

工作台垂直与横向操作手柄的 5 个位置是联锁的，各方向的进给不能同时接通，当升降台运动到上限或下限位置，床身导轨旁的挡铁撞动该手柄，使其回到中间位置，行程开关 ST3 或 ST4 不再受压，KM3 或 KM4 断电释放，进给电动机 M2 停止旋转，升降台便停止运动，从而实现垂直运动的终端保护。工作台的横向运动的终端保护是由安装在工作台左侧底部的挡铁来撞动垂直与横向操纵手柄，使其回到中间位置来实现的。

① 工作台向上运动的控制。在 KM1 通电吸合后，将垂直于横向操作手柄扳至向上位置，其联动机构一方面接合垂直传动丝杠的离合器，为垂直运动丝杠的转动做好准备；另一方面压下行程开关 ST4，其常闭触头 ST4-2(14-15)断开，常开触头 ST4-1(17-26)闭合，接触器 KM3 线圈通电吸合，KM3 主触头闭合，电动机 M2 正转，拖动升降台向上运动，实现工作台向上运动。

② 工作台向下运动的控制。当垂直与横向操纵手柄向下扳时，其联动机构一方面是垂直传动丝杠的离合器接合，为垂直丝杠的转动做好准备；另一方面压下行程开关 ST3，使其常闭触头 ST3-2(15-16)断开，常开触头 ST3-1(17-18)闭合，接触器 KM4 线圈通电吸合，KM4 主触头闭合，电动机 M2 正转，拖动升降台向下运动，实现工作台向下运动。

③ 工作台向后运动的控制。当垂直与横向操作手柄向右扳时，机械上由联动机构拨动垂直传动丝杠的离合器，使它脱开而停止转动，同时将横向传动丝杠的离合器接合进行传动，十工作台向后运动，电气上工作台向后运动由 ST4 和 KM3 控制，其工作原理同向上运动。

④ 工作台向前运动的控制。工作台向前运动由行程开关 ST3 及接触器 KM4 控制，其电气控制原理与工作台上下运动相同，只是将垂直与横向操作手柄向前扳，机械上通过联动机构，将垂直死传动丝杠的离合器脱开，而将横向传动丝杠的离合器接合，使工作台向前运动。

(3) 工作台进给变速时的冲动控制。在改变工作台进给速度时，为了使齿轮易于啮合，也需要进给电动机 M2 瞬时冲动一下，变速时，先启动主轴电动机 M1，再将进给变速的蘑菇形手柄向外拉出并转动手柄，转盘也跟着转动，把所需进给速度的标尺数字对准箭头，然后再把蘑菇形手柄用力向外拉到极限位置并随即推回原位。就在把磨姑型手柄用力拉到极限位置瞬间，其连杆机构瞬时压合行程开关 ST6，使常闭触头 ST6-2(13-14)断开，常开触头 ST6-1(14-18)闭合，接触器 KM4 线圈通电吸合，进给电动机 M2 反转，因为只是瞬时接通，故进给电动机 M2 只是瞬时通电而瞬时冲动一下，从而保证变速齿轮易与啮合。当手柄推回原位后，行程开关 ST6 复位，接触器 KM4 线圈断电释放，进给电动机 M2 瞬时冲动结束，

如果一次瞬间点动齿轮未进入啮合状态，变速冲动手柄不能复位，此时可再次拉出手柄并再次推回，实现再次变速冲动，直到齿轮啮合为止。

（4）工作台快速移动的控制。工作台的快速移动也是由进给电动机 M2 拖动的，在纵向、垂直与横向的 6 个方向上都可实现快速移动的控制。动作过程：先将主轴电动机 M1 启动，将进给操作手柄扳到需要的位置，工作台按照选定的方向和速度作进给运动，再按下快速移动按钮 SB5 或 SB6，使接触器 KM5 线圈通电吸合，KM5 主触头闭合，使牵引电磁铁机 YA 线圈通电吸合，通过杠杆使摩擦离合器合上，减少中间传动装置，使工作台按原运动方向作快速移动；当松开快速移动按钮 SB5 或 SB6 时，电磁铁 YA 断电，摩擦离合器分离，快速移动停止，工作台仍按原进给速度继续运动。工作台快速移动是点动控制。

若要求快速移动在主轴电动机不转情况下进行时，可先启动主轴电动机 M1，但将主轴电动机 M1 的转换开关 SC4 扳在“停止”位置，再按下 SB5 或 SB6，工作台就可在主轴电动机不转的情况下获得快速移动。

（5）工作台各运动方向的联锁。在同一时间，工作台只允许一个方向的运动，这种联锁是利用机械和电气的方法来实现的。例如工作台向左、向右是由同一个手柄操作的，手柄本身起到左右运动的联锁作用。同理，工作台的横向和垂直 4 个方向的联锁，是由垂直、横向操作手柄本身来实现的，而工作台的纵向与横向、垂直运动的联锁，则是利用电气方法来实现的。由纵向进给操作手柄控制的 ST1-2(16-22)与 ST2-2(22-20)和垂直、横向操作手柄控制的 ST4-2(14-15)与 ST3-2(15-16)组成的两条并联支路控制接触器 KM3 和 KM4 的线圈，若两个手柄都扳动，则把两条支路断开，使 KM3 和 KM4 都不能工作，达到联锁目的，防止两个手柄同时操作而损坏设备。

（6）圆工作台的控制。为了提高机床的加工能力，可在工作台安装圆工作台。在使用圆工作台时，工作台排纵向及垂直与横向操作手柄都应置于中间位置。在机床开动前，先将圆工作台转换开关 SC1 扳到“接通”位置，此时 SC1-2(20-18)闭合，SC1-1(16-17)和 SC1-3(13-20)断开，当按下主轴启动按钮 SB3 或 SB4，主轴电动机便启动，而进给电动机 M2 也因接触器 KM4 线圈通电吸合而启动旋转，通电路径为 13→ST6-2(13-14)→ST4-2(14-15)→ST3-2(15-16)→ST1-2(16-22)→ST2-2(22-20)→SC1-2(20-18)→KM3 常闭触头(18-19)→KM4 线圈(19-0)→0。电动机 M2 旋转，并带动圆工作台单向运动，其旋转速度也可通过蘑菇状变速手柄进行调节。由于圆工作台的控制电路中串接了 ST1～ST4 的常闭触头，所以，扳动工作台任意方向的进给操作手柄，都将使圆工作台停止转动，这就起到圆工作台转动和长工作台三个相互垂直方向移动的联锁保护。

4）冷却泵电动机 M3 的控制

冷却泵电动机 M3 由冷却泵转换开关 SC3 控制，将 SC3 扳到“接通”位置，接触器 KM6 线圈通电吸合，冷却泵电动机 M3 驱动旋转，送出冷却液。

5）照明电路

机床照明电路由变压器 TC2 供给 24 V 安全电压，并由控制开关 SC2 控制照明灯 EL。

6）电路的联锁与保护

X62W 型卧式万能铣床运动较多，电气控制电路较为复杂，为安全可靠的工作，电路具有完善的联锁与保护。

（1）主运动与进给运动的联锁。进给电气控制电路接在主轴电动机线路接触器 KM1

(10-13)常开触头之后,这就保证了只有在启动主轴电动机之后才可以启动进给电动机,而当主轴电动机停止时,进给电动机也立刻停止。

(2) 工作台6个运动方向的联锁。

(3) 长工作台与圆工作台的联锁。由选择开关SC1来实现其相互间的联锁,当使用圆工作台时,将SC1置于“接通”位置,若此时又将纵向或垂直与横向进给操作手柄时,进给电动机M2立即停止。若长工作台正在运动,扳动SC1置于“接通”位置,进给电动机也立即停止,从而实现长工作台与圆工作台只可取一的联锁。

(4) 工作台进给运动与快速移动的联锁。工作台的快速移动是在工作台进给运动基础之上进行的,只有先使工作台工作进给然后按下快速移动按钮SB5或SB6便可实现工作台快速移动。

(5) 具有完善的保护环节,具体如下。

① 由熔断器FU1、FU2实现主电路的短路保护,FU3实现控制电路的短路保护,FU4作为照明电路的短路保护。

② 热继电器FR1、FR2、FR3实现相应电动机长期过载保护。

③ 工作台6个运动方向的限位保护,由工作台前方的挡铁撞动纵向操作手柄返回中间位置来实现工作台左、右终端保护;由安装在铣床床身导轨上、下两块儿挡铁撞动垂直与横向操作手柄返回中间位置来实现工作台上、下终端保护;由安装在工作台左侧底部挡铁来撞动垂直与横向操作手柄返回中间位置来实现工作台前、后终端保护。

4.5.4 X62W型卧式万能铣床电气控制特点

通过上述分析,X62W型卧式万能铣床电气控制具有以下一些特点。

(1) 电气控制电路与机械配合相当密切,因此要详细了解机械机构与电气控制的关系。

(2) 主轴变速与进给变速均设有变速冲动环节,从而使变速顺利进行。

(3) 进给电动机采用机械挂挡与电气开关联动的手柄操作,而且操作手柄扳动方向与工作台运动方向一致,具有运动方向的直观性。

(4) 采用两地控制,操作方便。

(5) 具有完善的联锁与短路、零压、过载及行程限位保护环节,工作安全可靠。

4.6 平面磨床电气控制电路分析

4.6.1 M7130的工艺特点和控制要求

M7130是平面卧轴矩台磨床,其工作台为矩形,砂轮轴线水平位置,工作时砂轮旋转,通过砂轮外圆对放在工作台上的工件表面进行磨削,主要用于结构简单、厚度较小、零件尺寸不大的工件端面的磨削加工。为了避免砂轮与夹紧、定位装置相撞,采用电磁吸盘来将工件吸持在机床矩形工作台表面上,无须夹紧装置。工作台上一次可以放置多个零件,同时加工。

1. 主要结构及运动形式

矩形工作台式平面磨床是由床身、工作台、电磁吸盘、砂轮箱、滑座和立柱等几部分组成。

工作台装置有电磁吸盘,用以吸持工件,它们在床身的导轨上作往复运动(纵向运动)。固定在床身上的立柱右导轨,滑座在立柱导轨上做垂直运动,而砂轮箱在滑座的导轨上作水平运动(轴向运动或称横向运动),砂轮箱内有电动机带动砂轮作旋转运动。

平面磨床的主要运动是砂轮的旋转运动,进给运动有垂直进给(滑座在立柱上的上、下运动)和纵向运动(工作台沿床身的往复运动)。当工作台每完成一次纵向行程时,砂轮做轴向进给,当加工完整个平面后,砂轮作垂直进给。此外,还有辅助运动,如砂轮箱的快速移动和工作台的调整与运动等。

2. 电力拖动特点及控制要求

1) 电力拖动特点

在 M7130 平面磨床中,砂轮并不要求调速,所以通常都采用笼型异步电动机来拖动,为了达到体积小、结构简单及提高机床精度,采用装入式异步电动机直接拖动,这样磨床的主轴就是电动机轴。

由于平面磨床是一种精密机床,为了保证加工精度,通常采用液压传动。这是因为,液压传动比较平稳,实现无级调速方便,同时液压传动换向时的惯性小,换向平稳,对于工作台纵向往复运动频繁,特别加工短零件时尤为重要,这些都是电气—机械传动所不可比拟的,所以,平面磨床工作台的往复运动(纵向进给)采用液压传动,由液压电动机拖动液压泵,经液压传动装置实现工作台垂直于砂轮的纵向运动。在工作台纵向进给完毕时,通过工作台上的挡铁碰撞床身的液压换向开关,改变液流方向,使液压缸反向运动,带动工作台反向进给,这样来回换向就实现了工作台的往复运动。

当工作台反向时,砂轮箱便自动(或手动)周期性的横向进给一次,从而使工作整个被加工平面连续地得到加工。这个运动可以由液压装置自动实现,也可以由手动来操作。当整个加工平面完成后,砂轮沿垂直进给再次进行加工,这个垂直进给由手动操作来实现。

由此可知,液压电动机拖动液压泵经液压装置来完成往复运动以及横向的自动进给,并承担工作台运动导轨的润滑。

在磨削过程中使工件得到良好的冷却,需要采用冷却泵为磨削过程输送切削液。为了提高生产效率及加工精度,磨床中广泛采用多电动机拖动,使磨床有最简单的机械传动系统,即砂轮电动机、液压泵电动机和冷却泵电动机。

2) 控制要求

(1) 砂轮电动机、液压泵电动机和冷却泵电动机都只要求单向运转。

(2) 冷却泵电动机随砂轮电动机一起启动,当不用切削液时也可单独断开冷却泵电动机。

(3) 具有完善的保护环节。如各电路的短路保护、电动机的长期过载保护、零压保护、电磁吸盘的欠电流保护以及防电磁吸盘突然断电而工件飞出的保护,避免电磁吸盘在断开电源时产生高压而危及电路中其他电气的保护等。

(4) 能保证在使用电磁吸盘的正常工作状态和不用电磁吸盘的调整机床状态下都能启动机床各电动机,但在使用电磁吸盘的工作状态时,必须保证只有电磁吸盘吸引力足够大时才能启动机床各个电动机。

(5) 具有使用电磁吸盘吸牢工件或放开工件并去磁的控制环节。

4.6.2 M7130电路控制分析说明

图 4-9 所示为 M7130 卧轴矩台平面磨床的电气原理图。

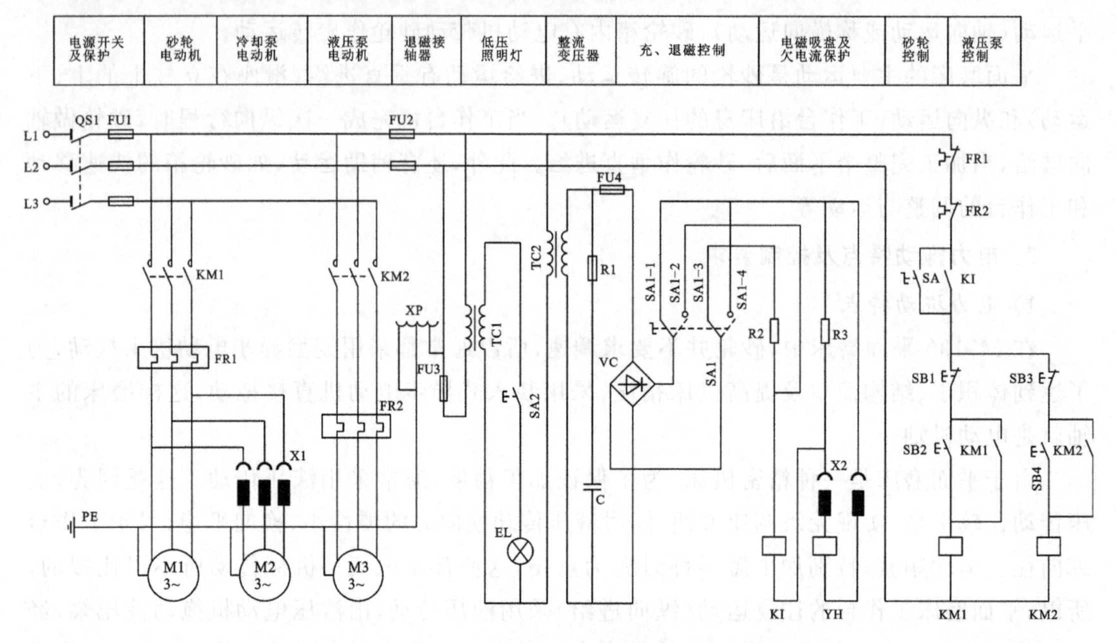

图 4-9 M7130 卧轴矩台平面磨床电气原理图

为分析电路方便，可把整个电路分为主电路、控制电路、电磁吸盘控制电路及机床照明电路。表 4-4 所示为 M7130 低压电气元件表。下面分别对各部分电路进行分析。

表 4-4 M7130 低压电气元件表

电气元件	名称及用途	电气元件	名称及用途
M1	砂轮电动机	YH	电磁吸盘
M2	冷却泵电动机	SA1	电磁吸盘去磁、充磁用转换开关
M3	液压泵电动机	KM1	砂轮电动机控制接触器
KI	欠电流继电器触点	KM2	液压泵电动机控制接触器
SB1、SB2	砂轮启停按钮	R1～R3	电阻
SB3、SB4	液压泵启停按钮	FR1、FR2	热继电器
VC	整流器	C	电容
TC1、TC2	变压器	—	—

1. 主电路分析

主电路有 3 台电动机 M1、M2、M3，其中 M1 为砂轮电动机，M2 为冷却泵电动机，M3 为液压泵电动机，3 台电动机都只要求单向旋转，且不需要电气制动，由接触器 KM1 和 KM2 的主触点控制 3 台电动机的旋转和停止。

2. 控制电路分析

当电磁吸盘处于吸合或者转换开关 SA 闭合时，按下启动按钮 SB2，接触器 KM1 线圈通电吸合，砂轮电动机 M1 启动；按下按钮 SB3，接触器 KM2 线圈通电吸合，液压泵电动机启动，机床进入正常加工工作状态，其中只有 KA 线圈通电吸合，表明电磁吸盘已经正常吸持工作，这时才能启动 M1、M2，或者将转换开关 SA 闭合，表明进行机床调整状态，工作台没有工件，这时可以启动 M1、M2。

3. 电磁吸盘控制电路分析

1) 电磁吸盘控制分析

电磁吸盘控制电路分为整流电路、控制装置和保护装置。电磁吸盘 YH 的直流电磁线圈的电源是由变压器将 380 V 的交流电压变成 127 V，再由整流器整流后供给电磁线圈 110 V直流电压。

电磁吸盘的正向接通（上磁）、断电和反向接通（去磁）是通过转换开关 SA1 来进行控制的，当 S A1 扳到上磁位置时，SA1-2 和 SK1-4 闭合，这样吸盘的线圈得到整流器供给的全部电压，从而电磁吸盘对工件产生足够的吸力而将工件系牢。欠电流继电器 KI 线圈通电吸合，在 KM1、KM2 控制回路中的常开触点 KI 闭合，为砂轮电动机和液压电动机启动做准备。按下按钮 SB2 和 SB3，电动机 M1、M2 启动，进行正常的磨削加工。当工件加工完毕后，需要将工件从吸盘上取下，只将 SA 扳到断电位置，由于工作台和工件上有剩磁，将造成取下工件困难，并且工件具有工艺上不允许的剩磁。为此，可在取下工件前，将工作台和工件进行一次去磁，其方法是：将 SA 扳到去磁位置，SA1-1、SA1-3 闭合，电流流经 YH 的方向发生变化，使得电磁吸盘和工件去磁，为了不至于造成反向磁化，故在去磁回路中串入电阻 R_2，减小了去磁电流，在操作上去磁时间应适当，再去磁结束后，将 SA 扳到断点位置，取下工件。若工件对去磁要求严格，在取下工件后，还需要用交流去磁器进行处理。交流去磁器是平面磨床的一个附件，当工件需要去磁处理时，可将去磁器的插头插在床身的插座上，再将工件放在去磁器上来回移动若干次即可完成去磁。

2) 电磁吸盘控制电路中的保护装置

(1) 电磁吸盘线圈中串入的欠电流继电器 KI 作为电磁吸盘的欠电流保护，KI 的作用之一是在磨削加工过程过程中，当电磁线圈中的电流大大减小或消失时，电流继电器因欠电流而动作，使串联在电动机控制电路中的触点断开，接触器 KM1、KM2 线圈断电，电动机 M1、M2 停止转动。这就可以防止工件因为失去足够的吸引力而被高速转动的砂轮碰击飞出，造成人身和设备事故。作用之二是，当工件放在电磁吸盘上，当开关 SA 没有扳到上磁位置，或者电磁线圈回路出现故障，电磁线圈电路不同或者电流过小，电流继电器 KI 不动作，其常开触点处于断开位置。这时按下按钮 SB2、SB3，也不能启动电动机 M1、M2，这就防止了当工件未吸牢就开动砂轮，将工件甩出而造成事故的危险。

但是，当电磁吸盘没有上磁，要单独对砂轮或者工作台进行调整（比如调整砂轮对工件的相对位置）时，砂轮和工作台是无法开动的。而一般在调整工件与砂轮的相对位置时是不需要电磁吸盘工作的，为此，在该机床中，利用开关 SA 的一对触点与 KA 触点并联，且在开关扳到去磁位置上，SA 的一对触点将 KA 触点短接，为电动机的调整做好准备。

(2) 电磁吸盘线圈 YH 的过电压保护。电磁吸盘线圈是一个大电感元件，在电磁吸盘工作时，线圈中储存着大量的磁场能量。当断开电源的瞬间，若没有放电电路，将会在电磁线圈两端产生很大的自感电动势，该电动势甚至会把线圈的绝缘部分损坏，同时在断开线圈上产生很大的火花，导致触点的损坏，为此，在线圈两端应接有放电装置，在断开 YH 线圈电源时线圈所储存的能量通过放电装置消耗掉。常见的有3种放电装置，即并联电阻放电、并联电阻和电容放电、并联电阻和二极管放电。

M7130采用并联电阻R_3放电，R_3的电阻值必须选择恰当，若R_3的电阻值过大，会使放电电流减小，效果不好，还会产生过电压；若R_3的电压值过小，会导致在R_3上的能量消耗太大，容易烧毁R_3，导致整流器过窄。

(3) 整流装置的过电压保护。交流电路产生的过电压和在直流侧电路的通断，都会在变压器TC2的二次侧产生浪涌电压，为此可以在变压器二次侧接上阻容吸收装置，当浪涌电压来到时，电容便充电而将尖峰电压吸收；为了防止电容与变压器二次侧的电感发生振荡，故在电容C的电路中串有电阻R_1。

(4) 电磁吸盘的短路保护。为了防止电磁吸盘电路短路，在整流变压器TC2的二次侧或者在整流器的输出端接上熔断器FU4。

4.7 组合机床电气控制电路分析

4.7.1 多工位回转工作台组合机床的工艺特点

回转工作台多用于多工位组合机床上，它可以有多个加工工位，被加工工件在回转台上定位夹紧，工作台回转一周完成在该机床上的全部加工工序，多工位回转工作台组合机床是一种自动化程度较高、生产效率较高的组合机床，工作台上有多个工位，同时安装多个零件加工，每个工位上的加工内容各不相同，由对应的刀具完成；工件在一次装夹后，分别由多把刀具同时加工，所以效率非常高，多工位回转工作台的主要结构包括一个回转工作台和安装动力头的滑台，有几个加工工位，就有几个结构动力头和对应的安装滑台。根据滑台的布置和需要，组合机床分为卧式和立式两种。立式结构紧凑，占地少；卧式结构布置灵活，特别适合于进给有不同要求的加工表面。本文以钻、扩、铰多工位组合机床为例，介绍卧式结构的组合机床控制。加工工位布置如图4-10所示。

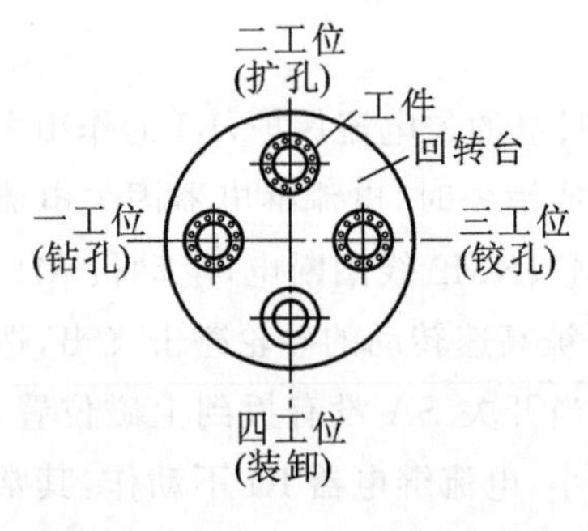

图4-10 加工工位布置示意图

多工位回转工作台组合机床主要的控制包括回转工作台的自动回转控制和各个工位上的液压滑台、动力头的控制。

(1) 回转工作台的自动工作循环为：回转台抬起→回转台回转→回转台反靠→回转台夹紧。

(2) 动力头滑台的自动进给为3个动力头快进→动力头分别工进→延时停留（等待工进结束）→动力头快退。动力头电动机在自动循环的工进阶段开始旋转。

由于工件在钻孔、扩孔、铰孔工位上刀具的快进、工进、快退的距离可能各不相同，进给速度可能各不相同，所以每个动力头需要采用不同的液压控制系统，协同控制来完成。

4.7.2 多工位回转工作台组合机床液压系统说明

回转工作台及3个液压滑台的液压系统原理，如图4-11所示，包括回转工作台的液压回路和液压滑台的液压回路，下面介绍液压回路的工作情况。

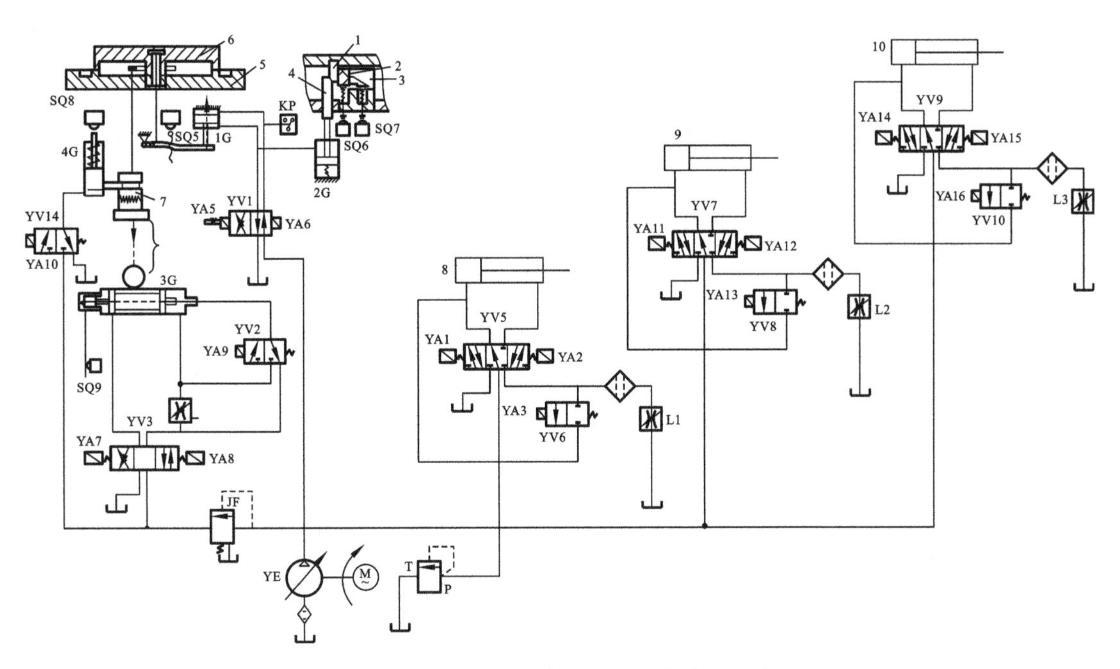

图 4-11　回转工作台及三个液压滑台的液压系统原理图

1—定位块；2—滑块；3—固定挡铁；4—定位销；5—底座；6—回转工作台；7—离合器；

8—钻削进给液压缸；9—扩孔进给液压缸；10—铰孔进给液压缸

1. 回转工作台的液压回路

工作台的液压回路主要为 4 个液压缸的运动提供动力，它们分别是回转工作台夹紧缸 1G、定位销伸缩缸 2G、回转缸 3G、离合器分离用液压缸 4G 四个液压回路。

1）1G 液压回路

1G 的作用是实现工作台的夹紧与松开，在每一次转位之前必须松开工作台，然后才能回转；再转位以后，工件加工过程中，又必须夹紧，以防工作台发生位移运动，影响加工质量。

其松开油路是：液压泵→电磁阀 YV1 左位→1G 下腔→抬起工作台。

其油路是：液压泵→电磁阀 YV1 右位→1G 上腔→向下夹紧工作台。

2）2G 液压回路

2G 的作用是实现定位销 4 的伸缩运动，在每次转位之前，需要将定位销 4 往下缩回，不要挡住定位块 1，以便定位块 1 和工作台一起转动。当转位到一定距离后，定位销 4 在 2G 的带动下向上伸出，挡住下一工位上的定位块，实现定位。

其向下缩回油路是：液压泵→电磁阀 YV1 左位→2G 上腔→活塞杆克服弹簧下移。

伸出时是靠弹簧作用，将伸缩销弹出复位。

3）3G 液压回路

3G 的作用是通过 3G 活塞杆上的齿条带动齿轮转动，经过离合器和工作台下面的齿轮带动工作台转动，当活塞杆向右移动时，工作台顺时针转动；当活塞杆左移时，工作台逆时针转动，实现反靠。其右移液压油路是：液压泵→减压阀 JF→电磁阀 YV3 左位→3G 左腔→活塞杆右移。3G 右腔的油经过节流阀 L 流回油箱，则活塞杆右移速度慢；经过电磁阀 YV2 流回油箱，则速度较快。

3G 左移液压油路是：液压泵→减压阀 JF→电磁阀 YV3 右位→3G 右腔→活塞杆左移。

4）4G 液压回路

4G 的主要作用是将离合器 7 分开或者结合。在正常回转时，离合器 7 应该结合，4G 在弹簧作用下处于复位状态。当回转结束后，为了让液压缸 3G 的活塞杆回到左端，又不至于带动工作台转动，此时，需要将离合器 7 分开。

分开时的油路是：液压泵→减压阀 JF→电磁阀 YV4 左位→4G 左腔→活塞杆上移，克服弹簧作用带动离合器 7 上部分结构移动，脱离啮合。待 3G 复位以后，YV4 处于右位，4G 在弹簧作用下下移，离合器 7 又结合。

液压回转工作台回转时各电磁铁及限位开关工作状态见表 4-5。

表 4-5　液压回转工作台回转时各电磁铁及限位开关的工作状态

元件 工步	液压电磁换向阀的电磁铁						转换开关
	YA5	YA6	YA7	YA8	YA9	YA10	SQ5
回转台原位	−	−	−	−	−	−	KP
回转台抬起	+	−	−	−	−	−	+
回转台回转		−	+	−	−	−	SQ6
回转台反靠		−	−	+	+	−	SQ7
回转台夹紧	−		−	−	−	−	
离合器脱开	−		−	+	−	+	KP
液压缸返回	−		−		−	−	SQ8、SQ9

2. 液压滑台的液压回路

3 个液压滑台的液压回路是带动对应的滑台作快进→工进→快退，分别由液压缸 8、9、10 完成。现以钻削液压缸为例简单介绍其液压油路。

（1）快进时：液压泵→电磁阀 YV5 左位→钻削缸 8 左腔→活塞杆右移。钻削进给液压缸 8 右腔的油经过 YV5 左位，再经过 YV6 左位流回钻削进给液压缸 8 左腔，形成差动油路，速度较快。

（2）工进时：流入钻削进给液压缸 8 的油路与快进一样，不同之处是，从钻削进给液压缸 8 的油不经过 YV6，而是经过节流阀 L1 流回油箱，由于经过节流阀的节流作用，所以液流速度慢，活塞杆移动速度慢。

（3）快退时：液压泵→电磁阀 YV5 右位→钻削缸 8 右腔→活塞杆左移。钻削进给液压缸 8 左腔的油直接经过 YV5 流回油箱，流速较快，钻削滑台快速退回。

其他滑台的液压油路相似，此处不再介绍。

4.7.3　电路控制设计与说明

1. 主电路

主电路有 5 台电动机，M1 为钻削动力头电动机，M2 为扩孔动力头电动机，M3 为铰孔动力头电动机，M4 为液压泵电动机，M5 为冷却泵电动机。M1、M2、M3 由接触器 KM1、KM2、KM3 分别控制，基本上可以同时启动和停止；M4、M5 分别由接触器 KM4、KM5 控制，冷却泵可以在快进结束时工作，也可以在快进开始工作，由一台冷却泵为工作台上的 3

个零件同时提供切削液;3 个液压滑台的压力油由一台液压泵提供。5 台电动机都有过载保护和短路保护,不需要正、反转,多工位回转工作台组合机床电气原理如图 4-12 所示,电气元件见表 4-6。

钻削动力头电动机	扩孔动力头电动机	铰孔动力头电动机	液压泵电动机	冷却泵电动机	变压与整流	回转工作台回转控制

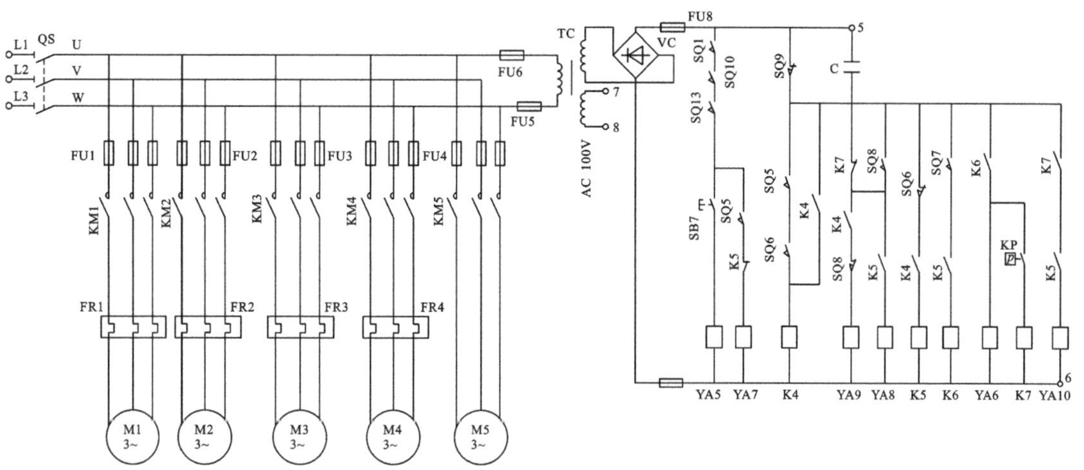

图 4-12　多工位回转工作台组合机床电气原理图

表 4-6　电气元件表

电气元件	名称及用途	电气元件	名称及用途
M4	液压泵电动机	M1、M2、M3	钻、扩、铰动力头电动机
M5	冷却泵电动机	SQ1～SQ3	钻削滑台用行程开关
SB1	给进启动按钮	SQ5～SQ9	回转工作台用行程开关
SB2	后退调整按钮	SQ10～SQ12	扩孔滑台用行程开关
SB3	液压泵启动按钮	SQ13～SQ15	铰孔滑台用行程开关
SB4	M4、M5 停止按钮	FR1～FR4	热继电器
SB5	动力头电动机停止按钮	K1～K9	中间继电器
SB6	动力头电动机启动按钮	KM1～KM3	M1、M2、M3 控制用接触器
SB7	回转工作台控制按钮	KM4、KM5	液压泵、冷却泵控制用接触器
SB8	冷却泵启动按钮	C	滤波电容器
SA1	液压滑台用转换开关	YA1～YA3	钻削滑台液压控制用电磁阀电磁铁
SA2	液压滑台总控开关	YA5～YA10	回转工作台液压控制用电磁阀电磁铁
SA3	冷却泵控制转换开关	YA11～YA13	扩孔滑台液压控制用电磁阀电磁铁
KT1	通电延时时间继电器	YA14～YA16	铰孔滑台液压控制用电磁阀电磁铁
VC	整流器	FU1～FU8	熔断器
TC	变压器	KP	压力继电器

2. 控制电路分析

1）电动机控制

当按下按钮 SB3，接触器 KM4 通电吸合并自锁，液压泵电动机 M4 主电路接通工作，为液压系统提供压力油；当按下按钮 SB4，接触器 KM4 线圈断电，液压泵电动机主电路断开，停止转动。

按下按钮 SB3，接触器 KM1、KM2、KM3 线圈同时通电吸合并自锁，或者是在每个工作循环的快进阶段，当中间继电器 K1 通电时，其常开触点闭合，接触器 KM1、KM2、KM3 自动通电，对应的动力头电动机主电路接通，电动机旋转，同时控制冷却泵的接触器 KM5 通电，为零件加工提供切削液，另外，冷却泵可以用按钮 SB8 控制其启动。

2）液压回转工作台回转控制电路

液压回转控制工作台是靠控制液压系统的油路来实现工作台转位动作的，而液压系统的动作循环是靠电气控制进行的。电气控制元件主要包括电磁换向阀的电磁铁和中间继电器，这些元件的控制电压为直流 24 V，需要由 380 V 的电源电压经过变压器 TC 和整流器 VC 后才能得到 24 V 直流。

回转工作台的转位动作如下：定位销脱开及回转工作台抬起→回转台回转及缓冲→回转台反靠→回转台夹紧。

图 4-11 是回转工作台的液压系统原理图，回转工作台的转位动作是自动进行的，下面具体分析它的工作控制过程。

（1）定位销脱开及回转台抬起：按下回转按钮 SB7，电磁铁 YA5 通电（动力头在原位时，限位开关 SQ1、SQ10、SQ13 都被压下，回转台才能转位）。将电磁阀 YV1 的阀杆推向右端，液压泵的压力油送到夹紧液压缸 1G，使其活塞上移抬起回转台。同时经电磁阀 YV1 的压力油也送到自锁液压缸 2G，活塞下移使定位销脱开。

（2）回转台回转机缓冲：回转台抬起后，压下行程开关 SQ5（SQ5～SQ9 的工作位置），其动合触点闭合使 YA7 通电，电磁阀 YV3 的阀芯被推向右端，压力油送到回转液压缸的左腔，而右腔排出的油经阀 YV2 和 YV3 流回油箱，因此活塞右移，经活塞中部的齿条带动齿轮，使回转台回转。当转到接近定位点时，转台定位块 1 将滑块 2 压下，从而压动了行程开关 SQ6，其动断触点切断 K5 的通路，其动合触点闭合，由于 SQ5 动合触点闭合，继电器 K4 通电吸合并自锁，YA9 通电，液压缸 3G 的回油只能经节流阀 L 流回油箱，所以回转台变为低速回转，称为缓冲。

（3）回转台反靠：回转台的继续回转，使定位块 1 离开滑块 2，限位开关 SQ6 恢复原位，其动断触点恢复闭合，使 K5 通电吸合，K5 动断触点断开使 YA7 断电；同时，K5 动合触点闭合使 YA8 通电，YA8 通电使 YV3 的阀杆左移，压力油经 YV3 和节流阀 L 送回至回转液压缸 3G 的右腔，使回转台低速（因 YA9 已通电）反靠，这时定位块的右端面将通过滑块靠紧在挡铁的左端面上，达到准确定位。

（4）回转台夹紧：反向靠紧后，通过杠杆的作用压动限位开关 SQ7，使中间继电器 K6 通电吸合。其动合触点闭合，结果使电磁铁 YA6 通电，YV1 阀杆向左移，夹紧液压缸 1G 将回转台向下压紧在底座上，同时，锁紧液压缸 2G 因已接至回油路，定位销 4 被弹簧顶起，使定位块 1 锁紧，当转台夹紧后，夹紧力达到一定数值，夹紧液压缸的进油压力将使压力继电器 KP 动作，其动合触点使中间继电器 K7 通电吸合，K7 动断触点断开，电磁铁 YA8、YA9 断电，阀 YV3 回到中间位置，这时 3G 左、右油腔都接至回油路，使回转液压缸卸压，K7 的动合触点闭合，使 YA10 通电（K5 已经通电动作），电磁阀 YV4 阀杆左移，通过液压缸 4G 向上运动，离合器 7 脱开。

(5) 离合器脱开后的状态:液压缸 4G 的活塞杆压动限位开关 SQ8,其动断触点断开使电磁铁 YA9 断电,其动合触点闭合使电磁铁 YA8 通电,电磁换向阀 YV3 阀杆左移,使回转液压缸活塞推回原位,活塞退回原位后,由于杠杆的作用压动限位开关 SQ9,其动断触点断开,已经动作的电器均被断电。这样电磁铁 YA10 断电使离合器重新结合,以备下次转位循环,因此,液压系统和控制电路都恢复到原始状态。

上述液压回转台控制电路采用的是低压直流电器,这样既操作安全,动作平稳,安装紧凑又便于采用无触点开关元件,但需要整流电源,当然也可以采用交流电器,它们组成控制电路的工作原理是完全一样的。

3) 液压滑台控制电路

3 个液压滑台的自动循环进给过程为快进→工进→快退,但考虑进给速度和进给位移不同,其液压滑台进给液压缸对应的液压系统不采用并联形式,而是分别控制,同时开始快进动作,某个滑台快进结束位置由对应的行程开关确定。快进终点位置到达了,则能够自动转换成工进,还没有到达快进终点位置的继续快进,然后分别进行工进。到达工进结束位置后,暂时等待其他滑台完成工进,通过调整延时时间,来调整统一返回的时刻。如果各个动力滑台运动距离差别较大,则时间可能可以调整长一点;如果运动距离相当,则等待时间可以短一些。等待时间到,则统一快速后退。当然,也可以分别设置中间继电器,各个动力滑台在循环开始以后分别自动控制,无须终点等待;谁先到终点,谁先后退,这样控制更加独立,这种方式更有利于工艺差别大、自动循环过程控制各不相同的液压滑台。

由于不同的加工工艺需要,滑台的液压系统和控制工程就有所不同。下面用表 4-7、表 4-8 和表 4-9 来分别描述各个滑台的动作顺序。

表 4-7 钻削滑台动作顺序表

动作	中间继电器	YA1	YA2	YA3	开关
快进	K1	+	−	+	SB1
工进	K2	+	−	−	SQ2
快退	K3	−	+−	−	SQ3
停止		−	−	−	SQ1

表 4-8 扩孔滑台动作顺序表

动作	中间继电器	YA11	YA12	YA13	开关
快进	K1	+	−	+	SB1
工进	K8	+	−	−	SQ11
快退	K3	−	+−	−	SQ12
停止		−	−	−	SQ10

表 4-9 铰孔滑台动作顺序表

动作	中间继电器	YA14	YA15	YA16	开关
快进	K1	+	−	+	SB1
工进	K9	+	−	−	SQ14
快退	K3	−	+−	−	SQ15
停止		−	−	−	SQ13

(1) 循环进给工作过程。由于电磁换向阀的电磁铁没有触点，对短信号无自锁能力，因此需要使用中间继电器来拓展触点和工作状态的转换。一般情况下，一个工作状态用一个中间继电器来表示。

将 SA1 置于位置 2 时，系统处于循环工作状态，各个动力滑台在原位，行程开关 SQ1、SQ10、SQ13 被压下，按下启动按钮 SB1，中间继电器 K1 通电吸合并自锁，系统处于快进过程，启动驱动电磁铁 YA1、YA3、YA11、YA13、YA14、YA16 通电，液压系统工作。

对于钻削滑台，电磁换向阀 YV5 的阀芯向左移动，电磁阀处于左位，压力油经过电磁阀 YV5 流入液压缸的左腔，推动活塞向右运动；由于液压缸右腔的压力油经过电磁换向阀 YV6 流回到液压缸左腔，形成差动，所以活塞前进速度快，此为钻削滑台快进。

对于扩孔滑台，电磁换向阀 YV7 的阀芯向左移动，电磁阀处于左位，压力油经过电磁阀 YV7 流入液压缸的左腔，推动活塞向右运动；由于液压缸右腔的压力油经过电磁换向阀 YV8 流回到液压缸左腔，形成差动，所以活塞前进速度快，此为扩孔滑台快进。

对于铰孔滑台，电磁换向阀 YV9 的阀芯向左移动，电磁阀处于左位，压力油经过电磁阀 YV9 流入液压缸的左腔，推动活塞向右运动；由于液压缸右腔的压力油经过电磁换向阀 YV10 流回到液压缸左腔，形成差动，所以活塞前进速度快，此为铰孔滑台快进。

当钻孔削滑台快进到行程开关 SQ2 位置时，压下 SQ2，中间继电器 K2 通电，YA3 断电，液压缸左腔的油通过一个节流阀流回油箱，油的流出速度因为节流阀变慢，进给速度变慢，转换为工进，进行孔的钻削进给加工。

当扩孔削滑台快进到行程开关 SQ11 位置时，压下 SQ11，中间继电器 K8 通电，YA13 断电，进给速度变慢，转换为工进，进行扩孔进给加工，进给速度大小可以调节节流阀。

当钻孔滑台快进到行程开关 SQ14 位置时，压下 SQ14，中间继电器 K9 通电，YA16 断电，转化为工进，进行孔的铰孔进给加工。

行程开关 SQ2、SQ11、SQ14 距离本身起点的距离不同，则转换成工进的时间就有差别，但不会相互影响。

3 个滑台先后到达终点，则压下对应的行程开关(钻削滑台压下 SQ3，扩孔滑台压下 SQ12，铰孔滑台压下 SQ15)，最先到达终点的滑台会驱动时间继电器 KT1 延时，以等待另外两个工进结束。当计时时间到时，要保证 3 个滑台进给都已经结束，然后接通中间继电器 K3，分别驱动电磁铁 YA2、YA12、YA15 通电，其他电磁铁和中间继电器断电。

对于钻削滑台，电磁换向阀 YV5 的阀芯右移，压力油经过 YV5 流入进给液压缸右腔，推动活塞向左运动，滑台带动动力头后退，液压缸左腔的压力油经过 YV5 直接流入油箱，无节流环节，故速度较快，直到压下行程开关 SQ1。

对于扩孔滑台，电磁换向阀 YV7 的阀芯右移，压力油经过 YV7 流入进给液压缸右腔，推动活塞向左运动，扩孔动力头快速后退回起点，直到压下行程开关 SQ10。

对于铰孔滑台，电磁换向阀 YV9 的阀芯右移，压力油经过 YV9 流入进给液压缸右腔，推动活塞向左运动，铰孔动力头快速后退回起点，直到压下行程开关 SQ14。

只有当 3 个滑台都退回到原点，同时压下了三个行程开关 SQ1、SQ10、SQ14，其常闭触点断开，中间继电器 K3 才断电，切断电磁铁 YA2、YA12、YA15 的电源，滑台都停止。到此，三个滑台一次自动循环进给结束。

(2) 机床调整说明。机床回转工作台不需要点动调整，工位位置的确定是通过保证夹具与对应动力头和滑台的相对位置来确定。一旦确定好就不能再调整，所以只需要调整动力头及滑台的位置。

将转换开关SA1置于位置2,按下按钮SB1,中间继电器K1线圈通电吸合,但不能自锁,K1的常开触点闭合,驱动电磁铁YA1、YA11、YA14线圈通电,3个液压滑台的液压缸左腔流入压力油,活塞杆推动动力头前进,以便进行行程开关位置的调整;如果在中间任何位置将按钮SB1松开,则K1线圈断电,其常开触点断开,刚接通的电磁铁线圈断电,3个液压滑台停止前进;如果要让液压滑台返回到循环的起点位置,则应按下按钮SB2。由于3个液压滑台不在起点位置,起点行程开关SQ1、SQ10、SQ14常闭触点闭合,所以中间继电器K3通电吸合并自锁,驱动电磁铁YA2、YA12、YA15线圈通电吸合,使液压系统驱动3个滑台快速后退,直到达到循环起点,三个行程开关SQ1、SQ10、SQ14都被压下,其常闭触点断开,使中间继电器K3线圈断电,后退运动才停止,这种位置的调整控制对于液压滑台来讲是必需的。

(3)零件夹紧控制说明。工件的夹紧装置仍然采用液压夹紧,由液压泵电动机M4提供压力油,经过电磁换向阀流入夹紧液压缸中,但为了简化控制电路和操作方便,液压换向阀不采用电磁式,而采用手动式控制换向阀,通过扳动手柄来控制液位方向,每个工位上的工件都采用一个手动式换向阀。当回转工作台转到装卸工位时,扳动控制手柄,液压缸动作,松开工件,将工件取出,安装尚未加工的工件,又按相反的方向扳动手柄,夹紧工件,此时其他工位上的工件仍然处于夹紧状态。

4.8 塔式起重机电气控制电路分析

塔式起重机简称塔机,具有回转半径大,提升高度高,操作简单、容易等优点,是建筑行业中普遍使用的一种起重机械。塔式起重机外形如图4-13所示,由金属结构部分、机械传动部分、电气系统和安全保护装置组成。电气系统由电动机、控制系统、照明系统组成。通过操作控制开关完成重物升降、塔臂回转和小车行走操作。

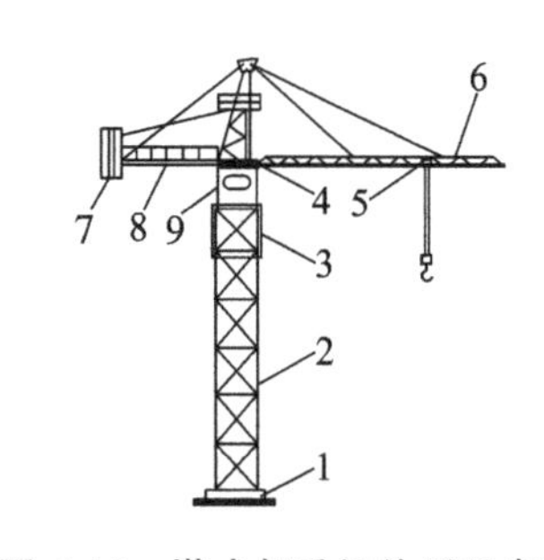

图4-13 塔式起重机外形示意图

1—机座;2—塔身;3—顶升机构;4—回转机构;5—行走小车;6—塔臂;7—驾驶室;8—平衡臂;9—配重

塔机又分为轨道行走式、固定式、内爬式、附着式、平臂式、动臂式等,目前建筑施工和安装工程中使用较多的是上回转自升固定平臂式塔机。下面以QTZ80型塔式起重机为例,对电气控制原理进行分析。

1. 主回路

QTZ80塔式起重机电气控制主线路如图4-14所示。

2. 小车行走控制

小车行走控制线路如图4-15所示。操纵小车控制开关SA3,可控制小车以高、中、低三种速度向前、向后行进。此控制线路具有3种线路保护。

(1)终点极限保护:当小车前进(后退)到终点时,终点极限开关4SQl(4S02)断开,控制线路中前进(后退)支路被切断,小车停止行进。

(2)临近终点减速保护:当小车行走临近终点时,限位开关4SQ3、4SQ4断开,中间继电器4KA1失电,中速支路、高速支路同时被切断,低速支路接通,电动机低速运转。

(3)力矩超限保护:力矩超限保护接触器1KM2常开触头接向前支路,当力矩超限时,1KM2失电,向前支路被切断,小车只能向后行进。

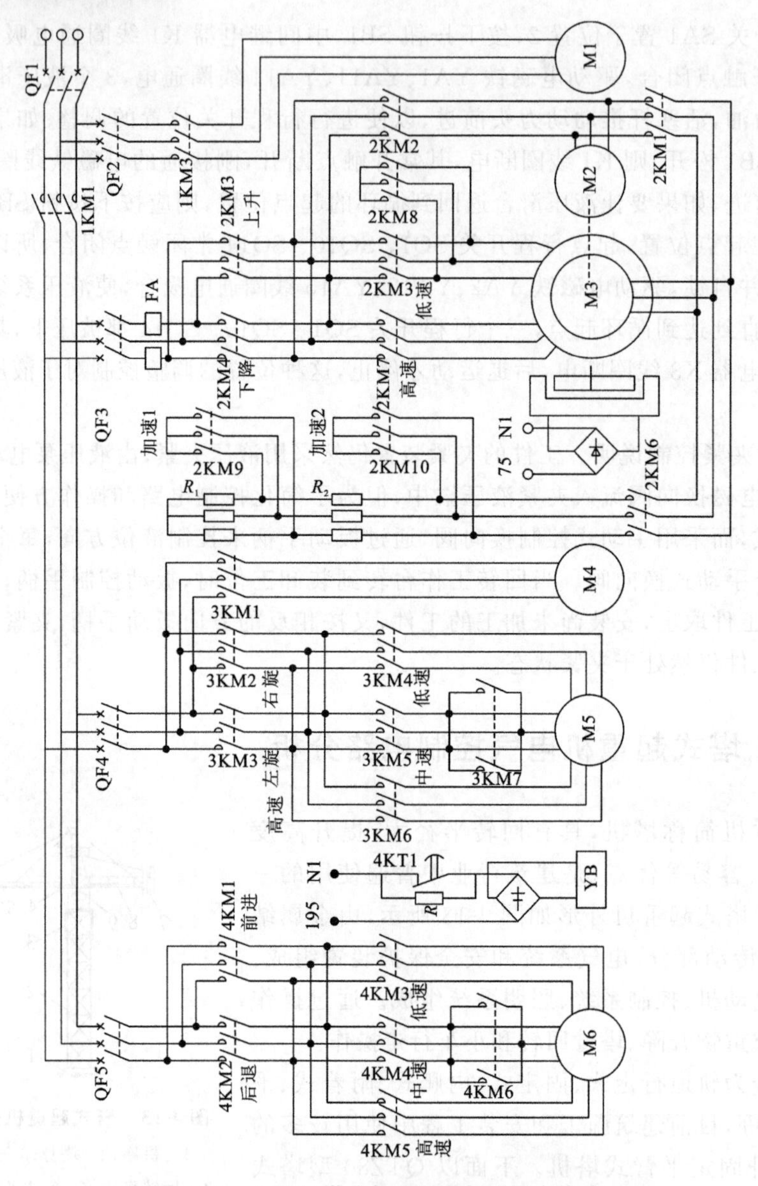

图 4-14　QTZ80 塔式起重机电气控制主线路

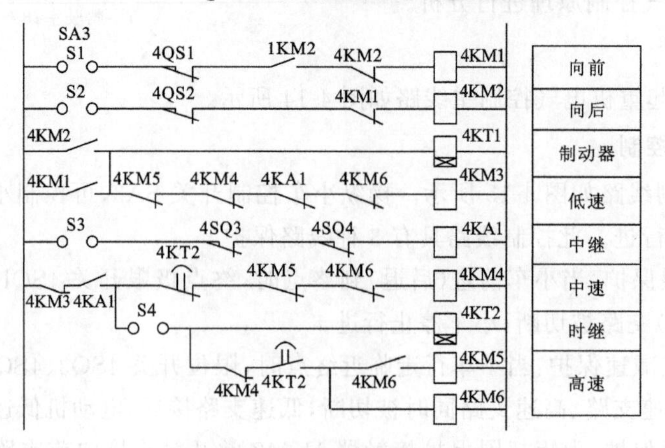

图 4-15　小车行走控制线路

3. 塔臂回转控制

塔臂回转控制线路如图 4-16 所示。操纵回转控制开关 SA2,可控制塔臂分别以高、中、低三种速度向左、向右旋转,此控制线路具有两种线路保护。

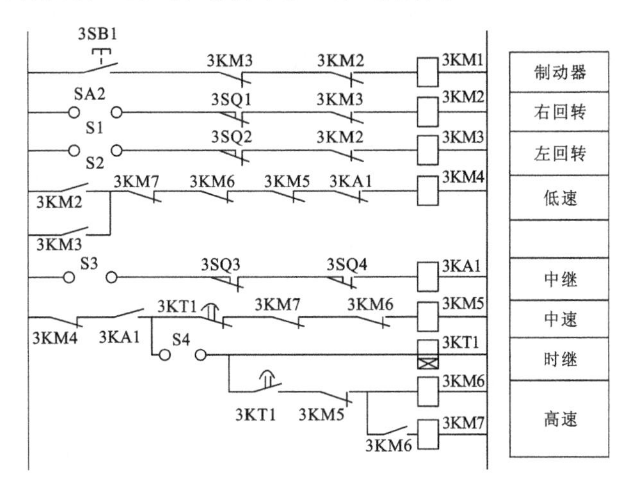

图 4-16 塔臂回转控制线路

(1) 回转角度限位保护:当向右(左)旋转到极限角度时,限位器 3SQ1(3SQ2)动作,3KM2(3KM3)失电,回转电动机停转,只能做反向旋转操作。

(2) 回转角度临界减速保护:当向右(左)旋转接近极限角度时,减速限位开关 3SQ3(3SQ4)动作断开,3KA1、3KM5、3KM6、3KM7 失电,3KM4 得电,回转电动机低速运行。

4. 起升控制

操作起升控制开关 SA1 分别置于不同挡位,可用低、中、高三种速度起吊。起升控制线路如图 4-17 所示,为了便于分析电气控制过程,将提升状态五个挡位对应控制线路分解叙述,如图 4-18~图 4-21 所示。

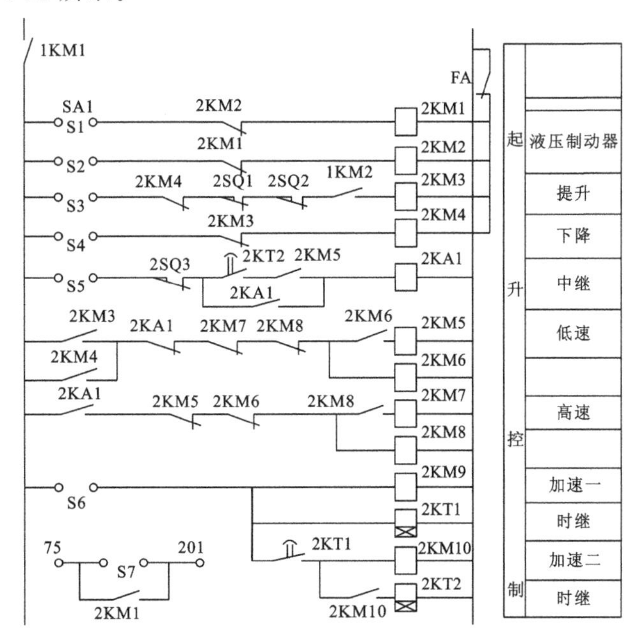

图 4-17 起升控制线路

（1）制开关拨至上升第Ⅰ挡时，S1-S3 闭合，控制线路分解为如图 4-18 所示。

接触器 2KM1 得电，力矩限制接触器 1KM2 触头处于闭合状态，2KM3 得电使低速支路长开触头闭合，2KM6、2KM5 相继得电，对应主线路 2KM6 闭合，转子电阻全部接入，2KM1 闭合，转子电压加在液压制动器电机 M2 上使之处于半制动状态，2KM5 闭合，滑环电动机 M3 定子绕组 8 级接法，2KM3 闭合，电动机得电低速正转（上升）。

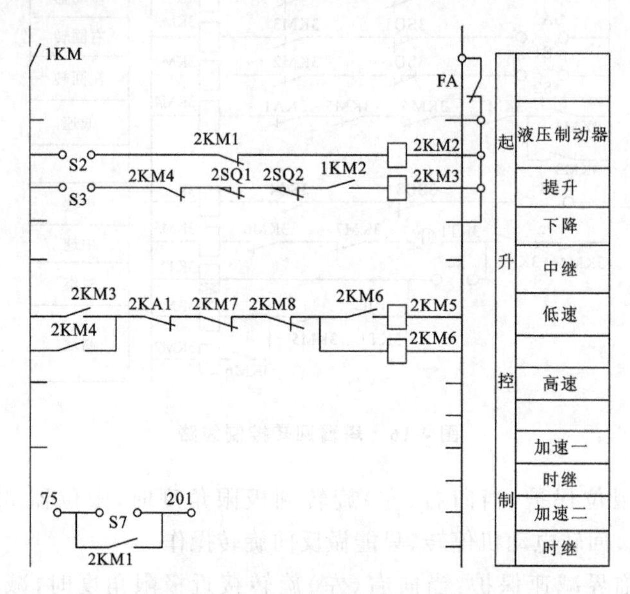

图 4-18　起升Ⅰ挡控制线路分解图

（2）当控制开关拨至第Ⅱ挡时，S2、S3、S7 闭合，S1 断开使 2KM1 失电，制动器支路 2KM1 常闭触头复位。S2 闭合使 2KM2 得电，S3 闭合使 2KM3 继续得电，控制线路分解为如图 4-19 所示电线路。主电路 2KM1 断开、2KM2 闭合使三相交流电直接加在液压制动器电机 M2 上，制动器完全松开。S7 闭合使涡流制动器继续保持制动状态，2KM5、2KM6 依然闭合，电动机仍为 8 级接法低速正转（上升）。

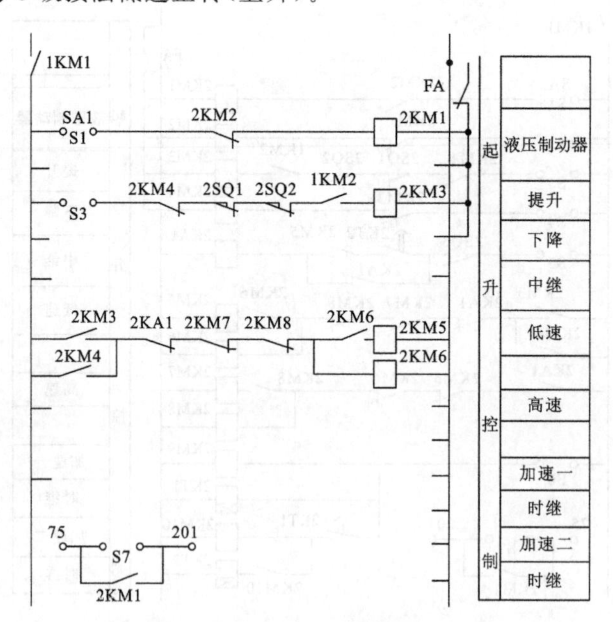

图 4-19　起升Ⅱ、Ⅲ挡控制线路分解图

(3) 控制开关拨至第Ⅲ挡时，S2、S3 闭合，除 S7 断开使涡流制动器断电松开以外，电路状态与第Ⅱ挡时一样。

(4) 当控制开关拨至第Ⅳ挡时，S2、S3、S6 闭合，S6 闭合使 2KM9 得电，时间继电器 2KT1 得电，触头延时闭合使 2KM10 得电继而使时间继电器 2KT2 得电。主电路电动机转子因 2KM9 和 2KM10 相继闭合使电阻 R1、R2 先后被短接，使电动机得到两次加速。中间继电器控制支路触头 2KT2 延时闭合，为下一步改变电动机定子绕组接法，高速运转做好准备，如图 4-20 所示。

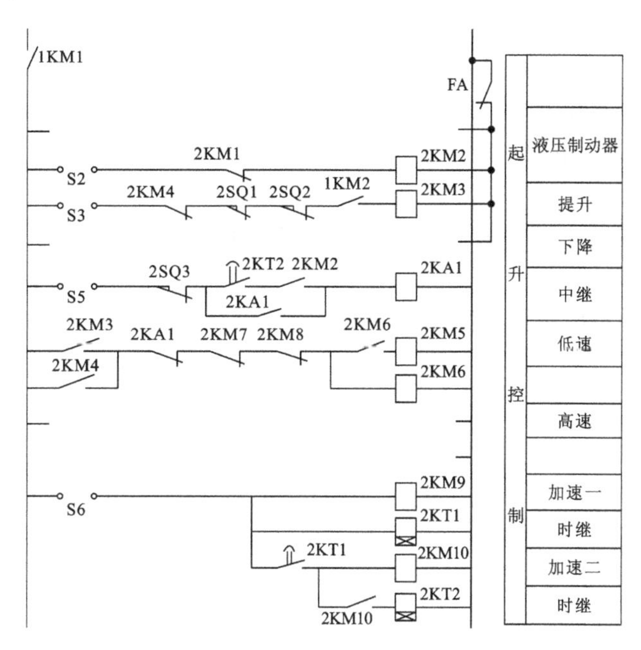

图 4-20　起升Ⅳ挡控制线路分解图

(5) 当控制开关拨至第Ⅴ挡时，S2、S3、S5、S6 闭合，S5 闭合使中间继电器 2KA1 得电自锁(触头 2KM5 在Ⅰ挡时完成闭合)，其常闭触头动作切断低速支路，2KM5 失电，常闭触头复位接通高速支路，接触器 2KM8、2KM7 相继得电，如图 4-21 所示。主回路转子电阻继续被短接，触头 2KM5 断开、2KM8 闭合，电动机定子绕组接为 4 级，触头 2KM7 闭合，电动机高速运转。

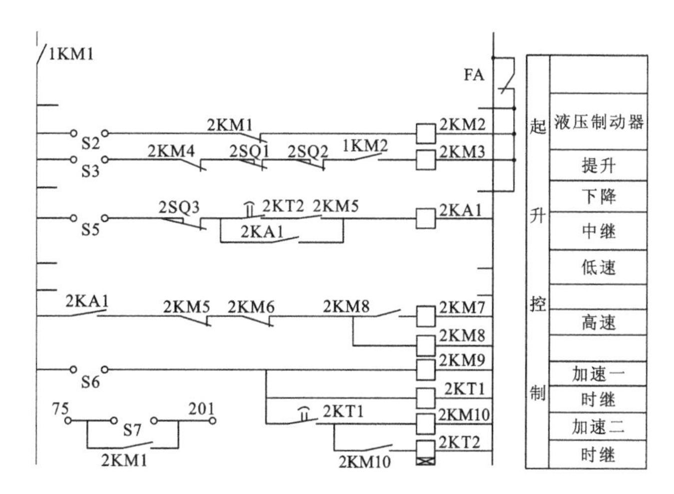

图 4-21　起升Ⅴ挡控制线路分解图

(6) 提升控制线路中设有力矩超限保护 2SQ1、提升高度限位保护 2SQ2、高速限重保护 2SQ3,保护原理分别叙述如下:力矩超限时 2SQ1 动作,切断提升线路,2KM3 失电,提升动作停止,同时总电源控制线路中单独设置的力矩保护接触器常开触头 1KM2 再次提供了力矩保护;当提升高度超限,高度限位保护开关 2SQ2 动作,提升线路切断,2KM3 失电,提升动作停止;当控制开关在第Ⅴ挡,定子绕组 4 级接法,转子电阻短接;电动机高速运转时,若起重量超过 1.5 t,超重开关 2SQ3 动作,2KA1 失电,2KM7、2KM8 相继失电,2KM6、2KM5 相继得电,电动机定子绕组由 4 级接法变为 8 级接法,转子电阻 R1、R2 接入,电动机低速运转。

另外,提升控制线路中接有瞬间动作限流保护器 FA 常闭触头,当电动机定子电流超过额定电流时 FA 动作,切断提升控制线路中相关控制器件电源,电动机停止运转。如遇突然停电,液压制动器 M2 失电对提升电动机制动,避免起吊物体荷重下降。

4.9 交流桥式起重机电气控制电路分析

起重机是用来在空间垂直升降和水平运移重物的起重设备,广泛用于工厂企业、港口车站、仓库料场、电站等各场合。

4.9.1 桥式起重机概述

1. 桥式起重机的结构及运动情况

桥式起重机由桥架(又称大车)、大车移行机构、小车及小车移行机构、提升机构及驾驶室等部分组成,其结构如图 4-22 所示。

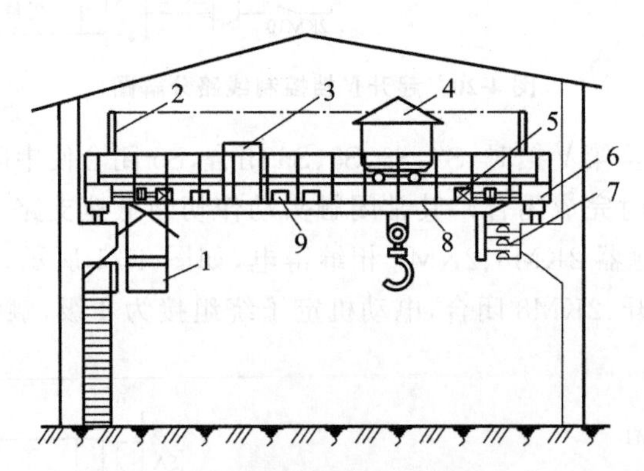

图 4-22 桥式起重机结构示意图

1—驾驶室;2—辅助滑线架;3—控制盒;4—小车;5—大车电动机;6—大车端梁;7—主滑线;8—大车主梁;9—电阻箱

1) 桥架

桥架由主梁、端梁、走台等部分组成,主梁跨架在跨间的上空,其两端连有端梁,而主梁外侧设有走台,并附有安全栏杆。在主梁一端的下放安有驾驶室,在驾驶室一侧的走台上装有大车移行机构,在另一侧走台上装有辅助滑线,以便向小车电气设备供电,在主梁上方铺有导轨供小车在其上移动,整个桥式起重机在大车移动机构拖动下,沿车间长度方向的导轨移动。

2）大车移行机构

大车移行机构是由大车拖动电动机、制动器、传动轴、减速器及车轮等部分组成，采用两台电动机分别拖动两个主动轮，驱动整个起重机沿车间长度方向移动。

3）小车

小车安装在桥架导轨上，可沿车间宽度方向移动，主要由小车驾、小车移行机构、提升机构等组成。

小车架由钢板焊成，其上装有小车移动机构，提升机构护栏及提升限位开关。小车移行机构由小车电动机、制动器、减速器、车轮等组成，小车主动轮相距较近，由一台小车电动机拖动。提升机构由提升电动机、减速器、卷筒、制动器灯组成，提升电动机经联轴节、制动轮与减速器连接，减速器的输出轴与缠绕钢丝绳在卷筒相连接，钢丝绳的另一端装有吊钩，当卷筒旋转时，吊钩就随着钢丝绳在卷筒上的缠绕或放开而提升或下放。

由上述分析可知：重物在吊钩上随着卷筒的旋转获得上下运动；随着小车移动在车间宽度方向上获得左右运动；随着大车在车间长度方向的移动获得前后运动。这样可将重物移至车间任一位置，完成起重运输任务。每种运动都应有极限位置保护。

4）驾驶室

驾驶室是控制起重机的吊舱，其内装有大小车移行机构的控制装置，提升机构的控制装置和起重机的保护装置等。驾驶室固定在主梁一端的下放，也有安装在小车下放随小车移动的。驾驶室上方开有通向走台到窗口，供检修人员上下用。

2. 桥式起重机对电力拖动和电气控制的要求

桥式起重机工作性质为重复短时工作制，拖动电动机经常处于启动、制动、调速、反转等工作状态；起重机负载很不规律，经常承受大的过载和机械冲击；起重机工作环境差，往往粉尘大、温度高、湿度大，为此，专门设计制造了 YZR 系列起重及冶金用三相异步电动机。

为提高起重机的生产率与安全，对起重机提升机构的电力拖动自动控制提出了较高要求，而对大车与小车移行机构的要求则比较低，要求有一定的调速范围，分几档控制及适当的保护等，起重机对提升机构电力拖动自动控制的主要要求如下。

（1）具有合理的升降速度，空钩能实现快速下降，轻载提升速度大于重载时的提升速度。

（2）具有一定的调速范围，普通起重机调速范围为 2～3。

（3）提升的第 1 挡作为预备档，用于消除传动系统中的齿间隙，将钢丝绳张紧，避免过大的机械冲击，该级启动转矩一般限制在额定转矩的一半以下。

（4）下放重物时，依据负载大小，提升电动机可运行在电动状态（强力下放），倒拉反接制动状态、再生发电制动状态，以满足不同下降速度的要求。

（5）为确保安全，提升电动机应设有机械抱闸并配有电气制动。

由于起重机使用广泛，所以其控制设备都已标准化，根据拖动电动机容量大小常用的控制方式有采用凸轮控制器直接去控制电动机的启动、停止、正反转、调速和制动。这种控制方式受控制器触头容量的限制，只适用于小容量起重电动机的控制，另一种是采用主令控制器与控制盘配合的控制方式，适用于容量较大，调速要求较高的起重机和工作十分繁重的起重机，对于 15 t 以上的桥式起重机，一般同时采用两种控制方式，主题升机构采用主令控制器配合控制屏控制方式，而大、小车移行机构和副提升机构则采用凸轮控制器控制方式。

3. 起重机电动机工作状态的分析

对于移行机构拖动电动机，其负载为摩擦转矩，它始终为反抗转矩，移行机构来回移动时，拖动电动机工作在正向电动状态或反向电动状态。

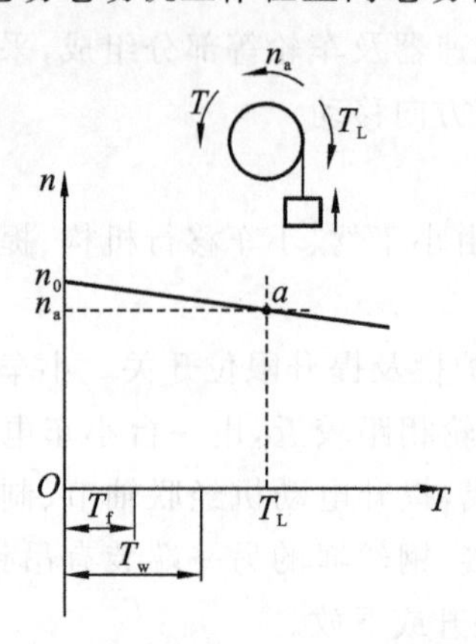

图 4-23 提升重物时电动机工作状态

提升机构电动机则不然，其负载转矩除摩擦转矩外，主要是由重物产生的重力转矩，当提升重物时，重力转矩为阻转矩，而下放重物时，重力转矩则成为原动转矩，在空钩或轻载下放时，还可能出现重力转矩小于摩擦转矩，需要强迫下放。所以提升机构电动机将视重力负载大小不同，提升与下放的不同，电动机将运行在不同的运行状态。

(1) 提升重物时电动机的工作状态。提升重物时电动机负载转矩 T_L 由重力转矩 T_W 及提升机构摩擦转矩 T_f 两部分组成，如图 4-23 所示，当电动机电磁转矩 T 克服这两个阻转矩时，重物将被提升，当 $T=T_W+T_f$ 时，电动机稳定工作在机械特性的 a 点，以 n_a 转速提升重物。

电动机工作在正向电动状态，在启动时，为获得较大的启动转矩，减小启动电流，往往在绕线型异步电动机的转子电路中串入电阻，然后依次切除，使提升速度逐渐提高，最后达到预定提升速度。

(2) 下降重物时电动机的工作状态。下放重物电动机有以下 3 种工作状态。

① 反转电动状态。当空钩或轻载下放时，由于重力转矩 T_W 小于提升机构摩擦阻转矩 T_f，此时倚靠重物自身重量不能下降。为此，电动机必须向着重物下降方向产生电磁转矩 T，并与重力转矩 T_W 一起共同克服摩擦阻转矩，强迫空钩或轻载下放，这在起重机中称为强迫下放。电动机工作在反转电动状态，如图 4-24 所示，电动机运动在 $-n_a$ 下，以 n_a 转速强迫下放。

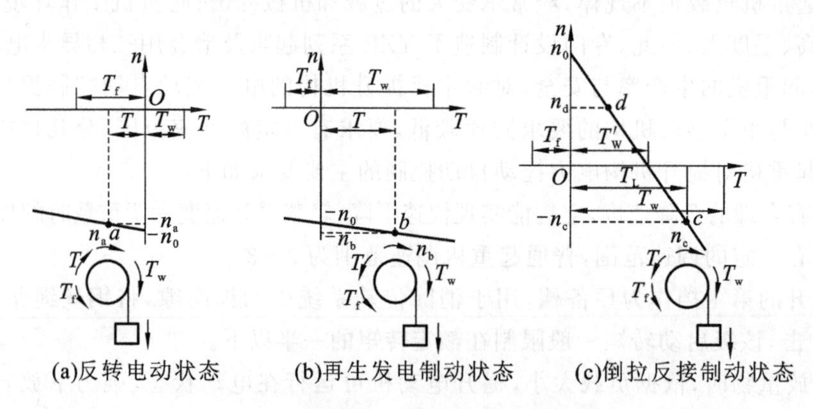

图 4-24 下放重物时电动机的三种工作状态

② 再生发电制动状态。在中载或重载长距离下降重物时，可将提升电动机按反转相序接电源，产生下降方向的电磁转矩 T，此时，电动机电磁转矩 T 方向与重力转矩 T_W 方向一致，使电动机很快加速并超过电动机的同步转速，此时电动机转子绕组内感应电动势与电流均改变方向产生阻止重物下降的电磁转矩，当 $T=T_W-T_f$ 时，电动机以高于同步转速的转速稳定运行，如图 4-24 所示，电动机工作在再生发电制动状态时，以高于同步转速的 n_b 下放重物。

③ 倒拉反接制动状态。在下放重物时，为获得低速下降，常采用倒拉反接制动。此时电动机定子按正传提升相序接电源，但在电动机转子电路中串接较大电阻，这时电动机启动转矩 T 小于负载转矩 T_L，电动机在重力负荷作用下，迫使电动机反转，反转以后电动机转差率 s 加大，直至 $T=T_L$，其机械特性如图所示，在 c 点稳定运行，以 n_c 转速低速下放重物。这

时如用于轻载下放，且重力转矩小于 T'_W时，将会出现不但不下降反而会上升之后过，如果，在 d 点稳定运动，以转速 n_d上升。

4.9.2 凸轮控制器控制提升机构的电路分析

凸轮控制器是一种大型手动控制电路，是起重机上重要的电气操作设备之一，用于直接操作与控制电动机的正、反，转调，速启动与停止。应用凸轮控制器控制，其电路简单，维修方便，应用于中、小型起重机的平移机构和小型起重提升机构的控制中。

1. 凸轮控制器的构造、型号及主要技术数据

凸轮控制器从外部看，由机械结构、电气结构和防护结构三部分组成，其中手柄、转轴、凸轮、杠杆、弹簧、定位棘轮为机械部分，触头、接线柱和连接板等为通电吸合气部分，而上下盖板、外罩及灭弧罩为防护部分。

图 4-25 所示为凸轮控制器工作原理图。当转轴在手柄扳动下转动时，固定在轴上的凸轮同时转动，当凸轮的凸起部位顶住滚子时，由于杠杆作用，使动触头与静触头分开；当凸轮凹处与滚子相对时，动触头在弹簧作用下，使动静触头闭合接触，实现触头接通与断开的目的。

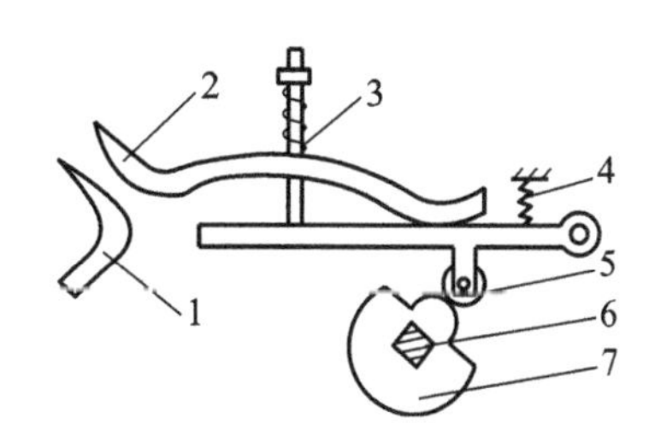

图 4-25 凸轮控制器工作原理图

1—静触头；2—动触头；3—触头弹簧；4—复位弹簧；5—滚子；6—绝缘方轴；7—凸轮

在方轴上可以叠装不同形状的凸轮块，以使一系列的触头按预先安排的顺序接通与断开，将这些触头接于电动机电路中，便可实现控制电动机的目的。

起重机常用的凸轮控制器有 KT10、KT14 系列交流凸轮控制器，型号含义如下：

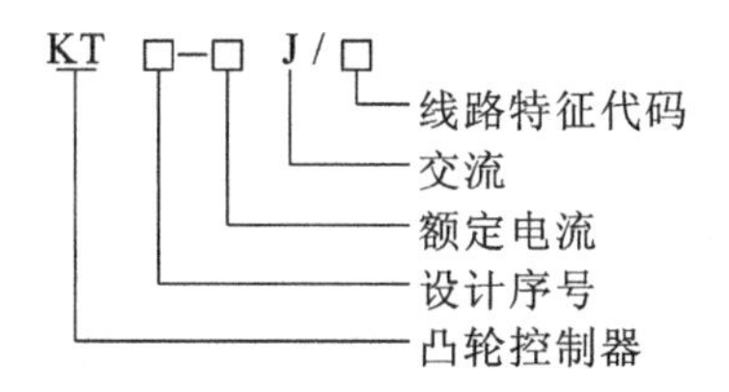

KT14 系列凸轮控制器的主要技术数据见表 4-10。

表 4-10 KT14 系列凸轮控制器的主要技术数据

<table>
<tr><th rowspan="2">型　号</th><th rowspan="2">额定电压/V</th><th rowspan="2">额定电流/A</th><th colspan="2">工作位置数</th><th colspan="2">在通电持续为 25%时所能控制的电动机</th><th rowspan="2">额定操作频率 Hz</th></tr>
<tr><th>向前(上升)</th><th>向后(下降)</th><th>转子最大电流/A</th><th>最大功率/kW</th></tr>
<tr><td>KT14-25J/1</td><td rowspan="6">380</td><td rowspan="3">25</td><td rowspan="2">5</td><td rowspan="2">5</td><td rowspan="3">32</td><td>11</td><td rowspan="6">600</td></tr>
<tr><td>KT14-25J/2</td><td>5</td></tr>
<tr><td>KT14-25J/3</td><td>1</td><td>1</td><td>5.5</td></tr>
<tr><td>KT14-60J/1</td><td rowspan="3">60</td><td rowspan="3">5</td><td rowspan="3">5</td><td rowspan="3">80</td><td>30</td></tr>
<tr><td>KT14-60J/2</td><td>22</td></tr>
<tr><td>KT14-60J/3</td><td>60</td></tr>
</table>

凸轮控制器在电路中是以其圆柱表面的展开图来表示的，竖虚线为工作位置，横虚线为触头位置，在横竖两条虚线交点处若用黑圆点标注，则表明控制器在该位置、该触头是闭合接通的，若无黑圆点标注，则表明该触头在该位置是断开的。

2. 凸轮控制器控制的提升机构控制电路

图 4-26 所示为 KT14-25J/1 型凸轮控制器控制电动机调速电路。

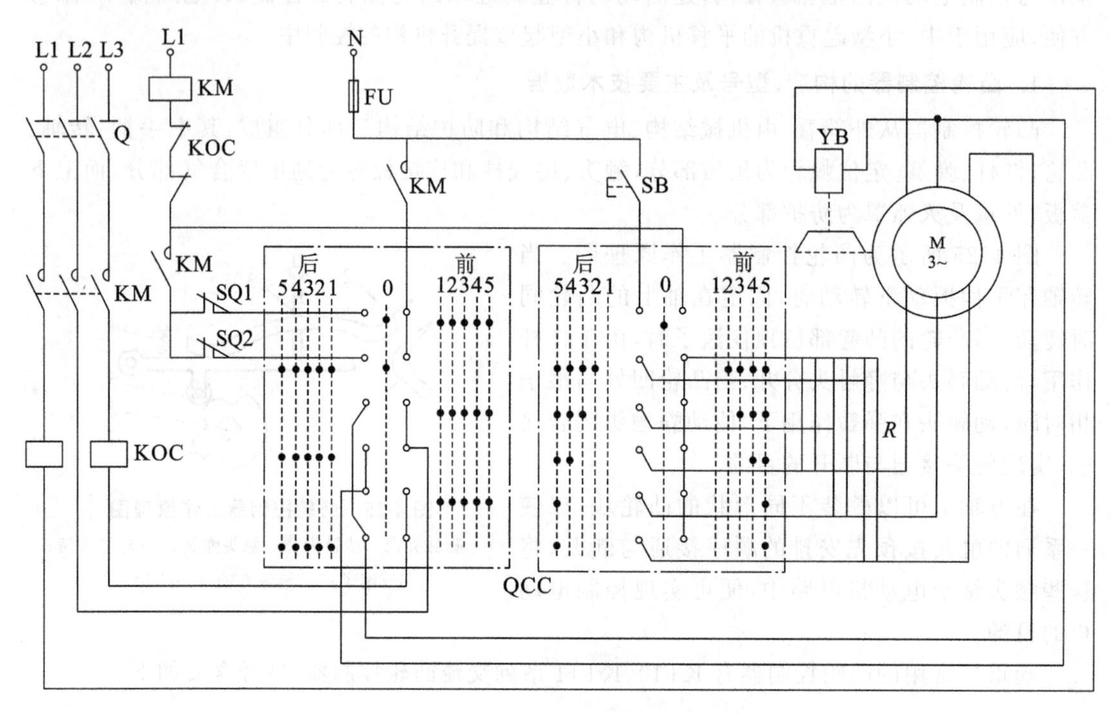

图 4-26 KT14-25J/1 型凸轮控制器控制电动机调速电路

1）电路特点

（1）可逆对称电路。通过凸轮控制器触头来换接电动机定子电源相序实现电动机正反转以改变电动机转子外接电阻。在控制器提升、下放对应挡位时，电动机工作情况完全相同。

（2）由于凸轮控制器触头数量有限，为获得尽可能多的调速等级，电动机转子串接不对称电阻。

（3）在提升与下放重物时，可根据载荷情况（轻载、中载还是重载）和在电动机机械特性，选择相应的操作方案和合适的工作速度挡位，以期获得进给、合理、安全的操作。

2）电路分析

由图 4-26 可知：凸轮控制器左右各有 5 个工作位置，共有 9 对常开主触头、3 对常闭触头，采用对称接法。其中 4 对常开主触头接于电动机定子电路实现换相控制，实现电动机正反转；另 5 对主触头接于电动机转子电路，实现转子电阻的接入与切除。由于转子电阻采用不对称接法，在凸轮控制器提升或下放的 5 个位置，由于逐级切除转子电阻，可得到不同的运行速度。其余 3 对常闭触头，其中 1 对用于实现零位保护，另 2 对常闭触头与上升限位开关 SQ1 和下降限位开关 SQ2 实现限位保护。

此外，在凸轮控制器控制电路中，KOC 为电流继电器，实现过载与短路保护；YB 为电动机机械制动电磁抱闸线圈。

3. 凸轮控制器操作分析

1）轻载时的提升操作

当提升机构起吊负载较轻时，如 $T_L^*=0.4$ 时，扳动凸轮控制器手柄由“0”位依次经由“1”、“2”、“3”、“4”直至“5”位，此时，电动机稳定运行在转速 n_A 上，该转速已接近电动机同步转速，故可获得在此负载下的最大提升速度，这对加快吊运进度，提高生产效率无疑是有利的，但在实际操作中应注意以下几点。

（1）严禁采用快速推挡操作，只允许逐步加速。此时物件虽然较轻，但电动机从 $n=0$ 增速到 $n_A=n_0$，若加速时间太短，会产生过大的加速度，给提升机构和桥架主梁造成强烈的冲击，为此，应逐级推挡，且每挡停留 1 s 为宜。

（2）一般不允许控制器手柄长时间置于提升第 1 挡被提升物件。因在此挡位，电动机启动转矩 $T_{st}^*=0.75$，电动机稳定转速 $n_A^*=0.5$ 左右，提升速度较低，特别对于提升距离较长时，采用该挡工作极不进给。再者，电动机转子电阻是为电动机启动和调速配置的，受通电持续率和电阻发热的限制，不允许长期通电。同时，电动机低速运行也不利于电动机散热。

（3）当物件已提至所需高度时应制动停车，此时应将控制器手柄逐级扳回至“0”位，此时每挡也应有 1 s 左右的停留时间，使电动机逐级减速，最后制动停车。

2）中型负载的提升操作

当起吊物件负载转矩 $T_L^*=0.5\sim0.6$ 时，由于物件较重，为避免电动机转速增加过快对起重机的冲击，控制器手柄可在提升“1”位，停留 2 s 左右，然后再逐级加速，最后电动机稳定运行在图 4-27 中的 B 点。

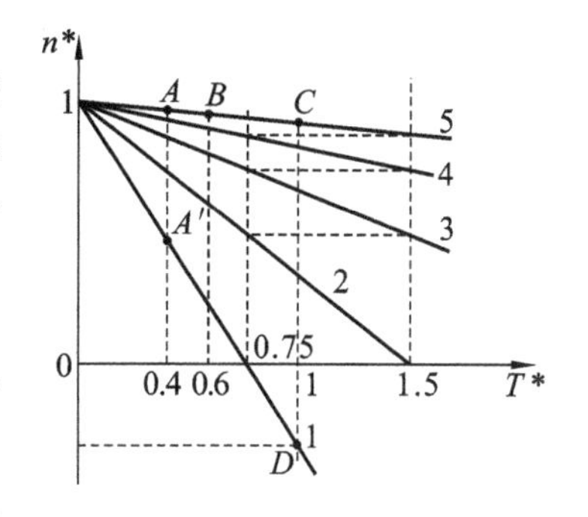

图 4-27　提升时电动机机械特性

3）重型负载的提升操作

当起吊物件负载转矩 $T_L^*=1$ 时，当控制器手柄由“0”位提升“1”位，由于电动机启动转矩 $T_{st}^*=0.75<T_L^*=1$，故电动机不能启动旋转。这时，应将手柄迅速通过提升“1”位而置于提升“2”位，然后再逐级加速，直至提升“5”位，在此负载下，电动机稳定运行在图 4-27 中的 C 点上。

在提升重物时，无论在提升过程中，还是将已提升的重物停留在空中，再将控制手柄扳回“0”位的操作时，手柄不能在提升“1”位有所停留，不然重物不但不上升，反而以倒拉反接制动状态下降，即负载转矩拖动电动机以 $n^*=0.33$ 的转速作下放重物运转，稳定工作在图的 D 点。这将发生重物下降的误动作，或重物在空中停不住的危险事故。所以，由提升“5”扳回“0”挡位的正确操作是：在扳回每一挡位时应有适当的停留，一般每 1 s，在提升“2”位时应停留稍长些，使速度减下来后再迅速扳至“0”位，制动停车。

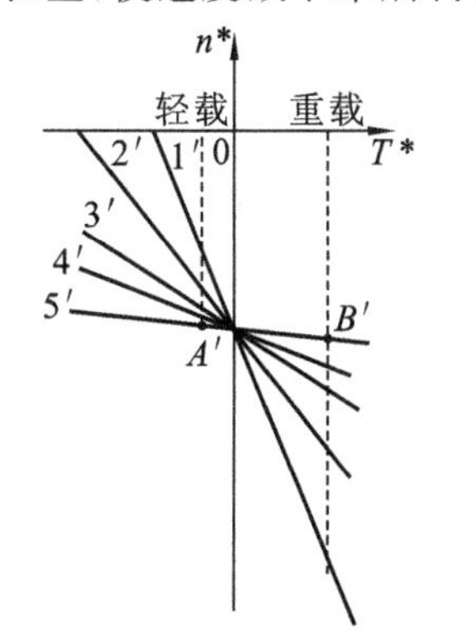

图 4-28　提升机构下降操作时的机械特性

无论是重载还是轻载提升工作时，在平稳启动后都应把控制器手柄推至提升“5”挡位，而不允许在其他挡位长时间提升重物，一方面由于其他挡位提升速度低，生产效率低；另一方面由于电动机转子长时间串入电阻，电能损耗太大。

4）轻型负载下放时的操作

当轻型负载下放时，可将控制器手柄扳到下放“1”位，由图 4-28 可知，电动机在反转电动状态下运转。

5）重型负载下放时的操作

当下放重型负载时，电动机工作在再生发电制动状态，这时，应将控制器手柄从“0”位迅速扳至下放“5”位，使被吊物件以稍高于同步转速下放，并在图 4-28 中的 B' 点运行。

4.9.3 主令控制器控制提升机构的电路分析

由凸轮控制器控制的起重机电路具有线路简单、操作维护方便等优点，但存在着触头容量和触头数量的限制，其调速性能不够好，因此，在下列情况下采用主令控制器发出指令，再控制相应的接触器动作，来换接电路，进而控制电动机。

（1）电动机容量大，凸轮控制器触头容量不够。

（2）操作频繁，每小时通断次数接近或超过 600 次。

（3）起重机工作任务重，要求电气设备具有较高寿命。

（4）要求有较好的调速性能。

图 4-29 所示为提升机构 PQR10B 主令控制器电路图。

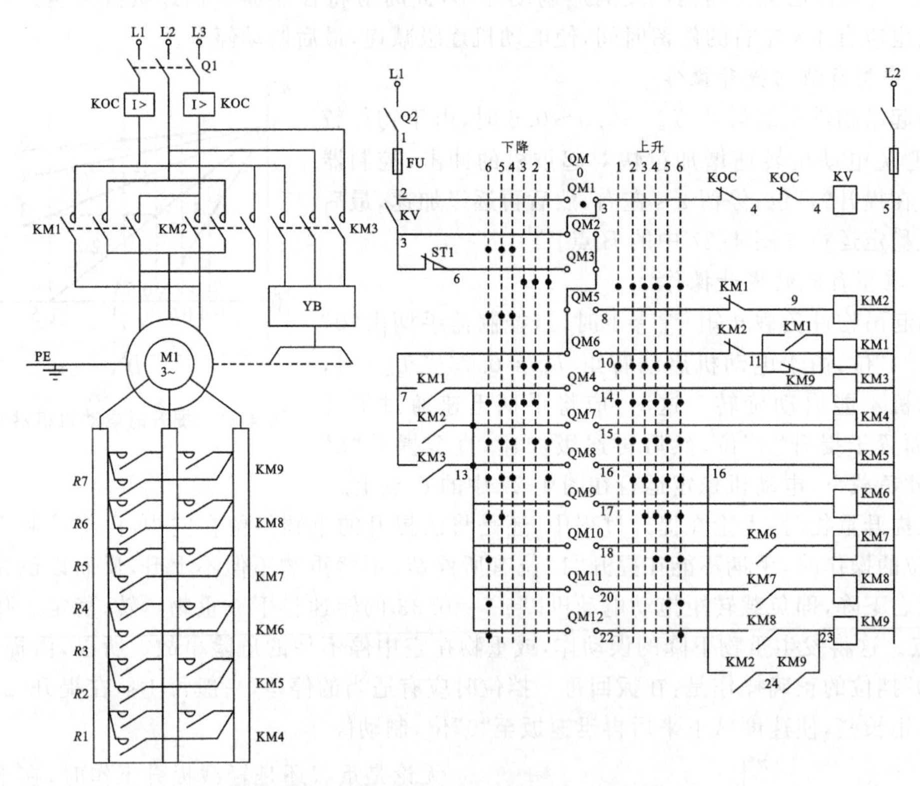

图 4-29 提升机构 PQR10B 主令控制器电路

主令控制器 QM 有 12 对触头，在提升与下放时各有 6 个工作位置，通过控制器手柄置于不同工作位置，使 12 对触头 QM1～QM12 相应闭合与断开，进而控制电动机定子电路与转子电路接触器，实现电动机工作状态的改变，使重物获得上升与下降的不同速度。由于主令控制器为手动操作，所以电动机工作状态的变换由操作者掌握。

图 4-29 中 KM1、KM2 为电动机正反向接触器，用以变换电动机相序，实现电动机正反转。KM3 为制动接触器，用以控制电动机三相制动线圈 YB。在电动机转子电路中接有 7 段对称接法的转子电阻，其中前两段 R_1、R_2 为反接制动电阻，分别由反接制动接触器 KM4、

KM5 控制，后四段 $R_3\sim R_6$ 为启动加速调速电阻，由加速接触器 KM6～KM9 控制；最后一段 R_7 为固定接入的软化特性电阻。当主令控制器手柄置于不同控制挡位时，获得如图 4-30 所示的机械特性。

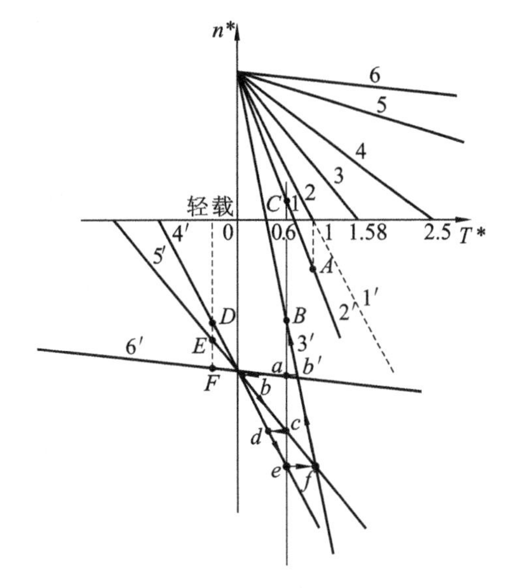

图 4-30　PQB10B 主令控制器控制电动机机械特性

电路的工作过程是：合上电源开关，当主令控制器手柄置于“0”位时，QM1 闭合，电压继电器在 KV 线圈通电并自锁，为启动做准备。当控制器手柄离开零位，处于其他工作位置时，由于触头 QM1 断开，不影响 KV 的吸合状态。但当电源断电后，却必须将控制器手柄返回零位后才能再次启动，这就是零电压和零位保护作用。

1. 提升重物的控制

控制器提升控制共有 6 个挡位，在提升各挡位上，接触器触头 QM3、QM4、QM6 和 QM7 都闭合，于是将向上升行程开关 ST1 接入，起提升限位保护作用；接触器 KM3、KM1、KM4 始终通电吸合，电磁抱闸松开，短接 R_1 电阻，电动机按提升相序接通电源，产生提升方向电磁转矩，在提升“1”位时，由于启动转矩 T_{st}^* 一般吊不起过重的物体，只作为张紧钢丝绳和消除齿轮间隙的预备启动级。

当主令控制器手柄依次扳到上升“2”至上升“6”位时，控制器触头 QM8～QM12 依次闭合，接触器 KM5～KM9 线圈依次通电吸合，将 $R_2\sim R_6$ 各段转子电阻逐级短接，于是获得图中第 2 至第 6 条机械特性，可根据负载大小选择适当挡位进行提升操作，以获得 5 种提升速度。

2. 下放重物的控制

主令控制器在下放重物时也有 6 个挡位，但在前 3 个挡位，正转接触器 KM1 通电吸合，电动机仍以提升相序接线，产生向上的电磁转矩，只有在下降的后 3 个挡位，反接接触器 KM2 才通电吸合，电动机产生向下的电磁转矩，所以，前 3 个挡位为倒拉反接制动下放，而后 3 个挡位为强力下放。

（1）下降“1”挡为预备挡。此时控制器触头 QM4 断开，KM3 断电释放，制动器未松开；触头 QM6、QM7、QM8 闭合，接触器 KM4、KM5、KM1 通电吸合，电动机转子电阻 R_1、R_2 被短接，定子按提升相序接通三相交流电源，但此时由于制动器未打开，固电动机并不旋转，该挡位是为适应提升机构由提升变换到下放重物，消除因机械传动间隙产生冲击而设的，所以此挡不能停留，必须迅速通过该挡板向下放其他挡位，以防电动机在堵转状态下时间过长而烧毁电动机。该挡位转子电阻与提升“2”位相同，故该挡对机械特性为上升特性 2 在第四象限的延伸。

（2）下放“2”挡是为重载低速下放而设的。此时控制器触头 QM6、QM4、QM7 闭合，接触器 KM1、KM3、KM4、YB 线圈通电吸合，制动器打开，电动机转子串入 $R_2\sim R_7$ 电阻，定子按提升相序接线，在重载时获得倒拉反接制动低速下放，如图中，当 $T_L^*=1$ 时，电动机启动转矩 $T_{st}^*=0.67$，所以控制器手柄在该挡位时，将稳定运行在 A 点上低速下放重物。

（3）下放“3”挡是为中型载荷低速下放而设的。在该挡位时，控制器触头 QM6、QM4 闭合，接触器 KM1、KM3、YB 线圈通电吸合，制动器打开，电动机转子串入全部电阻，定子按提升相序接通三相交流电源，但由于电动机启动转矩 $T_{st}^{*}=0.33$，当 $T_{L}^{*}=0.6$ 时，在中型负荷作用下，电动机按下放重物方向运转，获得倒拉反接制动下降，电动机稳定工作在 B 点。

在上述自动下降的 3 个挡位，控制器触头 QM3 始终闭合，将提升限位开关 ST1 接入，其目的在于当对吊物重量估计不准，如将中型载荷误估为重型载荷而将控制器手柄置于下放"2"位时，将会发生重物不但不下降反而上升，并运行在图中的 C 点，以 n_c 速度提升，此时，ST1 起上升限位作用。

另外，在下放"2"与"3"位还应注意，对于负载转矩 $T_{L}^{*}\leqslant 0.3$ 时，不得将控制器手柄在这两挡位停留，因此时电动机启动转矩 $T_{st}^{*}>T_{L}^{*}$，同样会出现轻载不但不下降反而提升的现象。

(4) 控制手柄在下放"4"、"5"、"6"位时为强力下放。此时控制器触头 QM2、QM5、QM4、QM7 与 QM8 始终闭合，接触器 KM2、KM3、KM4、KM5、YB 线圈通电吸合，制动器打开，电动机定子按下放重物相序接线，转子电阻逐级短接，提升机构在电动机下放电磁转矩和重力转矩共同作用下，使重物下放。

在下放"4"挡位时，转子短接两段电阻 R_1、R_2 启动旋转，电动机工作在反转电动状态，轻载时即负载转矩小于提升机构摩擦转矩时，工作于图中第三象限，反向电动状态下强力下放。

当控制手柄扳至下放"5"位时，控制器触头 QM9 闭合，接触器 KM6 线圈通电吸合，短接转子电阻 R_3，电动机转速升高，轻载时工作于图中 E 点；当控制器手柄扳至下放"6"位时，控制器触头 QM10、QM11、QM12 都闭合，接触器 KM7、KM8、KM9 线圈通电吸合，电动机转子只串入一常串电阻 R_7 运行，轻载时在 F 点工作，获得低于同步转速的下放速度下到重物。

3. 电路的联锁与保护

(1) 由强力下放过渡到反接制动下放，避免重载时高速下放的保护。对于轻型载荷，控制器可置于下放"4"、"5"、"6"挡位进行强力下放，若此时重物并非轻载，而判断错误，将控制器手柄扳在下放"6"位，此时电动机在重物重力转矩和电动机下放电磁转矩共同作用下，将运行在再生发电制动状态，如图所示，$T_{L}^{*}=0.6$ 时，当电动机工作在 a 点，这时应将控制器手柄下放"6"位扳回下放"3"位，在这个过程中势必要经过下放"5"挡位与下放"4"挡位，在这过程中，工作点将由 $a\rightarrow b\rightarrow c\rightarrow d\rightarrow e\rightarrow f$，然后过渡到 B 点，最终在 B 点以低速稳定下放。在这中间的高速，控制器手柄下放"6"位扳回下放"3"位，应避开下放"5"挡位与下放"4"挡位对应的下放 5、下放 4 两条机械特性。为此，在控制电路中的触头 KM2(16-24)、KM9(24-23)串接后接在控制器 QM8 与接触器 KM9 线圈之间。这样，当控制器手柄由下放"6"位扳回至下放"3"位或"2"挡位，在途经下放"5"或"4"挡位时，使接触器 KM9 仍保持通电吸合状态，转子始终串入 R_7 常串电阻，使电动机仍运行在下放 6 机械特性上，由 a 点经 b' 点平稳过渡到 B 点，不致发生高速下放。

在该环节中串入触头 KM2(16-24)是为了当提升电动机正转接线时，该触头断开，使 KM9 不能构成自锁电路，从而使该保护环节在提升重物时不起作用。

(2) 确保反接制动电阻串入情况下进行制动下放的环节。当控制器手柄由下放"4"扳到下放"3"时，控制器触头 QM5 断开，QM6 闭合，接触器 KM2 断电释放，而 KM1 通电吸合，电动机处于反接制动状态，为避免反接时产生过大冲击电流，应使接触器 KM9 通电释放，进入反接电阻，且只有在 KM9 断电释放后才允许 KM1 通电吸合，为此，一方面在控制器触头闭合顺序上保证在 QM8 断开后，QM6 才闭合；另一方面增设了 KM1(11-12)与 KM9(11-12)常闭触头相并联的联锁触头，这就保证了在 KM9 断电释放后，KM1 才能通电并自锁，此环节还可防止由于 KM9 主触头因电流过大而发生熔焊使触头分不开，将转子电阻

$R_1 \sim R_6$短接，只剩下常串电阻 R_7，此时若将控制器手柄扳于提升挡位将造成转子只串入 R_7 发生直接启动事故。

（3）制动下放挡位与强力下放挡位相互转换时切断机械制动的保护环节。在控制器手柄下放“3”位与下放“4”位转换时，接触器 KM1、KM2 之间设有电气互锁，这样，在换接过程中必有一瞬间这两个接触器均处于断电状态，这将使制动接触器 KM3 断电释放，造成电动机在高速下进行机械制动引起强烈振动而损坏设备和发生人身事故，为此，在 KM3 线圈电路中设有 KM1、KM2、KM3 三对常开触头并联电路，这样，由 KM3 实现自锁，确保 KM1、KM2 换接过程中 KM3 线圈始终通电吸合，避免上述情况发生。

（4）顺序联锁顺序联锁保护环节，在加速接触器 KM6、KM7、KM8、KM9 线圈电路中串接了前一级加速接触器的常开辅助触头，确保转子电阻 $R_3 \sim R_6$ 按顺序依次短接，实现机械特性平滑过渡，电动机转速逐级提高。

（5）由过电流继电器 KOC 实现过电流保护，电压继电器 KV 与主令控制器 QM 实现零压保护与零位保护；行程开关 ST1 实现上升的限位保护等。

4.9.4 起重机电气控制中的保护设备

起重机在使用中应安全、可靠，因此各种起重机电气控制系统中设置了自动保护和联锁环节，主要有电动机过电流保护、短路保护、零压保护、控制器的零位保护、各运动方向的行程限位保护、舱盖、栏杆安全开关及紧急断电保护，必要的警报及指示信号等。由于起重机使用广泛，其控制设备，包括保护设备均已标准化，并有系列产品，常用的保护配电柜有 GQX6100 系列和 XQB1 系列等，可根据被控电动机台数及电动机容量来选择。

思考题与习题 4

1. 试述 C650 车床主轴电动机的控制特点及时间继电器 KT 的作用。
2. C650 车床电气控制具有哪些保护环节？
3. Z3040 摇臂钻床在摇臂升降过程中，液压泵电动机 M3 和摇臂升降电动机 M2 应如何配合工作？
4. 在 Z3040 摇臂钻床电气电路中，行程开关 ST1～ST4 各有何作用？
5. 在 Z3040 摇臂钻床电气电路中，设置了哪些联锁与保护环节？
6. T68 卧式镗床电气控制中，主轴与进给电动机电气控制有何特点？
7. T68 卧式镗床电气控制中，行程开关 ST、ST1～ST8 各有何作用？安装在何处？分别用什么操作手柄来控制？
8. 试述 T68 卧式镗床主轴低速脉动变速时的操作过程和电路工作情况。
9. 在 X62W 卧式铣床电气控制中，行程开关 ST1～ST4 各有何作用？
10. 在 X62W 卧式铣床电气控制中，设置了哪些联锁与保护环节？
11. X62W 卧式铣床主轴变速能否在主轴停止或主轴旋转时进行，为什么？
12. 试述 X62W 卧式铣床进给变速时的操作顺序及电路工作情况。
13. 在 M7310 平面磨床电气电路中，设置了哪些保护环节？
14. 试述多工位回转台组合机床的液压回路工作情况。
15. 桥式起重机具有哪些保护环节？

第5章 可编程序控制器概论

可编程控制器在现代工业生产中发挥着极其重要的作用，它和CAD/CAM、机器人技术一起，已成为现代工业的三大支柱。可编程控制器是20世纪60年代末，随着计算机技术的发展而兴起的一种工业通用控制器。它通过取代传统的继电器控制手段，满足现代企业寻求高生产率、低生产成本和强灵活性的迫切需求。可编程控制器借助于工程技术人员非常熟悉的继电器梯形图设计方法，以满足不同设备多变的控制要求，从而使所设计的控制系统具有通用化、标准化和柔性化以及高可靠性等特点，可缩短控制系统的设计、安装和调试以及升级更新周期，降低生产成本。

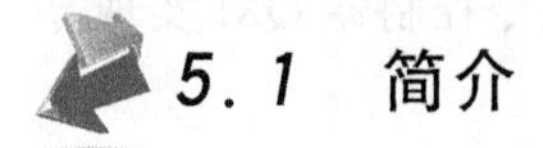

5.1 简介

5.1.1 PLC的产生和发展

在现代化的生产过程中，许多自动控制设备、自动化生产线，均需要配备电气化自动控制装置。例如，电动机的启动与停止控制、液压系统进给控制、机床的自动控制等，以往这些控制系统中的电气控制装置主要采用继电器、接触器或电子元件来实现，这种继电接触器控制的电气装置大多体积大、接线复杂、故障率高、可靠性差，并且生产周期长、费工费时，需要经常或定时进行检修维护。一旦控制功能略加变动，就需要重新进行硬件组合、增减元器件、改变接线，因此，迫切需要一种更通用、更灵活、更经济和更可靠的新型自动控制装置取代继电接触器控制系统，以适应生产的快速发展。

1968年，美国通用汽车(GM)公司为了适应生产工艺不断更新的需求，提出了一种设想：把计算机的功能完善、通用、灵活等优点和继电接触器控制系统的简单易懂、操作方便、价格便宜等优点结合起来，制成一种新型的通用控制装置取代继电接触器控制系统。这种控制装置不仅能够把计算机的编程方法和程序输入方式加以简化，并且采用面向控制过程、面向对象的语言编程，使不熟悉计算机的人也能方便地使用。

美国数字设备公司(DEC)根据这一设想，于1969年研制成功了世界上的第一台PDP.14可编程控制器，并在汽车自动装配生产线上试用获得成功。该设备用计算机作为核心设备，用存储的程序控制代替了原来的继电接触器控制。控制功能通过存储在计算机中的程序来实现，也就是人们常说的存储程序控制。由于当时主要用于顺序控制，只能进行逻辑运算，故称为可编程序逻辑控制器(programmable logical controller，PLC)。

这项新技术的成功使用，在工业界产生了巨大的影响。从此，PLC在世界各地得到迅速发展。1971年，日本从美国引进了这项新技术，并很快成功研制了日本国第一台DCS.8可编程控制器。1973—1974年法国和德国也相继研制出了自己的可编程控制器。我国于1977年研制成功了以MC14500微处理器为核心的可编程控制器，并且开始应用于工业生产过程。

进入20世纪80年代，随着计算机技术和微电子技术的迅猛发展，也使得可编程序逻辑控制器逐步形成了具有特色的多种系列产品。系统中不仅能够大量使用开关量，而且也可以引入模拟量，其功能也不在仅仅局限于逻辑控制、顺序控制的应用范围，故称为可编程序控制器(programmable controller，PC)。但由于PC容易和个人计算机(personal computer，PC)混淆，所以人们还沿用PLC作为可编程控制器的英文缩写。

同计算机的发展类似，目前 PLC 正朝着两个方向发展。一是朝着小型、简易、价格低廉的方向发展。这种类型的 PLC 可以广泛地取代继电接触器控制系统，用于单机控制和规模比较小的自动化生产线控制，如日本 OMRON 公司的 COM1、德国 SIEMENS 公司的 S7-200 等系列 PLC。二是朝着大型、高速、多功能和多层分布式全自动网络化方向发展。这类 PLC 一般为多处理器系统，有较大的存储能力和功能很强的输入/输出接口模块。系统不仅具备逻辑运算、定时、计数等功能，还具备了数值运算、模拟调节、实时监控、记录显示、计算机接口、数据传输等功能，而且还能用于中断控制、智能控制、过程控制、远程控制等。通过网络连接这类 PLC 可以与上位机通信，并且配备了数据采集系统、数据分析系统、彩色图像处理系统等，可以用于管理，控制生产线、生产流程、生产车间甚至是整个工厂，完成工厂的自动化生产需求，如日本 OMRON 公司的 CV2000、SIEMENS 公司的 S5.115U、S7.400 等系列的 PLC。

5.1.2 PLC 的定义

国际电工委员会(IEC)在 1987 年 2 月颁布了 PLC 的标准草案(第三稿)，草案对 PLC 做了如下定义："可编程控制器是一种数字运算操作的电子系统，专为在工业环境下应用而设计。它采用可编程的存储器，用来在其内部存储执行逻辑运算、顺序控制、定时、计数、算术运算等操作指令，并通过数字式或模拟式的输入和输出，控制各种类型的机械动作过程。可编程控制器及其相关设备，都应按易于与工业控制系统形成一个整体，易于扩展其功能的原则设计。"

5.1.3 PLC 的特点

1. 可靠性高

为了满足工业生产对控制设备安全、可靠性高的要求，PLC 采用了微电子技术，大量的开关动作由无触点的半导体电路来完成。而且在电路结构及工艺上采取了一些独特的方式。例如，在输入/输出(I/O)电路中采用了光电隔离措施，做到电浮空，既方便接地，又提高了抗干扰能力。这些电子器件的选用和特殊结构的处理都增加了 PLC 的平均无故障时间。例如，三菱公司的 Fl 和 F2 系列 PLC 平均无故障时间可以达到 30 万小时(约 34 年)。随着微电子元器件的使用，PLC 的可靠性还在继续提高，尤其是近年来开发出的多机冗余系统和表决系统更进一步增加了 PLC 的可靠性。

2. 环境适应性强

PLC 具有良好的环境适应性。每个 I/O 端口除了采用常规模拟滤波以外，还加上了数字滤波，内部电源电路还采用了较先进的电磁屏蔽措施，防止辐射干扰，同时防止由电源回路串入干扰信号。这些措施的采用，使得 PLC 可以应用于环境十分恶劣的工业现场。

3. 灵活通用性好

首先，PLC 产品已经系列化，结构形式已经多种多样，在机型上有了很大的选择余地。其次，同一机型的 PLC 其硬件构成具有很大的灵活性，相同硬件构成的 PLC 用不同的软件可以完成不同的控制任务。用户也可以根据不同环境的要求，选择不同类型的 I/O 模块或特殊功能模块组成不同硬件结构的控制装置。另外，PLC 是利用应用程序来实现控制的，一旦被控对象的控制逻辑需要改变时，利用 PLC 可以很方便地实现新的控制要求，在应用程序编制上有较大的灵活性。在实现不同的控制任务时，PLC 具有了良好的通用性。

4. 操作简单、维护方便

PLC 控制的 I/O 模块、特殊功能模块都具备即插即卸功能，连接十分简单方便。对于逻辑信号，输入和输出均采用开关信号方式，不需要进行电平转换和驱动放大；对于模拟量信号，输入和输出均采用传感器、仪表和驱动设备的标准信号。各个I/O模块与外部设备的连接也十分简单，整个连接过程仅需要一把螺丝刀即可完成。

PLC既要面向用户又要面向现场，考虑到大多数电气技术人员熟悉继电接触器控制线路的特点，在PLC的程序设计上，没有采用微机控制中常用的汇编语言，而是采用了一种面向控制过程的梯形图语言。梯形图语言与继电接触器原理图十分类似，其形象直观、简单易懂，具有一定电工和工艺知识的人都可以在很短的时间内学会。

PLC具有完善的故障检测、自诊断等功能。一旦发生故障，能及时地查出自身故障并通过PLC机上的各种发光二极管报警显示，使操作人员能迅速地检查、判断、排除故障。PLC还具有较强的在线编程能力，使用维护非常方便。

5. 体积小、重量轻、功耗低

由于PLC采用了大规模集成电路，因此整个产品结构紧凑、体积小、重量轻、功耗低，可以很方便地将其装入机械设备内部，是一种实现机电一体化较理想的控制设备。

5.1.4 PLC的分类及应用

PLC是应现代化大生产的需要而产生的，PLC的分类也必然要符合现代化生产的需求。一般来说，可以从3个方面对PLC进行分类：一是按PLC的控制规模大小来分类；二是按PLC性能高低来分类；三是按PLC的结构特点来分类。

1. 按PLC的控制规模来分类

PLC可以分为小型机、中型机和大型机。

1）小型机

其I/O点数一般少于256，用户程序存储器容量为2KB以下，典型小型机的部分性能指标如图5-1所示。

表5-1 典型小型机的部分性能指标

公　司	机　型	1KB处理速度/ms	存储器容量/KB	I/O点数
日本OMRON	C60P	4～95	1.19	120
	C120	3～83	2.2	256
	CQM1	0.5～10	3.2～7.2	256
日本三菱	FX_2	0.74	2～8	256
德国SIEMENS	S5.100U	70	2	128
	S7-200	0.8～1.2	2	256

这类PLC虽然控制点数不多，控制功能也有一定的局限性，但它小巧、灵活，可以直接安装在电气控制柜内，特别适用于单机控制或小型系统的控制。

2）中型机

其I/O点数为256～2048，用户程序存储器容量为2～8 KB，典型中型机的部分性能指标如表5-2所示。

表5-2 典型中型机的部分性能指标

公　司	机　型	1KB处理速度/ms	存储器容量/KB	I/O点数
日本OMRON	C200H	0.75～2.25	6.6	1024
	C1000H	0.4～2.4	3.8	1024
	CV1000	0.125～0.375	62	1024

续表

公　　司	机　　型	1KB 处理速度/ms	存储器容量/KB	I/O 点数
日本富士	F200	2.5	48	1792
德国 SIEMENS	S5.150U	2.5	42	1024
	S7.400	0.3～0.6	12～192	1024

这类 PLC 由于控制点数较多，控制功能强，有些 PLC 甚至还具有较强的计算能力。不仅可以用于对设备进行直接控制，还可以对多个下一级的 PLC 进行监控，适合中、大型控制系统的控制。

3）大型机

其 I/O 点数多于 2048，用户程序存储器容量在 8KB 以上，典型大型机的部分性能指标如表 5-3 所示。

表 5-3　典型大型机的部分性能指标

公　　司	机　　型	1KB 处理速度/ms	存储器容量/KB	I/O 点数
日本 OMRON	C2000H	0.4～2.4	30.8	2048
	CV2000	0.125～0.175	62	2048
日本富士	F200	2.5	32	3200
德国 SIEMENS	S5.150U	2	480	4096
	S7.400	0.3～0.6	512	131072

这类 PLC 控制点数多，控制功能很强，具有很强的计算能力。这类 PLC 的运行速度也很高，不仅能完成较复杂的算术运算，还能进行复杂的矩阵运算。不仅可以用于对设备进行直接控制，也可以对多个下一级的 PLC 进行监控。

2. 按 PLC 的控制性能来分类

PLC 可以分为低档机、中档机和高档机。

1）低档机

低档 PLC 具有基本的控制能力和一般的运算能力，工作速度比较低，能带的 I/O 模块的数量也比较少，同时 I/O 模块的种类也不多。这类 PLC 只适用于单机或小规模简单控制系统，在联网中一般适合作从站使用。例如，德国 SIEMENS 公司生产的 S7-200 系列 PLC、日本三菱公司的 FX 系列 PLC、美国 AB 公司的 SLC500 系列 PLC 等都是典型的小型 PLC 产品。

2）中档机

中档 PLC 具有较强的控制功能和较强的运算能力。它不仅能完成一般的逻辑运算，也能完成比较复杂的三角函数、指数和 PID 运算，工作速度比较快，能带的 I/O 模块的数量较多，I/O 模块的种类也比较多。这类 PLC 不仅能完成小型系统的控制，也可以完成较大规模的控制任务。在联网中可作从站，也可作主站。例如，德国 SIEMENS 公司生产的 S7.300 系列 PLC、日本 OMRON 公司的 C200H 系列 PLC 等都是典型的中档 PLC 产品。

3）高档机

高档 PLC 具有强大的控制功能和强大的运算能力。它不仅能完成逻辑运算、三角函数运算、指数运算和 PID 运算，还能进行复杂的矩阵运算，工作速度很快，能带的 I/O 模块的数量很多，并且 I/O 模块的种类也很全面。这类 PLC 不仅能完成中等规模的控制工程，也可以完成规模很大的控制任务，在联网中一般都作主站使用。例如，德国 SIEMENS 公司生产的 S7.400 系列 PLC、美国 AB 公司生产的 SLC5/05 系列 PLC 等都是典型的大型 PLC 产品。

3. 按 PLC 的结构来分类

按 PLC 的结构来分类，可分为整体式、组合式和叠装式 3 类。

1）整体式

整体式结构的 PLC 把电源、CPU、存储器、I/O 系统都集成放在一个单元内，通常把这个单元叫作基本单元。一个基本单元实质上就是一台完整的 PLC，可以实现各种控制功能。如果控制点数不符合需要时，可再接扩展单元，但扩展单元不带 CPU。整体式结构 PLC 的特点是结构紧凑、体积小、成本低、安装方便，易于安装在工业生产过程控制中，适合于单机控制系统。但输入与输出点数有限定的比例是其缺点。小型机多为整体式结构，如 OMRON 公司的 C60P 就为整体式结构。

2）组合式

组合结构的 PLC 就是把 PLC 系统的各个组成部分按功能分成若干个独立模块，主要有 CPU 模块、I/O 模块、电源模块等。虽然各模块功能比较单一，但模块的种类却日趋丰富。例如，一些 PLC 除了具有一些基本的 I/O 模块外，还有一些特殊功能模块，像温度检测模块、位置检测模块、PID 控制模块、通信模块等。组合式结构的 PLC 采用搭积木的方式，在一块基板上插上所需要的各种模块组成控制系统。其特点是 CPU、输入/输出均为独立的模块，模块尺寸统一，安装整齐，装配和维修方便，功能易于扩展。缺点是结构复杂、价格较高。中、大型机一般为组合式结构，如 SIEMENS 公司 S7.400 型 PLC 就属于这一类结构。

3）叠装式

叠装式结构的 PLC 由各个单元组合构成。特点是 CPU 自成独立的基本单元，其他 I/O 模块为扩展单元。在安装时不使用基板，仅用电缆进行单元间的连接，各个单元通过叠装，使系统达到配置灵活、体积小巧。叠装式结构的 PLC 集整体式结构 PLC 的紧凑、体积小、安装方便和组合式结构 PLC 的 I/O 点搭配灵活、模块尺寸统一、安装整齐的优点于一身，如 SIEMENS 公司的 S7.300 型、S7-200 型 PLC 就采用叠装式结构。

5.1.5 PLC 的性能指标

PLC 的性能指标主要包括一般指标和技术指标两种。PLC 的结构和功能情况指的是一般性能指标，也是用户在选用 PLC 之时必须要了解的。而技术指标包括了一般的性能规格和具体的性能规格。具体的性能规格又包括了 I/O 点数、扫描速度、存储容量、指令系统、内部寄存器和特殊功能模块等指标，是学习 PLC 过程中应该重点了解的。

1. I/O 点数

I/O 点数是 PLC 可以接收的输入信号和输出信号的总和，是衡量 PLC 性能的重要指标。I/O 点数越多，外部可接的输入设备和输出设备就越多，控制规模就越大。

2. 扫描速度

扫描速度是指 PLC 执行用户程序的速度，是衡量 PLC 性能的重要指标。一般以扫描 1KB 用户程序所需的时间来衡量扫描速度，通常以 KB/ms 为单位。

3. 存储容量

存储容量是指用户程序存储器的容量。用户程序存储器的容量大，可以编制出复杂的程序。一般来说，小型 PLC 的用户存储器容量为几千字，而大型机的用户存储器容量为几万字。通常用 PLC 所存放用户程序的多少作为衡量其性能的指标之一。

4. 指令系统

指令的功能与数量，指令功能的强弱、数量的多少也是衡量 PLC 性能的重要指标。编程指令功能越强、数量越多，PLC 的处理能力和控制能力也越强，用户编程也越简单和方便，越容易完成复杂的控制任务。

5. 内部寄存器

寄存器的配置及容量情况是衡量 PLC 硬件功能的一个指标。在编制 PLC 程序时，需要用到大量的内部元件来存放变量、中间结果、保持数据、定时计数、模块设置、各种标志位等信息。这些元件的种类与数量越多，表示 PLC 的存储和处理各种信息的能力越强。

6. 特殊功能模块

特殊功能模块种类的多少与功能的强弱是衡量 PLC 产品的一个重要指标。近年来，各 PLC 厂商非常重视特殊功能单元的开发，特殊功能单元种类日益增多，功能越来越强，使 PLC 的控制功能日益扩大。常用的特色功能模块有 A/D 模块、D/A 模块、高速计数模块、位置控制模块、定位模块、温度控制模块、远程通信模块以及各种物理量转换模块等。

5.2 可编程序控制器的组成

PLC 基本组成包括中央处理器(CPU)、存储器、输入/输出接口(缩写为 I/O，包括输入接口、输出接口、外部设备接口、扩展接口等)、外部设备编程器及电源模块，如图 5-1 所示。PLC 内部各组成单元之间通过电源总线、控制总线、地址总线、数据总线连接，外部则根据实际控制对象配置相应设备与控制装置构成 PLC 控制系统。

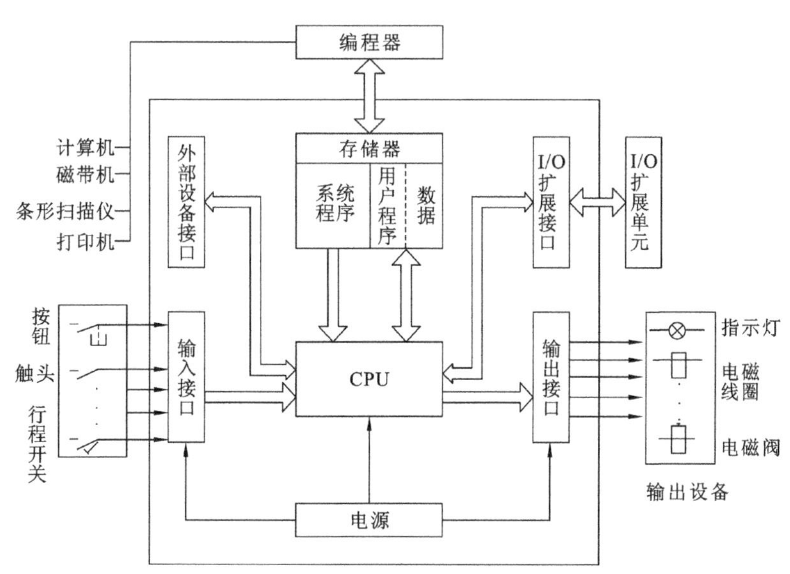

图 5-1　PLC 的基本组成

5.2.1 PLC 的硬件系统

PLC 专为工业场合设计，采用了典型的计算机结构，硬件电路主要由中央处理器(CPU)、电源、存储器和专门设计的输入/输出接口电路以及编程器等外设接口组成。图 5-2 所示为整体式 PLC 基本结构简图。其中，CPU 是 PLC 的核心，输入单元与输出单元是连接现场输入/输出设备与 CPU 的接口电路，通信接口用于与编程器、上位机等外设连接。

对于整体式 PLC，所有部件都装在同一机壳内，其组成框图如图 5-2 所示。

对于模块式 PLC，各部件独立封装成模块，各模块通过总线连接，安装在机架或导轨上，

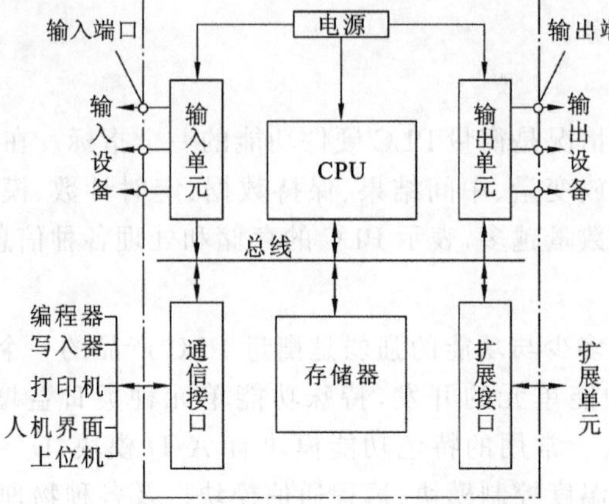

图 5-2 整体式 PLC 基本结构简图

其组成框图如图 5-3 所示。无论哪种结构类型的 PLC,都可根据用户需要进行配置与组合。

尽管整体式 PLC 与模块式 PLC 的结构不太一样,但各部分的功能作用是相同的,下面对 PLC 各主要组成部分进行简单介绍。

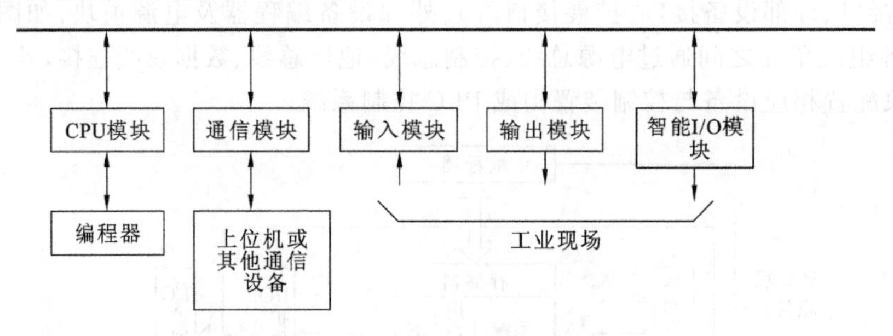

图 5-3 模块式 PLC 组成框图

1. CPU 模块

CPU 是 PLC 的核心,起神经中枢的作用,每台 PLC 至少有一个 CPU,它按 PLC 的系统程序赋予的功能接收并存储用户程序和数据,用扫描的方式采集由现场输入装置送来的状态或数据,并存入规定的寄存器中。同时,诊断电源和 PLC 内部电路的工作状态和编程过程中的语法错误等。运行后,从用户程序存储器中逐条读取指令,经分析后再按指令规定的任务产生相应的控制信号,去指挥相关的控制电路。

与通用计算机一样,CPU 主要由运算器、控制器、寄存器及实现它们之间联系的数据、控制及状态总线构成,还有外围芯片、总线接口及有关电路等。它确定进行控制的规模、工作速度、内存容量等。内存主要用于存储程序及数据,是 PLC 不可缺少的组成单元。

CPU 由控制器控制工作,由它读取指令、解释指令及执行指令。但工作节奏由振荡信号控制。CPU 的运算器用于进行数字或逻辑运算,在控制器指挥下工作。CPU 的寄存器参与运算,并存储运算的中间结果,它也是在控制器指挥下工作。

CPU 虽然划分为以上几个部分,但 PLC 中的 CPU 芯片实际上就是微处理器,CPU 模块的外部表现就是它工作状态的种种显示、种种接口及设定或控制开关。一般情况下,CPU 模块总要有相应的状态指示灯,如电源显示、运行显示、故障显示等。箱体式 PLC 的主箱体也有这些显示。它的总线接口,用于接 1/O 模块或底板,有内存接口,用于安装内存,有外设口,用于接外部设备,有的还有通信口,用于进行通信。CPU 模块上还有许多设定开关,用以对 PLC 做设定，如设定起始工作方式、内存区等。

PLC 大多采用 8 位、16 位和 32 位微处理器或单片机作为主控芯片，如 Inte180X 系列 CPU，ATMEL 89SX 系列单片机。一般来说，PLC 的档次越高，CPU 的位数也越多，运算速度也越快，指令功能越强。为了提高 PLC 的性能，也有一台 PLC 采用多个 CPU 的。

目前，小型 PLC 为单 CPU 系统，而中、大型 PLC 则大多为双 CPU 系统，甚至有些 PLC 中多达 8 个 CPU。对于双 CPU 系统，一般一个为字处理器，采用 8 位或 16 位处理器；另一个为位处理器，采用由各厂家设计制造的专用芯片。字处理器为主处理器，用于执行编程器接口功能，监视内部定时器，监视扫描时间，处理字节指令以及对系统总线和位处理器进行控制等。位处理器为从处理器，主要用于处理位操作指令和实现 PLC 编程语言向机器语言的转换。位处理器的采用，提高了 PLC 的速度，使 PLC 可以更好地满足实时控制要求。

2. 存储器(ROM 和 RAM)

与通用计算机一样，PLC 系统中也主要有两种存储器：一种是可读/写操作的随机存储器(RAM)；另一种是只读存储器(ROM、PROM、EPROM 和 E^2PROM)。在 PLC 中，存储器主要用于存放系统程序、用户程序及工作数据。ROM 用来存放系统程序，它是使软件固化的载体，相当于通用计算机的 BIOS；RAM 则用来存放用户的应用程序。

在系统程序存储区中存放由 PLC 的制造厂家编写的系统程序，它和 PLC 的硬件组成有关，包括监控程序、管理程序、功能程序、命令解释程序、系统诊断程序等，主要完成系统诊断、命令解释、功能子程序调用管理、逻辑运算、通信及各种参数设定等功能，提供 PLC 运行的平台。系统程序也叫系统软件，有些 PLC 制造商将其固化在 EPROM 存储器中，用户不能对其修改、存取，它和硬件一起决定了该 PLC 的性能。

用户程序存储区存放用户编制的用户程序，是随 PLC 的控制对象而定的，由用户根据对象生产工艺的控制要求而编制的应用程序。PLC 用得比较多的是 CMOS RAM。它的特点是制造工艺简单、集成度高、功耗低、价格便宜，所以适宜于存放用户程序和数据，以便于用户读出、检查和修改程序，这种存储器一般用锂电池作为后备电源，以保证掉电时不会丢失存储信息。由于 CMOS RAM 需要锂电池支持，才能保证 RAM 内数据掉电不丢，而且经常使用的锂电池的寿命通常在 2～5 年，这些给用户带来不便，所以近年来有许多 PLC 直接采用 E^2PROM 作为用户存储器。

工作数据是 PLC 运行过程中经常变化、经常存取的一些数据。存放在 RAM 中，以满足随机存取的要求。在 PLC 的工作数据存储器中，设有存放输入/输出继电器、辅助继电器、定时器、计数器等逻辑器件的存储区，这些器件的状态都是由用户程序的初始设置和运行情况而确定的。根据需要，部分数据在掉电时用后备电池维持其现有的状态，这部分在掉电时可保存数据的存储区域称为保持数据区。

由于系统程序及工作数据与用户无直接联系，所以在 PLC 产品样本或使用手册中所列存储器的形式及容量是指用户程序存储器。当 PLC 提供的用户存储器容量不够用时，许多 PLC 还提供有存储器扩展功能。

3. I/O 模块

PLC 的对外功能，主要是通过各种 I/O 模块与外界联系，按 I/O 点数确定模块规格及数量，I/O 模块可多可少，但其最大数量受 CPU 所能管理的基本配置能力的限制，即受最大的底板或机架槽数限制。I/O 模块集成了 PLC 的 I/O 电路，其输入暂存器反映输入信号状态，输出点数反映输出锁存器状态。

输入/输出单元通常也称 I/O 单元或 I/O 模块，是 PLC 与工业生产现场输入设备(如限位开关、操作按钮、选择开关、行程开关、主令开关等)、输出设备(如驱动电磁阀、接触器、电动机等执行机构)或其他外部设备之间的连接部件。PLC通过输入接口可以检测所需的过程信息,又可将处理后的结果传送给外部设备,驱动各种执行机构,实现生产过程的控制。

由于外部输入设备和输出设备所需的信号电平是多种多样的,而PLC内部CPU处理的信息只能是标准电平,正是通过I/O接口实现这种信号的转换。I/O接口一般都具有光电隔离和滤波功能,以提高PLC的抗干扰能力。另外,I/O接口上通常还有状态指示灯,工作状况直观,便于维护。

PLC提供了多种操作电平和具有驱动能力的I/O接口,有各种各样功能的I/O接口供用户选用。I/O接口的主要类型有数字量(开关量)输入、数字量(开关量)输出、模拟量输入、模拟量输出等。

常用的开关量输入接口,按其使用的电源不同有三种类型:直流输入接口、交流输入接口和交/直流输入接口,其基本原理如图5-4所示。

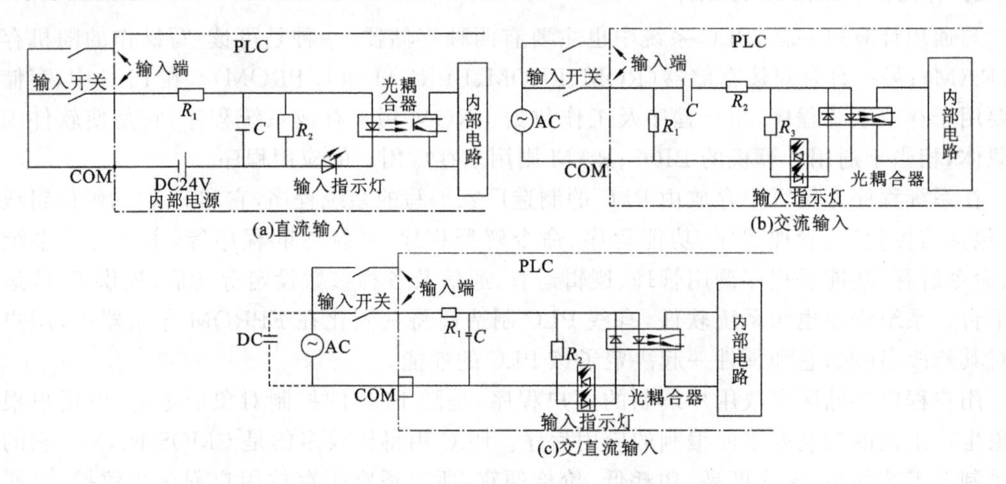

图 5-4 PLC开关量输入模块的基本原理

PLC的开关量输出接口按输出开关器件不同分为三种类型:继电器输出、晶体管输出和双向晶闸管输出,其基本原理如图5-5所示。

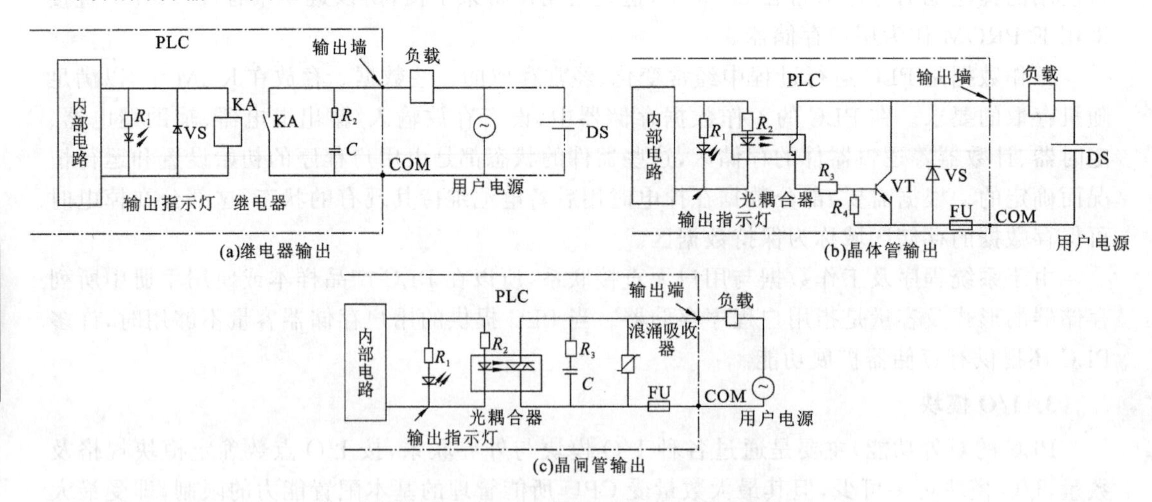

图 5-5 PLC开关量输出模块的基本原理

继电器输出接口可驱动交流或直流负载,但其响应时间长,动作频率低;而晶体管输出和双向晶闸管输出接口的响应速度快,动作频率高,但前者只能用于驱动直流负载,后者只能用于交流负载。

PLC的I/O接口所能接收的输入信号个数和输出信号个数称为PLC输入/输出(I/O)点数。I/O点数是选择PLC的重要依据之一。当系统的I/O点数不够时,可通过PLC的I/O扩展接口对系统进行扩展。

4. 电源模块

电源模块在PLC中所起的作用是极为重要的,因为PLC内部各部件都需要它来提供稳定的直流电压和电流。PLC内部有一个高性能的稳压电源,有些是与CPU模块合二为一的,有些是分开的,其主要用途是为PLC各模块的集成电路提供工作电源,并备有锂电池(备用电池),保证外部电源故障时内部重要数据不致丢失。另外,有的电源还为输入电路提供24 V的工作电压。电源按其输入类型分为:交流电源,输入为交流220 V或110 V直流电源,输入为直流电压,常用的为24 V。三菱FX系列PLC的电源范围较宽。例如,三菱FXis系列PLC电源的电压规格为:额定电压AC 100～240 V;电压允许范围:AC 85～264 V;传感器电源:DC 24 V/400 mA。

5. 智能接口模块

智能接口模块是独立的计算机系统,它有自己的CPU、系统程序、存储器以及与PLC系统总线相连的接口。它作为PLC系统的一个模块,通过总线与PLC相连,进行数据交换,并在PLC的协调管理下独立地进行工作。

PLC的智能接口模块种类很多,如高速计数模块、闭环控制模块、运动控制模块、中断控制模块等。

6. 编程器

编程器是PLC最重要的外围设备,一般分为简易编程器和图形编程器两类。编程器的作用是编辑、调试、输入用户程序,也可在线监控PLC内部状态和参数,与PLC进行人机对话,它是开发、应用、维护PLC必不可少的工具。编程装置可以是专用编程器,也可以是配有专用编程软件包的通用计算机系统。专用编程器由PLC厂家生产,专供该厂家生产的某些PLC产品使用,它主要由键盘、显示器和外存储器接口等部件组成。专用编程器有简易编程器和智能编程器两类。

简易型编程器只能联机编程,而且不能直接输入和编辑梯形图程序,需将梯形图程序转化为指令表程序才能输入。简易编程器体积小、价格便宜,它可以直接插在PLC的编程插座上,或者使用专用电缆与PLC相连,以方便编程和调试。有些简易编程器带有存储盒,可用来存储用户程序,如三菱公司的FX-20P-E简易编程器。

图形编程器本质上是一台专用便携式计算机,如三菱公司的GP-80F-E智能型编程器。它既可联机编程,又可脱机编程。它可直接输入和编辑梯形图程序,使用更加直观、方便,但价格较高,操作也比较复杂。大多数智能编程器带有磁盘驱动器,提供录音机接口和打印机接口。

专用编程器只能对指定厂家的几种PLC进行编程,使用范围有限,价格较高。同时,由于PLC产品不断更新换代,所以专用编程器的生命周期也十分有限。因此,现在的趋势是使用以个人计算机为基础的编程装置,用户只要购买PLC厂家提供的编程软件和相应的硬件接口装置。这样,用户只用较少的投资即可得到高性能的PLC程序开发系统。

基于个人计算机的程序开发系统功能强大,它既可以编制、修改PLC的梯形图程序,又可以监视系统运行、打印文件、系统仿真等,配上相应的软件还可实现数据采集和分析等许多功能。

7. 其他外部设备

除了以上所述的部件和设备外,PLC还有许多外部设备,如EPROM写入器、外存储器、人/机接口装置等。

EPROM 写入器是用来将用户程序固化到 EPROM 存储器中的一种 PLC 外部设备。为了使调试好的用户程序不易丢失，经常用 EPROM 写入器将 PLC 用户程序保存到 EPROM 中。PLC 内部的半导体存储器称为内存储器。有时可用外部的磁带、软盘和用半导体存储器做成的存储盒等来存储 PLC 的用户程序，这些存储器件称为外存储器。外存储器一般是通过编程器或其他智能模块提供的接口，与内存储器之间相互传送用户程序。

人/机接口装置用来实现操作人员与 PLC 控制系统的对话。最简单、最普遍的人/机接口装置由安装在控制台上的按钮、转换开关、拨码开关、指示灯、LED 显示器、声光报警器等器件构成。对于 PLC 系统，还可采用半智能型 CRT 人/机接口装置和智能型终端人/机接口装置。半智能型 CRT 人/机接口装置可长期安装在控制台上，通过通信接口接收来自 PLC 的信息并在 CRT 上显示出来；而智能型终端人/机接口装置有自己的微处理器和存储器，能够与操作人员快速交换信息，并通过通信接口与 PLC 相连，也可作为独立的节点接入 PLC 网络。

5.2.2 PLC 的软件系统

PLC 的软件由系统程序和用户程序组成。系统程序由 PLC 制造厂商设计编写，并存入 PLC 的系统存储器中，用户不能直接对其读写与更改。系统程序一般包括系统诊断程序、输入处理程序、编译程序、信息传送程序、监控程序等。

PLC 的用户程序是用户利用 PLC 的编程语言，根据控制要求编制的程序。在 PLC 的应用中，最重要的是用 PLC 的编程语言来编写用户程序，以实现控制目的。由于 PLC 是专门为工业控制而开发的装置，其主要使用者是广大电气技术人员，为了满足他们的传统习惯，PLC 的主要编程语言采用比计算机语言简单、易懂、形象的专用语言。

PLC 编程语言是多种多样的，对于不同生产厂家、不同系列的 PLC 产品采用的编程语言的表达方式也不相同，但基本上可归纳为两种类型：一是采用字符表达方式的编程语言，如语句表等；二是采用图形符号表达方式的编程语言，如梯形图等。下面简要介绍几种常见的 PLC 编程语言。

1. 梯形图语言

梯形图语言是一种以图形符号表示控制关系的编程语言，它是在传统电气控制系统中常用的接触器、继电器等图形表达符号的基础上演变而来的。它与电气控制电路图相似，继承了传统电气控制逻辑中使用的框架结构、逻辑运算方式和输入/输出形式，具有形象、直观、实用的特点，电气技术人员容易接受，是 PLC 的第一编程语言。如图 5-6 所示为传统的电气控制电路图和 PLC 梯形图。

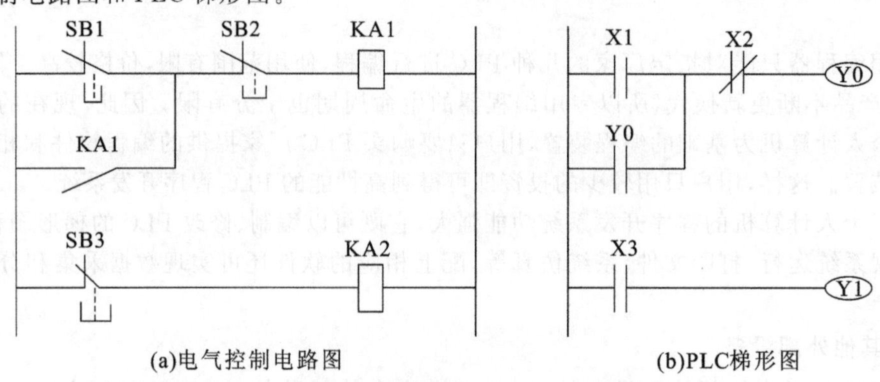

图 5-6　传统的电气控制电路图与 PLC 梯形图

由图5-6可知，图5-6(a)和图5-6(b)表达的思想是一致的，具体表达方式有一定区别。PLC的梯形图使用的是内部继电器、定时器、计数器等，都由软件来实现，使用方便、修改灵活，是原电气控制电路硬接线无法比拟的。

2. 指令语句表编程语言

指令语句表也叫语句表，是一种与汇编语言类似的助记符编程语言。指令语句表语言与梯形图有严格的对应关系。在PLC应用中，经常采用简易编程器，而这种编程器中没有CRT屏幕显示，或没有较大的液晶屏幕显示。因此，就用一系列PLC操作命令组成的语句表将梯形图描述出来，再通过简易编程器输入到PLC中。需要指出的是，各个PLC生产厂家的语句表形式不尽相同，但基本功能相差无几。以下是与图5-6中梯形图对应的(FX系列PLC)语句表程序：

```
LD   X1
OR   Y0
ANI  X2
OUT  Y0
LD   X3
OUT  Y1
```

可以看出，语句是语句表程序的基本单元，每个语句和微型计算机程序语句一样也由地址(步序号)、操作码(指令)和操作数(数据)三部分组成。

3. 功能块图编程语言

功能块图是一种类似于数字逻辑电路结构的编程语言，由与门、或门、非门、定时器、计数器、触发器等逻辑符号组成。熟悉数字电路的人员较容易掌握，左侧为逻辑运算的输入变量、右侧为输出变量，信号自左向右流动，就像电路图一样。

4. 顺序功能图编程语言

顺序功能图编程语言(SFC语言)属于图形语言，是一种较新的编程方法，又称状态转移图语言。它将一个完整的控制过程分为若干阶段，各阶段具有不同的动作，阶段间有一定的转换条件，转换条件满足就实现阶段转移，上一阶段动作结束，下一阶段动作开始。顺序功能图编程语言用功能图的方式来表达一个控制过程，对于顺序控制系统特别适用。

5. 高级语言

随着PLC技术的发展，为了增强PLC的运算、数据处理及通信等功能，以上编程语言无法很好地满足要求。近年来推出的PLC，尤其是大型PLC，都可用高级语言，如BASIC语言、C语言、PASCAL语言等进行编程。采用高级语言后，用户可以像使用普通微型计算机一样操作PLC，使PLC的各种功能得到更好的发挥。

5.3 可编程序控制器的工作原理

5.3.1 PLC工作过程

PLC上电后，在系统程序的监控下周而复始地按一定的顺序对系统内部的各种任务进行查询、判断和执行等，如图5-7所示。

1. 上电初始化

PLC上电后，首先对系统进行初始化，包括硬件初始化，I/O模块配置检查、停电保持范

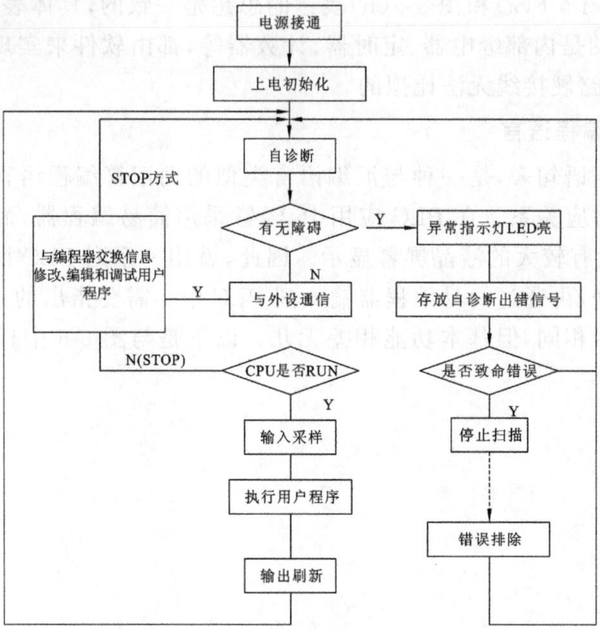

图 5-7　PLC 顺序循环程序

围设定及清除内部继电器、复位定时器等。

2. CPU 自诊断

在每个扫描周期必须进行自诊断，通过自诊断对电源、PLC 内部电路、用户程序的语法等进行检查，一旦发现异常，CPU 使异常继电器接通，PLC 面板上的异常指示灯亮，内部特殊寄存器中存入出错代码并给出故障显示标志。如果不是致命错误则进入 PLC 的停止(STOP)状态；如果出现致命错误时，则 CPU 被强制停止，等待错误排除后才转入 STOP 状态。

3. 与外部设备通信

与外部设备通信阶段，PLC 与其他智能装置、编程器、终端设备、彩色图形显示器、其他 PLC 等进行信息交换，然后进行 PLC 工作状态的判断。

PLC 有 STOP 和 RUN 两种工作状态，如果 PLC 处于 STOP 状态，则不执行用户程序，将通过与编程器等设备交换信息，完成用户程序的编辑、修改及调试任务；如果 PLC 处于 RUN 状态，则将进入扫描过程，执行用户程序。

4. 扫描过程

以扫描方式把外部输入信号的状态存入输入映像区，再执行用户程序，并将执行结果输出存入输出映像区，直到传送到外部设备。

PLC 上电后周而复始地执行上述工作过程，直至断电停机。

5.3.2　可编程序控制器的工作原理

1. PLC 逻辑控制的等效电路

PLC 逻辑控制系统的等效电路如图 5-8 所示。该等效电路分为 3 个部分，即输入继电器电路、内部控制电路(梯形图)和输出继电器电路。其中 PLC 内部继电器均为虚拟继电器。

输入继电器电路由 PLC 外部电路元器件(如按钮、行程开关等)和 PLC 内部输入继电器

(虚拟继电器)线圈以及输入继电器电路电源等组成。

内部控制电路是一个由用户程序编制而成的虚拟继电器电路。其逻辑判断规则与实物继电器控制基本相同。内部控制电路(梯形图)可由各类型虚拟继电器,如输出继电器、定时器、辅助继电器等编制而成。

输出继电器电路由 PLC 外部控制电路元器件(如实物继电器线圈、指示灯等)和 PLC 内部输出继电器触点(虚拟触点)以及输出继电器电路电源等组成。

PLC 逻辑控制系统等效电路的工作过程如下:外部输入信号经 PLC 输入继电器的线圈控制内部控制电路(梯形图)中对应的触点(虚拟触点),经由内部控制电路(梯形图)进行逻辑运算后,再由内部控制电路(梯形图)中输出继电器的线圈来控制输出继电器电路中对应的触点(虚拟触点),最终控制 PLC 外部所接负载(如实物继电器线圈)得电或失电。

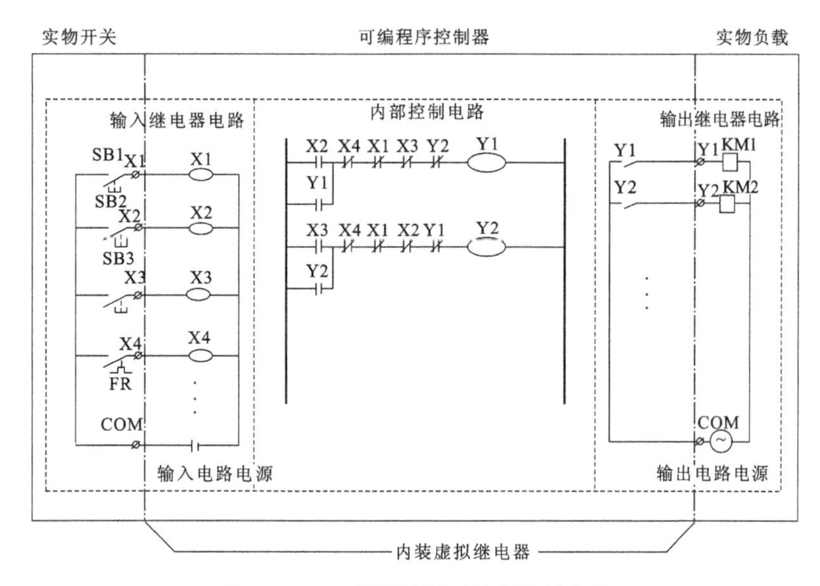

图 5-8 PLC 逻辑控制系统的等效电路

2. PLC 的工作过程

PLC 的工作过程分为 3 个阶段,即输入采样(或输入处理)阶段、程序执行(或程序处理)阶段和输出刷新(或输出处理)阶段,如图 5-9 所示。

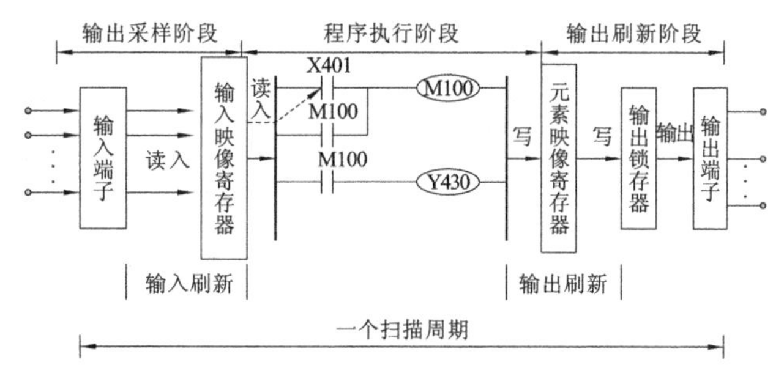

图 5-9 PLC 的工作过程

1) 输入采样阶段

在输入采样阶段,PLC 以扫描方式按顺序将所有输入端的输入信号状态(ON 或 OFF,即"1"或"0")读入到输入映像寄存器中寄存起来,称为对输入信号的采样。在程序执行期间,即使输入状态发生变化,输入映像寄存器的内容也不会改变。输入状态的变化只能在下一个工作周期的输入采样阶段才被重新读入。

2）程序执行阶段

在程序执行阶段，PLC对程序按顺序进行扫描。如果程序用梯形图表示，则总是按由上到下、先左后右的顺序进行扫描。每扫描到一条指令时，所需要的输入状态或其他元素的状态分别由输入映像寄存器和元素映像寄存器中读出，而将执行结果写入元素映像寄存器中。

3）输出刷新阶段

当程序执行完后，进入输出刷新阶段。此时，将元素映像寄存器中所有输出继电器的状态转存到输出锁存器，再驱动用户输出负载。

PLC在每次扫描中，对输入信号采样一次，对输出刷新一次。这就保证了PLC在程序执行阶段，输入映像寄存器和输出锁存器的内容或数据保持不变。

PLC重复地执行上述3个阶段，每重复一次的时间就是一个工作周期(或扫描周期)，通常为几十毫秒。工作周期的长短与程序的长短(即组成程序的语句多少)有关。

5.4 可编程序控制器和继电器控制的比较

PLC控制系统的输入、输出部分与传统的继电器控制系统基本相同，其差别仅在于其控制部分。继电器控制系统用硬接线将许多继电器按一定方式连接起来完成逻辑功能，所以其逻辑功能不能灵活改变，并且接线复杂，故障点多。而PLC控制系统是通过存放在存储器中的用户程序来完成控制功能的，由用户程序代替了继电器控制电路，使其不仅能实现逻辑运算，还具有数值运算及过程控制等复杂控制功能。由于PLC采用软件实现控制功能，因此可以灵活、方便地通过改变程序来实现控制功能的改变。

下面以接触器控制电动机单向运转控制电路为例来进一步体会上述两种系统的不同。图5-10(a)所示为其主电路，图5-10(b)所示为其控制电路图。图5-10(c)所示为采用PLC

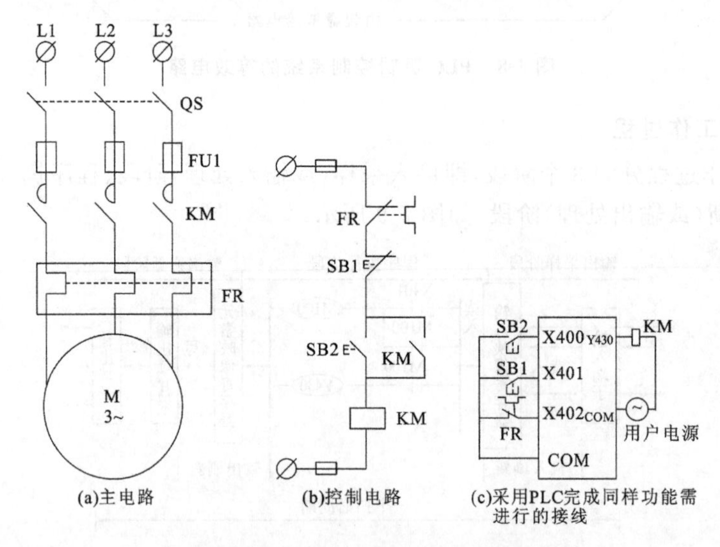

图5-10 电动机单相运转控制电路

完成同样功能需进行的接线，由图可知，将启动按钮SB2、停止按钮SB1、热继电器FR接入PLC的输入端子，将接触器KM线圈接于PLC的输出端子便完成了接线，具体的控制功能是靠输入PLC的用户程序来实现的。图5-10(c)接线简单，当变动控制功能时不用改动接线，只要改变程序即可，非常方便。

为了进一步理解 PLC 控制系统和继电器控制系统的关系，必须了解 PLC 的等效电路。

PLC 的等效电路由三部分组成：收集被控设备（开关、按钮、传感器等）的信息或操作命令的输入部分；运算、处理来自输入部分信息的内部控制电路；驱动外部负载的输出部分。

图 5-11 所示为图 5-10 中 PLC 控制系统的等效电路图。图中 X400、X401、X402 为 PLC 输入继电器，Y430 为 PLC 输出继电器。注意，图中的继电器不是实际的继电器，它实质上是存储器中的每一位触发器。该位触发器为“1”态，相当于继电器接通；为“0”态，相当于继电器断开。因此，这些继电器在 PLC 中也称“软继电器”。在用户程序中，其线圈触点图形符号均有规定。

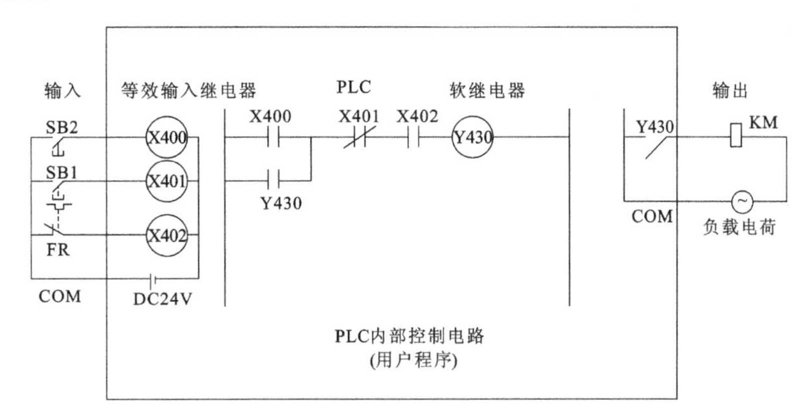

图 5-11　PLC 控制等效电路图

PLC 控制系统与继电器控制系统相比，有许多相似之处，也有许多不同之处。不同之处主要体现在以下几个方面。

（1）控制方法上看，继电器控制系统控制逻辑采用硬件接线，利用继电器机械触点的串联或并联等组合成控制逻辑，其连线多且复杂、体积大、功耗大，系统构成后，想再改变或增加功能较为困难。另外，继电器的触点数量有限，所以继电器控制系统的灵活性和可扩展性受到很大限制。而 PLC 采用了计算机技术，其控制逻辑是以程序的方式存放在存储器中，要改变控制逻辑只需改变程序，因而很容易改变或增加系统功能。PLC 控制系统连线少、体积小、功耗小，且其“软继电器”实质上是存储器单元的状态，触点数量是无限的，所以 PLC 系统的灵活性和可扩展性较好。

（2）从工作方式上看，在继电器控制系统中，当电源接通时，电路中所有继电器都处于受制约状态，即该吸合的继电器都同时吸合，不该吸合的继电器受某种条件限制而不能吸合，这种工作方式称为并行工作方式。而 PLC 的用户程序是按一定顺序循环执行的，所以各软继电器都处于周期性循环扫描接通中，受同一条件制约的各个继电器的动作次序决定于程序扫描顺序，这种工作方式称为串行工作方式。

（3）从控制速度上看，继电器控制系统依靠机械触点的动作以实现控制，工作频率低，机械触点还会出现抖动问题。而 PLC 通过程序指令控制半导体电路来实现控制，速度快，程序指令执行时间在微秒级，且不会出现触点抖动问题。

（4）从定时和计数控制上看，继电器控制系统采用时间继电器的延时动作进行时间控制，时间继电器的延时时间易受环境温度和温度变化的影响，定时精度不高。而 PLC 采用半导体集成电路作定时器，时钟脉冲由晶体振荡器产生，其精度高、定时范围宽，用户可根据需要在程序中设定定时值，修改方便，不受环境的影响。PLC 具有计数功能，而电器控制系统一般不具备计数功能。

（5）从可靠性和可维护性上看，由于继电器控制系统使用了大量的机械触点，其存在机械磨损、电弧烧伤等风险，寿命短，系统的连线多，所以可靠性和可维护性较差。而PLC大量的开关动作由无触点的半导体电路来完成，其寿命长、可靠性高。PLC还具有自诊断功能，能查出自身的故障，随时显示给操作人员看，并能动态地监视控制程序的执行情况，为现场调试和维护提供了方便。

5.5 数控机床PLC

数控机床的控制分为坐标轴运动的位置控制和数控机床加工过程的顺序控制两个部分，控制过程中涉及的逻辑控制和开关量控制均由数控机床中的PLC完成。

5.5.1 数控机床PLC形式

数控机床中使用的PLC分为内装型PLC和独立型PLC两类。

1. 内装型PLC

内装型PLC集成于CNC装置内，可与CNC共用一个CPU，也可单独使用一个CPU。内装型PLC一般不单独配置I/O接口，而是通过CNC装置本身的I/O电路完成输入与输出功能，内装型PLC与CNC系统之间的信号传送也在内部进行，如图5-12所示。

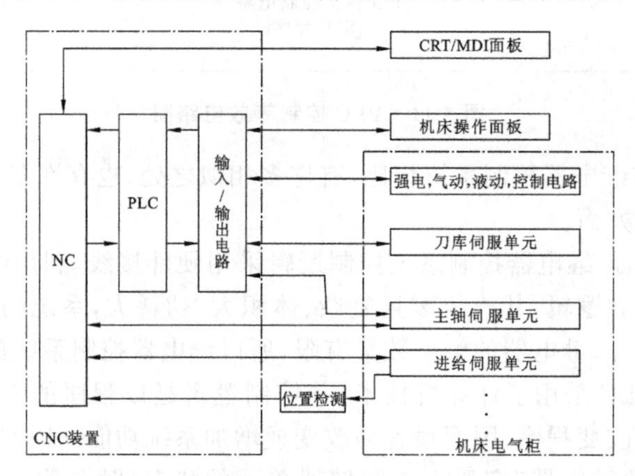

图5-12　内装型PLC输入/输出连接示意图

内装型PLC通过I/O与数控机床的CRT(cathode radiation tube—阴极射线管显示器)、MDI(manual date input—手动数据输入)面板、数控机床操作面板、强电控制电路、气动控制电路、液压传动控制电路、刀库伺服控制单元、主轴伺服单元、进给伺服单元等进行信号传送。

CNC装置内部内置了PLC后，可以使用梯形图方式对PLC进行程序编辑，传送复杂的数控机床控制功能。由于内装型PLC系统硬件和软件结构紧凑，提高了CNC的性价比。目前世界上著名的CNC系统制造企业大多开发了内装型PLC功能。

2. 独立型PLC

独立型PLC完全独立于CNC装置，具有完备的系统硬件和软件，能够独立完成CNC系统分配的控制任务，并配合数控机床的CNC系统完成刀具轨迹控制和机床的顺序控制。独立型PLC与数控机床、CNC系统之间的信号连接关系如图5-13所示。

独立型PLC既要与机床侧的I/O进行信号交换，还要与CNC系统的I/O进行信号连接，所以CNC系统和PLC均具有I/O接口电路。独立型PLC采用模块化结构，安装在插板式机架上，其I/O点数和其他功能模块可根据具体数控机床功能要求灵活配置，插板式机架上安装的PLC各功能模块之间通过总线相互连接。

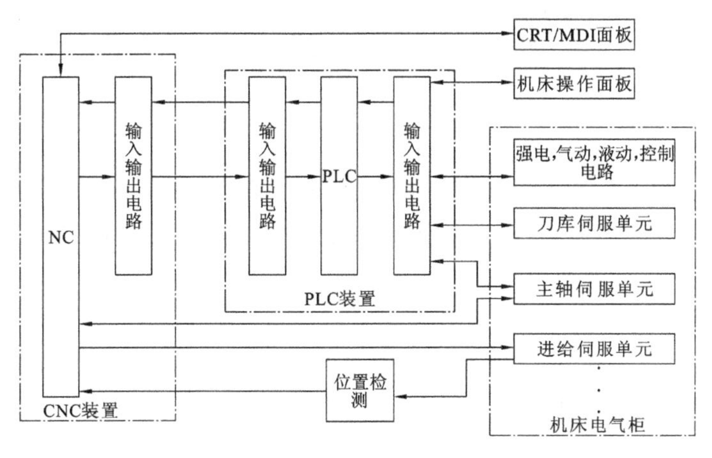

图 5-13 独立型 PLC 输入/输出连接示意图

5.5.2 数控机床 PLC 信号

数控机床 CNC 侧主要包括 CNC 系统的硬件和软件、CNC 系统连接的外围设备；而数控机床 MT 侧包括机械部分、辅助装置、机床操作面板、机床强电线路等。数控机床的 PLC 处于 CNC 和 MT 之间，对 CNC 侧和 MT 侧的输入/输出信号进行处理。

1. CNC 与 PLC 的传送信号

CNC 的输出数据经 PLC 逻辑处理后，再传送至 MT 侧。由 CNC 发给 PLC 的信号主要是 M、S、T 等功能代码、手动与自动方式信号、各种使能信号等。根据不同的 M 代码，PLC 控制主轴的正反转和停止、主轴齿轮箱的换挡变速、主轴准停、切削液开与关、卡盘的夹紧与松开、机械手的取刀与还刀等；数控机床还需通过 PLC 管理刀库，进行自动换刀，完成 T 功能的处理；通过在 PLC 中用 4 位 BCD 码直接指定主轴转速完成 S 功能的处理等。

由 PLC 发给 CNC 的信号主要包括 M、S、T 功能的应答信号和各坐标轴对应的机床参考点信号等。

2. PLC 与 MT 的传送信号

由 PLC 向机床发送的信号主要是机床各执行元件（如电磁阀、接触器、继电器、状态指示灯、报警灯）的控制信号。

数控机床发给 PLC 的信号主要是数控机床操作面板输入信号、各种开关或按钮的状态信号，如机床启动与停止信号、冷却液的开关信号、倍率选择信号、各坐标轴点动信号、刀架卡盘的夹紧或松开信号、各运动部件限位开关的信号、主轴状态监视信号和伺服系统运行准备信号等。

思考题与习题 5

1. 简述可编程控制器的定义。
2. 简述可编程控制器的主要组成部分及作用。
3. 总结 PLC 循环扫描的工作过程及特点。
4. PLC 中 I/O 单元的种类有哪些？
5. 总结 PLC 输入/输出的接线方式。
6. PLC 输出端接负载时应注意哪些实际问题？

第6章 S7-200系列可编程序控制器

SIMATIC S7-200 系列可编程序控制器是德国西门子(Siemens)公司生产的具有高性能价格比的微型可编程序控制器。由于它具有结构小巧、运行速度高、价格低廉及多功能多用途等特点,因此在工业企业中得到了广泛应用。

SIMATIC 系列 PLC 有 S7-400、S7-300 和 S7-200 三种子系列,分别为 S7 系列的大、中、小(微)型 PLC 系统。本章以 S7-200 系列 PLC 为例,介绍小型 PLC 系统的构成、编程用的元器件、寻址方式等 PLC 应用的基础知识。

6.1 S7 系列 PLC 概述

德国西门子(SIEMENS)公司生产的可编程序控制器在我国冶金、化工、印刷生产线等领域内的应用相当广泛。S7 系列 PLC 包括 S7-200 系列、S7-300 系列和 S7-400 系列,其功能强大,分别应用于小型、中型和大型自动化系统。

1. SIMATIC S7-200 系列 PLC

西门子 S7-200 系列 PLC 是在 S5 系列的基础上于 20 世纪 90 年代开发出来的。S7-200 系列 PLC 是超小型化的 PLC,全部采用整体式结构,其硬件系统由 CPU 模块和丰富的扩展模块组成。S7-200 系列 PLC 除具有基本的控制功能外,还具有强大的指令集功能、强大的通信功能及功能完善的编程软件。S7-200 系列 PLC 广泛用于机床、机械、电力设施、民用设施、环境保护设备等自动化控制领域,既可用于继电器简单控制的更新换代,又可实现复杂的自动化控制。

2. SIMATIC S7-300 系列 PLC

西门子 S7-300 系列 PLC 是模块化小型 PLC 系统,能满足中等性能要求的应用。各种单独的模块之间可进行广泛组合构成不同要求的系统。与 S7-200 系列 PLC 相比,S7-300 系列 PLC 采用模块化结构,具备高速指令运算速度;用浮点数运算有效地实现了更为复杂的算术运算;一个带标准用户接口的软件工具方便用户给所有模块进行参数赋值;方便的人机界面服务已经集成在 S7-300 操作系统内,大大减少了人机对话的编程要求。SIMATIC 人机界面(HMI)从 S7-300 系列 PLC 中取得数据,S7-300 系列 PLC 按用户指定的刷新速度传送这些数据。S7-300 操作系统自动地处理数据的传送;CPU 的智能化诊断系统连续监控系统的功能是否正常,记录错误和超时、模块更换等特殊系统事件;多级口令保护可以使用户高度、有效地保护其技术机密,防止未经允许的复制和修改;S7-300 系列 PLC 设有操作方式选择开关,操作方式选择开关像钥匙一样可以拨出,当拨出时,就不能改变操作方式了,这样就可以防止非法删除或改写用户程序。S7-300 系列 PLC 具备强大的通信功能,可通过编程软件 STEP7 的用户界面提供通信组态功能,使组态非常简单。S7-300 系列 PLC 具有多种不同的通信接口,并通过多种通信处理器来连接 AS.I 总线接口和工业以太网总线系统;串行通信处理器用来连接点到点的通信系统;多点接口(MPI)集成在 CPU 中,用于同时连接编程器、PC、人机界面系统及其他 SIMATICS7/M7/C7 等自动化控制系统。

3. SIMATIC S7-400 系列 PLC

S7-400 系列 PLC 采用模块化无风扇的设计，坚固耐用，易于扩展，通信能力强大，容易实现分布式结构。S7-400 系列 PLC 具有多种级别的 CPU 及种类齐全的通用功能模板，使用户能根据需要组合成不同的专用系统。当控制系统规模扩大或变得更复杂时，只要适当地增加一些模板，就能够实现系统升级，满足用户需要。

由于 S7-200 系列 PLC 几乎包含了西门子 PLC 所有的性能，而且在小型 PLC 中具有较强的代表性，所以本章主要以 S7-200 系列 PLC 为例，简单介绍其系统基本结构和指令。

6.2 S7-200 系列 PLC 的组成、性能指标及内部元器件

1. S7-200 系列 PLC 的组成

S7-200 系列 PLC 由基本单元、I/O 扩展单元、功能单元和外部设备等组成。其基本单元和 I/O 扩展单元为整体式结构。S7-200 系列 PLC 有 CPU21X 和 CPU22X 两代产品，其中 CPU22X 型 PLC 有 CPU221、CPU222、CPU224 和 CPU226 共 4 种基本型号。

CPU22X PLC 主要由主机箱、I/O 扩展单元、文本/图形显示器、编程器等组成。图 6-1 所示为 S7-200 CPU224 微型 PLC 主机的结构外形图。

S7-200 CPU22X 主机箱设置有用以连接手持编程器或 PC 的 RS-485 通信接口、工作方式开关、I/O 扩展接口、工作状态 LED 指示、用户存储卡、I/O 接线端子等。

1）基本 I/O 及扩展

CPU22X 的 4 个型号的 PLC 基本 I/O 单元除点数不同外其余部分基本相同。例如，CPU224 主机有 I0.0～I0.7、I1.0～I1.5 共 14 个数字量输入点和 Q0.0～Q0.7、Q1.0～Q1.1共 10 个数字量输出点。除 CPU221 无扩展能力外，其他几个均可以扩展。例如 CPU224 可扩展的模块数为 7 个，最大扩展至 168 路数字量 I/O 点或 35 路模拟量 I/O 点，13KB 程序和数据存储空间。

CPU224 输入电路采用了双向光电耦合器，24V DC，极性可任意选择；系统设置 1M 为 I0.X 字节输入端子的公共端，2M 为 I1.X 字节输入端子的公共端；在晶体管输出电路中采用了 MOSFET 功率驱动器件，并将数字量输出分为两组，每组有一个独立公共端，共有 1L 和 2L 两个公共端，可接入不同的负载电源。图 6-2 所示为 CPU224 外部电路接线原理图。

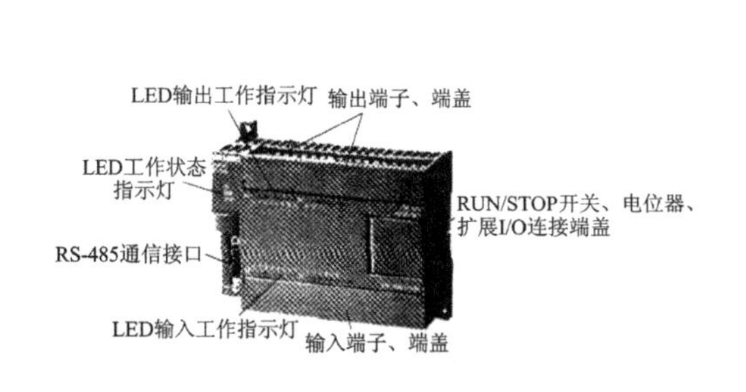

图6-1 S7-200 CPU224 微型 PLC 主机的结构外形图

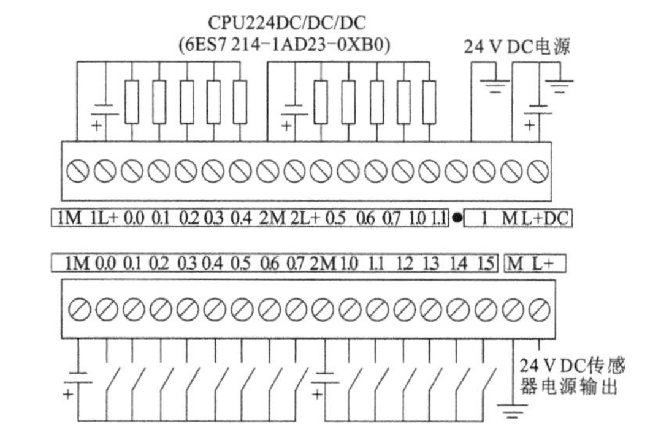

图 6-2 CPU224 外部电路接线原理图

2）存储系统及存储卡

S7-200 CPU 存储系统由 RAM 和 EEPROM 两种存储器构成，用以存储器用户程序、

CPU 组态(配置)、程序数据等。当执行程序下载操作时,用户程序、CPU 组态(配置)、程序数据等由编程器送入 RAM 存储器区,并自动复制到 EEPROM 区永久保存。系统掉电时,自动将 RAM 中 M 存储器的内容保存到 E^2PROM 存储器。上电恢复时,用户程序及 CPU 组态(配置)自动存于 RAM 中,如果 V 和 M 存储区内容丢失,则 E^2PROM 永久保存区的数据会被复制到 RAM 中去。

执行 PLC 的上载操作时,RAM 区用户程序、CPU 组态(配置)上载至 PC,RAM 和 E^2PROM 中数据块合并后上载至 PC。

存储卡位可以选择安装扩展卡。扩展卡有 E^2PROM 存储卡、电池和时钟卡等模块。E^2PROM 存储模块用于用户程序的复制。电池模块用于长时间保存数据,使用 CPU224 内部存储电容,数据存储时间达 190 h,而使用电池模块存储时间可达 200 d。

3) 高速脉冲输入/输出端

CPU22X PLC 设置有若干个高速计数脉冲输入端和输出端,中断信号允许以极快的速度对过程信号的上升沿做出响应。例如 CPU224 PLC 有 6 个高速计数脉冲输入端(I0.0～I0.5)和 2 个高速脉冲输出端(Q0.0、Q0.1),输入端最快的响应速度为 30 kHz,用于捕捉比 CPU 扫描周期更快的脉冲信号;输出脉冲频率可达 20 kHz,用于 PTO(高速脉冲束)和 PWM(脉宽调制)高速脉冲输出。

4) 模拟电位器

模拟电位器用来改变特殊寄存器中的数值,以改变程序运行时的参数,如定时器的预设值、过程量的控制参数等。

5) 外围设备

PLC 的主要外围设备为编程器。S7-200 CPU22X 的编程器一般采用安装有编程软件的通用 PC,也可采用手持编程器。

6) 软件系统

软件系统包括出厂时已固化的系统软件、用户编写的程序和编程软件。

2. S7-200 系列 CPU22X PLC 的主要性能指标

S7-200 系列 CPU22X PLC 的主要性能指标如表 6-1 所示。

表 6-1 CPU22X PLC 的主要性能指标

项　目	CPU221	CPU222	CPU224	CPU226
外形尺寸/mm	90×80×62	90×80×62	120.5×80×62	190×80×62
用户储存空间/KB	6	6	13	13
电源电压	DC24V/AC85～264V	DC24V/AC85～264V	DC24V/AC85～264V	DC24V/AC85～264V
输入电压及方式	DC24V	DC24V	DC24V	DC24V
输出电压及方式	DC24V/AC24～230V 继电器	DC24V 晶体管/DC24V 继电器	DC24V 晶体管/DC24V 继电器	DC24V 晶体管/DC24V 继电器
用户储存器类型	E^2PROM	E^2PROM	E^2PROM	E^2PROM
数据后背(电容)值/h	50	50	190	190
主机 I/O 点数/b	6 入/4 出	8 入/6 出	14 入/10 出	24 入/16 出

续表

项　　目	CPU221	CPU222	CPU224	CPU226
可扩展模块数量/个	无	2	7	7
最大数字 I/O 点数/b	10	78	168	248
位储存器/b	256	256	256	256
特殊储存器(只读)/B	180(30)	180(30)	180(30)	180(30)
顺序控制继电器/b	256	256	256	256
变量储存器/KB	2	2	5	5
局部存储器/B	64	64	64	64
定时器/计数器/个	256/256	256/256	256/256	256/256
模拟量 I/O 映像区大小/W	无	16 入/16 出	32 入/32 出	32 入/32 出
累加寄存器/DW	4	4	4	4
内置高速计数器/个	4(30 kHz)	4(30 kHz)	6(30 kHz)	6(30 kHz)
FOR/NEXT 循环	有	有	有	有
增数运算	有	有	有	有
实数运算	有	有	有	有
模拟量调节电位器/个	1	1	2	2
通信中断/个	1 发送器 2 接收器	1 发送器 2 接收器	1 发送器 2 接收器	1 发送器 2 接收器
定时中断/个	2(1～255 ms)	2(1～255 ms)	2(1～255 ms)	2(1～255 ms)
硬件输入中断/个	4	4	4	4
实时时钟	有(时钟卡)	有(时钟卡)	有(内置)	有(内置)
口令保护	有	有	有	有
通信口数量/个	1(RS-485)	1(RS-485)	1(RS-485)	1(RS-485)
支持协议： 0 号口 1 号口	PPI. DP/自由口 N/A	PPI. DP/自由口 N/A	PPI. DP/自由口 N/A	PPI. DP/A 自由口 PPI. DP/T 自由口

 6.3　S7-200 系列 PLC 的扩展

6.3.1　S7-200 系列 PLC 的扩展模块

PLC 扩展模块的使用，不但增加了 I/O 点数，还增加了 PLC 的很多控制功能。S7-200 系列 PLC 目前可以提供 3 类共 9 种数字量 I/O 模块，3 类共 5 种模拟量 I/O 模块，2 种通信处理模块。S7-200 常用的扩展模块型号及用途如表 6-2 所示。

表 6-2　S7-200 常用的扩展模块型号及用途

类　型	型号	规　格	功能及用途
数字量扩展模块	EM221	DI8×DC24V	8 路数字量 24V DC 输入
	EM222	DO8×DC24V	8 路数字量 24V DC 输出(固态 MOSFET)
		DO8×继电器	8 路数字量继电器输出
	EM223	DI4/DO4×DC24V	4 路数字量 24V DC 输入、输出(固态)
		DI4/DO4×DC24V 继电器	4 路数字量 24V DC 输入 4 路数字量继电器输出
		DI8/DO8×DC24V	8 路数字量 24V DC 输入、输出(固态)
		DI8/DO8×DC24V 继电器	8 路数字量 24V DC 输入 8 路数字量继电器输出
		DI16/DO16×DC24V	16 路数字量 24V DC 输入、输出(固态)
		DI16/DO16×DC24V 继电器	16 路数字量 24V DC 输入 16 路数字量继电器输出
模拟量扩展模块	EM231	AI4×12 位	4 路模拟输入、12 位 A/D 转换
		AI4×热电偶	4 路热电偶模拟输入
		AI4×RTD	4 路热电阻模拟输入
	EM232	AQ2×12 位	2 路模拟输出,12 位转换
	EM235	AI4/AQ1×12 位	4 路模拟输入,1 路模拟输出,12 位转换
通信模块	EM227	PROFIBUS-DP	将 S7-200 作为从站链接到网络
现场设备接口模块	CP243-2	CPU22X 的 AS-I 主站	最大扩展 124DI/124DO

6.3.2　本机及扩展 I/O 编址

CPU 本机的 I/O 点具有固定的 I/O 地址,可以把扩展的 I/O 模块接至主机右侧来增加 I/O 点数。扩展模块的 I/O 地址由扩展模块在 I/O 链中的位置决定,即扩展模块的 I/O 地址自动比前(左)一模块递增 1 个(或 2 个)完整字节(8 位或 16 位)。例如 CPU224 以右第一个扩展 EM223 DI4/DO4 编址,输入为 I2.0～I2.3,输出为 Q2.0～Q2.3;第二个扩展 EM222 D08 编址,输出为 Q3.0～Q3.7。输入与输出模块的地址不会冲突,模拟量控制模块地址也不会影响数字量控制模块。如果扩展模块 I/O 物理点个数少于映像寄存器完整字节内的位数(8 位或 16 位),那么映像寄存器字节剩余位就不会再分配给 I/O 链中的后续模块了。

输出映像寄存器的多余位可以作为内部存储器标志位使用;输入映像寄存器的多余字节也可作为内部存储器标志位使用;但输入映像寄存器已用字节的多余位,就不能作为内部存储器标志位使用了。

模拟量控制模块总是以 2 字节递增方式来分配空间的,剩余的模拟量 I/O 点不分配模拟量 I/O 映像存储空间,所以,后续模拟量 I/O 控制模块无法使用未用的模拟量 I/O 点,其编址只能跳过未用的模拟量 I/O 点。例如,以 CPU226 为主机,扩展 5 块数字、模拟 I/O 模块,其 I/O 链的控制连接如图 6-3 所示。

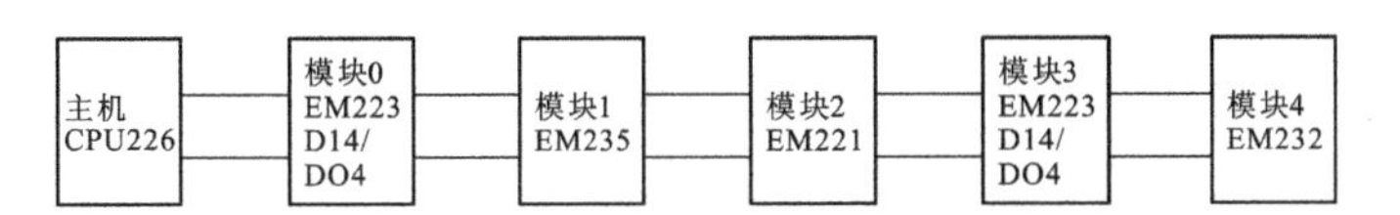

图 6-3　CPU226 与 I/O 链的控制连接图

图 6-3 所示的 I/O 链中各模块对应的 I/O 地址如表 6-3 所示。

表 6-3　模块编址表

主　机	模块 0	模块 1	模块 2	模块 3	模块 4
I0.0　Q0.0 I0.1　Q0.1 …　… I0.7　Q0.7 I1.0　Q1.0 I1.1　Q1.1 …　… I1.7　Q1.7 I2.0 I2.1 … I2.7	I3.0　Q2.0 I3.1　Q2.1 I3.2　Q2.2 I3.3　Q2.3	AIW0 AQW0 AIW2 AIW4 AIW6	I4.0 I4.1 I4.2 I4.3 I4.4 I4.5 I4.6 I4.7	I5.0　Q3.0 I5.1　Q3.1 I5.2　Q3.2 I5.3　Q3.3	AQW4 AQW6
可用作内部储存器标志位(M 位)的 I/O 映像寄存器					
——	Q2.4 Q2.5 Q2.6 Q2.7	——	——	I6.0　Q3.4 …　… I15.7　Q15.7	——
作废的 I/O 映像寄存器					
——	I3.4 I3.5 I3.6 I3.7	AQW2	——	I5.4 I5.5 I5.6 I5.7	——

6.3.3　扩展模块的安装

S7-200 PLC 扩展模块具有与基本单元相同的设计特点，其固定方式与 CPU 主机相同。主机及 I/O 扩展模块有导轨安装和直接安装两种安装方式。导轨安装方式是在 DIN 标准导轨上的安装，即 I/O 扩展模块安装在紧靠 CPU 右侧的导轨上，该安装方式具有安装方便、拆卸灵活等优点；直接安装是用螺钉通过安装固定螺孔将模块固定在配电盘上，它具有安装可靠、防震性能好等特点。当需要扩展的模块较多时，可以使用扩展连接电缆重叠排布（分行安装）。

扩展模块除了自身需要 24 V 供电电源外，还要从 I/O 总线上获得＋5V DC 的电源，具体安装接线时，必须参照 S7-200 系统手册。

6.4 S7-200 系列 PLC 编程基础

6.4.1 编程语言

SIMATIC 指令集是西门子公司专为 S7-200PLC 设计的编程语言。该指令集中大多数指令也符合 IEC1131-3 标准。SIMATIC 指令集不支持完全数据类型系统的检查。使用 SIMATIC 指令集,可以用梯形图、功能块图、语句表和顺序功能图编程语言编程。

梯形图和功能块图是一种图形语言,语句表是一种类似于汇编语言的文本语言。

1. 梯形图(LAD)编程语言

梯形图在 PLC 中使用得非常普遍,各厂家、各型号的 PLC 都把它作为第一用户语言,S7-200PLC 的梯形图如图 6-4 所示。

2. 功能块图(FBD)编程语言

功能块图是一种图形化的高级语言。通过软连接的方式把所需的功能块图连接起来,用于实现对系统的控制。功能块图的表达格式有利于对程序流的跟踪。

功能块图有基本逻辑、计时、计数、运算和比较及数据传送等功能。功能块图通常有若干个输入端和输出端。输入端是功能块图的条件,输出端是功能块图的结果。

如图 6-5 所示,功能块图没有触点和线圈,也没有左右母线的概念。

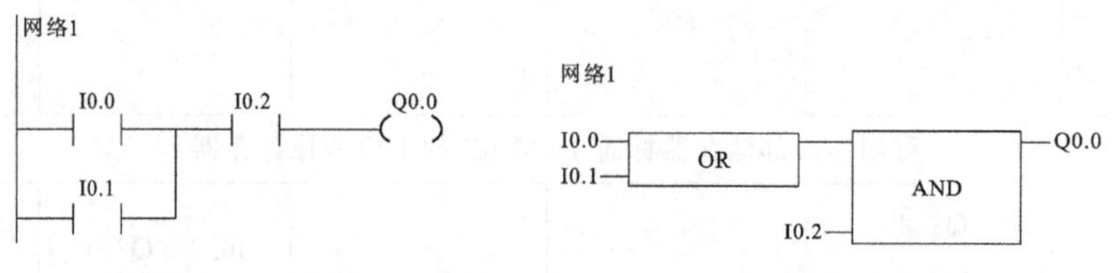

图 6-4 S7-200PLC 梯形图(LAD)

图 6-5 功能块图(FBD)

梯形图和功能块图可以互相转化,有时功能块图和梯形图的指令是一样的。对于熟悉电路和具有逻辑代数基础的技术人员来说,使用功能块图编程非常方便。

3. 语句表(STL)编程语言

S7 系列 PLC 将指令表称为语句表,如图 6-6 所示,语句表是用助记符来表达 PLC 的各种控制的。这种编程语言可以使用简易编程器编程,但比较抽象,一般与梯形图语言配合使用,互为补充。目前,大多数 PLC 都有语句表编程功能,但各厂家生产的 PLC 所用的助记符各不相同,不能兼容。

4. 顺序功能图(SFC)编程语言

功能图又称为功能流程图或状态转移图,如图 6-7 所示,它是一种描述顺序控制系统的图形表示方法,是专用于工业顺序控制程序设计的一种功能性说明语言。功能图主要由“状态”、“转移”及有向线段等元素组成。适当运用组成元素,可以得到控制系统的静态表示方

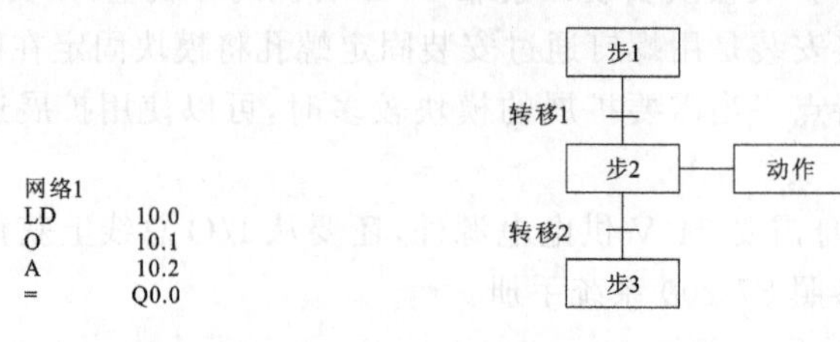

图 6-6 语句表(STL)

图 6-7 功能图(SFC)

程，再根据转移触发规则模拟系统的运行，就可以得到控制系统的动态过程。

6.4.2 寻址方式

S7-200 将信息存放于不同的存储单元，每个单元都有一个唯一的地址，寻址方式即提供参与操作的数据地址的方法。存、取信息的单位可以是字节、字和双字。

S7-200 寻址方式有立即数寻址、直接寻址和间接寻址三大类；寻址格式有位、字节和双字三种。

1. 直接寻址方式

S7-200 将信息存储在存储器中，存储单元按字节进行编址，无论所寻址的是何种数据类型，通常应指出它所在存储区域内的字节地址，每个单元都有唯一的地址，这种直接指出元件名称的寻址方式称为直接寻址。对数据存储区直接寻址的方式有三种。

1）数据存储器的寻址

数据存储器的寻址主要介绍数据地址位的字节、位寻址。

例如：

Ia1.a2

式中：I——数据在数据存储器中的区域标识，可以是以下六类中的一种：I 为输入映像区、M 为内部标志位区、Q 为输出映像区、V 为变量存储区、S 为顺序控制继电器区、SM 为特殊标志位区；

a1——字节地址；

a2——该数据在字节中的位置（或位号）。

例如，I2.6 表示对字节位寻址，其表示内容如图 6-8 所示。

在 S7-200 系列 PLC 中，CPU 模块给本机的 I/O 具有固定的地址，而扩展模块的地址、模块在 I/O 链路中的位置均与 I/O 的类型有关，不同类型的模块地址互不影响。下面以 CPU224 为例进行说明。

如图 6-9 所示，CPU224 有 14 个输入/10 个输出。输入 0.0 的地址为 I0.0～I0.7 和 I1.0～I1.5，I1.6 和 I1.7 为无法寻址的位；输出 Q 的地址为 Q0.0～Q0.7 和 Q1.0～Q1.1，而 Q1.2～Q1.7 为无法寻址的位。配置模块 0、1、2 则根据其为输入模块还是输出模块分配相应的地址。模块 0 为 4 输入/4 输出（4I/4O），对应的地址为 I2.0～I2.3 和 Q2.0～Q2.3。模块 1 为输出模块（8OUT），其地址从 3.0 开始。模块 2 为输入模块（8IN），其地址也是从 3.0 开始的，通过 I 或 Q 与模块加以区别。

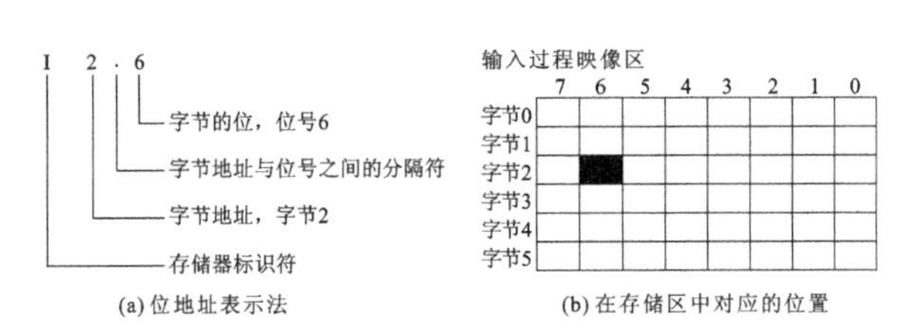

图 6-8　字节位寻址

	模块0	模块1	模块2
CPU 224	4IN/4 OUT	8OUT	8 IN
分配给实际I/O的过程映像I/O寄存器：			
I0.0 Q0.0	I2.0 Q2.0	Q3.0	I3.0
I0.1 Q0.1	I2.1 Q2.1	Q3.1	I3.1
I0.2 Q0.2	I2.2 Q2.2	Q3.2	I3.2
I0.3 Q0.3	I2.3 Q2.3	Q3.3	I3.3
I0.4 Q0.4		Q3.4	I3.4
I0.5 Q0.5		Q3.5	I3.5
I0.6 Q0.6		Q3.6	I3.6
I0.7 Q0.7		Q3.7	I3.7
I1.0 Q1.0			
I1.1 Q1.1			
I1.2			
I1.3			
I1.4			
I1.5			

图 6-9　扩展模块的 I/O 及寻址——CPU224

2）数据地址的字节、字、双字寻址

例如：

Ma1a2

式中：M——数据在数据存储器中的区域标识；

a1——长度(数据类型)，分为 B(字节)、W(字)和 D(双字)；

a2——(首)字节地址(可以是奇数，也可以是偶数)。

在变量存储器中同一地址进行字节、字和双字寻址时的表示方法如图 6-10 所示。对同一个地址，在使用不同的数据类型寻址(B、W 或 D)时，所取出的数据占用的内存量不同。在字寻址和双字寻址时，“200”是数据所在地址的第一个字节地址。

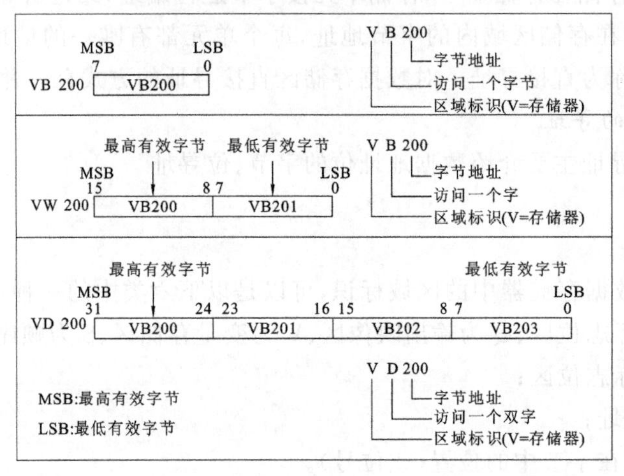

图 6-10　字节、字和双字寻址对同一地址存取操作

3）数据对象的寻址

例如：

Tn

式中：T——数据对象所在的区域标识，可以是以下六类中的一种：T 为定时器、HC 为高速计数器、AC 为累加器、C 为计数器、AI 为模拟量输入、AQ 为模拟量输出。

n——序号，指明是 T 区域的第 *n* 个器件。

(1) 计数器(C)寻址。

格式：C[计数器号]

例如：

C4 包括一个 16 位的计数器当前值和一个 1 位的计数器状态位，分别由不同的指令进行存取。

(2) 定时器(T)寻址。

格式：T[定时器号]

例如：

T35 包括一个 16 位的定时器当前值和一个 1 位的定时器状态位，分别由不同的指令进行存取。

(3) 高速计数器(HC)寻址。

格式：HC[高速计数器号]

高速计数器的工作原理与普通计数器基本相同，它用来累计比主机扫描速度更快的高速脉冲。高速计数器的当前值为双字长(32 位)的整数,是只读的。

高速计数器的数量很少,编址时只用名称 HC 和编号,如 HC30。

(4) 模拟量输入/输出(AI/AQ)寻址。

格式:AIW/AQW[起始字节地址]

模拟量输入/输出为一个字长(16 位),从偶数字节地址起始读/写。

(5) 累加器(AC)寻址。

格式:AC[累加器号]

S7-200PLC 提供 4 个 32 位累加器,分别为 AC0、AC1、AC2、AC3。累加器(AC)是用来暂存数据的寄存器。它可以用来向子程序传递参数,或者从子程序返回参数,也可用来存放数据,如运算数据、中间数据和结果数据。使用时只表示出累加器的地址编号,如 AC0。

例如:

AC3 提供的是 32 位的数据存取空间,可以按字节、字或双字来存取累加器中的数值,存取数据的长度由所用指令决定,如图 6-11 所示。

2. 间接寻址方式

用地址指针来存取存储器中的数据的寻址方式为间接寻址。地址指针寄存器中是数据所在单元的内存地址,可以根据此地址存取数据。并不是所有的器件都可以用指针进行间接寻址,在 S7-200CPU 中,只有 M、I、Q、C、V、S、T 器件允许指针进行间接寻址。因为内存地址的指针要求为双字长度(32 位),必须采用双字传送指令(MOVD)将内存的某个地址移入到指针当中,以生成地址指针,所以 S7-200CPU 中可使用 L、V、AC 作为地址指针。

例如,MOVD&VB201,AC1 这个指令将 VB201 存储器中 32 位物理地址值送入 AC1。"&"为地址符号,它与单元编号结合表示所对应单元的 32 位物理地址;将本指令中&VB201 改为 &VW201 或 VD201,指令功能不变。间接寻址(用指针存取数据)时,在操作数的前面加"*"表示该操作数为一个指针。AC1 为指针,用来存放要访问的操作数的地址,即把以 AC1 中内容为起始地址的内存单元的 16 位数据送到累加器 AC0 中。存于 VB201 和 VB202 中的数据被传送到 AC0 中去,再使用 AC1 作为内存地址指针。间接寻址的操作过程如图 6-12 所示。

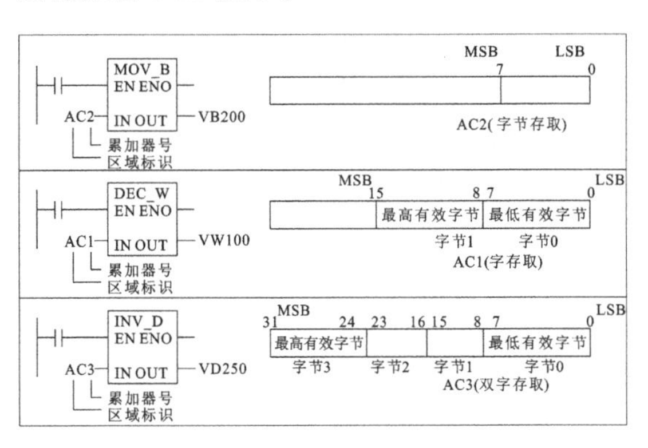

图 6-11 累加器寻址

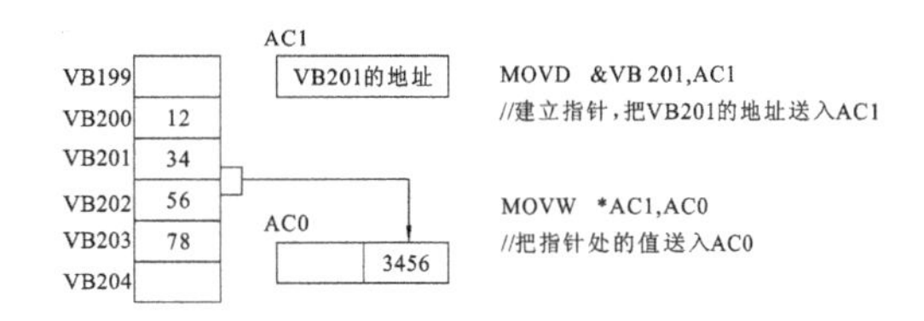

图 6-12 间接寻址

6.4.3 数据存储

1. 数据类型

S7-200 系列 PLC 的 CPU 用以存取信息的数据类型有位(bit)、字节(B 或 Byte,8 位)、字(W或Word,16位)和双字(D或Double,32位),以及实数(R或Real或浮点数,32位)。CPU存取信息的数据以双字长度存取,可以指定为十进制数、十六进制数或ASCII字符。没有特殊说明的,PLC将输入的常数看成是十进制。若要以其他形式输入常数,则需要按下述方式输入。

(1) 二进制数和十六进制数的输入形式如图6-13所示。

(2) ASCII码的形式,如"NYLGXY"。其中,引号用来指定ASCII码及其范围,引号中的内容即为要输入的ASCII字符。

2. PLC的存储器区域

S7-200PLC的存储器用户程序和系统程序(固化在ROM中,用户不能修改,如同计算机的操作系统一样),除系统程序区域外,其他的由用户程序、数据块和参数块三部分构成。数据块和参数块是可选部分。参数块主要是指CPU的组态数据,数据块主要是用户程序执行过程中所用到的和生成的数据,存储区域划分如图6-14所示。

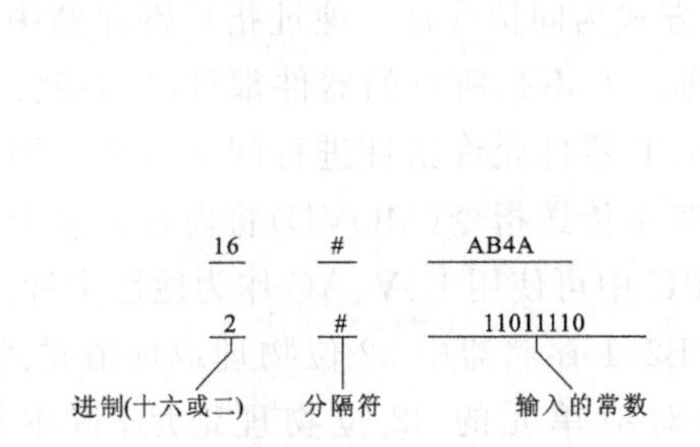

图6-13 二进制数和十六进制数的输入形式

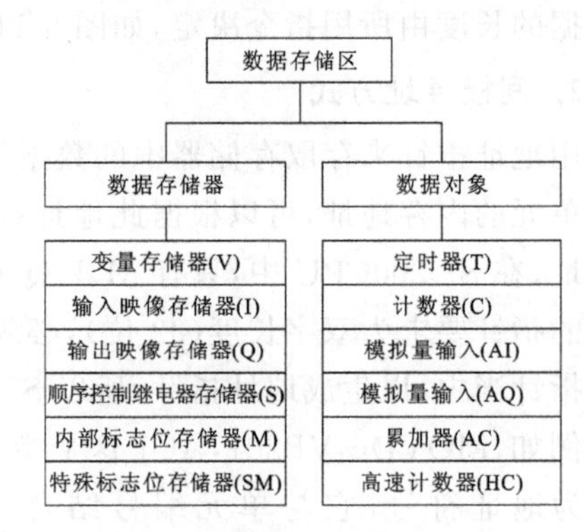

图6-14 数据存储区的划分

存储系统的使用主要概括为以下两个方面。

1) 上传和下载用户程序

在用STEP7-Micro/Win32编程软件编程时,PLC主机和计算机之间进行数据、程序和参数的传递。

上传用户程序是指将PLC中的程序和数据通过通信口传输到计算机中。下载用户程序是指将编制好的程序和CPU组态配置参数通过通信口传输到PLC中。此时,用户程序、数据和组态配置参数存于主机的存储器RAM中,主机会自动地把这些内容装入EPROM中,以便永久保存。

2) S7-200存储器分区及数量

在PLC存储器中,某种存储单元地址的取值范围及数量就表示某种编程元件的数量。如PLC存储器中的顺序控制继电器存储器(S)的取值范围为S0.0~S31.7,表示顺序控制寄存器的数量为8×32=256个,如表6-4所示。

表6-4 S7-200系列PLC存储器分区及数量

描　述	CPU221	CPU222	CPU224	CPU226	CPU226XM
用户程序大小	2KB	2KB	4KB	4KB	8KB
用户数据大小	1K字	1K字	2.5K字	2.5K字	5K字

续表

描　　述	CPU221	CPU222	CPU224	CPU226	CPU226XM
输入映像寄存器	I0.0～I15.7	I0.0～I15.7	I0.0～I15.7	I0.0～I15.7	I0.0～I15.7
输出映像寄存器	Q0.0～Q15.7	Q0.0～Q15.7	Q0.0～Q15.7	Q0.0～Q15.7	Q0.0～Q15.7
模拟量输入(只读)	—	AIW0～AIW30	AIW0～AIW62	AIW0～AIW62	AIW0～AIW62
模拟量输出(只读)	—	AQW0～AQW30	AQW0～AQW62	AQW0～AQW62	AQW0～AQW62
变量存储器(V)	VB0.0～VB2047.7	VB0.0～VB2047.7	VB0.0～VB5119.7	VB0.0～VB5119.7	VB0.0～VB10239
局部存储器(L)	LB0.0～LB63.7	LB0.0～LB63.7	LB0.0～LB63.7	LB0.0～LB63.7	LB0.0～LB63.7
位存储器(M)	M0.0～M31.7	M0.0～M31.7	M0.0～M31.7	M0.0～M31.7	M0.0～M31.7
特殊存储器(SM)	SM0.0～SM179.7 SM0.0～SM29.7	SM0.0～SM299.7 SM0.0～SM29.7	SM0.0～SM549.7 SM0.0～SM29.7	SM0.0～SM549.7 SM0.0～SM29.7	SM0.0～SM549.7 SM0.0～SM29.7
定时器(T) 记忆接通(延时 1 ms)	256(T0～T255) T0,T64	256(T0～T255) T0,T64	256(T0～T255) T0,T64	256(T0～T255) T0,T64	256(T0～T255) T0,T64
记忆接通(延时 10 ms) 记忆接通(延时 100 ms) 接通/关断(延时 1 ms) 接通/关断(延时 10 ms) 接通/关断(延时 100ms)	T1～T4,T65～T68 T5～T31 T69～T95 T32～T36 T97～T100 T37～T63 T101～T225	T1～T4,T65～T68 T5～T31 T69～T95 T32～T36 T97～T100 T37～T63 T101～T225	T1～T4,T65～T68 T5～T31 T69～T95 T32～T36 T97～T100 T37～T63 T101～T225	T1～T4,T65～T68 T5～T31 T69～T95 T32～T36 T97～T100 T37～T63 T101～T225	T1～T4,T65～T68 T5～T31 T69～T95 T32～T36 T97～T100 T37～T63 T101～T225
计数器(C)	C0～C255	C0～C255	C0～C255	C0～C255	C0～C255
高速计数器(HC)	HC0,HC3 HC4,HC5	HC0,HC3 HC4,HC5	HC0,HC5	HC0,HC5	HC0,HC5
顺序控制继电器(S)	S0.0～S31.7	S0.0～S31.7	S0.0～S31.7	S0.0～S31.7	S0.0～S31.7
累加器(AC)	AC0～AC3	AC0～AC3	AC0～AC3	AC0～AC3	AC0～AC3
跳转/标号	0～255	0～255	0～255	0～255	0～255
调用子程序	0～63	0～63	0～63	0～63	0～63
中断程序	0～127	0～127	0～127	0～127	0～127
正/负跳变	256	256	256	256	256
PID 回路	0～7	0～7	0～7	0～7	0～7
端口	端口 0	端口 0	端口 0	端口 0,端口 1	端口 0,端口 1

6.4.4 编程范围

可编程控制器的硬件结构决定了软件编程，S7-200PLC 各编程元器件、操作数的有效编程范围和特性如表 6-5 所示。

表 6-5 S7-200CPU 各编程元器件、操作数的有效编程范围和特性一览表

描　述	CPU221	CPU222	CPU224	CPU226
用户程序大小	2KB	2KB	4KB	4KB
用户数据大小	1K 字	1K 字	2.5K 字	2.5K 字
输入映像寄存器	I0.0～I15.7	I0.0～I15.7	I0.0～I15.7	I0.0～I15.7
输出映像寄存器	Q0.0～Q15.7	Q0.0～Q15.7	Q0.0～Q15.7	Q0.0～Q15.7
模拟量输入(只读)	—	AIW0～AIW30	AIW0～AIW62	AIW0～AIW62
模拟量输出(只写)	—	AQW0～AQW30	AQW0～AQW62	AQW0～AQW62
变量存储器(V)	VB0.0～VB2047.7	VB0.0～VB2047.7	VB0.0～VB5119.7	VB0.0～VB5119.7
局部存储器(L)	LB0.0～LB63.7	LB0.0～LB63.7	LB0.0～LB63.7	LB0.0～LB63.7
位存储器(M)	M0.0～M31.7	M0.0～M31.7	M0.0～M31.7	M0.0～M31.7
存取方式： 位存取(字节、位)	V 0.0～2047.7 I 0.0～15.7 Q 0.0～15.7 M 0.0～31.7	V 0.0～2047.7 I 0.0～15.7 Q 0.0～15.7 M 0.0～31.7	V 0.0～5119.7 I 0.0～15.7 Q 0.0～15.7 M 0.0～31.7	V 0.0～5119.7 I 0.0～15.7 Q 0.0～15.7 M 0.0～31.7
	SM 0.0～179.7 S 0.0～31.7 T 0～255 C 0～255 L 0.0～63.7	SM 0.0～179.7 S 0.0～31.7 T 0～255 C 0～255 L 0.0～63.7	SM 0.0～179.7 S 0.0～31.7 T 0～255 C 0～255 L 0.0～63.7	SM 0.0～179.7 S 0.0～31.7 T 0～255 C 0～255 L 0.0～63.7

6.4.5 编程规则

1. 网络

在梯形图(LAD)中，程序被分成网络的一些程序段。每个梯形图网络是由一个或多个梯级组成。在功能块图(FBD)中，使用网络概念给程序分段。在语句表(STL)程序中，使用“网络”这个关键词对程序分段。对梯形图、功能块图、语句表程序分段后，就可通过编程软件实现它们之间的相互转换。

2. 梯形图(LAD)/功能块图(FBD)

梯形图中左、右垂直线称为左、右母线。STEP 7-Micro/WIN 梯形图编辑器在绘图时，通常将右母线省略。在左、右母线之间是由触点、线圈或功能框组合的有序排列。梯形图的输入总是在图形的左边，输出总是在图形的右边，因而触点与左母线相连，线圈或功能框终止于右母线，从而构成一个梯级。在一个梯级中，左、右母线之间是一个完整的“电路”，不允许“短路”、“开路”，也不允许“能流”反向流动。功能块图中输入总是在框图的左边，输出总是在框图的右边。

3. 允许输入端、允许输出端

在梯形图(LAD)、功能块图(FBD)中，功能框的 EN 端是允许输入端，功能框的允许输入端必须存在“能流”，即与之相连的逻辑运算结果为 1(即 EN=1)，才能执行该功能框的功能。在语句表(STL)程序中没有 EN 允许输入端，但是允许执行 STL 指令的条件是栈顶的

值必须为“1”。

在梯形图(LAD)、功能块图(FBD)中,功能框的ENO端是允许输出端,允许功能框的布尔量输出,用于指令的级联。如果功能框允许输入端(EN)存在“能流”,且功能框准确无误地执行了其功能,那么允许输出端(ENO)将把“能流”传到下一个功能框,此时,ENO=1。如果执行过程中存在错误,那“能流”就在出现错误的功能框终止,即ENO=0。

在语句表(STL)程序中用AENO(ANDENO)指令讯问,可以产生与功能框的允许输出端(ENO)相同的效果。

4. 条件/无条件输入

条件输入:在梯形图(LAD)、功能块图(FBD)中,与“能流”有关的功能框或线圈不直接与左母线连接。

无条件输入:在梯形图(LAD)、功能块图(FBD)中,与“能流”无关的功能框或线圈直接与左母线连接。例如LBL、NEXT、SCR、SCRE等。

5. 无允许输出端的指令

在梯形图(LAD)、功能块图(FBD)中,无允许输出端(ENO)的指令方框,不能用于级联。如CALL SBR_N(N1,…)子程序调用指令和LBL、SCR等。

6.4.6 用户程序结构

S7-200PLC的用户程序由主程序、子程序和中断程序组成。

1. 主程序

主程序是程序的主体,每一个项目都必须有且只能有一个主程序。在主程序中可以调用子程序和中断程序。主程序通过指令控制整个应用程序的执行,CPU在每个扫描周期都要执行一次主程序。

2. 子程序

子程序是程序的可选部分,只有当主程序调用时,才可以执行。同一子程序可以在不同的地方被多次调用,使用子程序可以简化程序和减少扫描时间。

3. 中断程序

中断程序也是程序的可选部分。中断程序不是被主程序调用,它们在中断事件发生时由PLC的操作系统调用。中断程序用来处理预先规定的中断事件,因为不能预知何时会出现中断事件,所以不允许中断程序改写可能在其他程序中使用的存储器。中断程序可在扫描周期的任意点执行。

6.5 S7-200系列PLC的指令系统

S7-200系列PLC有丰富的指令系统,支持梯形图、语句表、功能图编程,但通常情况下使用梯形图最为普遍。S7-200系列PLC指令系统可分为基本指令和功能指令两大类。基本指令包括基本逻辑指令,定时/计数指令,算术、逻辑运算指令,数据处理指令,程序控制指令。功能指令包括表功能指令、转换指令、中断指令、高速处理指令、PID指令、通信指令等多种类型。下面介绍S7系列PLC常用的指令系统。

6.5.1 基本逻辑指令

1. 指令格式

S7-200 系列 PLC 的基本逻辑指令与三菱系列 PLC 基本逻辑指令类似，本节不做详细讲述。基本逻辑指令格式如表 6-6 所示。

表 6-6 基本逻辑指令表

	指令类型	梯形图符号 LAD	语句表 STL	功能
基本逻辑指令	基本位操作指令	bit —| |— bit —|/|— bit —( )	LD/LDN bit A/AN bit O/ON bit =bit	网络起始常开/常闭触点 常开/常闭触点串联 常开/常闭触点并联 线圈输出
	取非和空操作指令	—|NOT|—	NOT	取非
		N NOP	NOP N	空操作指令
	置位/复位指令	bit —(S) N bit —(R) N	S bit,N R bit,N	从起始位开始的 N 个元件置 1 从起始位开始的 N 个元件清 0
	边沿触发指令	—| P |— —| N |—	EU ED	正跳变，无操作元件 负跳变，无操作元件
	比较指令	IN1 —| ==B |— IN2	LDB=IN1,IN2 AB=IN1,IN2 OB=IN1,IN2	操作数 IN1 和 IN2(整数)比较

2. 基本逻辑指令应用举例

例 6.1 简单“串联”、“并联”关系“电路”的梯形图和语句表应用，如图 6-15 所示。

两个或两个以上“触点”串联或并联组成的“电路”叫作一个“块”。利用梯形图编程时无特殊要求，与继电接触器电路一样。但利用语句表编程时就必须特别说明。“块”的“与”(串联)操作用“ALD”指令；“块”的“或”(并联)操作用“OLD”指令。

例 6.2 “块”的“与”和“或”关系“电路”的梯形图和语句表应用，如图 6-16 和图 6-17 所示。

例 6.3 有分支母线“电路”的梯形图和语句表应用如图 6-18 所示。该“电路”利用梯形图编程时无特殊要求，仍与继电接触器电路一样，但利用语句表编程时就必须用栈操作指令。

栈操作指令如下。

LAD　　　　STL　　　　功能注释

网络1

I0.0　I0.1　M0.0

M0.0

```
网络 1
LD   I0.0        //装入常开触点
O    M0.0        //或常开触点
AN   I0.1        //与常闭触点
=    M0.0        //输出线圈
网络 2
LD   I0.2        //装入常开触点
O    I0.3        //或常开触点
AN   I0.4        //与常闭触点
=    Q0.1        //输出线圈
```

网络2

I0.2　I0.4　Q0.1

I0.3

图 6-15　简单“串联”、“并联”关系“电路”的梯形图和语句表应用

LAD　　　　STL　　　　功能注释

网络1

I0.0　I0.2　Q0.1

M0.1　M0.4

```
网络 1
LD   I0.0        //装入常开触点
O    M0.1        //或常开触点
LD   I0.2        //装入常开触点
O    M0.4        //或常开触点
ALD              //块与操作
=    Q0.1        //输出线圈
```

图 6-16　“块”的“与”(串联)操作梯形图和语句表应用

LAD　　　　STL　　　　功能注释

网络1

I0.0　I0.2　M0.0

M0.0　I0.3

```
网络 1
LD   I0.0        //装入常开触点
A    I0.2        //与常开触点
LD   M0.0        //装入常开触点
AN   I0.3        //与常闭触点
OLD              //块或操作
=    M0.0        //输出线圈
```

图 6-17　“块”的“或”(并联)操作梯形图和语句表应用

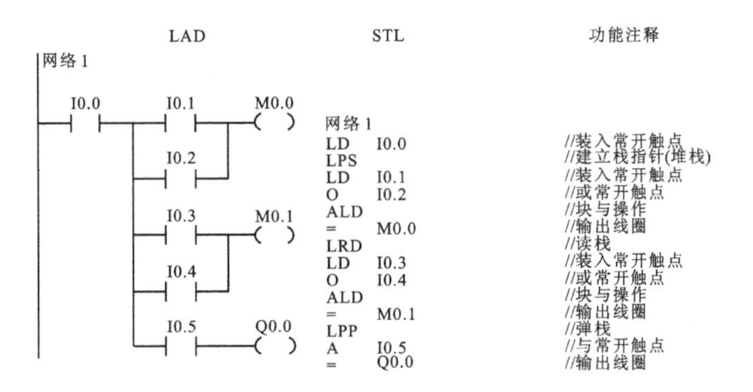

图 6-18　有分支母线“电路”的梯形图和语句表应用

LPS(Logic Push):逻辑堆栈操作指令(无操作元件)。

LRD(Logic Read):逻辑读栈指令(无操作元件)。

LPP(Logic Pop):逻辑弹栈指令(无操作元件)。

堆栈操作时将断点的地址压入栈区,栈区内容自动下移(栈底内容丢失)。读栈操作时将存储器栈区顶部的内容读入程序的地址指针寄存器,栈区内容保持不变。弹栈操作时,栈的内容依次按照后进先出的原则弹出,将栈顶内容弹入程序的地址指针寄存器,栈的内容依次上移。逻辑堆栈指令可以嵌套使用,最多为9层。为保证程序地址指针不发生错误,堆栈和弹栈指令必须成对使用,最后一次读栈操作应使用弹栈指令。

例 6.4　取反指令(NOT)和空操作指令(NOP)梯形图和语句表应用如图6-19所示。取反指令采用梯形图时用专用“触点”符号表示,触点左侧为I(0)时,右侧为O(1);采用语句表时用 NOT 指令。空操作数 N 为执行空操作指令的次数，N 在 0～255 之间。

例 6.5　置位/复位指令的梯形图应用如图 6-20 所示，其时序分析如图 6-21 所示。

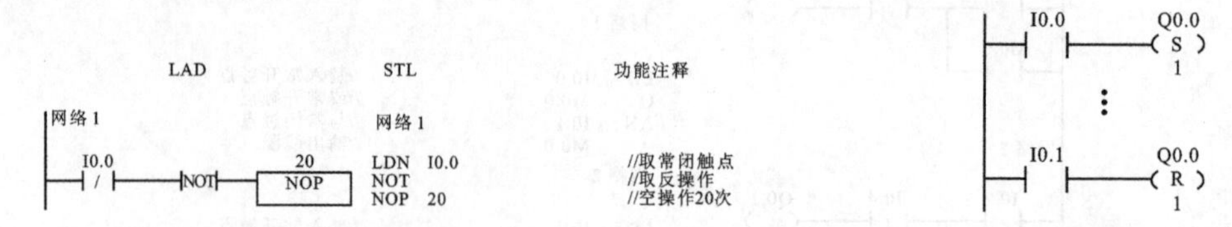

图 6-19　取反指令(NOT)和空操作指令(NOP)梯形图和语句表应用　　**图 6-20　置位/复位指令的梯形图应用**

例 6.6　边沿触发指令的梯形图和语句表应用如图 6-22 所示，其时序分析如图 6-23 所示。边沿触发指令(脉冲生成)是指用边沿触发信号产生一个周期的标准扫描脉冲。边沿触发指令分为正跳变触发(上升沿)和负跳变触发(下降沿)两大类。正跳变触发指输入脉冲的上升沿，使触点开始一个扫描周期。负跳变触发指输入脉冲的下降沿，使触点开始一个扫描周期。

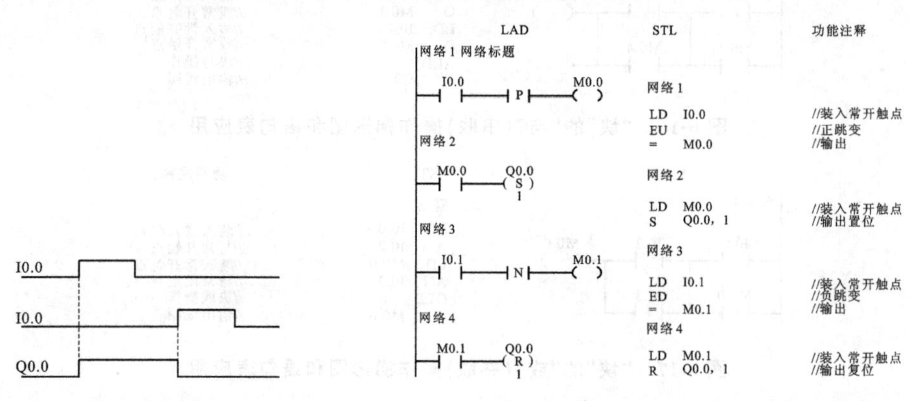

图 6-21　置位/复位指令时序图　　**图 6-22　边沿触发指令的梯形图和语句表应用**

例 6.7　整数(16 位有符号整数)比较指令的梯形图和语句表应用如图 6-24 所示。图中计数器 C0 的当前值大于或等于 1000 时，输出线圈 Q0.0 通电。

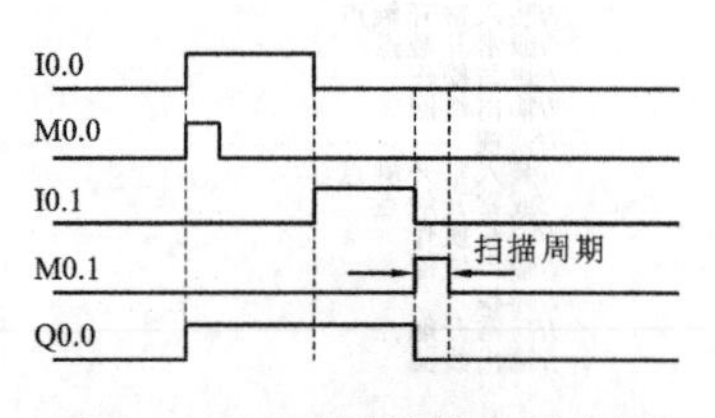

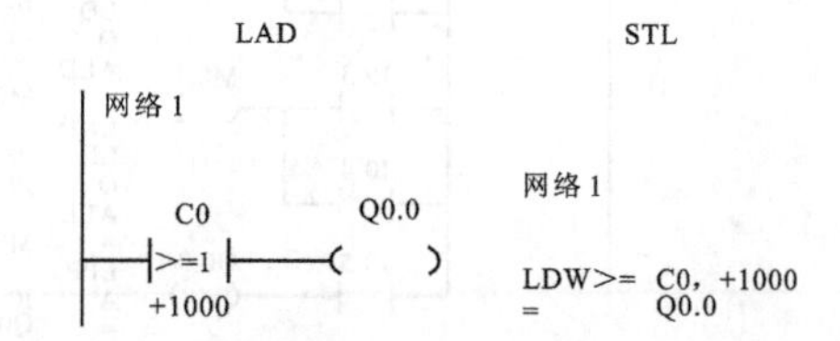

图 6-23　边沿触发指令时序图　　**图 6-24　整数比较指令的梯形图和语句表应用**

6.5.2　定时器与计数器指令

定时器和计数器是 PLC 中的重要元件。

1. 定时器

定时器是 PLC 中最常用的元器件之一。定时器编程时要预置定时值，在运行过程中当定时器的输入条件满足时，当前值从零开始按一定的单位增加，当定时器的当前值到达设定值时，定时器发生动作，从而满足各种定时逻辑控制的需要。

1) 基本概念

(1) 种类。

S7-200PLC 为用户提供了三种类型的定时器：接通延时定时器(TON)、有记忆接通延时定时器(TONR)和断开延时定时器(TOF)。

(2) 定时器的分辨率与定时时间。

单位时间的时间增量称为定时器的分辨率。定时器的定时原理是对内部时基脉冲进行计数。S7-200 PLC 提供给定时器的时基脉冲有 1 ms、10 ms 和 100 ms 三种,因此 S7-200 PLC 定时器有三种分辨率等级:1 ms、10 ms 和 100 ms。

定时器的实际定时时间 T 的值为:设定值 PT 与分辨率 S 的乘积。

例如:T97 为 10 ms 的定时器,设定值为 PT 为 100,则实际定时时间为:100×10=1000(ms)。

定时器的设定值 PT,数据类型为 INT 型,操作数可为 VW、IW、QW、MW、SMW、SW、LW、AIW、T、C、AC、* VD、* AC、* LD 和常数。其中常数最为常用。

(3) 定时器的编号。

定时器的编号:用定时器的名称和它的常数编号(最大为 255)来表示,即T×××,如 T40。定时器的编号包含两个方面的变量信息:定时器位和定时器当前值。

定时器位:当定时器的当前值达到设定值时,定时器的触点动作,位为 1。

定时器当前值:存储定时器所累计的时间,它用 16 位符号整数来表示,最大计数值为32767。

定时器的种类和编号如表 6-7 所示。

表 6-7　定时器的种类和编号

定时器分类	分辨率/ms	最大当前值/s	定时器编号
TONR	1	32.767	T0,T64
	10	327.67	T1～T4,T65～T68
	100	3276.7	T5～T31,T69～T95
TON, TOFF	1	32.767	T32,T96
	10	327.67	T33～T36,T97～T100
	100	3276.7	T37～T63,T101～T255

从表 6-7 中可以看出 TON 和 TOF 使用的定时器编号范围相同。需要注意的是,在同一个 PLC 程序中不能把同一个定时器号同时用做 TON 和 TOF。例如,在程序中,不能既有接通延时定时器 T32,又有断开延时定时器 T32。

2) 定时器指令的使用

三种定时器指令的 LAD 和 STL 的格式如表 6-8 所示。

表 6-8　定时器指令的 LAD 和 STL 格式

格式	名称		
	接通延时定时器	有记忆接通延时定时器	断开延时定时器
LAD	???? IN TON ????-PT ???ms	???? IN TONR ????-PT ???ms	???? IN TOF ????-PT ???ms
STL	TON　T×××,PT	TONR　T×××,PT	TOF　T×××,PT

（1）接通延时定时器（TON）。

接通延时定时器用于单一时间间隔的定时，上电周期或首次扫描时，定时器位为“OFF”，当前值为0。输入端接通时，定时器位为“OFF”，当前值从0开始计时，当前值达到设定值时，定时器的位为“ON”，当前值仍连续计数到32767。输入端断开，定时器自动复位，即定时器位为“OFF”，当前值为0。

（2）有记忆接通延时定时器（TONR）。

有记忆接通延时定时器具有记忆功能，它用于对许多间隔的累计计时。上电周期或首次扫描时，定时器的位为“OFF”，当前值保持在掉电前的值。当输入端接通时，当前值从上次的保持值继续计时；当累计当前值达到设定值时，定时器的位为“ON”，当前值可继续计数到32767。需要注意的是TONR定时器只能用复位指令R对其进行复位操作。TONR复位后，定时器的位为“OFF”，当前值为0。

（3）断开延时定时器（TOF）。

断开延时定时器用于断电后的单一间隔时间计时。上电周期或首次扫描时，定时器位为“OFF”，当前值为0。输入端接通时，定时器的位为“ON”，当前值为0。当输入端由接通到断开时，定时器开始计时。当达到设定值时定时器的位为“OFF”，当前值等于设定值，停止计时。输入端再次由“OFF”变成“ON”时，TOF复位，这时TOF的位为“ON”，当前值为0。如果输入端再从“ON”变成“OFF”，则TOF可以实现再次启动。

例 6.8　定时器指令的使用如图6-25所示。

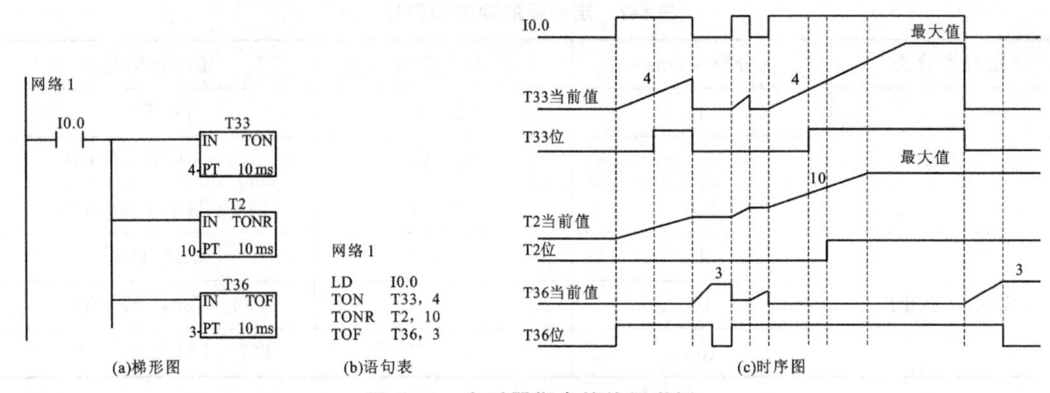

图 6-25　定时器指令的使用举例

3）定时器的刷新方式和正确使用

由于定时器的分辨率不同，因此它们的刷新方法也是不同的。

（1）定时器的刷新方式。

① 1 ms定时器。1 ms定时器由系统每隔1 ms刷新一次，与扫描周期和处理程序无关，其采用中断刷新方式。当扫描周期较长时，在一个扫描周期内，1 ms定时器的状态位和当前值可能被多次刷新，也就是说，1 ms定时器的当前值在一个扫描周期内不一定保持一致。

② 10 ms定时器。10 ms定时器由系统在每个扫描周期开始时自动刷新，由于在每个扫描周期只刷新一次，故在一个扫描周期内定时器的状态位和当前值保持不变。

③ 100 ms定时器。100 ms定时器在定时器指令执行时被刷新，因此，该定时器被激活后，如果不是每个扫描周期都执行定时器指令或在一个扫描周期内多次执行定时器指令，则会造成计时失准。如果同一个100 ms定时器在一个扫描周期中被指令多次启动执行，则该定时器就会多次对时基脉冲计数，这就相当于时钟走快了。100 ms定时器仅用在定时器指令在一个扫描周期中精确执行一次的地方。

(2) 定时器的正确使用。

图 6-26 所示为正确使用定时器的一个例子,它用来在定时器计时到点时产生一个宽度为一个扫描周期的脉冲。

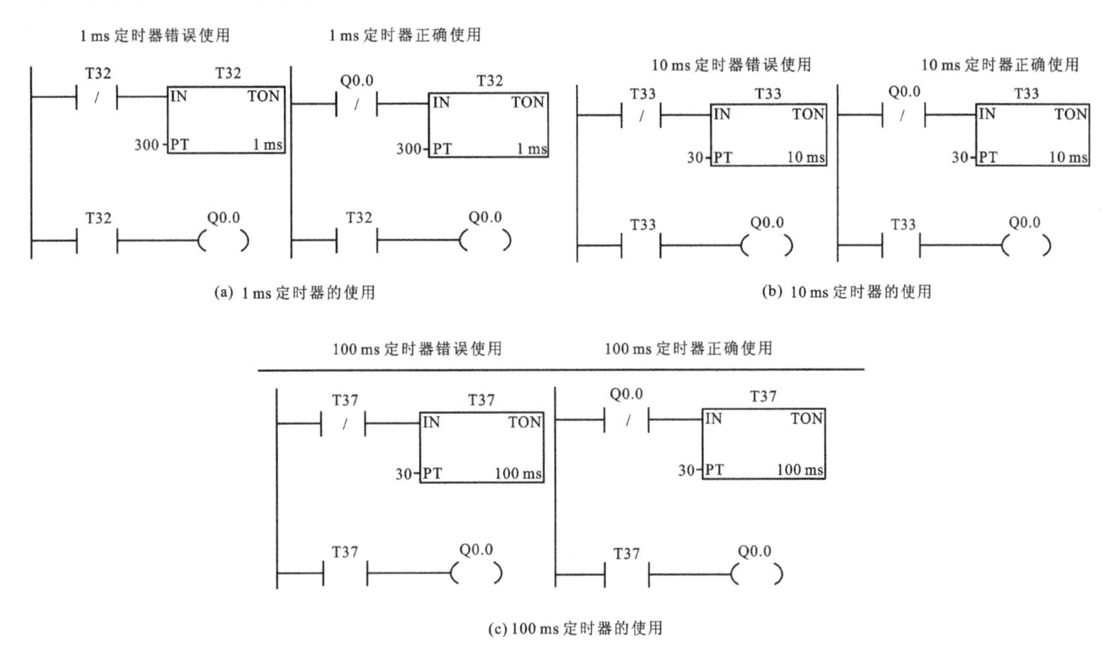

(a) 1 ms 定时器的使用

(b) 10 ms 定时器的使用

(c) 100 ms 定时器的使用

图 6-26　1 ms、10 ms 和 100 ms 定时器的应用

结合各种定时器刷新方式的规定,从图 6-26 中可以看出以下几点。

① 对于 1 ms 定时器 T32,在使用方式错误时,只有当定时器的刷新发生在 T32 的常闭触点执行以后到 T32 的常开触点执行以前的区间时,Q0.0 才能产生宽度为一个扫描周期的脉冲,而这种可能性是极小的,在其他情况下,则这个脉冲就产生不了。

② 对于 10 ms 定时器 T33,在使用方式错误时,Q0.0 永远产生不了这个脉冲。因为当定时器计时到时,定时器在每次扫描开始时刷新。该例中 T33 被置位,但执行到定时器指令时,定时器将被复位(当前值和位都被置 0)。当常开触点 T33 被执行时,T33 永远为"OFF",Q0.0 也为"OFF",即永远不会被置位为"ON"。

③ 100 ms 定时器在执行指令时刷新,所以当定时器 T37 到达设定值时,Q0.0 肯定会产生这个脉冲。

改用正确的使用方法后,把定时器到达设定值产生结果的元器件的常闭触点用作定时器本身的输入,则不论哪种定时器,都能保证定时器达到设定值时,Q0.0 产生的宽度为一个扫描周期的脉冲。所以,在使用定时器时,必须清楚定时器的分辨率,一般情况下不要把定时器本身的常闭触点作为自身的复位条件。在实际使用时,为了简单起见,100 ms 的定时器常采用自复位逻辑,而且 100 ms 定时器也是使用最多的定时器。

由此可见,当用本身触点激励输入的定时器,分辨率为 1 ms 和 10 ms 时不能可靠地工作,一般不宜使用本身触点作为激励输入。

2. 计数器

计数器的作用是累计输入脉冲的次数,在实际应用中用来对产品进行计数或完成复杂的逻辑控制任务。计数器的使用和定时器的使用基本相似,编程时输入它的计数设定值,计数器累计它的脉冲输入端信号上升沿的个数。当计数值达到设定值时,计数器发生动作,以便完成计数控制任务。

1）基本概念

（1）种类。

S7-200 系列 PLC 的计数器有 3 种：增计数器 CTU、减计数器 CTD 和增减计数器 CTUD。

（2）编号。

计数器的编号由计数器的名称和数字（0～255）组成，即 C×××，如 C6。

计数器的编号包含两个方面的信息：计数器的位和计数器的当前值。

计数器的位：计数器的位和继电器一样是一个开关量，表示计数器是否发生动作的状态。当计数器的当前值达到设定值时，该位被置位为“ON”。

计数器的当前值：其值是一个存储单元，它用来存储计数器当前所累计的输入脉冲的个数，用 16 位符号整数来表示，最大值为 32767。

（3）计数器的输入端和操作数。

设定值输入：数据类型为 INT 型。寻址范围为 VW、IW、QW、MW、SW、SMW、LW、AIW、T、C、AC、*VD、*AC、*LD 和常数。一般情况下使用常数作为计数器的设定值。

2）计数器指令的使用

计数器指令的 LAD 和 STL 格式如表 6-9 所示。

表 6-9　计数器指令的使用

格式	名　称		
	增 计 数 器	减 计 数 器	增减计数器
LAD	???? CU CTU R ????-PV	???? CD CTD LD ????-PV	???? CU CTUD CD R ????-PV
STL	CTU　C×××,PV	CTD　C×××,PV	CTUD　C×××,PV

（1）增计数器（CTU）。

首次扫描时，计数器的位为“OFF”，当前值为 0。在计数脉冲输入端 CU 的每个上升沿，计数器计数一次，当前值增加一个单位。当前值达到设定值时，计数器位为“ON”，当前值可继续计数到 32767 后停止计数。复位输入端有效或对计数器执行复位指令，计数器自动复位，即计数器的位为“OFF”，当前值为 0。

例 6.9　增计数器的使用如图 6-27 所示。

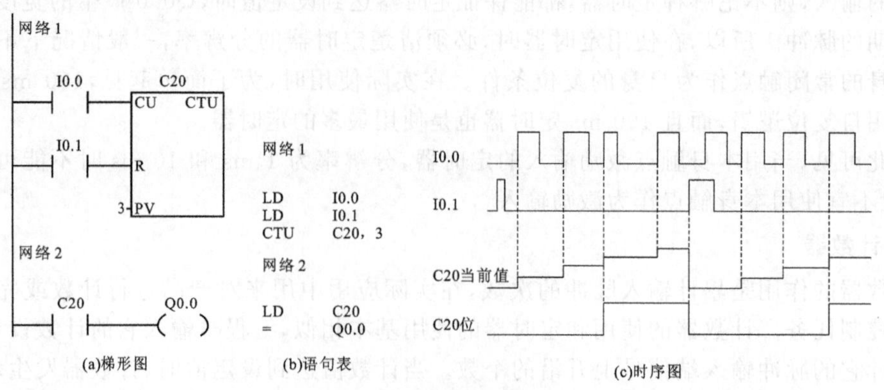

图 6-27　增计数器的使用

注意：在语句表中，CU、R 的编程顺序不能错误。

（2）减计数器（CTD）。

首次扫描时，计数器的位为“OFF”，当前值为预设定值 PV。对 CD 输入端的每个上升沿计数器计数一次，当前值减少一个单位，当前值减小到 0 时，计数器位置位为“ON”，复位输入端有效或对计数器执行复位指令，计数器自动复位，即计数器位为“OFF”，当前值复位为设定值。

例 6.10 减计数器的使用如图 6-28 所示。

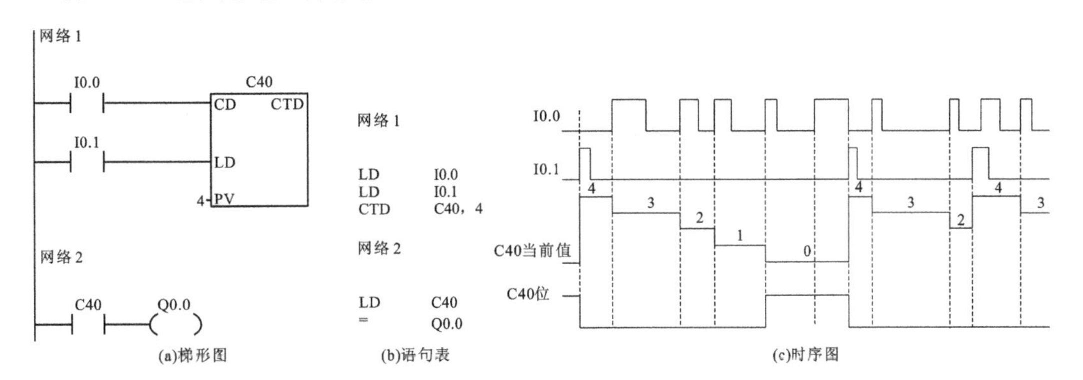

图 6-28 减计数器的使用

注意：减计数器的复位端是 LD 而不是 R，在语句表中，CD、LD 的顺序不能错误。

（3）增减计数器（CTUD）。

增减计数器有两个计数脉冲输入端：CU 输入端用于递增计数，CD 输入端用于递减计数。首次扫描时。计数器的位为“OFF”，当前值为 0。CU 输入的每个上升沿，计数器当前值增加一个单位；CD 输入的每个上升沿，都使计数器当前值减小一个单位，当前值达到设定值时，计数器位置位为“ON”。

增减计数器当前值计数到 32767（最大值）后，下一个 CU 输入的上升沿将使当前值跳变为最小值（－32768）；当前值达到最小值－32768 后，下一个 CD 输入的上升沿将使当前值跳变为最大值 32767。复位输入端有效或使用复位指令对计数器执行复位操作后，计数器自动复位，即计数器的位为“OFF”，当前值为 0。

例 6.11 增减计数器的使用如图 6-29 所示。

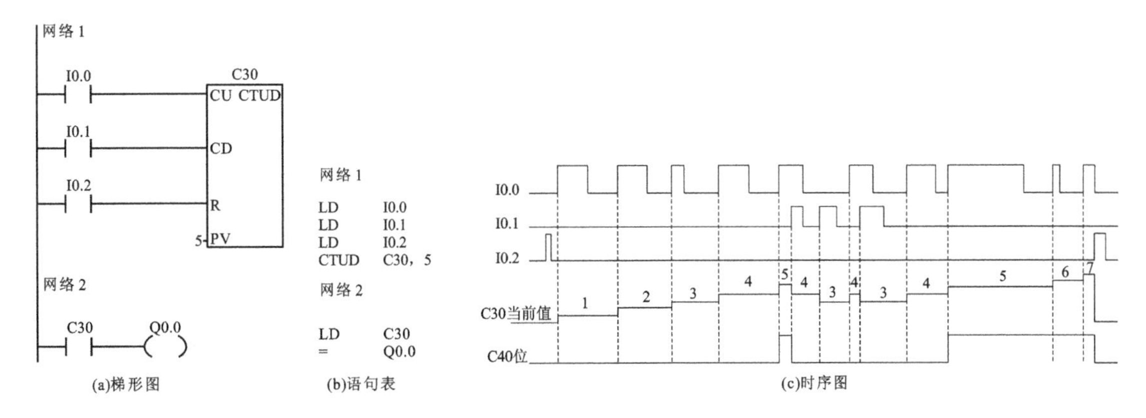

图 6-29 增减计数器的使用

注意：在语句表中，CU、CD 和 R 的顺序不能错误。

6.6 S7-200 系列 PLC 功能指令

PLC 是由取代继电器控制系统开始产生和发展的。早期的 PLC 多用于机电系统的顺序控制，因而许多人习惯把 PLC 看作继电器、定时器和计数器的集合。这种看法，对于原先从事继电器控制系统设计、维护的人员掌握 PLC 的应用技术曾起了很大的作用。但是，同时也要认识到 PLC 实际上就是工业控制计算机。它具有计算机控制系统的功能，例如算术逻辑运算、程序流控制、通信等极为强大的功能。这些功能通常是通过功能指令的形式来实现的。

功能指令(function instruction)又称为应用指令，它是指令系统中应用于复杂控制的指令。功能指令包括有数据处理指令、算术逻辑运算指令、表功能指令、转换指令、中断指令、高速处理指令等。这些功能指令实际上是厂商为满足各种客户的特殊需要而开发的通用子程序。功能指令的丰富程度及其使用的方便程度是衡量 PLC 性能的一个重要指标。

功能指令的助记符与汇编语言很相似，略具计算机知识的人不难记忆。但功能指令毕竟太多，一般读者不必准确记忆其详尽用法，只要理解指令的原理，使用时再把本书当作手册查阅即可。

6.6.1 数据处理指令

数据处理指令包括数据传送指令、字节交换/填充指令、移位指令、比较指令、段译码指令等。

1. 数据传送指令

数据传送类指令有字节、字、双字和实数的单个数据传送指令，还有以字节、字、双字为单位的数据块的成组传送指令，用来完成各存储器单元之间的数据传送。

1) 单个数据传送指令

单个数据传送指令一次完成一个字节、字、双字的传送。单个数据传送指令的格式及功能见表 6-10。

表 6-10 单个数据传送指令的格式及功能

梯形图			语句表	功能
MOV-B EN ENO ????-IN OUT-????	MOV-W EN ENO ????-IN OUT-????	MOV-DW EN ENO ????-IN OUT-????	MOV IN, OUT	单个字节、字、双字的传送 IN=OUT

单个数据传送指令的操作功能：当使能输入端 EN 有效时，把一个输入 IN 的单字节无符号数、单字长或双字长符号数送到输出 OUT 指定的存储器单元输出。其数据类型分别为 B、W、DW。

使能输出端 ENO =0 断开的出错条件为：SM4.3(运行时间)，0006(间接寻址错误)。

2) 数据块传送指令

数据块传送指令一次可完成 N 个数据的成组传送。指令类型有字节、字、双字三种。块传送指令的格式及功能见表 6-11。

表 6-11 块传送指令的格式及功能

梯形图	功能
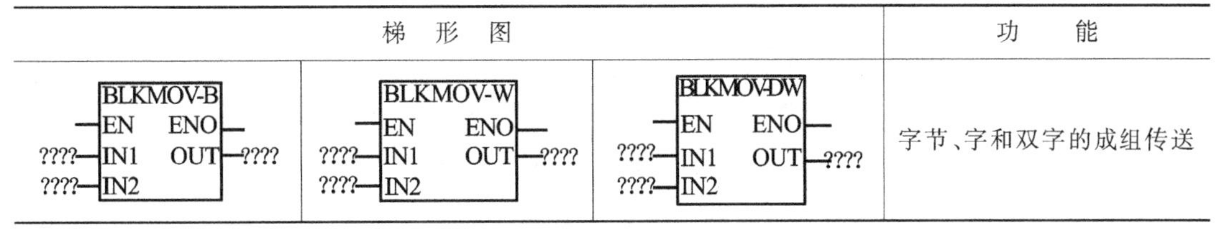	字节、字和双字的成组传送

(1) 字节的数据块传送指令,当使能输入端 EN 有效时,把从输入 IN 字节开始的 N 个字节数据传送到以输出字节 OUT 开始的 N 个字节中。

(2) 字的数据块传送指令,当使能输入端 EN 有效时,把从输入 IN 字节开始的 N 个字数据传送到以输出字 OUT 开始的 N 个字的存储区中。

(3) 双字的数据块传送指令,当使能输入端 EN 有效时,把从输入 IN 双字开始的 N 个双字的数据传送到以输出双字 OUT 开始的 N 个双字的存储区中。

3) 传送指令的数据类型和断开的条件

IN,OUT 操作数据类型分为 B、W、DW;N(BYTE)的数据范围为 0～255;IN,OUT 操作数寻址范围参见相关参考资料。

使能输出 ENO=0 断开的条件是:SM4.3(运行时间),0006(间接寻址错误),0091(操作数超界)。

传送指令应用举例如图 6-30 所示。

将变量存储器 VD100 中内容送到 VD200 中。

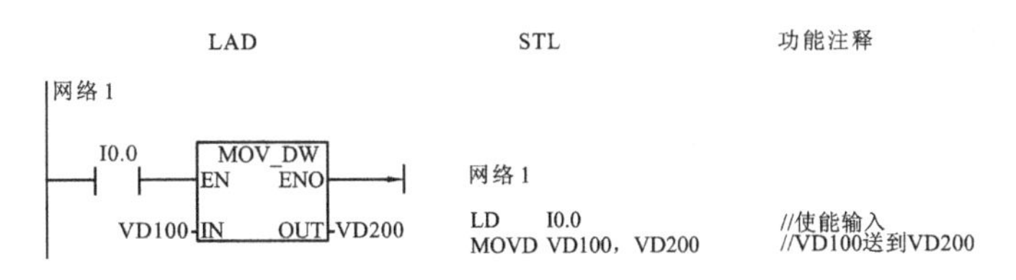

图 6-30 传送指令应用

2. 字节交换/填充指令

字节交换/填充指令格式及功能见表 6-12。

表 6-12 字节交换/填充指令格式及功能

梯形图		语句表	功能
SWAP EN ENO ????-IN	FILL-N EN ENO ????-IN OUT-???? ????-N	SWAP IN FILL IN,OUT,N	字节交换 字节填充

1) 字节交换指令(SWAP)

字节交换 SWAP 指令用来交换输入文字 IN 的高字节与低字节。当使能输入 EN 有效时,交换输入字 IN 的高字节与低字节。

2) 字节填充指令(FILL)

字节填充指令用于存储器区域的填充。当使能输入 EN 有效时,用字输入数据 IN 填充从输出 OUT 指定单元开始的 N 个字存储单元。

填充指令的应用举例如图 6-31 所示。

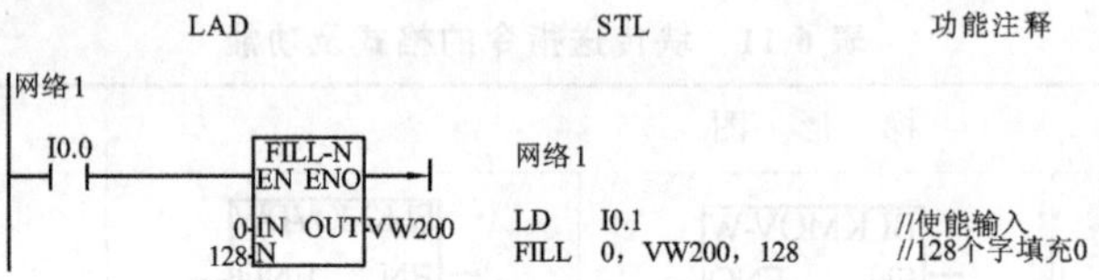

LAD　　STL　　功能注释

网络1
I0.0　FILL-N　EN ENO　0-IN OUT-VW200　128-N

网络1
LD　I0.1　//使能输入
FILL　0，VW200，128　//128个字填充0

图 6-31　填充指令的应用

执行的结果是将从 VW200 开始的 256 个字节的存储单元清零。

3. 移位指令

移位指令分为左、右移位指令和循环左、右移位指令及移位寄存器指令。

1）*左、右移位指令*

左、右移位指令格式及功能见表 6-13。

表 6-13　左、右移位指令格式及功能

梯形图			功能
SHL-B EN ENO ????-IN OUT-???? ????-N	SHL-W EN ENO ????-IN OUT-???? ????-N	SHL-DW EN ENO ????-IN OUT-???? ????-N	字节、字 双字左移位
SHR-B EN ENO ????-IN OUT-???? ????-N	SHR-W EN ENO ????-IN OUT-???? ????-N	SHR-DW EN ENO ????-IN OUT-???? ????-N	字节、字 双字右移位

左、右移位指令将输入 IN 中的数的各位向右或向左移动 *N* 位后，送给输出 OUT。移位对移出的位自动补 0。如果移位的位数 *N* 大于允许值(字节操作为 8 位，字操作为 16 位，双字操作为 32 位)，则实际移位的位数为最大允许值。所有的循环和移位指令中的 N 均为字节型数据。

如果移位次数大于 0，“溢出”存储器位 SM1.1 保存最后一次被移出的位的值。如果移出结果为 0，零标志位 SM1.0 被置 1。

(1) 左移位指令(SHL)。当使能输入有效时，将输入的字节、字或双字 IN 左移 *N* 位后(右端补 0)，将结果输出到 OUT 所指定的存储器单元中，最后一次移出位保存在 SM1.1 中。

(2) 右移位指令(SHR)。当使能输入有效时，将输入的字节、字或双字 IN 右移 *N* 位后(左端补 0)，将结果输出到 OUT 所指定的存储器单元中，最后一次移出位保存在 SM1.1 中。

2）*循环左移位指令和循环右移位指令*

循环移位指令将输入 IN 中的各位向左或向右循环移动 *N* 位后，送给输出 OUT。循环移位是环形的，即被移出来的位将返回到另一端空出来的位置。循环移位指令的格式及功能见表 6-14。

表 6-14　循环移位指令的格式及功能

梯形图			功能
ROL-B EN ENO ????-IN OUT-???? ????-N	ROL-W EN ENO ????-IN OUT-???? ????-N	ROL-DW EN ENO ????-IN OUT-???? ????-N	字节、字、双字循环左移位

续表

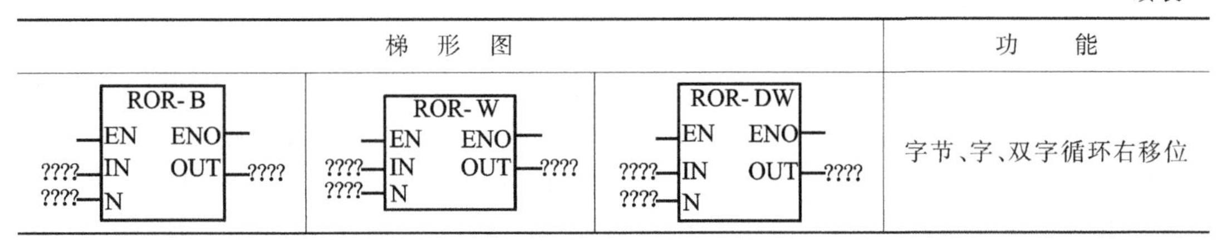

梯形图			功能
ROR-B EN ENO ????-IN OUT-???? ????-N	ROR-W EN ENO ????-IN OUT-???? ????-N	ROR-DW EN ENO ????-IN OUT-???? ????-N	字节、字、双字循环右移位

（1）循环左移位指令(ROL)。当使能输入有效时，将输入的字节、字或双字 IN 数据循环左移 N 位后，将结果输出到 OUT 所指定的存储器单元中，并将最后一次移出位保存在 SM1.1 中。

（2）循环右移位指令(ROR)。当使能输入有效时，将输入的字节、字或双字 IN 数据循环右移 N 位后，将结果输出到 OUT 所指定的存储器单元中，并将最后一次移出位保存在 SM1.1 中。

如果移动的位数 N 大于允许值(字节操作为 8 位，字操作为 16 位，双字操作为 32 位)，则执行循环移位之前应先对 N 进行取模操作。例如对于字移位，将 N 除以 16 后取余数，从而得到一个有效的移位次数。取模操作的结果对于字节操作是 0～7，对于字操作是 0～15，对于双字操作是 0～31。如果取模操作的结果为 0，则不进行循环移位操作。

(3)移位指令的应用举例。左、右移位与循环移位指令应用如图 6-32 所示。

当 I0.0 输入有效时，将 VB10 左移 4 位送到 VB10，将 VB0 循环右移 3 位送到 VB0。

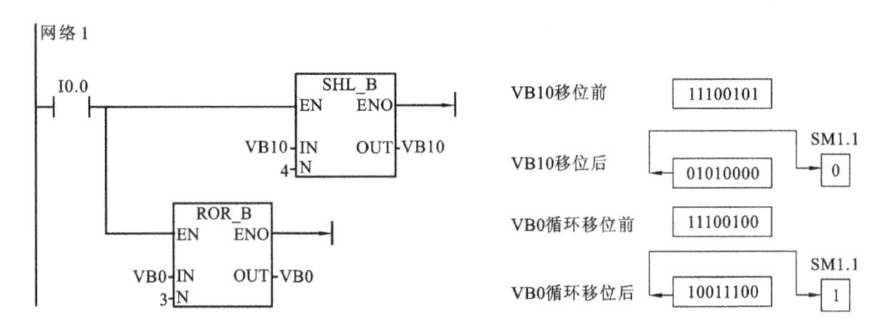

图 6-32 左、右移位与循环移位指令应用

3）移位寄存器指令(SHRB)

移位寄存器指令是一个移位长度可指定的移位指令。移位寄存器指令格式及功能见表 6-15。

表 6-15 移位寄存器指令格式及功能

梯形图	语句表	功能
SHRB EN ENO I1.2-DATA M2.0-S-BIT 8-N	SHRB I1.2,M2.0,8	移位寄存器

梯形图中 DATA 为数据输入，指令执行时将该位的值移入移位寄存器。S-BIT 为移位寄存器的最低位。N 为移位寄存器的长度(1～64)，N 为正值时左移位(由低位到高位)，DATA 值从 S-BIT 位移入，移出位进入 SM1.1；N 为负值时右移位(从高位到低位)，S-BIT 移出到 SM1.1，另一端补充 DATA 移入位的值。

每次使能输入 EN 有效时，移位寄存器移动一位。最高位的计算方法：[N 的绝对值 −1＋(S-BIT 的位号)]/8，余数即是最高位的位号，商与 S-BIT 的字节号之和即是最高位的字节号。

6.6.2 算数、逻辑运算指令

1. 加/减运算指令

加/减运算指令包括以下几种：①整数加(+I)/减(−I)指令，其作用是将两个 16 位整数相加或者相减，生成一个 16 位的整数；②双整数加(+D)/减(−D)指令，其作用是将两个 32 位整数相加或者相减，产生一个 32 位的整数；③实数加(+R)/减(−R)指令，其作用是将两个 32 位实数相加或相减，产生一个 32 位的实数。总之，加/减运算就是对符号数的加/减运算操作。加/减运算指令格式及功能如表 6-16 所示。

表 6-16 加/减运算指令格式及功能

梯形图(LAD)	功能块图(FBD)	语句表(STL)	功能
ADD_I: EN ENO, IN1 OUT, IN2 ADD_DI: EN ENO, IN1 OUT, IN2 ADD_R: EN ENO, IN1 OUT, IN2		+I IN1,OUT +D IN1,OUT +R IN1,OUT	LAD,FBD: IN1+IN2=OUT STL: IN1+OUT=OUT
SUB_I: EN ENO, IN1 OUT, IN2 SUB_DI: EN ENO, IN1 OUT, IN2 SUB_R: EN ENO, IN1 OUT, IN2		−I IN1,OUT −D IN1,OUT −R IN1,OUT	LAD,FBD: IN1−IN2=OUT STL: IN1−OUT=OUT

为了方便操作和记忆及编程图形化，加/减运算指令在梯形图(LAD)和功能块图(FBD)中的表示采用了指令盒格式，加/减运算指令应用实例如图 6-33 所示。

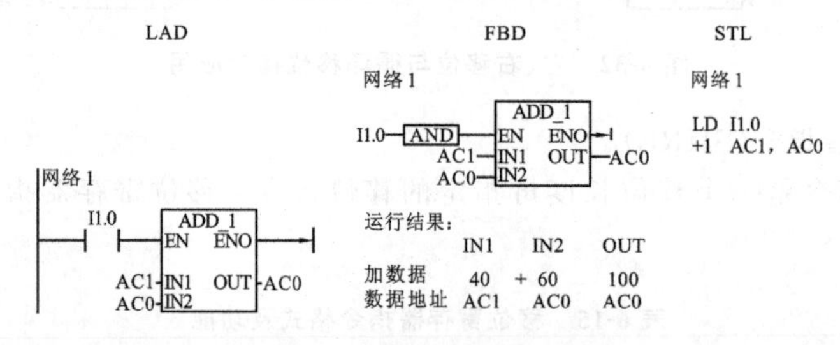

图 6-33 加/减运算指令应用

加/减运算指令盒中：ADD_I 为指令类型；IN1、IN2 为操作数输入端；OUT 为运算结果输出端；ENO 为逻辑结果输出端；EN 为使能端。

加/减运算中，算术运算指令影响特殊标志位(算术位)SM1.0～SM1.3，并建立指令和能量流输出 ENO。

(1) 特殊标志位为 SM1.0(零)，SM1.1(溢出)，SM1.2(负)。

(2) 能量流输出位(ENO)断开的错误条件为 SM1.1=1(溢出)，0006(间接地址)，运行时间 SM4.3。

2. 乘/除运算指令

乘/除运算指令是对符号数的乘法运算指令和除法运算指令，包括以下几种：①整数乘法(∗I)指令作用是将两个 16 位整数相乘，产生一个 16 位乘积；②整数除法(/I)指令的作用是将两个 16 位整数相除，产生一个 16 位商，不保留余数；③双整数乘法(∗D)指令的作用是将两个32位整数相乘，产生一个32位乘积；④双整数除法(/D)指令的作用是将两个32位整数相除，产生一个32位商，不保留余数；⑤MUL整数与双整数相乘指令的作用是将两个16位整数相乘，得出一个32位的乘积；⑥DIV整数与双整数相除指令的作用是将两个16位整数相除，得出一个32位结果，其中包括一个16位商(低位)和一个16位余数(高位)；⑦实数乘法(＊R)指令的作用是将两个32位实数相乘，产生一个32位实数结果(OUT)；⑧实数除法(/R)指令的作用是将两个32位实数相除，产生一个32位实数商。乘/除运算指令的格式及功能如表6-17所示。

表6-17 乘/除运算指令格式及功能

梯形图(LAD)	功能块图(FBD)	语句表(STL)	功 能
MUL_I: EN ENO, IN1 OUT, IN2 MUL_DI: EN ENO, IN1 OUT, IN2	MUL: EN ENO, IN1 OUT, IN2 MUL_R: EN ENO, IN1 OUT, IN2	＊I IN1，OUT ＊D IN1，OUT MUL IN1，OUT ＊R IN1，OUT	LAD、FBD： IN1＊IN2＝OUT STL： IN1＊OUT＝OUT
DIV_I: EN ENO, IN1 OUT, IN2 DIV_DI: EN ENO, IN1 OUT, IN2	DIV: EN ENO, IN1 OUT, IN2 DIV_R: EN ENO, IN1 OUT, IN2	/I IN1，OUT /D IN1，OUT DIV IN1，OUT /R IN1，OUT	LAD、FBD： IN1/IN2＝OUT STL： OUT/IN1＝OUT

乘/除运算指令在梯形图(LAD)和功能块图(FBD)中的表示采用了指令盒格式。

乘/除运算指令盒中：DIV_I为指令类型；IN1、IN2为操作数输入端；OUT为运算结果输出端；ENO为逻辑结果输出端；EN为使能端。乘/除运算指令应用实例如图6-34所示。

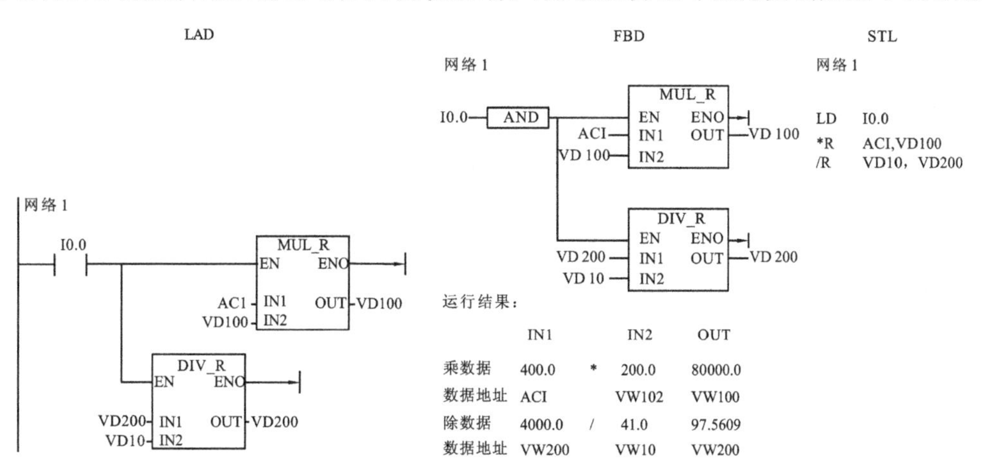

图6-34 乘/除运算指令应用

乘/除运算中，算术运算指令影响特殊标志位(算术位)SM1.0～SM1.3，并建立指令盒能量流输出ENO。

(1) 特殊标志位。SM1.0(零)，SM1.1(溢出)，SM1.2(负)和SM1.3(除数为零)。SM1.1表示溢出错误和非法值。若SM1.3置位，其他数学状态位不变，则原始操作数不变，若SM1.0和SM1.2的状态无效，因为SM1.1置位，则原始操作数也不变；若在运算过程中未设置SM1.1和SM1.3，则数学运算已完成，得出有效结果，SM1.0和SM1.2的状态反映的是算术运算结果。

(2) 能量流输出位(ENO)。当(EN)输入使能有效和运算结果无错时，ENO＝1，否则

ENO=0(出错或无效)。ENO 断开的错误条件为 SM1.1=1(溢出),0006(间接地址),运行时间 SM4.3。

3. 逻辑运算指令

逻辑运算指令严格来讲是字的逻辑运算指令,是对无符号字进行的逻辑处理,包括以下几种:取反(INV)指令,其作用是对输入双字执行求补操作,并将结果载入内存位置 OUT;逻辑与(WAND)指令、逻辑或(WOR)指令、逻辑异或(WXOR)指令,它们的作用是把两个输入字(IN1 和 IN2)的对应位执行 AND(与运算)、OR(或运算)和 XOR(异或运算),并把运算结果由 OUT 指定的存储单元输出。IN1、IN2 按操作数长度分为字节(B)、字(W)和双字(DW)逻辑运算。字操作逻辑运算指令格式及功能如表 6-18 所示。

表 6-18　字操作逻辑运算指令格式及功能

梯形图(LAD)	功能块图(FBD)	语句表(STL)	功　能
INV_B EN ENO IN OUT	INV_B EN ENO IN OUT	INVB　OUT	字节取反
WAND_B EN ENO IN OUT IN	WAND_B EN ENO IN OUT IN	WANDB　IN, OUT	与运算(字节)
WOR_B EN ENO IN OUT IN	WOR_B EN ENO IN OUT IN	WORB　IN, OUT	或运算(字节)
WXOR_B EN ENO IN OUT IN	WXOR_B EN ENO IN OUT IN	WXORB　IN, OUT	异或运算(字节)

在 LAD 和 FBD 中,逻辑运算指令为指令盒格式,各引脚功能如前所述。当逻辑运算指令的操作数长度为字或双字(W 和 DW)时,指令盒内的 B 更换为 W 或 DW。IN 和 OUT 操作数寻址范围可查相关资料。逻辑运算指令应用实例如图 6-35 所示。

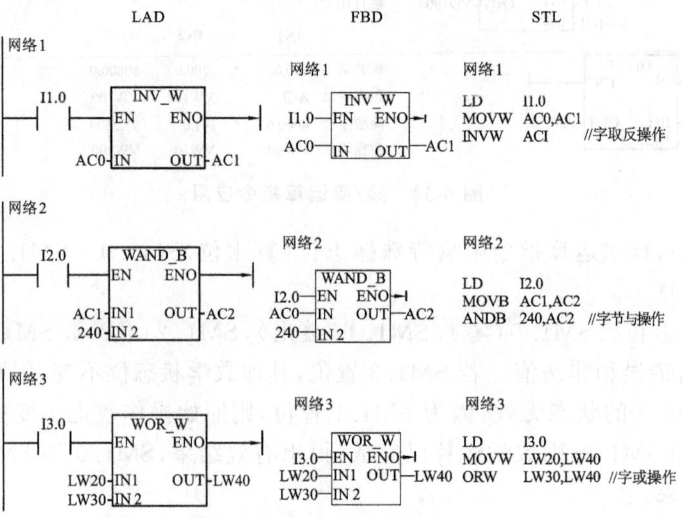

图 6-35　逻辑运算指令应用

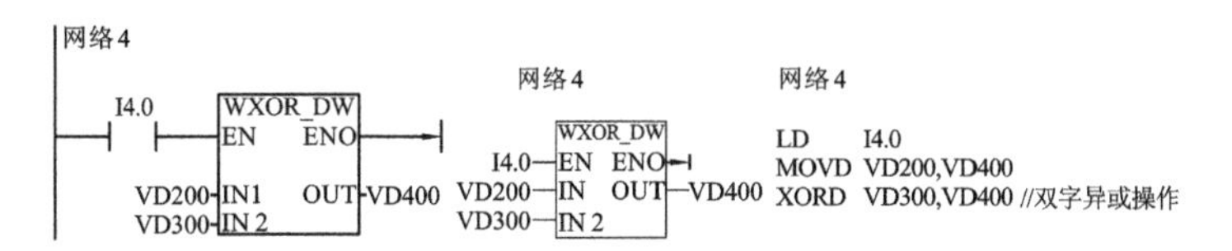

续图 6-35

逻辑运算指令执行的结果影响特殊存储器位：SM1.0（零）。

ENO＝0 使能流输出的错误条件：0006（间接寻址）。

6.6.3 比较指令

比较指令是一种比较判断，用于比较两个符号数或无符号数。

在梯形图中以带参数和运算符号的触点的形式编程，当这两数比较式的结果为真时，该触点闭合。

在功能块图中以指令盒的形式编程，当比较式结果为真时，输出接通。

在语句表中使用 LD 指令进行编程时，当比较式为真时，主机将栈顶置 1。使用 A/O 指令进行编程时，当比较式为真时，则在栈顶执行 A/O 操作，并将结果放入栈顶。

比较指令的类型有字节比较、整数比较、双字整数比较和实数比较。

比较运算符有：＝、＞＝、＜＝、＞、＜和＜＞（＜＞表示不等于）。

1. 字节比较

字节比较用于比较两个字节型整数值 IN1 和 IN2 的大小，字节比较是无符号的。比较式可以由 LDB、AB 或 OB 后直接加比较运算符构成。

如：LDB＝、AB＜＞、OB＞＝等。

整数 IN1 和 IN2 的寻址范围为 VB、IB、QB、MB、SB、SMB、LB、AC、* VD、* AC、* LD 和常数。

指令格式示例：LDB＝VB10，VB12

AB＜＞MB0，MB1

OB＜＝AC1，116

2. 整数比较

整数比较用于比较两个一字长整数值 IN1 和 IN2 的大小，整数比较是有符号的（整数范围为 16＃8000 和 16＃7FFF 之间）。比较式可以由 LDW、AW 或 OW 后直接加比较运算符构成。

如：LDW＝、AW＜＞、OW＞＝等。

整数 IN1 和 IN2 的寻址范围为 VW、IW、QW、MW、SW、SMW、LW、AIW、T、C、AC、* VD、* AC、* LD 和常数。

指令格式示例：LDW＝VW10，VW12

AW＜＞MW0，MW4

OW＜＝AC2，1160

3. 双字整数比较

双字整数比较用于比较两个双字长整数值 IN1 和 IN2 的大小，双字整数比较是有符号的（双字整数范围为 16＃80000000 和 16＃7FFFFFFF 之间）。比较式可以是 LDD、AD 或 OD 后直接加比较运算符构成。

如：LDD＝、AD＜ ＞、OD＞＝等；

双字整数 IN1 和 IN2 的寻址范围为 VD、ID、QD、MD、SD、SMD、LD、HC、AC、* VD、

＊AC、＊LD和常数。

指令格式示例：LDD＝VD10，VD14：

AD＜＞MD0，MD8

OD＜＝AC0，1160000

4. 实数比较

实数比较用于比较两个双字长实数值IN1和IN2的大小，实数比较是有符号的（负实数范围为－1.175495e－38和－3.402823e＋38之间，正实数范围为＋1.175495e－38和＋3.402823e＋38之间）。比较式可以由LDR、AR或OR后直接加比较运算符构成。

如：LDR＝、AR＜＞、OR＞＝等。

整数IN1和IN2的寻址范围为VD、ID、QD、MD、SD、SMD、LD、AC、＊VD、＊AC、＊LD和常数。

指令格式示例：LDR＝VD10，VD18

AR＜＞MD0，MD12

OR＜＝AC1，1160.478

例6.12 一个自动仓库存放某种货物，最多6 000箱，需对所存的货物进出计数。货物多于1 000箱，灯Ll亮；货物多于5 000箱，灯L2亮。其中，L1和L2分别受Q0.0和Q0.1控制，数值1 000和5 000分别存储在VW20相VW30字存储单元中。

本控制系统的梯形图及语句表如图6-36(a)所示，程序执行时序如图6-36(b)所示。

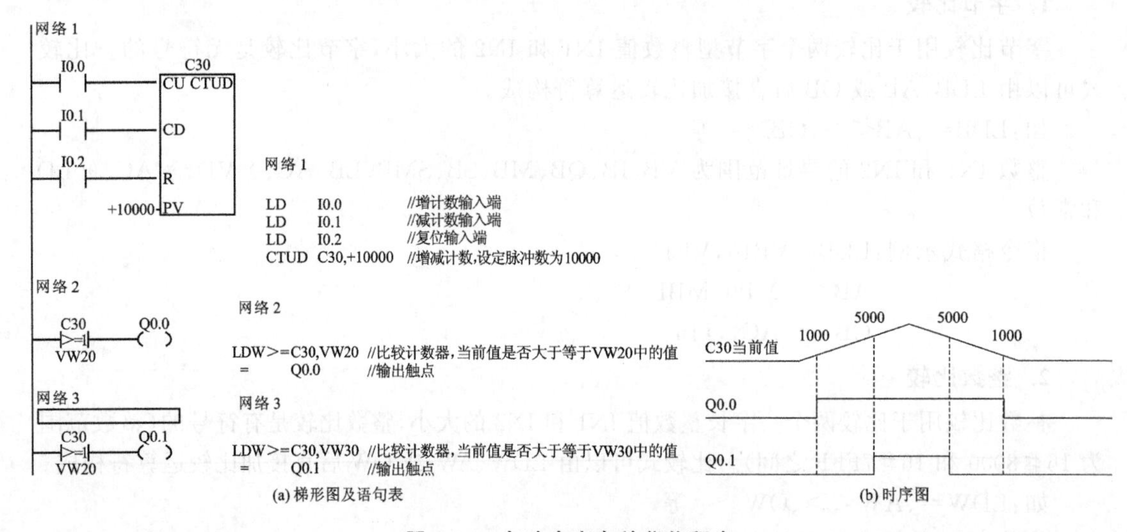

图6-36 自动仓库存放货物程序

6.6.4 转换指令

转换指令是指对操作数的类型进行转换，包括数据的类型转换、码的类型转换以及数据和码之间的类型转换。

1. 数据类型转换指令

PLC中的主要数据类型包括字节、整数、双整数和实数。主要的码制有BCD码、ASCII码、十进制数和十六进制数等。不同性质的指令对操作数的类型要求不同，因此在指令使用之前需要将操作数转换成相应的类型，转换指令可以完成这样的任务。

1）字节与整数

（1）字节到整数(byte to Integer)。

指令格式:LAD 格式如图 6-37(a)所示，STL 格式:BTI IN,OUT

功能描述:将字节型输入数据 IN 转换成整数类型，并将结果送到 OUT 输出。字节型是无符号的，所以没有符号扩展位。

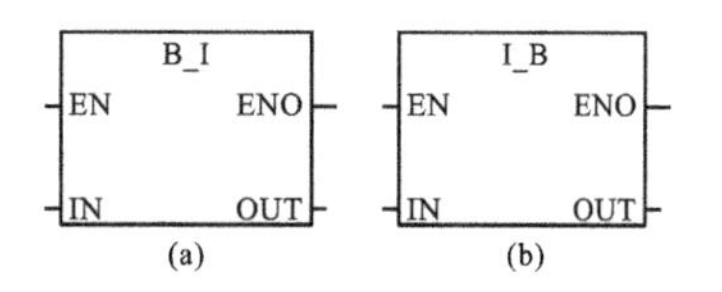

图 6-37　字节与整数转换指令

数据类型:输入为字节，输出为 INT。

（2）整数到字节(integer to byte)。

指令格式:LAD 格式如图 6-37(b)所示，STL 格式:ITB　IN,OUT

功能描述:将整数输入数据 IN 转换成字节类型，并将结果送到 OUT 输出。输入数据超出字节范围(0～255)时产生溢出。

数据类型:输入为 INT，输出为字节。

2）整数与双整数

（1）双整数到整数(double integer to integer)。

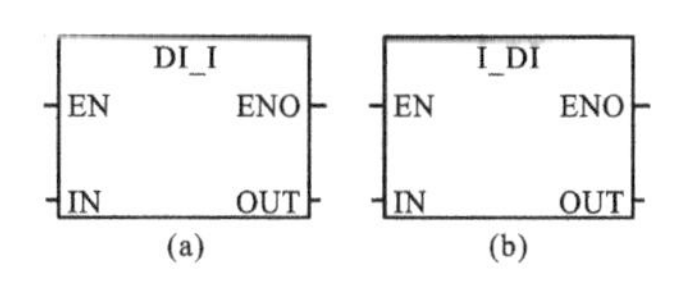

图 6-38　整数与双整数转换指令

指令格式:LAD 格式如图 6-38(a)所示，STL 格式:DTI IN,OUT

功能描述:将双整数输入数据 IN 转换成整数类型，并将结果送到 OUT 输出。输出数据超出整数范围则产生溢出。

数据类型:输入为 DINT，输出为 INT。

（2）整数到双整数(integer to double integer)。

指令格式:LAD 格式如图 6-38(b)所示，STL 格式:ITD　IN,OUT

功能描述:将整数输入数据 IN 转换成双整数类型(符号进行扩展)，并将结果送到 OUT 输出。

数据类型:输入为 INT，输出为 DINT。

3）双整数与实数

（1）实数到双整数(real to double integer)。

实数转换为双整数，其指令有两条:ROUND 和 TRUNC。

指令格式:LAD 格式如图 6-39(a)、(b)所示，STL 格式:ROUND　IN,OUT 或 TRUNC　IN,OUT。

功能描述:将实数型输入数据 IN 转换成双整数类型，并将结果送到 OUT 输出。两条指令的区别是:前者小数部分四舍五入，而后者小数部分直接舍去。

数据类型:输入为 REAL，输出为 DINT。

（2）双整数到实数(double integer to real)。

指令格式:LAD 格式如图 6-39(c)所示，STL 格式:DTR　IN,OUT。

功能描述:将双整数输入数据 IN 转换成实数，并将结果送到 OUT 输出。

数据类型:输入为 DINT，输出为 REAL。

（3）整数到实数(integer to real)。

没有直接的整数到实数转换指令。转换时，先使用 I_DI(整数到双整数)指令，然后再使用 DTR(双整数到实数)指令即可。

4）整数与 BCD 码

（1）BCD 码到整数(BCD to integer)。

指令格式:LAD 格式如图 6-40(a)所示,STL 格式:BCDI　OUT

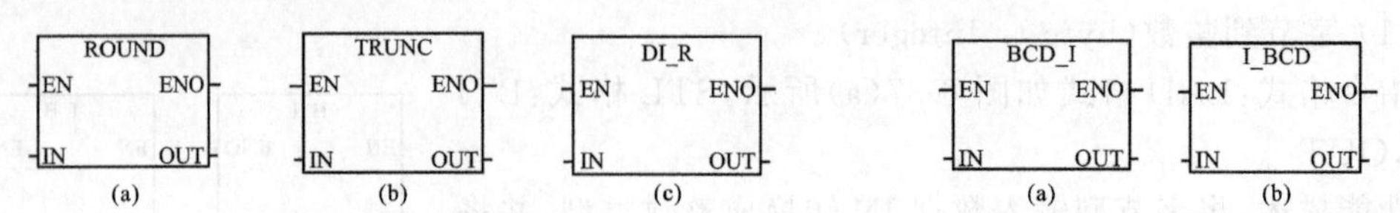

图 6-39　双整数与实数转换指令　　**图 6-40　整数与 BCD 码转换指令**

功能描述:将 BCD 码输入数据 IN 转换成整数类型,并将结果送到 OUT 输出。输入数据 IN 的范围为 0～9999。在 STL 中,IN 和 OUT 使用相同的存储单元。

数据类型:输入输出均为字。

(2) 整数到 BCD 码(integer to BCD)。

指令格式:LAD 格式如图 6-40(b)所示,STL 格式:IBCD　OUT

功能描述:将整数输入数据 IN 转换成 BCD 码类型,并将结果送到 OUT 输出。输入数据 IN 的范围为 0～9999。在 STL 中,IN 和 OUT 使用相同的存储单元。

数据类型:输入输出均为字。

2. 编码和译码指令

1) 编码指令(encode)

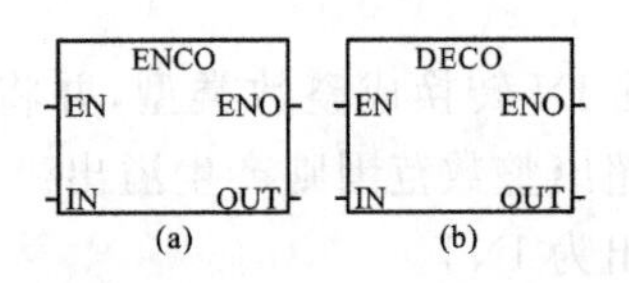

图 6-41　编码、译码指令格式

指令格式:LAD 格式如图 6-41(a)所示,STL 格式:ENCO IN,OUT。

功能描述:将字型输入数据 IN 的最低有效位(值为 1 的位)的位号输出到 OUT 所指定的字节单元的低 4 位,即用半个字节来对一个字型数据 16 位中的"1"位有效位进行编码。

数据类型:输入为字,输出为字节。

例 6.13　执行程序:ENCO　VW0,VB10。

本例中若 VW0 的内容为:0010101001000000,即最低为 1 的位是第 6 位,则执行编码指令后,VB10 的内容为:00000110(即 06)。

2) 译码指令(Decode)

指令格式:LAD 格式如图 6-41(b)所示,STL 格式为:DECO　IN,OUT。

功能描述:将字节型输入数据 IN 的低 4 位所表示的位号对 OUT 所指定的字单元的对应位置 1,其他位置 0。即对半个字节的编码进行译码,以选择一个字型数据 16 位中的"1"位。

数据类型:输入为字节,输出为字。

例 6.14　执行程序:DECO　VB0,VW10。

本例中若 VB0 的内容为:00000111(07),则执行译码指令后,VW10 的内容为:0000000010000000,即第 7 位为 1,其余位为 0。

3) 段码指令

指令格式:LAD 格式如图 6-42 所示,STL 格式:SEG　IN,OUT。

功能描述:将字节型输入数据 IN 的低 4 位有效数字产生相应的七段码,并将其输出到 OUT 所指定的字节单元。该指令在数码显示时直接应用非常方便。

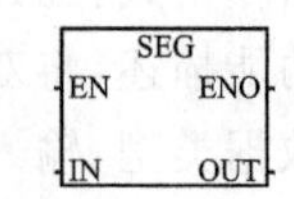

图 6-42　段码指令格式

数据类型:输入输出均为字节。

例 6.15　执行程序:SEG　VB10,QB0。

若设 VB10=05,则执行上述程序后,在 Q0.0～Q0.7 上可以输出:01101101。

3. ASCII 码转换指令

ASCII 码转换指令是将标准字符 ASCII 编码与 16 进制、整数、双整数及实数之间进行转换。可进行转换的 ASCII 码为 30～39 和 41～46，对应的十六进制为 0～9 和 A～F。

1）ASCII 码转换为 16 进制数指令（ASCII to HEX）

指令格式：LAD 格式如图 6-43(a)所示，STL 格式：ATH　IN，OUT，LEN。

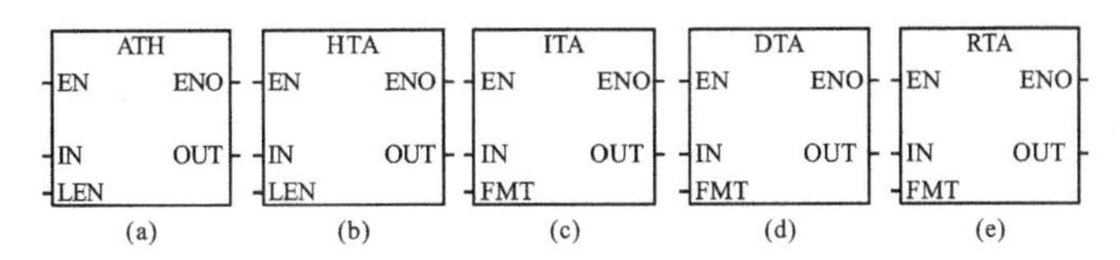

图 6-43　ASCII 码转换指令

功能描述：把从 IN 开始的长度为 LEN 的 ASCII 码转换为 16 进制数，并将结果送到 OUT 开始的字节输出。LEN 的长度最大为 255。

数据类型：IN、LEN 和 OUT 均为字节类型。

2）16 进制转换为 ASCII 码指令（HEX to ASCII）

指令格式：LAD 格式如图 6-43(b)所示，STL 格式：HTA　IN，OUT，LEN。

功能描述：把从 IN 开始的长度为 LEN 的 16 进制转换为 ASCII 码，并将结果送到 OUT 开始的字节输出。LEN 的长度最大为 255。

数据类型：IN、LEN 和 OUT 均为字节类型。

3）整数转换为 ASCII 码指令（integer to ASCII）

指令格式：LAD 格式如图 6-43(c)所示，STL 格式：ITA　IN，OUT，FMT。

功能描述：把一个整数 IN 转换为一个 ASCII 码字符串。格式 FMT 指定小数点右侧的转换精度和小数点是使用逗号还是使用点号。转换结果放在 OUT 所指定的 8 个连续的字节中。

数据类型：IN 为整数，FMT 和 OUT 均为字节类型。

4）双整数转换为 ASCII 码（double to ASCII）

指令格式：LAD 格式如图 6-43(d)所示，STL 格式：DTA　IN，OUT，FMT。

功能描述：把一个双整数 IN 转换为一个 ASCII 码字符串。格式 FMT 指定小数点右侧的转换精度和小数点是使用逗号还是使用点号。转换结果放在 OUT 指定的连续 12 个字节中。

数据类型：IN 为双整数，FMT 和 OUT 均为字节型数据。

DTA 指令的 OUT 比 ITA 指令多 4 个字节，其余都和 ITA 指令一样。

5）实数转换为 ASCII 码（real to ASCII）

指令格式：LAD 格式如图 6-43(e)所示，STL 格式：RTA　IN，OUT，FMT。

功能描述：把一个实数 IN 转换为一个 ASCII 码字符串。格式 FMT 指定小数点右侧的转换精度和小数点是使用逗号还是使用点号。转换结果放在 OUT 开始的 3～15 个字节中。

数据类型：IN 为实数、FMT 和 OUT 均为字节类型。

4. 字符串转换指令

字符串是指全部合法的 ASCII 码字符串，这一点和上一节中的 ASCII 码范围不同。

1）数值转换为字符串

(1) 整数转换为字符串指令（convert integer to string）。

指令格式：LAD 格式如图 6-44(a)所示，STL 格式：ITS　IN，FMT，OUT。

它和 ITA 指令基本一样，唯一区别是本指令转换结果放在从 OUT 开始的 9 个连续字节中，(OUT＋0)字节中的值为字符串的长度。

(2) 双整数转换为字符串指令(convert double integer to string)。

指令格式:LAD 格式如图 6-44(b)所示,STL 格式:DTS　IN,FMT,OUT。

它和 DTA 指令基本一样,唯一区别是本指令转换结果放在从 OUT 开始的 13 个连续字节中,(OUT+0)字节中的值为字符串的长度。

(3) 实数转换为字符串指令(convert real to string)。

指令格式:LAD 格式如图 6-44(c)所示,STL 格式:RTS　IN,FMT,OUT。

它和 RTA 指令基本一样,唯一区别是它的输出数据类型为字符串型字节,转换结果存放单元的第一个字节(OUT+0)中的值为字符串的长度,所以它的转换结果存放单元是从 OUT 开始的××××+1 个连续字节。

2) 字符串转换为数值

字符串转换为数值包括 3 条指令:字符串转整数,字符串转双整数和字符串转实数。

指令格式:LAD 格式如图 6-45(a)、(b)、(c)所示,STL 格式:

STI　IN,INDX,OUT

STD　IN,INDX,OUT

STR　IN,INDX,OUT

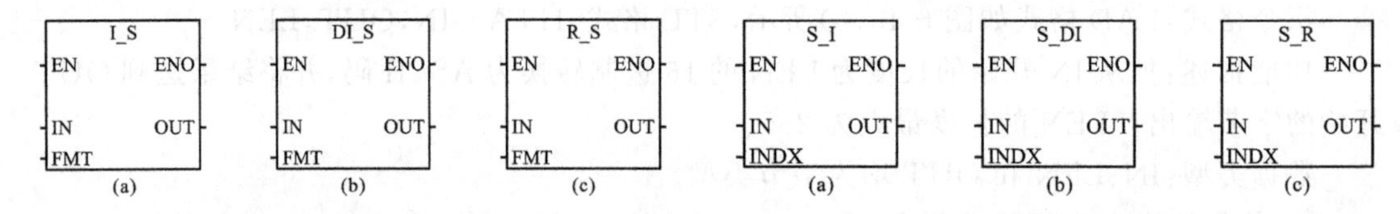

图 6-44　数值转换为字符串指令　　**图 6-45　字符串转换为数值**

功能描述:这 3 条指令将一个字符串 IN,从偏移量 INDX 开始,分别转换为整数、双整数和实数值,结果存放在 OUT 中。

数据类型:这 3 条指令的 IN 均为字符串型字节,INDX 均为字节;STI 的 OUT 为 INT 型,STD 的 OUT 为 DINT 型,STD 的 OUT 为 REAL 型。

使用说明:

(1) STI 和 STD 将字符串转换为以下格式:[空格][+或-][数字 0~9]。STR 将字符串转换为以下格式:[空格][+或-][数字 0~9][.或,][数字 0~9]。

(2) INDX 的值通常设置为 1,它表示从第一个字符开始转换。INDX 也可以设置其他值,从字符串的不同位置进行转换,这可以被用于字符串中包含非数值字符的情况。例如,输入字符串为"Temperature:77.8",若 INDX 设置为 13,则可以跳过字符串开头的"Temperature"。

(3) STR 指令不能用于转换以科学计数法或以指数形式表示的实数的字符串。指令不会产生溢出错误(SM1.1),但它会将字符串转换到指数之前,然后停止转换。

(4) 非法字符是指任意非数字(0~9)字符。在转换时,当到达字符串的结尾或第一个非法字符时,转换指令结束。

(5) 当转换产生的数值过大或过小以致使输出值无法表示时,溢出标志(SM1.1)会置位。例如使用 STI 时,若输入字符串产生的数值大于 32767 或者小于-32768 时,SM1.1 就会置位。

(6) 当输入字符串中不包含可以转换的合法数值时,SM1.1 也会置位。例如字符串为空串或者为"A123"等。

3) 字符串指令

字符串指令在处理人机界面设计和数据转换时非常有用,这是新版本的 PLC 才有的指令。

(1) 字符串长度指令(string length)。

指令格式：LAD 格式如图 6-46(a)所示，STL 格式：SLEN　IN，OUT。

功能描述：把 IN 中指定的字符串的长度值送到 OUT 中。

数据类型：IN 为字符串型数据，OUT 为字节型数据。

(2) 字符串复制指令(copy string)。

指令格式：LAD 格式如图 6-46(b)所示，STL 格式：SCPY　IN，OUT。

功能描述：把 IN 中指定的字符串复制到 OUT 中。

数据类型：IN 和 OUT 均为字符串型数据。

(3) 字符串连接指令(concatenate string)。

指令格式：LAD 格式如图 6-46(c)所示，STL 格式：SACT　IN，OUT。

功能描述：把 IN 中指定的字符串连接到 OUT 中指定的字符串的后面。

数据类型：IN 和 OUT 均为字符串型数据。

(4) 从字符串中复制字符串指令(copy substring from string)。

指令格式：LAD 格式如图 6-46(d)所示，STL 格式：SSCPY　IN，INDX，N，OUT。

功能描述：从 INDX 指定的字符串开始，把 IN 中存储的字符串中的 N 个字符复制到 OUT 中。

数据类型：IN 和 OUT 均为字符串型数据，INDX 和 N 均为字节型数据。

(5) 字符串搜索指令(find string within string)。

指令格式：LAD 格式如图 6-46(e)所示，STL 格式：SFND　IN1，IN2，OUT。

功能描述：在 IN1 字符串中寻找 IN2 字符串。由 OUT 指定搜索的起始位置，如果找到了相匹配的字符串，则 OUT 中会存入这段字符串中首个字符的位置；如果没有找到，OUT 会被清零。

数据类型：IN1 和 IN2 均为字符串型数据，OUT 为字节。

(6) 字符搜索指令(find first character within string)。

指令格式：LAD 格式如图 6-46(f)所示，STL 格式：CFND　IN1，IN2，OUT。

功能描述：在 IN1 字符串中寻找 IN2 字符串中任意字符。由 OUT 指定搜索的起始位置。如果找到了相匹配的字符串，则 OUT 中会存入相匹配的首个字符的位置；如果没有找到，OUT 会被清零。

数据类型：IN1 和 IN2 均为字符串型数据，OUT 为字节型数据。

5. 时钟指令

利用时钟指令可以调用系统实时时钟或根据需要设定时钟，这对于实现控制系统的运行监视、运行记录以及所有和实时时间有关的控制等十分方便。时钟操作有两种：读实时时钟和设定实时时钟。

1) 读实时时钟(read real-time clock)

指令格式：LAD 格式如图 6-47(a)所示，STL 格式：TODR　T

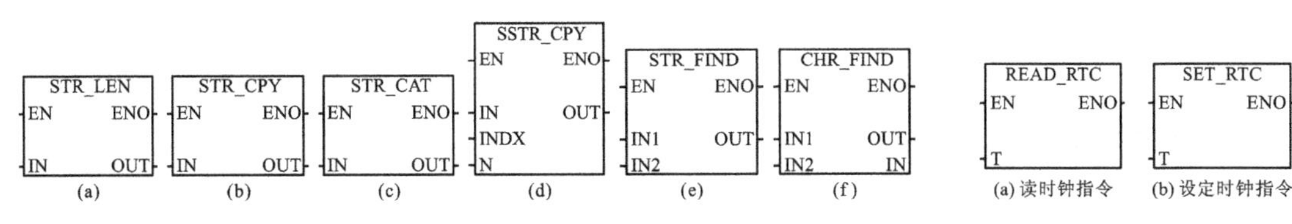

图 6-46　字符串指令格式　　**图 6-47　时钟指令格式**

功能描述：系统读当前时间和日期，并把它装入一个 8 字节缓冲区。操作数 T 用来指定 8 个字节缓冲区的起始地址。

数据类型：T 为字节。

2）设定实时时钟指令（set real-time clock）

指令格式：LAD 格式如图 6-47(b)所示，STL 格式：TODW　T

功能描述：系统将包含当前时间和日期的一个 8 字节的缓冲区装入 PLC 的时钟里。操作数 T 用来指定 8 个字节缓冲区的起始地址。

数据类型：T 为字节。

6.6.5　程序控制指令

1. 指令格式

程序控制指令格式如表 6-19 所示。

表 6-19　程序控制指令格式

指令类型		梯形图符号 LAD	语句表 STL	功　能
程序控制指令	暂停、结束、看门狗复位	—(STOP)	STOP	暂停指令
		—(END)	END/MEND	条件/无条件结束指令
		—(WDR)	WDR	看门狗指令
	顺序控制	??.? SCR	LSCR Sx. y	步开始
		??.? —(SCRT)	SCRT Sx. y	步转移
		—(SCRE)	SCRE	步结束
	跳转、循环、子程序调用	n —(JMP) n LBL	JMP n LBL n	跳转指令 跳转标号
		FOR: EN ENO; ????-INDX; ????-INIT; ????-FINAL	FOR　IN1,IN2 NEXT	循环开始 循环返回
		SBR_O: EN —(RET)	CALL　SBR0 CRET RET	子程序调用 子程序条件返回 自动生成无条件返回

2. 程序控制指令应用举例

例 6.16　暂停指令（STOP）应用如图 6-48 所示。STOP 指令在使能输入有效时，立即终止程序的执行，CPU 工作方式由 RUN 切换到 STOP 方式。

例 6.17　结束指令（END）、看门狗复位指令（WDR）应用如图 6-49 所示。

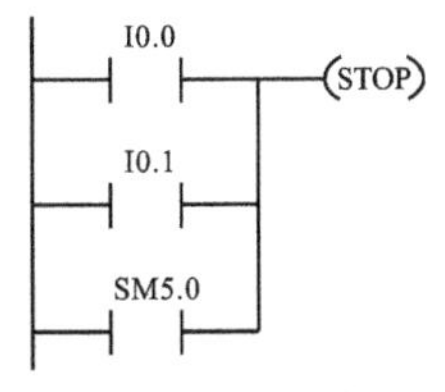

图 6-48　暂停指令应用

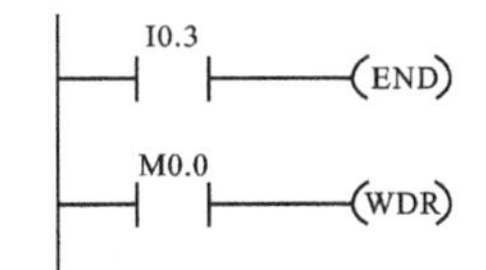

图 6-49　结束指令、看门狗复位指令应用

梯形图结束指令直接连在左侧电源的母线时，为无条件结束指令(MEND)，该指令无使能输入；有条件地连接在左侧的母线时，为条件结束指令(END)，该指令只在其使能输入有效时，终止用户程序的执行，返回主程序的第一条指令执行(循环扫描工作方式)。结束指令只能在主程序使用，不能用于子程序和中断服务程序。STEP 7 编程软件在主程序的结尾会自动生成无条件结束指令，用户不得输入无条件结束指令，否则会出现编译出错。

看门狗定时器指令的功能是在其使能输入有效时，重新触发看门狗定时器 WDR，增加程序的本次扫描时间，一般在程序扫描周期超过 300 ms 时使用。若 WDR 的使能输入无效，则看门狗定时器时间到时，程序必须终止当前指令，不能增加本次扫描时间，并返回到第一条指令重新启动 WDR 执行新的扫描周期。

顺序控制指令包括顺序步开始指令(LSCR)、顺序步结束指令(SCRE)和顺序步转移指令(SCRT)。顺序步开始指令在顺序控制继电器位 Sx. y=1 时，该程序步执行；SCRE 为顺序步结束指令，顺序步的处理程序在 LSCR 和 SCRE 之间；顺序步转移指令在使能输入有效时，将本顺序步的顺序控制继电器位 Sx. y 清零，下一步顺序控制继电器位置 1。

例 6.18　顺序控制指令应用如图 6-50 所示。编写两台电动机顺序交替启停控制程序，步进条件为时间步进型。状态步的处理为 M1 启动运行、M2 停止，同时启动定时器，步进条件满足时(定时时间到)进入下一步，关断上一步，M2 启动运行、M1 停止。

当 I0. 1 输入有效时，启动 S0. 0，执行程序的第一步，输出点 Q0. 0 置 1(M1 启动运行)，Q0. 1 置 0(M2 停止)，同时启动定时器 T38，经过 2 s，步进转移指令使得 S0. 1 置 1，S0. 0 置 0，程序进入第二步。输出点 Q0. 1 置 1(M2 启动运行)，Q0. 0 置 0(M1 停止)，同时启动定时器 T39，经过 2 s，步进转移指令使得 S0. 0 置 1，S0. 1 置 0，程序又进入第一步执行。如此周而复始，循环工作。

例 6.19　跳转、循环、子程序调用指令应用如图 6-51 所示。

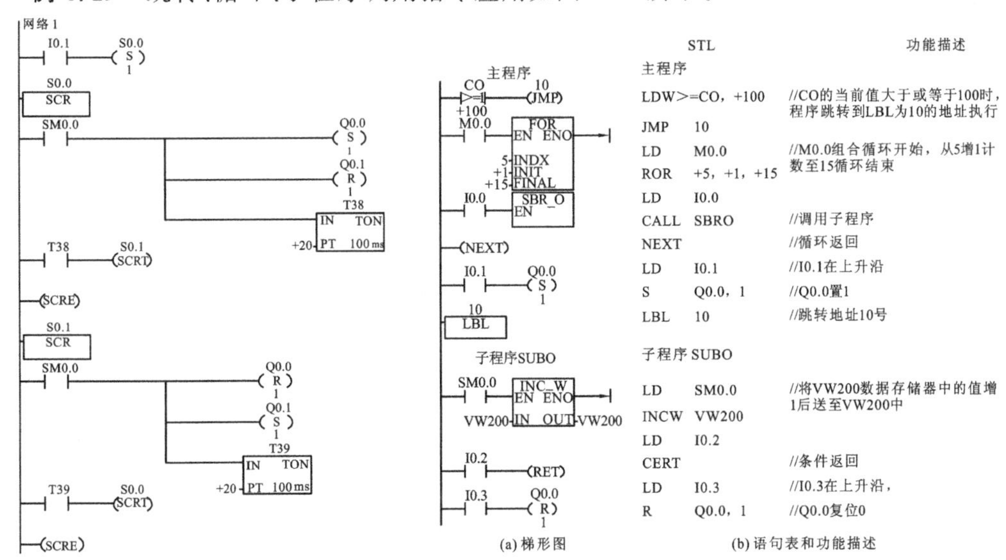

图 6-50　顺序控制指令应用　　图 6-51　跳转、循环、子程序调用指令应用

跳转指令(JMP)和跳转地址标号指令(LBL)配合使用,实现程序的跳转。使能输入有效时,使程序跳转到指定标号 n 处执行(在同一程序内,跳转标号 n 的范围为 0～255);使能输入无效时,程序顺序执行。

循环指令(FOR)用于重复循环执行一段程序,由 FOR 和 NEXT 指令构成程序的循环体。FOR 指令标记循环的开始,NEXT 指令为循环体的结束指令。FOR 指令为指令盒格式,EN 为使能输入,INIT 为循环次数初始值,INDX 为当前值计数,FINAL 为循环计数终值。使能输入(EN)有效时,循环体开始执行,执行到 NEXT 指令时返回,每执行一次循环体,当前计数器(INDX)增 1,达到终值(FINAL)时,循环结束。如图 6-51 所示,初始值 INDX 为 5,终值 FINAL 为 15,当 EN 有效时,执行循环体,INDX 从 5 开始计数,每执行一次,INDX 当前值就加 1,INDX 计数到 15 时,循环结束。使能输入无效时,循环体程序不执行。各参数在每次使能输入有效时自动复位。FOR/NEXT 指令必须成对使用,循环可以嵌套,最多为 8 层。

通常将具有特定功能并且多次使用的程序段作为子程序。子程序可以多次被调用,也可以嵌套(最多 8 层),还可以递归调用(自己调用)。

子程序有子程序调用和子程序返回两大类指令,子程序返回又分条件返回和无条件返回。子程序调用指令可用于主程序或其他子程序的程序中,子程序的无条件返回指令在子程序的最后网络段,梯形图指令系统能够自动生成子程序的无条件返回指令,无须用户输入。

6.6.6 表功能指令

在 S7-200 PLC 指令系统中,表只对字型数据进行操作。一个表由表的首地址指明,表的第一个数值是最大表格长度 TL;第二个数值是实际表格长度 EC,最多可存放 100 个数据。表地址和第二个字地址所对应的单元分别存放两个表参数(TL 和 EC)。

1. 表存数指令(add to table)

指令格式:LAD 指令格式如图 6-52(a)所示,STL 格式:ATT DATA,TBL

功能描述:该指令在梯形图中有两个数据输入端,即 DATA 为数据输入,指出将被存储的字型数据;TBL 为表格的首地址,用于指明被访问的表格。当使能输入有效时,将输入字型数据添加到指定的表格中。

表存数时,新存的数据添加在表中最后一个数据的后面。每次向表中存一个数据,实际填表数 EC 会自动加 1。

数据类型:DATA 为 INT,TBL 为字。

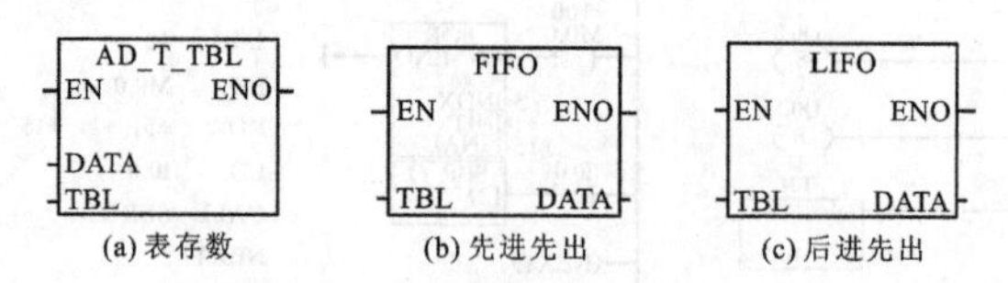

图 6-52 表功能指令格式

2. 表取数指令

从表中取出一个字型数据可有两种方式:先进先出式和后进先出式。一个数据从表中取出之后,表的实际填表数 EC 值减少 1。两种方式的指令在梯形图中有两个数据端:输入端 TBL 为表格的首地址,用于指明访问的表格;输出端 DATA 指明数值取出后要存放的目标单元。如果指令试图从空表中取走一个数值,则特殊标志寄存器位 SM1.5 置位。

1）先进先出(first-in-first-out)指令

指令格式：LAD格式如图6-52(b)所示，STL格式：FIFO　TBL，DATA

功能描述：从TBL指定的表中移出第一个字型数据并将其输出到DATA所指定的字存储单元。取数时，移出的数据总是最先进入表中的数据。每次从表中移出一个数据，剩余数据则依次上移一个字单元位置，同时实际填表数EC会自动减1。

数据类型：DATA为INT，TBL为字。

2）后进先出(last-in-first-out)指令

指令格式：LAD格式如图6-52(c)所示，STL格式：LIFO　TBL，DATA

功能描述：从TBL指定的表中取出最后一个字型数据并将其输出到DATA所指定的字存储单元。取数时，移出的数据是最后进入表中的数据。每次从表中取出一个数据，剩余数据位置保持不变，实际填表数EC会自动减1。

数据类型：DATA为字，TBL为INT。

例6.20　表功能指令的使用(对表6-20执行程序：LIFO　VW100，AC0)。

指令执行结果如表6-20所示。

表6-20　指令LIFO执行结果执行后内容

操作数	单元地址	执行前内容	执行后内容	说　　明
DATA	AC0	任意数	3592	从表中取走的数据输出到AC0
TBL	VW100	0006	0006	TL＝6，最大填表数为6，不变化
	VW102	0004	0003	EC实际存表数由4减1变为3
	VW104	1203	1203	数据0，剩余数据不移动
	VW106	4467	4467	数据1
	VW108	9086	9086	数据2
	VW110	3592	××××	无效数据
	VW112	××××	××××	无效数据
	VW114	××××	××××	无效数据

3）表查找指令(table find)

通过表查找指令可以从数据表中找出符合条件数据的表中编号，编号范围为0～99。

指令格式：LAD格式如图6-53所示。

TBL_FIND
EN　ENO
TBL
PTN
INDX
CMD

图6-53　表查找LAD格式

STL格式：FND＝TBL，PTN，INDX(查找条件：＝PTN)。

FND＜＞ TBL，PTN，INDX(查找条件：＜＞PTN)。

FND＜TBL，PTN，INDX(查找条件：＜PTN)。

FND＞TBL，PTN，INDX(查找条件：＞PTN)。

功能描述：在梯形图中有4个数据输入端，即TBL为表格的首地址，用以指明被访问的表格；PTN是用来描述查表条件时进行比较的数据；CMD是比较运算符“?”的编码，它是一个1～4的数值，分别代表运算符＝、＜＞、＜和＞；INDX用来存放表中符合查找条件的数据的地址。

由PTN和CMD就可以决定对表的查找条件。例如，PTN为16＃2555. CMD为3，则查找条件为“＜16 ＃2555”。

表查找指令执行之前，应先对INDX的内容清零。当使能输入有效时，从INDX开始搜索表TBL，寻找符合由PTN和CMD所决定的条件的数据，如果没有发现符合条件的数据，则INDX的值等于EC。如果找到一个符合条件的数据，则将该数据的表中地址装入INDX。

数据类型：TBL、INDX为字，PTN为INT，CMD为字节型常数。

表查找指令执行完成，找到一个符合条件的数据，如果想继续向下查找，必须先对INDX加1，然后重新激活表查找指令。

在语句表中运算符可直接表示，而不需用各自的编码。

例6.21 表功能指令的使用(对表6-21执行程序：FND>VW100，VW300，AC0)。

指令的执行结果如表6-21所示。

表6-21 表查找指令执行结果

操作数	单元地址	执行前内容	执行后内容	说　明
PTN	VW300	5000	5000	用来比较的数据
INDX	AC0	0	2	符合查表条件的单元地址
CMD	无	4	4	4表示为>
TBL	VW100	0006	0006	TL=6，最大填表数，不变化
	VW102	0004	0004	EC实际存表数，不变化
	VW104	1203	1203	数据0
	VW106	4467	4467	数据1
	VW108	9086	9086	数据2
	VW110	3592	3592	数据3
	VW112	××××	××××	无效数据
	VW114	××××	××××	无效数据

6.6.7 中断指令

1. 中断源

中断源是指能够向PLC发出中断请求的中断事件。S7-200有26个中断源，每个中断源都分配一个编号用于识别，称为中断事件号。例如，I0.0上升沿引起的中断被固定定义为事件0，定时中断0被固定定义为事件10等。这些中断源大致分为3大类：通信中断、I/O中断和时间中断。

1）通信中断

可编程序控制器在自由通信模式下，通信口的状态可由程序来控制。用户可以通过编程来设置通信协议、波特率和奇偶校验。

2）I/O中断

I/O中断包括外部输入中断、高速计数器中断和脉冲串输出中断。外部输入中断是系统利用I0.0～I0.3的上升或下降沿产生的中断。这些输入点可被用作连接某些一旦发生必须引起注意的外部事件；高速计数器中断可以影响当前值、预设置、计数方向的改变、计数器外部复位等事件所引起的中断；脉冲串输出中断可以用来响应给定数量的脉冲输出完成所引起的中断。

3）时间中断

时间中断包括定时中断和定时器中断。定时器中断可用来支持一个周期性的活动，周期时间以1 ms为最小单位，周期设定时间为5～255 ms。对于定时中断0，把周期时间值写入SMB34；对于定时中断1，把周期时间值写入SMB35。每当达到定时时间值时，相关定时器溢出，执行中断处理程序。定时中断可以以固定的时间间隔作为采样周期，实现对模拟量输入采样或执行一个回路的 PID 控制。

定时器中断只能使用 1 ms 通电和断电延时定时器 T32 和 T96。

2. 中断优先级

在 PLC 应用系统中通常有多个中断源。当多个中断源同时向 CPU 申请中断时，要求 CPU 能将全部中断源按中断性质和处理的轻重缓急进行排队，并给予优先权。给中断源指定处理的次序就是给中断源确定中断优先级。

西门子公司 CPU 规定的中断优先级由高到低依次是通信中断、I/O 中断和定时中断，每类中断的不同中断事件又有不同的优先权。详细内容可查阅西门子公司的有关技术规定。

3. CPU 响应中断的顺序

PLC 中 CPU 响应中断的顺序可以分为以下三种情况。

(1) 当不同的优先级的中断源同时申请中断时，CPU 响应中断请求的顺序为优先级高的中断源到优先级低的中断源。

(2) 当相同的优先级的中断源同时申请中断时，CPU 按先来先服务的原则响应中断请求。

(3) 当 CPU 正在处理某中断同时又有中断源提出中断请求时，新出现的中断请求按优先级排队等候处理，当前中断服务程序不会被其他甚至更高优先级的中断程序打断。任何时刻 CPU 只执行一个中断程序。

4. 中断控制指令

经过中断判优后，将优先级最高的中断请求送给 CPU，CPU 响应中断后自动保存逻辑堆栈、累加器和某些特殊标志寄存器位，即保护现场。中断处理完成后，又自动恢复这些单元保存起来的数据，即恢复现场。中断控制指令有 4 条，中断子程序有 2 条。中断指令格式如表 6-22 所示。

表 6-22 中断指令格式

指令类型		梯形图符号 LAD	语句表 STL	功能
中断指令	中断控制	—(ENI)	ENI	开中断指令，使能输入有效时，全局地允许所有中断事件中断
		—(DISI)	DISI	关中断指令，使能输入有效时，全局地关闭所有被连接的中断事件
		ATCH: EN ENO; ????-INT; ????-EVNT	ATCH INT EVENT	中断连接指令，使能输入有效时，把一个中断事件和一个中断程序联系起来，并允许中断
		DTCH: EN ENO; ????-EVNT	DTCH EVENT	中断分离指令，使能输入有效时，切断一个中断事件和所有中断的联系，禁止该中断事件
		n —[INT]	INT n	中断子程序开始
		—(CRETI)	CRETI	中断子程序条件返回
		—(RETI)	RETI	无条件返回，中断子程序最后必须用这条指令

说明：

(1) 当进入正常运行 RUN 模式时，CPU 禁止所有中断，但可以在 RUN 模式下执行中断允许指令 ENI，允许所有中断。

(2) 多个中断事件可以调用一个中断程序，但一个中断事件不能同时连接调用多个中断程序。

(3) 中断分离指令 DTCH 禁止中断事件和中断程序之间的联系，它仅禁止某中断事件，全局中断禁止指令 DISI 禁止所有中断事件。

(4) 中断服务子程序是用户为处理中断事件而事先编制的程序，编制时可以用中断程序入口处的中断程序号 n 来识别每一个中断程序。中断服务程序从中断程序号开始，以无条件返回指令结束。在中断程序中间，用户可根据逻辑需要使用条件返回指令返回主程序。PLC 系统中的中断指令不允许嵌套。

操作数：

n，　　中断程序号，　0～127(为常数)；

EVENT，　中断事件号，　0～32(为常数)。

5. 中断指令应用举例

例 6.22　编写一段中断事件 0 的初始化程序。中断事件 0 是 I0.0 上升沿产生的中断事件。当 I0.0 有效时开中断，系统可以对中断 0 进行响应，执行中断服务程序 INT0。初始化程序如图 6-54 所示。

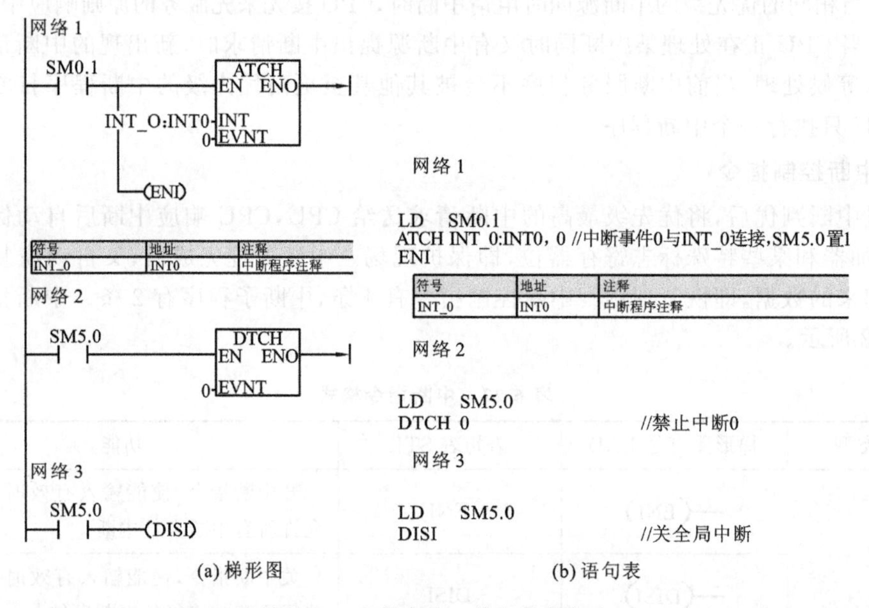

图 6-54　中断事件 0 的初始化程序

S7 系列 PLC 的其余中断指令，可参考《S7-200 中文系统手册》，这里就不一一列举了。

6.6.8　PID 控制指令

1. PID 指令概述

比例/积分/微分回路控制指令简称 PID 指令，常用在模拟系统的控制过程中，使回路实现高精度的控制。

PID 指令：利用输入和配置在表(TBL)中的信息，在被参考的 LOOP 上执行 PID 回路计算，即根据提供的信息，用自动调谐器确定一组调谐参数，为回路输出的最终增益和频率计算增益(回路增益)、复原(积分时间)、速率(微分时间)的建议值，提供合理的最优数值，最终达到微调并真实优化控制回路进程的目的。SIEMENS 公司的 PID 指令将此功能的编程变得非常简单。PID 指令格式如表 6-23 所示。

表 6-23　PID 指令格式

梯形图(LAD)	功能块图(FBD)	语句表(STL)	功　　能
PID EN　ENO TBL LOOP	PID EN　ENO TBL LOOP	PID　TBL,LOOP	PID 回路

在 PID 指令的编程语言中,梯形图和功能块图采用的是指令盒指令格式。指令说明如下:

(1) 设置 ENO=0 的错误条件为间接地址(0006),SM1.1 溢出或出现非法值;

(2) TBL 和 LOOP 操作数寻址方式可查阅相关资料,它们均为字节型数据,LOOP 为常数(0～7)。

2. PID 算法

PID 控制器调节回路的输出,要保证偏差(e)为零,使系统达到较好的稳定状态,PID 控制的原理公式如下,其中偏差(e)是设定值(SP)和过程变量(PV)的差,比例项、积分项和微分项的和就是输出 $M(t)$。

输出=比例项+积分项+微分项

$$M(t) = K_C \times e + K_C \int_0^t e\mathrm{d}t + M_{\mathrm{initial}} + K_C \frac{\mathrm{d}e}{\mathrm{d}t}$$

式中:$M(t)$——时间函数的回路输出;

K_C——回路的增益;

e——回路偏差;

M_{initial}——回路输出的初始值。

连续算式必须离散化为周期采样偏差算式,才能用计算机来计算输出值,处理后的算式为

输出=比例项+积分项+微分项

$$M_n = K_C \times e_n + K_I \times \sum_1^n + M_{\mathrm{initial}} + K_D \times (e_n - e_{n-1})$$

式中:M_n——在采样时间 n 时的回路输出计算值;

K_C——回路的增益;

e_n——在采样时间 n 时的回路偏差;

e_{n-1}——回路偏差的前一个值;

K_I——比例常数(积分项);

M_{initial}——回路输出的初始值;

K_D——比例常数(微分项)。

由此式可如,积分项是从第 1 个采样周期到当前采样周期所有偏差项的函数,微分项是当时采样和前一次采样的函数,比例项只是当前采样的函数,计算机不保存所有的误差项。

计算机从首次采样开始,有一个偏差采样必计算一次输出值,只保存偏差前值和积分项前值作为计算机解决的结果(重复性的),就可得到任何采样时刻计算的一个简化方程,此简化算式为:

输出=比例项+积分项+微分项

$$M_n = K_C \times e_n + K_I \times e_n + MX + K_D \times (e_n - e_{n-1})$$

式中:M_n——在采样时间 n 时的回路输出计算值;

K_C——回路的增益;

e_n——在采样时间 n 时的回路偏差；

e_{n-1}——回路偏差的前一个值；

K_I——比例常数(积分项)；

MX——积分项的前一个值；

K_D——比例常数(微分项)。

在计算回路输出值时，CPU 只能使用上述简化公式的修改格式。修改后的公式为：

输出＝比例项＋积分项＋微分项

$$M_n = MP_n + MI_n + MD_n$$

式中：M_n——在采样时间 n 时的回路输出计算值；

MP_n——在采样时间 n 时的回路输出比例项数值；

MI_n——在采样时间 n 时的回路输出积分项数值；

MD_n——在采样时间 n 时的回路输出微分项数值。

PID 的回路表如表 6-24 所示。

表 6-24　PID 的回路表

偏移地址	域	定时器类型	中 断 描 述	格式
0	过程变量(PV_n)	输入	过程变量，0.0～1.0	REAL
4	设定值(SP_n)	输入	给定值，0.0～1.0	
8	输出值(M_n)	输入/输出	输出值，0.0～1.0	
12	增益值(K_C)	输入	增益比例常数，可正可负	
16	采样时间(T_S)	输入	以 s 为单位，正数	
20	积分时间(T_I)	输入	以 min 为单位，正数	
24	微分时间(T_D)	输入	以 min 为单位，正数	
28	积分项前值(MX)	输入/输出	积分项前值，0.0～1.0	
32	过程变量前值(PV_{n-1})	输入/输出	包含最后一次执行 PID 指令时存储的过程变量值	
36～39	保留给自整定变量			

6.7　S7-200 系列 PLC 指令应用举例

本节将以节日彩灯为例来介绍 S7-200 的指令应用。用 PLC 实现对节日彩灯的控制，结构简单、变幻形式多样、价格低。彩灯形式及变幻尽管花样繁多，但其负载不外乎 3 种：长通类负载、变幻类负载及流水类负载。长通类负载是指彩灯中用以照明或起衬托底色作用之类的负载，其特点是只要彩灯投入工作，则这类负载长期接通。变幻类负载则指在工作过程中定时进行花样变换的负载，如字形的变幻、色彩的变幻或位置的变幻等，其特点是定时通断，但频率不高。流水类负载则指变幻速度快，犹如行云流水、星光闪烁，其特点虽然也是定时通断，但频率较高(通常间隔几十毫秒至几百毫秒)。

对于长通类负载，其控制十分简单，只需一次接通或断开。而对变幻类及流水类负载的控制，则是按预定节拍产生一个“环形分配器”(一般可用 SHRB、ROL_W 产生)，有了环形分配器，彩灯就能得到预设频率和预设花样的闪亮信号，即可实现花样的变幻。通常先根据花样变幻的规律写出动作时序表，再按预设彩灯变幻花样在表中“打点”，然后再依据动作时序表输出即可。

本例所选彩灯变幻花样为逐次闪烁方式：程序开始时，灯 1(Q0.0)、灯 2(Q0.1)亮；一次循环扫描且定时时间到后，灯 1(Q0.0)灭，灯 2(Q0.1)亮、灯 3(Q0.2)亮；再次循环扫描且定时时间到后，灯 2(Q0.1)灭，灯 3(Q0.2)亮、灯 4(Q0.3)亮……其动作时序表如表 6-25 所示，梯形图及语句表如图 6-55 所示。

表 6-25　彩灯动作时序表

输出＼节拍	1	2	3	4	5	6	7	8	9	10	11	12	13	14	15
Q0.0	@							@	@						
Q0.1	@	@							@	@					
Q0.2		@	@							@	@				
Q0.3			@	@							@	@			
Q0.4				@	@							@	@		
Q0.5					@	@							@	@	
Q0.6						@	@							@	@
Q0.7							@	@							@

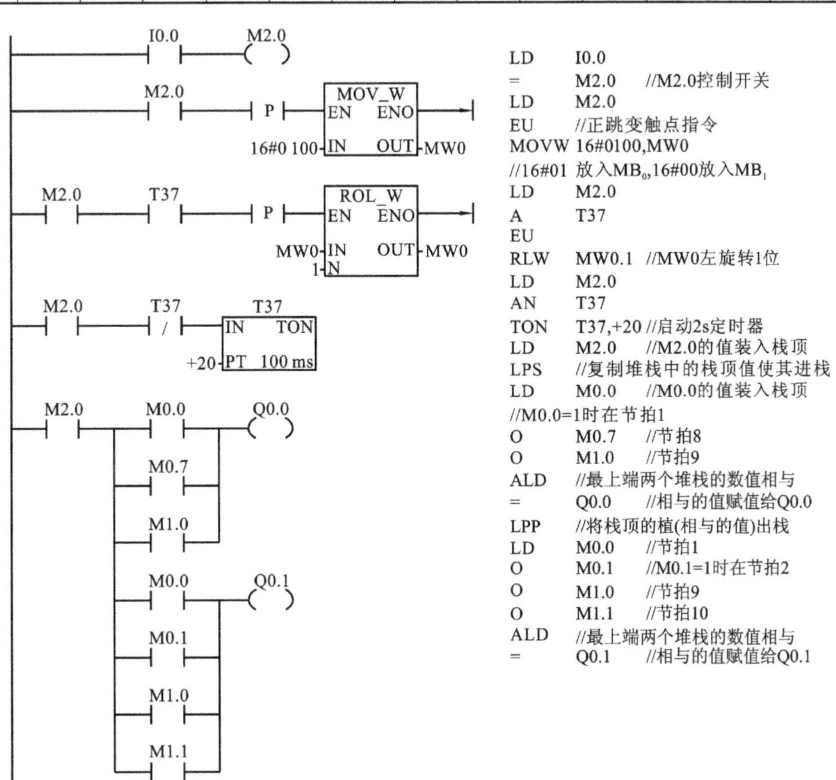

图 6-55　节日彩灯控制梯形图及语句表

```
LD   M2.0
LPS
LD   M0.1 //节拍2
O    M0.2 //节拍3
O    M1.1 //节拍10
O    M1.2 //节拍11
ALD
=    Q0.2
LPP
LD   M0.2 //节拍3
O    M0.3 //节拍4
O    M1.2 //节拍11
O    M1.3 //节拍12
ALD
=    Q0.3
LD   M2.0
LPS
LD   M0.3 //节拍4
O    M0.4 //节拍5
O    M1.3 //节拍12
O    M1.4 //节拍13
ALD
=    Q0.4
LPP
LD   M0.4 //节拍5
O    M0.5 //节拍6
O    M1.4 //节拍13
O    M1.5 //节拍14
ALD
=    Q0.5
LD   M2.0
LPS
LD   M0.5 //节拍6
O    M0.6 //节拍7
O    M1.5 //节拍14
O    M1.6 //节拍15
ALD
=    Q0.6
LPP
LD   M0.6 //节拍7
O    M0.7 //节拍8
O    M1.6 //节拍15,之后重新开始
ALD
=    Q0.7
```

续图 6-55

6.8 S7-300、400 简介

1. S7-300 的 CPU 简介

S7-300PLC 的 CPU 模块（简称为 CPU）都有一个编程用的 RS-485 接口，有的有 PROFIBUS-DP 接口或 PtP 串行通信接口，可以建立一个 MPI（多点接口）网络或 DP 网络。S7-300PLC 如图 6-56 所示。

S7-300CPU 的 RAM 为 512KB，最大的有 8 192 个存储器位、512 个计数器和 512 个定时器，数字量最大为 65 536，模拟量通道最大为 4 096，有 350 多条指令，32 个 I/O 点，模拟量模块一个通道占一个字地址。计数器的计数范围为 1～999，定时器的定时范围为 10 ms～9 990 s。

诊断功能：可以诊断出失压、熔断器开路、看门狗故障、EEPROM 和 RAM 故障、模拟量模块共模故障、组态/参数错误、断线、上下溢出等。

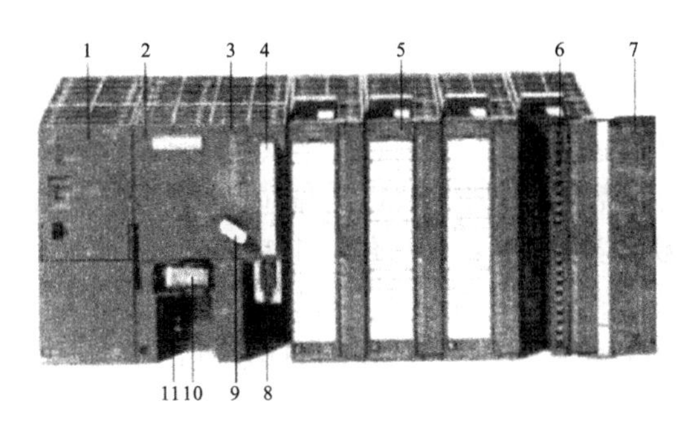

图 6-56　S7-300PLC

1—电源模块；2—主机；3—状态和故障指示灯；4—存储卡（CPU313 以上）；5—I/O 模块；6—连接器；7—前盖；8—MPI 多点接口；9—模式开关；10—备用电池；11—24V 连接器

过程中断：在数字量输入信号上升沿或下降沿中断，模拟量输入超限，CPU 暂停当前程序。

2. S7-300 的功能模块

1）计数器模块

模块的计数器均为 0～32 位或±31 位加减计数器，可以判断出脉冲的方向，模块给编码器供电。条件合适时发出中断信号，可以 2 倍频和 4 倍频计数。

FM350-1 是单通道计数器模块，可以检测最高达 500 kHz 的脉冲，有单向计数、连续计数和循环计数三种模式。CM35 和 FM350-2 都是 8 通道智能型计数器模块。

2）位置控制与位置检测模块

FM351 模块是双通道定位模块，用于控制变级调速电动机或变频器。FM354 是伺服电机定位模块；FM353 是步进电机定位模块；FM357 可以用于最多 4 个插补轴的协同定位；FM352 有 32 个凸轮轨迹，采用增量式编码器或绝对式编码器。

SM338 使用超声波传感器检测位置，无磨损、保护等级高且精度稳定不变。

3）称重模块

SIWAREX U 称重模块是紧凑型电子秤，能测定料仓和贮斗的料位，对吊车载荷进行监控，对传送带载荷进行测量或对工业提升机、轧机超载进行安全防护等。

SIWAREX M 称重模块是具有校验能力的电子称重和配料单元，可以组成多料称重系统。

4）闭环控制模块

FM355 闭环控制模块有 4 个闭环控制通道，拥有自优化温度控制算法和 PID 算法。

5）电源模块

电源模块 PS307 能将 120/230 V 交流电压转换为 24 V 直流电压，为 S7-300/400 中的执行器和传感器供电，可输出 2 A、5 A 或 10 A 三种电流。

3. S7-300 的编程语言

S7-300 的编程语言采用国际标准 IEC 61131，在 S7-300 中梯形图、语句表和功能块图是 3 种基本编程语言，可以相互转换，同时可用的语言还有以下两种。

1）S7HiGraph 编程语言

图形编程语言 S7HiGraph 属于可选软件包，它是用状态图（state graphs）来描述异步和非顺序过程的编程语言。

2）S7CFC 编程语言

S7CFC 编程语言也是可选软件包，CFC（continuous function chart，顺序功能图）用图形方式连接程序库中以块的形式提供的各种功能。

4. S7-300CPU 的存储

(1) 数制:二进制数、十六进制数和 BCD 码。

(2) 基本数据类型:位、字节、字、双字、16 位整数、32 位整数和 32 位浮点数。

(3) 复合数据类型与参数类型:复合数据类型包括数组单元、结构单元、字符串数组、日期和时间以及用户定义数据类型;参数类型包括定时器和计数器、块、指针和 ANY。

(4) 系统存储器:过程映像输入/输出(I/Q),内部存储器标志位存储器区(M)、定时器(T)存储器区、计数器(C)存储器区、共享数据块(DB)与背景数据块(DI)、外设 I/O 区(PI/PO)和 CPU 中的寄存器。

5. S7-400 的 CPU 简介

S7-400PLC 是集中式扩展方式,适用于小型配置或一个控制柜中的系统,其结构如图 6-57 所示。

分布式扩展适用于分布范围广的系统,CC 与最后一个 EU 的最大距离为 100 m(S7EU)或 600 m(S5EU),分布扩展方式如图 6-58 所示。

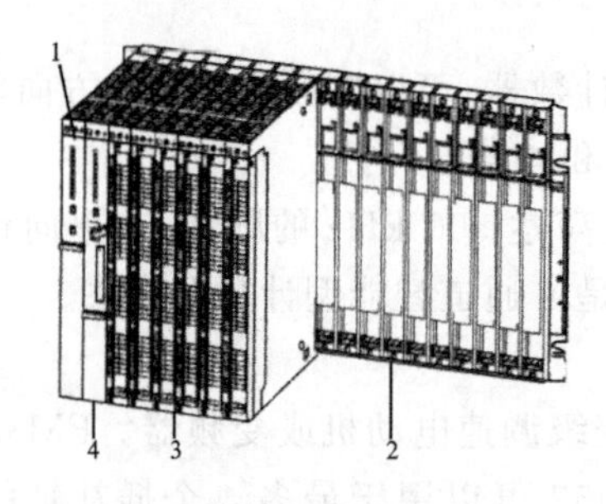

图 6-57 S7-400PLC 结构

1—电源模块;2—安装机架;3—CPU 单元输出模块;4—CPU 单元输入模块

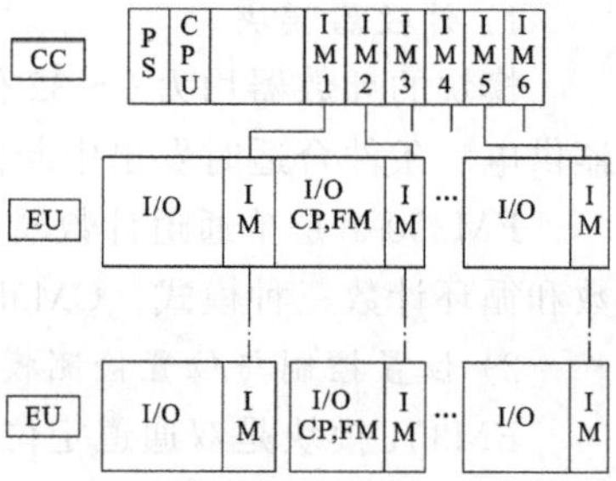

CC: PS | CPU | | IM1 | IM2 | IM3 | IM4 | IM5 | IM6

EU: I/O | IM | I/O CP,FM | IM | … | I/O | IM

EU: I/O | IM | I/O CP,FM | IM | … | I/O | IM

图 6-58 S7-400PLC 分布扩展方式

用 ET200 分布式 I/O 还可以进行远程扩展,通过 CPU 中的 PROFIBUS-DP(现场总线)接口,最多可以连接 125 个总线结点。使用光缆时,CC 和最后一个结点的距离为 23 km。

6. S7-400 的特点

(1) 运行速度高,S7416 执行一条二进制指令只要 0.08 μs。

(2) I/O 扩展功能强,可以扩展 21 个机架,S7417-4 最多可扩展 262 144 个数字量 I/O 点和 16 384 个模拟量 I/O 点。

(3) 存储器容量大,如 CPU417-4 的 RAM 可以扩展到 16 MB,装载存储器(FEPROM 或 RAM)可以扩展到 64 MB。

(4) 集成的 HMI 服务,只需要为 HMI 服务定义源和目的地址,即可自动传送信息。

(5) 有极强的通信能力,集成的 MPI 能建立最多 32 个站的简单网络。大多数 CPU 集成有 PROFIBUS-DP 主站接口,可用来建立高速的分布式系统,通信速率最高 12 Mbps。

(6) 利用 S7Software Redundancy(软件冗余性),如果生产过程出现故障,则在几秒内就可以切换到替代系统。

(7) 安全型自动化 PLC。S7-400E 安全型自动化系统,出现故障时转为安全状态并执行中断;S7-400FH 安全及容错自动化系统,如果系统出现故障,生产过程能继续执行。

(8) 多 CPU 处理。S7-400 中央机架上最多可安装 4 个具有多 CPU 处理能力的 CPU 同时运行。通过通信总线,在 CPU 彼此互连的场合,这些 CPU 能自动、同步地变换其运行模式,适用于存储空间不够、程序太长的系统。

7. S7-400 的通信功能

S7-400PLC 的通信功能包括：MPI、PROFIBUS-DP、工业以太网或 AS-i 现场总线，周期性自动交换 I/O 模块的数据或基于事件驱动，由用户程序块调用。

8. S7-400 的编程语言

S7-400 的编程语言与 S7-300 的编程语言相同。

6.9 S7 系列 PLC 编程软件的安装与使用

6.9.1 STEP7-Micro/WIN SP3 的安装

SIMATIC S7-200 系列 PLC 编程软件是西门子公司为 S7-200 系列 PLC 编制的工业编程软件的集合，其中，STEP7－Micro/WIN SP3 V4.0 编程软件是基于 Windows 的应用软件。其安装步骤具体如下。

（1）将编程软件安装光盘插入光驱，从“我的电脑”中打开光盘驱动器，其文件如图 6-59 所示。

（2）双击图标 Setup.exe，弹出“选择设置语言”对话框，如图 6-60 所示。从下拉列表中单击“English(United States)”选项，单击“Next”按钮后，计算机弹出如图 6-61 所示的“安装防护专家”窗口。

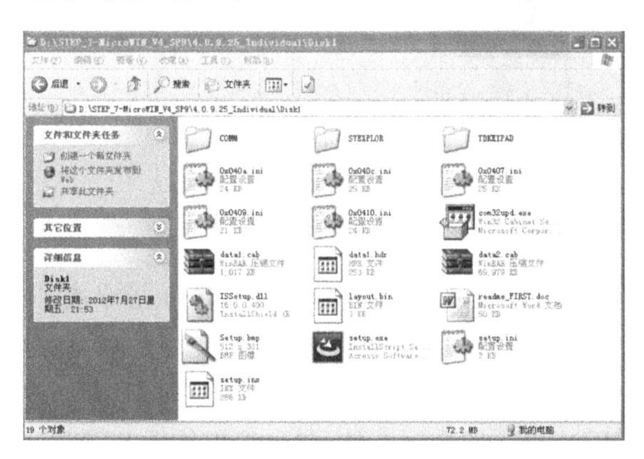

图 6-59 STEP7-Micro/WIN SP3 V4.0 安装文件夹窗口

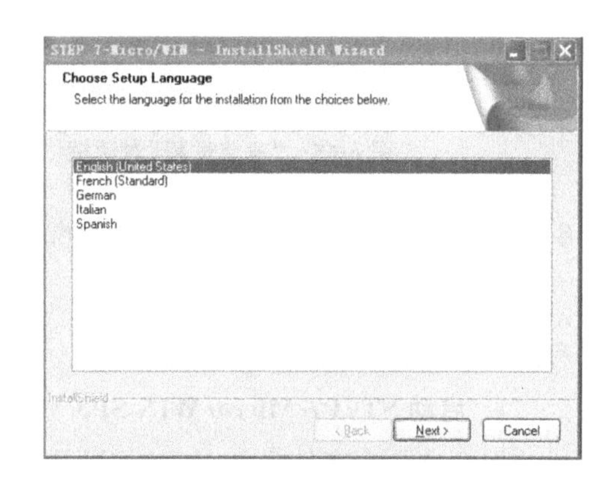

图 6-60 选择设置语言对话框

（3）计算机准备完毕后自动弹出如图 6-62 所示的“安装防护专家”对话框。单击“Next”按钮，弹出“安装许可协议”对话框，如图 6-63 所示。如果同意，单击“Yes”按钮，弹出“选择目标位置”对话框，如图 6-64 所示。

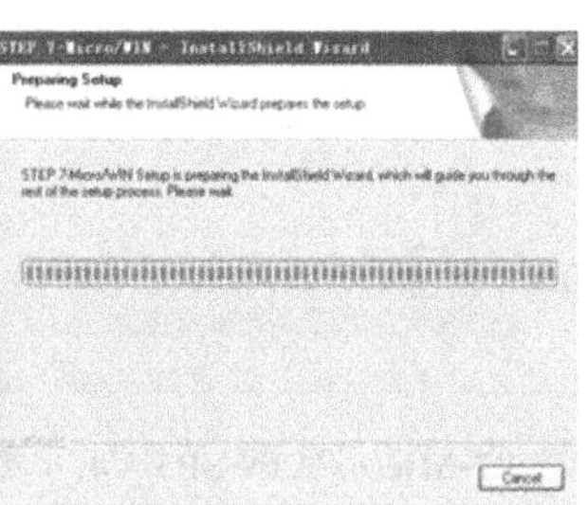

图 6-61 “安装防护专家”窗口

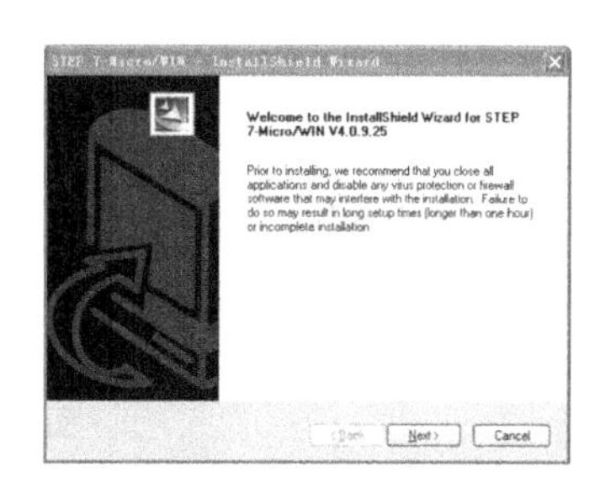

图 6-62 “安装防护专家”对话框

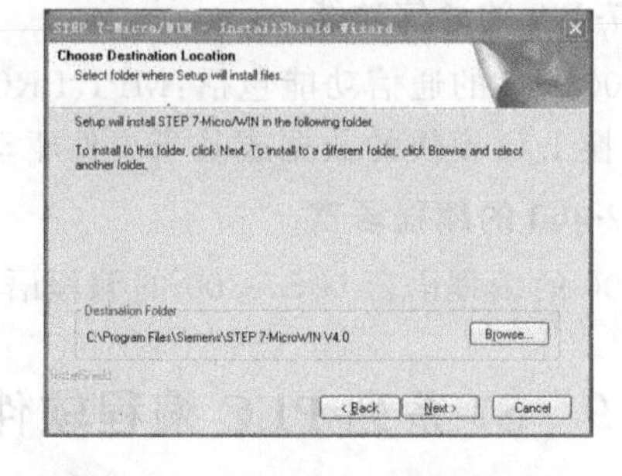

图 6-63 “安装许可协议”对话框　　图 6-64 “选择目标位置”对话框

（4）在选择安装位置后，单击“Next”按钮，开始安装软件，弹出一系列如图 6-65 所示的“安装进程”对话框。

（5）安装进度条滚动完毕后，自动弹出如图 6-66 所示的“安装完成”对话框，提示是否重启计算机，单击“Finish”按钮，安装完成。

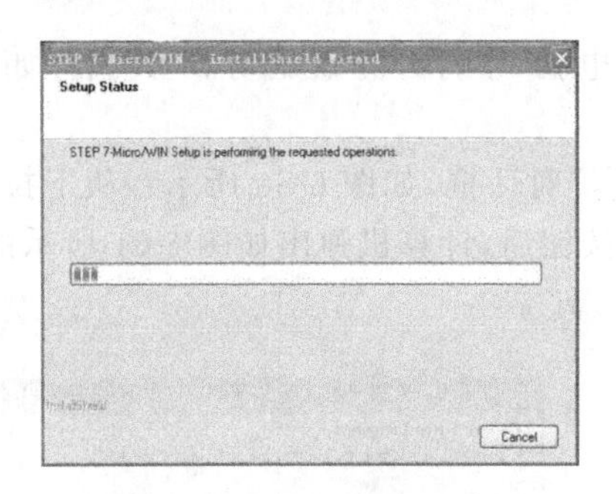

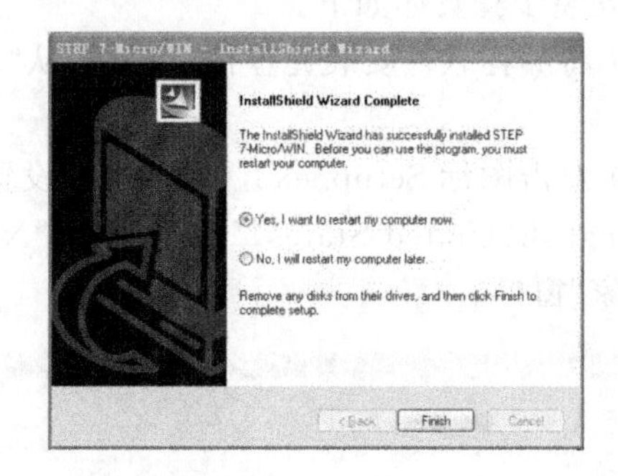

图 6-65 “安装进程”对话框　　图 6-66 安装完成对话框

6.9.2 STEP7-Micro/WIN SP3 的使用

安装了 STEP7-Micro/WIN SP3 V4.0 编程软件之后，即可用它进行梯形图和指令表等程序的输入、编辑、传送、监控。

1. 启动 STEP7-Micro/WIN SP3 V4.0 编程软件

双击桌面上文件名为 V4.0 STEP7 MicroWIN SP3 的图标文件，弹出编程软件 STEP7-Micro/WIN SP3 V4.0 英文窗口，如图 6-67 所示。

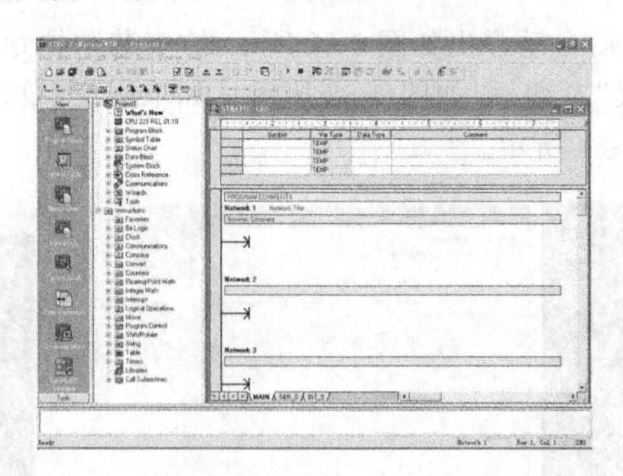

图 6-67 STEP7-Micro/WIN SP3 V4.0 英文窗口

2. 变更窗口语言

为了编辑方便，需要将窗口语言设置为中文。其设置步骤及方法如下。

(1) 在英文窗口下,执行"Tools|Options"命令,如图6-68所示,弹出"Options"对话框,如图6-69所示。

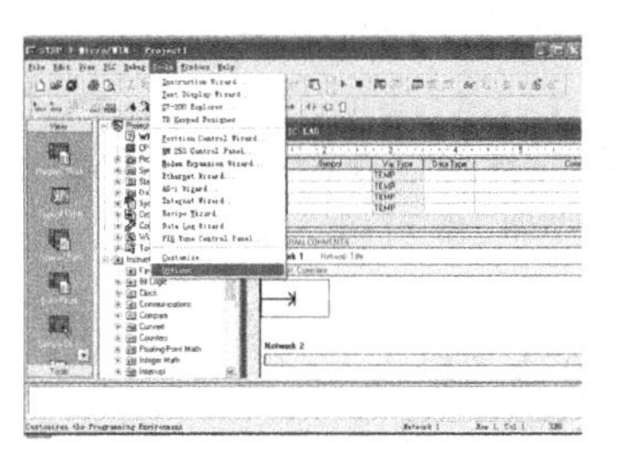

图6-68 单击"Tools"英文菜单

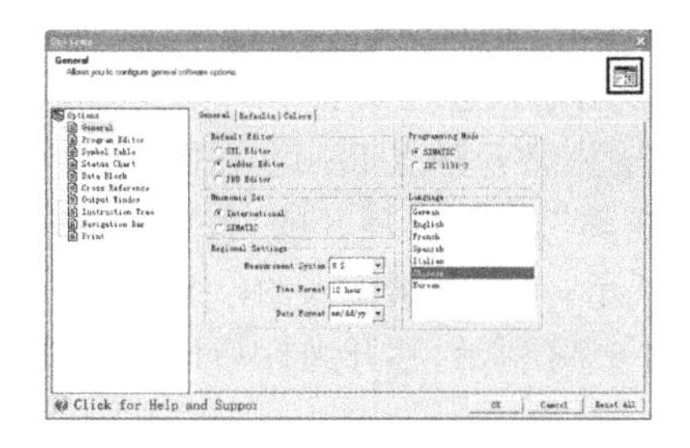

图6-69 "Options"对话窗口

(2) 选择Language中的Chinese后,弹出如图6-70所示的对话框,单击"确定"按钮后,弹出如图6-71所示的对话框,单击"是"按钮变更完成。变更后的中文窗口如图6-72所示。

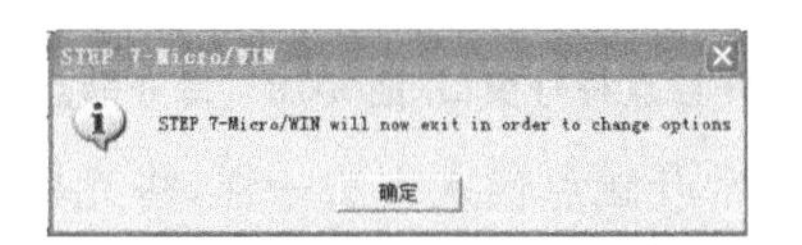

图6-70 "退出"对话框

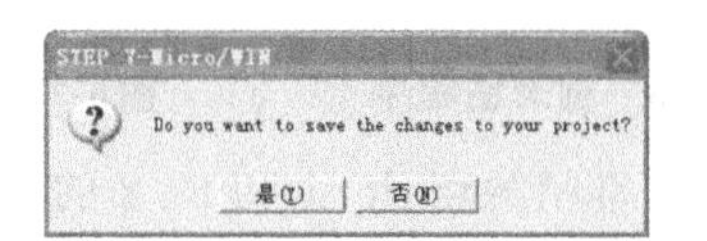

图6-71 "是否保存"对话框

3. 创建新文件

在如图6-72所示的窗口下,执行"查看|梯形图"命令,如图6-73所示,即可进入梯形图程序编辑方式。

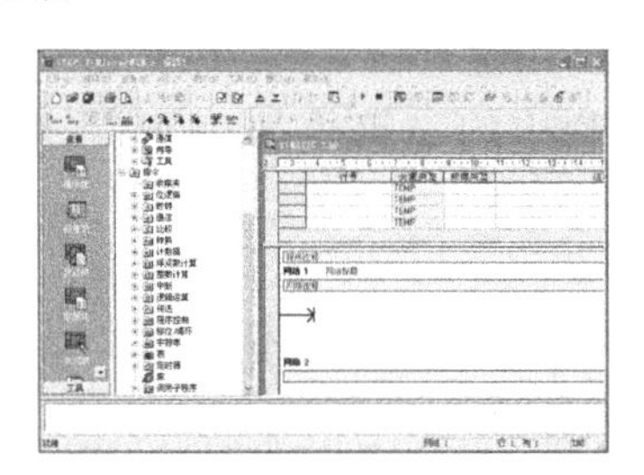

图6-72 STEP7-Micro/WIN SP3 V4.0 中文窗口

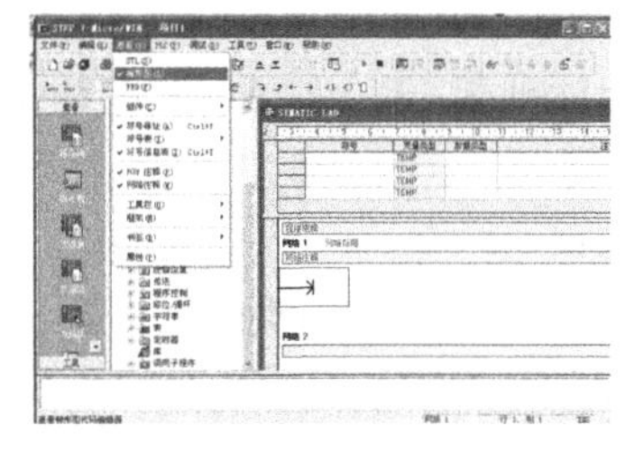

图6-73 选择"梯形图编程"命令窗口

在图6-72所示窗口下,执行"PLC|类型"命令,如图6-74所示,弹出如图6-75所示的"PLC类型"对话框,在下拉列表中,选择PLC类型,单击"确认"按钮后即可进行梯形图输入。

图6-74 "PLC|类型"命令窗口

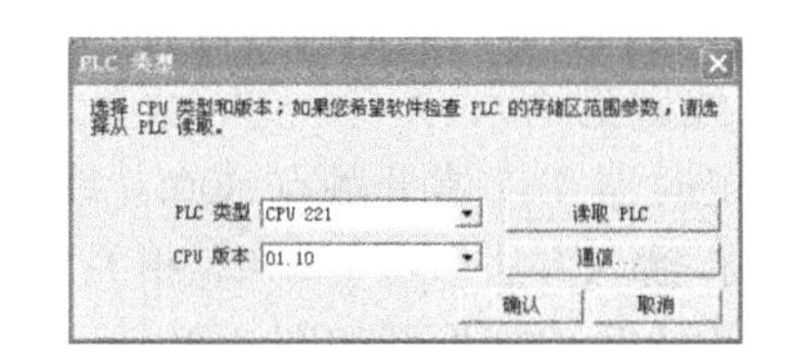

图6-75 "PLC类型"对话框

4. 输入梯形图程序

下面以几个短小梯形图程序为例,简单说明梯形图的输入方法。

例 6.23 输入图 6-76 所示梯形图程序。

在图 6-72 窗口下，单击左侧第二列(该列称作指令树)“指令”文件夹，其下有“位逻辑”、“时钟”、“通信”等十多个子文件夹。这些子文件夹内的图形符号即为编制梯形图之用。本例中，梯形图输入过程如下。

(1) 输入常开触点 I0.0。在图 6-72 窗口下，将光标定位在网络 1 箭头部位，选择“指令”中的“位逻辑”选项，在展开的“按钮箱”中双击┤ ├按钮，即可输入常开触点 I0.0 的符号，如图 6-77 所示；单击刚刚输入的┤ ├符号上方的“??.?”，用键盘输入 I0.0(大小写均可)，部分视图如图 6-78 所示，移开光标后即完成常开触点 I0.0 的输入。

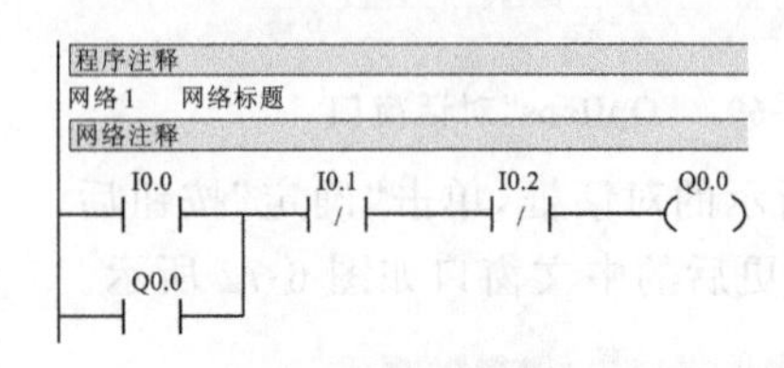

图 6-76 梯形图程序

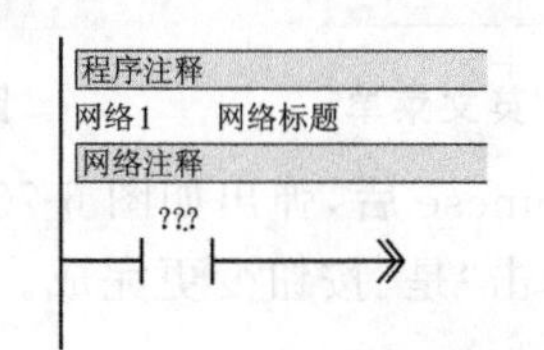

图 6-77 输入常开触点符号窗口

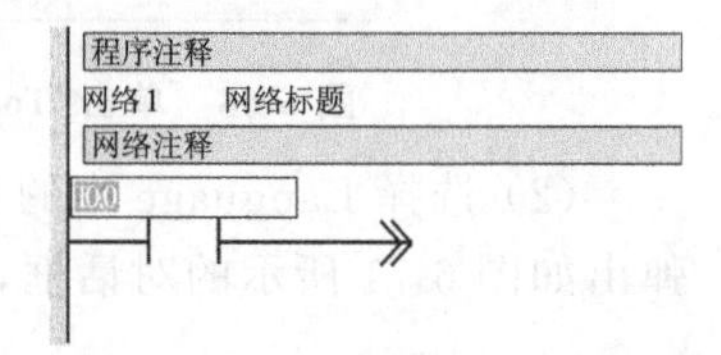

图 6-78 常开触点 I0.0 地址窗口

(2) 串联常闭触点：I0.1 和 I0.2 的输入。与常开触点输入方法一样，将光标移至常开触点 I0.0 后面，双击指令树“按钮箱”中的“常闭触点”按钮┤/├，单击┤/├符号上方的“??.?”，用键盘输入 I0.1；再在 I0.1 后面输入 I0.2 常闭触点。

(3) 线圈 Q0.0 的输入。将光标移至常闭触点 I0.2 后面，双击指令树“按钮箱”中的“线圈”按钮-( )，单击-( )符号上方的“??.?”，用键盘输入 Q0.0。

(4) 并联常开触点 I0.0 的输入。将光标移至常开触点 I0.0 符号┤/├下方，双击指令树“按钮箱”中的“常开触点”按钮┤/├，在其上“??.?”处，用键盘输入 I0.0；单击常开触点 I0.0，使方框光标框住 I0.0 触点，单击梯形图指令工具栏中的 ┘符号，即完成了并联常开触点 I0.0的输入。

注意：

(1) 在整个梯形图的输入当中，可以先输入梯形图符号紧接着输入地址，也可以先把一部分或全部符号输入完毕后再输入地址；

(2) 对于相同的梯形图符号，也可采用使方框光标框住要复制到符号右击复制到相应的位置的方法；

(3) 编制梯形图时，一个输出占一个网络。

例 6.24 输入图 6-79 所示梯形图程序。

(1) 输入常开触点 I0.0。方法与例 6.23 常开触点I0.0的输入方法完全相同。

(2) 定时器 T37 线圈的输入。将光标移至常开触点 I0.0 后面，选择“指令”中的“定时器”选项，双击“按钮箱”中的“定时器线圈”按钮-▯ TON，鼠标光标先在-▯ TON 框内“????”处停留 2s，此处自动显示各定时器基准时间(T37 为 100 ms)；计算出定时器预置值 PT，然后在-▯ TON 上方“????”内用键盘输入 T37，在预置值 PT 处输入 30，移开光标后即完成定时器 T37 线圈的输入。

(3) 定时器 T37 常开触点、Q0.0 线圈的输入。在网络 2 中输入定时器 T37 常开触点、Q0.0 线圈，输入方法参考例 6.23 相关指令的输入方法。

全部输入后的梯形图如图 6-80 所示。

5. 梯形图程序的编辑和保存

梯形图程序的编辑方法与 Word 编辑相似，包括程序的剪切、复制、粘贴、插入和删除，字符串的替换、查找等。

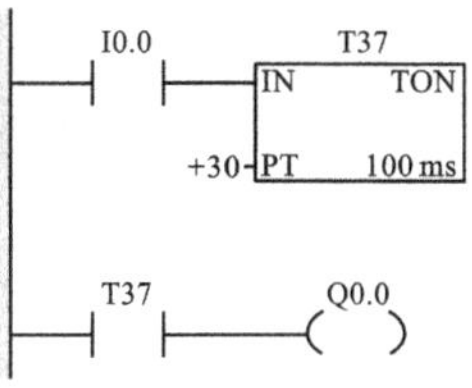

图 6-79　梯形图程序

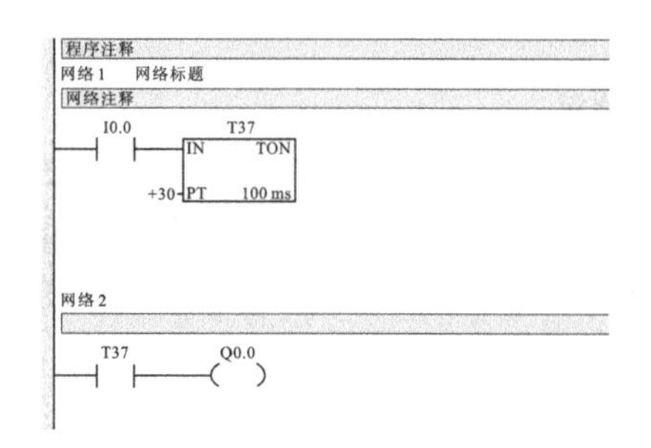

图 6-80　全部输入后的梯形图

1）删除和插入

程序删除和插入的选项有行、列、阶梯、向下分支的垂直竖线、中断或子程序等。插入和删除的方法有两种：①在程序编辑区右击，在弹出的快捷菜单中单击“插入”或“删除”命令，在弹出的子菜单中单击对应选项进行编辑；②在窗口上部的“编辑”菜单中单击“插入”或“删除”命令，在弹出的子菜单中单击对应选项进行程序编辑。

2）程序的复制、粘贴

可以在“编辑”菜单中单击“复制/粘贴”命令进行复制；也可以按下工具栏中的“复制”和“粘贴”快捷按钮进行复制；还可以用光标选中复制内容后，右击，在弹出的菜单选项中选择“复制”选项，然后粘贴。

程序复制分为单个元件复制和网络复制两种。单个元件复制是在光标含有编程元件时单击“复制”按钮。网络复制可通过在复制区拖动光标或使用 Shift 及上、下移位键，选择单个或多个相邻网络，在网络变黑(被选中)后单击“复制”按钮。光标移到粘贴处后，可以用已有效的“粘贴”按钮进行粘贴。

3）程序的保存

程序的保存有两种方法：一种是直接单击工具栏中的“保存”快捷键按钮；另一种是执行“文件|保存”命令。

6. 程序的编译

输入 SIMATIC 指令且编辑完程序后，可用“PLC”的下拉菜单或工具栏中的“编译”快捷按钮对部分或全部程序进行编译。经编译后，在显示器下方的输出窗口中将显示编译结果，并能明确指出错误的网络段，如图 6-81 所示。可以根据错误提示对程序进行修改，然后再次编译，直至编译无误。

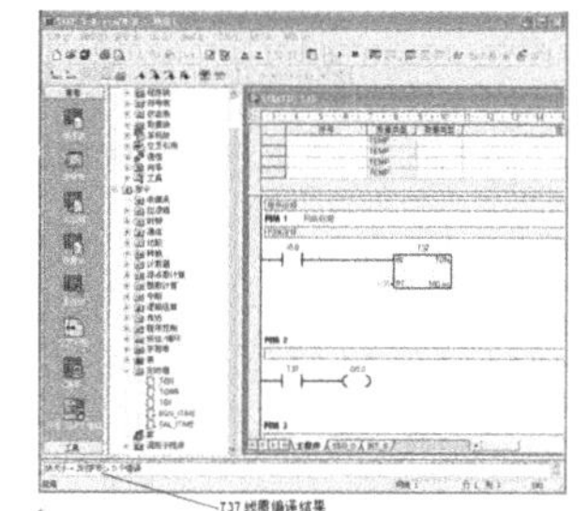

图 6-81　编译结果窗口

7. 程序的下载与上载

1）程序的下载

程序的下载就是将编好的程序储存到 PLC 中。下载之前，要用编程电缆将计算机的串行口 COM1 与 PLC 的编程接口连接起来，而且要给 PLC 上电。用户程序编译成功后，单击标准工具栏中的“下载”快捷按钮，或者打开“文件”菜单，单击“下载”命令，将弹出如图 6-82 所示的“下载”对话框。选定程序块、数据块、系统块等下载内容后，单击“通信”按钮，可将选中内容下载到 PLC 的存储器中。

2）程序的上载

上载指令的功能是将 PLC 中未加密的程序或数据送入编程器(PC)。上载的方法是单击标准工具栏中“上载”快捷按钮或者打开“文件”菜单，单击“上载”命令，在弹出的上载对话框中选择程序块、数据块、系统块等上载内容后，在程序显示窗口上载 PLC 内部程序和数据。

8. 通电调试

下载完毕后，将 PLC 设置在运行状态。设置方法可用“PLC”的下拉菜单或工具栏中的“运行”快捷按钮▶。按照系统要求，操作各外部开关、按钮，观察是否符合控制要求，如果不满足要求，应修改硬件电路和梯形图程序，直到满意为止。

9. 监控程序运行

执行“调试|开始程序状态监控”命令，这时闭合触点和通电线圈内部的颜色将呈阴影状态。随着输入条件的改变和定时及计数过程的进行，每个扫描周期的输出处理阶段都将各个器件的状态刷新，动态地显示各个定时、计数器的当前值，并用阴影表示触点和线圈的通电状态，如图 6-83 所示。通过分析动态调试程序运行的结果，找出问题所在，然后退出程序运行和监视状态，在 STOP 状态下对程序进行修改及编辑，重新进行编译、下载、监视运行，如此反复修改调试，直至得出正确的运行结果。

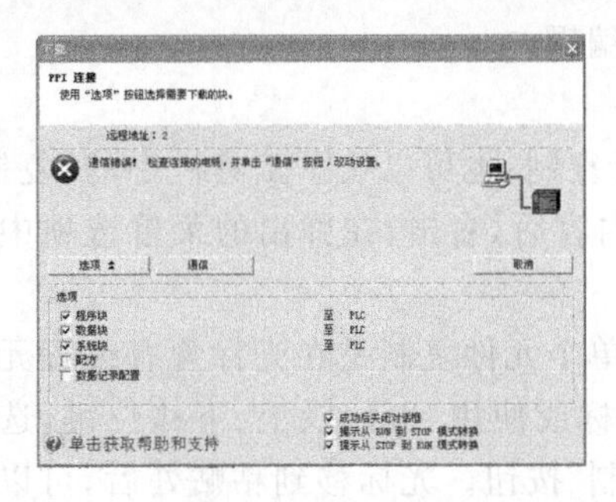

图 6-82 “下载”对话框

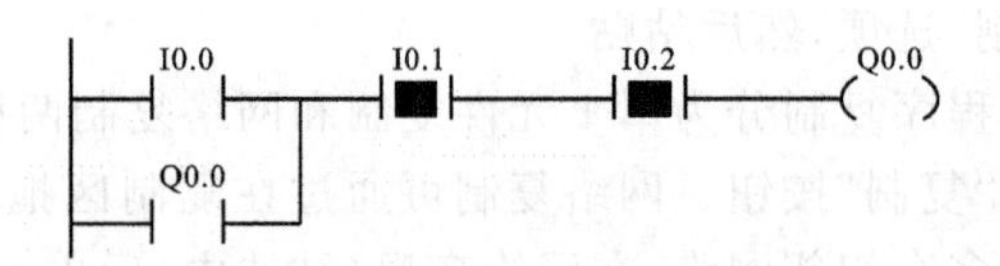

图 6-83 梯形图运行状态监控

思考题与习题 6

1. 写出图 6-84 所示梯形图对应的语句表程序。
2. 画出图 6-85(a)、(b)、(c)所示语句表对应的梯形图。

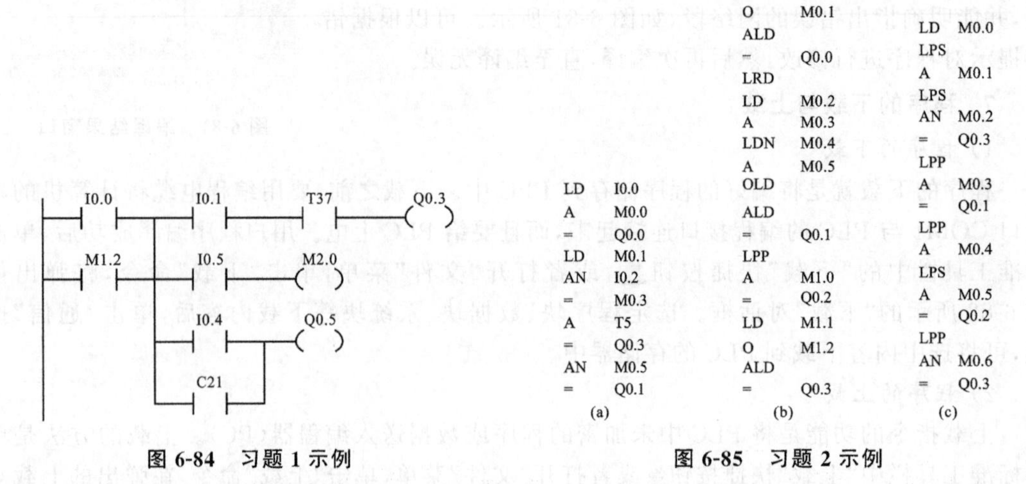

图 6-84 习题 1 示例　　**图 6-85 习题 2 示例**

3. S7-200 PLC 有几种分辨率的定时器？它们的刷新方式有何不同？S7-200PLC 有几

种类型的定时器？对它们执行复位操作后，它们的当前值和位的状态是什么？

4. S7-200 PLC 有几种类型的计数器？对它们执行复位操作后，它们的当前值和位的状态是什么？

5. 设计二分频电路的梯形图。

6. 设计一个 30 h 40 min 的长延时电路。

7. 设计一个照明灯的控制程序。当按下接在 I0.0 上的按钮后，接在 Q0.0 上的照明灯可以发光 30 s。如果在这段时间内有人按下按钮，则计时重新开始。这样可确保在最后一次按完按钮后，灯光可以维持 30 s 的照明。

8. 设计一个抢答器电路，出题人提出问题，3 个答题人按下按钮，仅仅是最早按下的人的面前的灯亮。这个问题结束后出题人按下复位键，开始下一个问题。

9. 设计一个对锅炉鼓风机和引风机控制的程序。控制要求：

(1) 开机时首先启动引风机，10 s 后自动启动鼓风机；

(2) 停止时，立即关断鼓风机，经 30 s 后自动关断引风机。

10. 在 I0.0 的上升沿，将 VB10～VB49 中的数据逐个异或，求它们的异或校验码，设计出语句表控制程序。

11. 用整数运算指令将 VW2 中的整数乘以 0.932 后存放在 VW6 中。

12. 八个 12 位的二进制数据存放在 VW10 开始的存储区内，用循环指令求它们的平均值，并存放在 VW20 中。

13. 控制接在 Q0.0～Q0.7 上的 8 个彩灯循环移位，用 T37 定时器定时，每秒移动 1 位，首次扫描时用接在 I0.0～I0.7 的小开关设置彩灯的初值，用 I0.0 控制彩灯移位的方向，设计出控制程序。

14. 用实时时钟指令控制路灯的定时接通和断开，在 5 月 1 日至 10 月 31 日的 20:00 开灯，次日 6:00 关灯；在 11 月 1 日至 4 月 30 日的 19:00 开灯，次日 7:00 关灯。设计出控制程序。

15. 首次扫描时给 Q0.0～Q0.7 置初值，用 T32 中断定时，控制接在 Q0.0～Q0.7 上的 8 个彩灯循环左移，每秒移位 1 次，设计出控制程序。

16. 设计出图 6-86 所示的顺序功能图的梯形图程序。

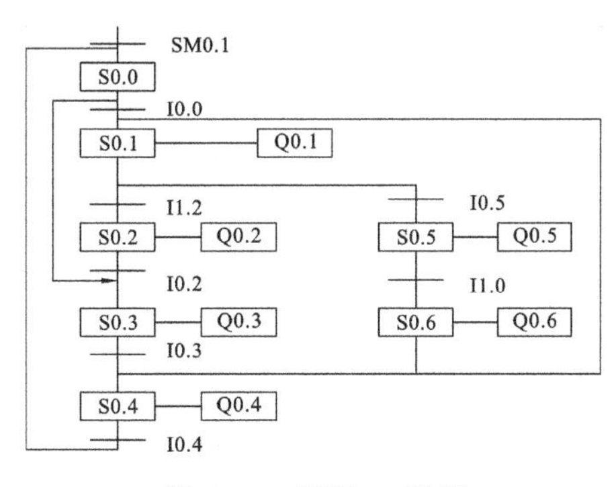

图 6-86　习题 16 示例

第7章 FX2N系列PLC的指令系统

前面我们已经掌握了可编程控制器的硬件组成及工作原理。尽管现在的可编程控制器种类繁多，编程使用也有差异，但基本原理是一样的，掌握了一种型号的可编程控制器的使用后，再使用其他型号的可编程控制器时，可以相互参照，触类旁通。

本章以三菱FX2N可编程控制器为例，主要讲解可编程控制器的指令系统及编程方法。

7.1 FX系列PLC简介

7.1.1 FX系列系统配置

1. FX系列PLC性能比较

PLC的性能指标有很多，但主要指以下几个方面的指标。

(1) 输入/输出点数　输入/输出点数是PLC组成控制系统时所能接入的输入/输出信号的最大数量，表示PLC组成系统时可能的最大规模。在I/O总点数中，输入点数与输出点数是按一定比例设置的，往往是输入点数大于输出点数，也可能是输入点数和输出点数相等。

(2) 应用程序的存储容量　应用程序的存储容量是存放用户程序的存储容量，通常用K字表示，1K字也叫1 024步。一般小型PLC的应用程序存储容量为1K至几K字。

(3) 扫描速度　通常PLC的扫描速度是以执行1 000条基本逻辑指令所需的时间来衡量的。单位是毫秒/千步。也有的以执行一步指令的时间来衡量。一般PLC的逻辑指令与功能指令的执行时间有较大差别。

三菱小型PLC分为F、F_1/F_2、FX_0、FX_2、FX_{0N}、FX_2 c几个系列，其中F系列是早期产品。

FX系列PLC是三菱公司近年来推出的高性能小型PLC，以逐步替代三菱公司原F、F_1、F_2系列PLC产品。其中，FX_2是1991年推出的产品，FX_0是在FX_2之后推出的超小型PLC。此后，三菱公司又连续推出了将众多功能凝集在超小型机壳内的FX_{0S}、FX_{1S}、FX_{0N}、FX_{1N}、FX_{2N}、FX_{2NC}等系列PLC，这些PLC具有较高的性价比，所以应用广泛。它们采用整体式和模块式相结合的叠装式结构。

尽管FX系列PLC中FX_{0S}、FX_{1S}、FX_{1N}、FX_{2N}等在外形上相差不大，但在性能上有较大的差别，其中FX_{2N}和FX_{2NC}子系列在FX系列PLC中功能最强、性能最好，FX系列PLC主要产品的性能比较见表7-1。

表7-1　FX系列PLC主要产品性能比较

型号	I/O点数	基本指令执行时间	功能指令	模拟模块量	通信
FX_{0S}	10～30	1.6～3.6 μs	50	无	无
FX_{0N}	24～128	1.6～3.6 μs	55	有	较强
FX_{1N}	14～128	0.55～0.7 μs	177	有	较强
FX_{2N}	16～256	0.08 μs	298	有	强

(1) 三菱 FX 系列 PLC 的环境指标。

三菱 FX 系列 PLC 的环境指标要求见表 7-2。

表 7-2 FX 系列 PLC 的环境指标要求

项　　目	环 境 要 求
环境温度	使用温度 0～55℃，储存温度－20～70℃
环境湿度	使用时 RH35%～85%(无凝露)
防震性能	JISC0911 标准，10～55 Hz，0.5 mm(最大 2 GHz)，3 轴方向各 2 次(但用 DIN 导轨安装时为 0.5 GHz)
抗冲击性能	JISC0912 标准，10 GHz，3 轴方向各 3 次
抗噪声能力	用噪声模拟器产生电压为 1 000V(峰-峰值)、脉宽 1 μs、30～100 Hz 的噪声
绝缘耐压	AC1 500 V、1 min(接触端与其他端子间)
绝缘电阻	5 MΩ 以上，(DC 500 V 兆欧表测量，接地端与其他端子间)
接地电阻	第三种接地，如接地有困难，可以不接
使用环境	无腐蚀性气体，无尘埃

(2) 三菱 FX 系列 PLC 的输入技术指标。

FX 系列 PLC 对输入信号的技术要求见表 7-3。

表 7-3 FX 系列 PLC 对输入信号的技术要求

输入端项目	X0～X3(FX_{0S})	X4～X17(FX_{0S}) X0～X7(FX_{0N}、FX_{1S}、FX_{1N}、FX_{2N})	X10～(FX_{0N}、FX_{1S}、FX_{1N}、FX_{2N})	X0～X3(FX_{0S})	X4～X17(FX_{0S})
输入电压	DC24 V±10%			DC12 V±10%	
输入电流	8.5 mA	7 mA	5 mA	9 mA	10 mA
输入阻抗	2.7 kΩ	3.3 kΩ	4.3 kΩ	1 kΩ	1.2 kΩ
输入 ON 电流	4.5 mA 以上	4.5 mA 以上	3.5 mA 以上	4.5 mA 以上	4.5 mA 以上
输入 OFF 电流	1.5 mA 以下	1.5 mA 以下	1.5 mA 以下	1.5 mA 以下	1.5 mA 以下
输入响应时间	约 10 ms，其中：FX_{0S}、FX_{1N}的 X0～X17 和 FX_{0N}的 X0～X7 为 0～15 ms 可变，FX_{2N}的 X0～X17 为 0～60 ms 可变				
输入信号形式	无电压触点，或 NPN 集电极开路晶体管				
电路隔离	光电隔离				
输入状态显示	输入 ON 时 LED 灯亮				

(3) FX 系列 PLC 的输出技术指标。

FX 系列 PLC 对输出信号的技术要求见表 7-4。

表 7-4　FX 系列 PLC 对输出信号的技术要求

项目	继电器输出	晶闸管输出	晶体管输出
外部电源	AC 250 V 或 DC 30 V 以下	AC 85～240 V	DC 5～30 V
最大电阻负载	2 A/1 点、8 A/4 点、8 A/8 点	0.3 A/点、0.8 A/4 点 (1 A/1 点、2 A/4 点)	0.5 A/1 点、0.8 A/4 点 0.1 A/1 点、0.4 A/4 点 1 A/1 点、2 A/4 点 0.3 A/1 点、1.6 A/16 点
最大感性负载	80 V・A	15 VA/AC 100 V、 30 VA/AC 200 V	12 W/DC 24 V
最大灯负载	100 W	30 W	1.5 W/DC 24 V
开路漏电流	—	1 mA/AC 100 V 2 mA/AC 200 V	0.1 mA 以下
响应时间	约 10 ms	ON：1 ms，OFF：10 ms	ON：<0.2 ms　OFF：<0.2 ms 大电流 OFF 为 0.4 ms 以下
电路隔离	继电器隔离	光电晶闸管隔离	光电隔离
输出动作显示	输出 ON 时 LED 亮		

2. FX 系列 PLC 的系统配置

FX 系列 PLC 由基本单元、扩展单元、扩展模块及特殊功能模块构成，属于叠装式。FX 系列(功能模块除外)型号名称的含义如下：

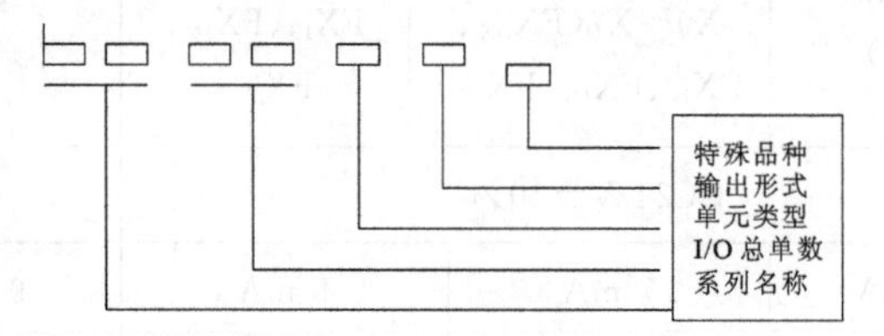

(1) 系列名称：如 0S、0N、2N 等。

(2) 输出形式：输入/输出的总点数(4～128)。

(3) 单元类型：M 为单元单位，E 为输入/输出扩展单元模块，EX 为输入专用扩展模块，EY 为输出专用扩展模块。

(4) 输出形式：R 为继电器输出，T 为晶体管输出，S 为双向晶闸管输出。

(5) 特殊品种：D 为 DC(直流)电源，DC 输出的模块；A1 为 AC(100～120 V)输入或 AC 输出的模块；H 为大电流输出扩展模块(1 A/1 点)；V 为采用立式端子排的扩展模块；C 为采用接插口输入/输出方式的模块；F 为输入滤波时间常数为 1 ms 的扩展模块；L 为 TTL 输入扩展模块；S 为采用独立端子(无公共端)的扩展模块。

若特殊品种一项无符号，为 AC 电源(100～240 V)、DC 输入、横式端子排、标准输出(继电器输出为 2 A/1 点；晶体管输出为 0.5/1 点；双向晶闸管输出为 0.3 A/1 点)。

例如，FX2N-40MR-D 属于 FX 的 2N 系列，是有 40 个 I/O 点数的基本单元，继电器输出型，使用 DC 24 V 电源。

1) FX 系列的基本单元

基本单元可独立构成控制系统，内有 CPU、I/O 模块、储存器和供给扩展模块及传感器的标准电源。FX0S系列PLC是用于极小规模系统的小型PLC,这种型号的PLC只有4种基本单元,0～30个I/O点数。FX_{0N}系列的有12种基本单元;FX2N系列的有16种基本单元。其规格分别见表7-5、表7-6和表7-7。

表7-5 FXos系列PLC基本单元

型号				输入点数	输出点数
AC电源		DC电源			
继电器输出	晶体管输出	继电器输出	晶体管输出		
FX0S-10MR-001	FX0S-10MT	FX0S-10MR-D	FX0S-10MT-D	6	4
FX0S-14MR-001	FX0S-14MT	FX0S-14MR-D	FX0S-14MT-D	8	6
FX0S-20MR-001	FX0S-20MT	FX0S-20MR-D	FX0S-20MT-D	12	8
FX0S-30MR-001	FX0S-30MT	FX0S-30MR-D	FX0S-30MT-D	16	14
—	—	FX0S-14MR-D12	—	8	6
—	—	FX0S-30MR-D12	—	16	14

表7-6 FX0N系列PLC基本单元

AC电源		DC电源		输入点数	输出点数	扩展模块可用点数
继电器输出	晶体管输出	继电器输出	晶体管输出			
FX0N-24MR-001	FX0N-24MT	FX0N-24MR-D	FX0N-24MT－D	14	10	32
FX0N-40MR-001	FX0N-40MT	FX0N-40MR-D	FX0N-40MT－D	24	16	32
FX0N-60MR-001	FX0N-60MT	FX0N-60MR-D	FX0N-60MT－D	36	24	32

表7-7 FX2N系列PLC基本单元

型号			输入点数	输出点数	扩展模块可用点数
继电器输出	晶闸管输出	晶体管输出			
FX2N-16MR-001	FX2N-16MS	FX2N-16MT	8	8	24-32
FX2N-32MR-001	FX2N-32MS	FX2N-32MT	16	16	24-32
FX2N-48MR-001	FX2N-48MS	FX2N-48MT	24	24	48-64
FX2N-64MR-001	FX2N-64MS	FX2N-64MT	32	32	48-64
FX2N-80MR-001	FX2N-80MS	FX2N-80MT	40	40	48-64
FX2N-128MR-001	—	FX2N-128MT	64	64	48-64

2) FX系列的扩展单元和模块

扩展单元和扩展模块必须与基本单元连接才能使用。扩展单元用于扩展I/O点数,内设可供扩展模块使用的标准电源,以便进一步扩展。扩展模块用于进一步增加I/O点数以及改变I/O特性,其电源从基本单元或扩展单元取得。扩展单元含CPU,而扩展模块不含CPU。

FX_{0S}不能扩展,所以无扩展单元,FX_{0S}有3种扩展单元,7种扩展模块,可组成24～128个I/O点数的系统。FX_{2N}系列PLC的扩展单元有5种,扩展模块有7种。FX2n系列的基本单元可扩展连接的最大输入/输出点数为:输入点数在128点数以内,输出点数也在128

点以内，合计256点以内。

表7-8和表7-9所示为FX$_{0N}$系列的扩展单元和扩展模块规格，表7-10和表7-11所示为FX$_{2N}$的扩展单元和扩展模块规格。

表7-8　FX$_{0N}$系列的扩展单元

型号				输入点数	输出点数	扩展模块可用点数
AC电源		DC电源				
继电器输出	晶体管输出	继电器输出	晶体管输出			
FX$_{0N}$-40ER	FX$_{0N}$-40ET	FX$_{0N}$-40ER-D	—	24	16	32

表7-9　FX$_{0N}$系列的扩展模块

型号			输入点数	输出点数
输入	继电器输出	晶体管输出		
FX$_{0N}$-8EX	—	—	8	—
FX$_{0N}$-8ER		—	4	4
—	FX$_{0N}$-8EYR	FX$_{0N}$-8EYT	—	8
FX$_{0N}$-16EX	—	—	16	—
—	FX$_{0N}$-16EYR	FX$_{0N}$-16EYT	—	16

表7-10　FX$_{2N}$的扩展单元

型号			输入点数	输出点数	扩展模块可用点数
继电器输出	晶闸管输出	晶体管输出			
FX$_{2N}$-32ER	FX$_{2N}$-32ES	FX$_{2N}$-32ET	16	16	24～32
FX$_{2N}$-48ER	—	FX$_{2N}$-48ET	24	24	48～64

表7-11　FX$_{2N}$的扩展模块

型号				输入点数	输出点数
输入	继电器输出	晶闸管输出	晶体管输出		
FX$_{2N}$-16EX	—	—	—	16	—
FX$_{2N}$-16EX-C	—	—	—	16	—
FX$_{2N}$-16EXL-C	—	—	—	16	—
—	FX$_{2N}$-16EYR	FX$_{2N}$-16EYS	—	—	16
—	—	—	FX$_{2N}$-16EYT	—	16
—	—	—	FX$_{2N}$-16EYT-C	—	16

3）FX系列的常用的功能模块

FX系列PLC的特殊功能模块用来实现一些特殊功能，主要有模拟量输入模块(AD)、模拟量输出模块(DA)、高速计算器模块、定位控制器模块、通信模块等，表7-12列出了FX$_{2N}$系列PLC常用的特殊功能模块。

表 7-12 FX2N 系列 PLC 常用的特殊功能模块

分　类	型　号	名　称	占有点数	耗电量/DC 5V
模拟量控制模块	FX_{2N}-4AD	4CH 模拟量输入(4 路)	8	30 mA
	FX_{2N}-4DA	4CH 模拟量输出(4 路)	8	30 mA
	FX_{2N}-4AD-PT	4CH 温度传感器输入	8	30 mA
	FX_{2N}-4AD-TC	4CH 热电偶温度传感器输入	8	30 mA
位置控制模块	FX_{2N}-1HC	50 Hz 二相高速计数器	8	90 mA
	FX_{2N}-1PG	100 kHz 高速脉冲输出	8	55 mA
计算机通信模块	FX_{2N}-232-IF	RS-232C 通信接口模块	8	40 mA
	FX_{2N}-232-BD	RS-232C 通信接板	—	20 mA
	FX_{2N}-422-BD	RS-422A 通信接板	—	60 mA
	FX_{2N}-485-BD	RS-485 通信接板	—	60 mA
特殊功能模块	FX_{2N}-CNV-BD	与 FX_{0N}用适配器接板	—	—
	FX_{2N}-8AV-BD	容量适配器接板	—	20 mA
	FX_{2N}-CNV-IF	与 FX_{0N}用接口模块	8	15 mA

7.1.2 FX 系列编程元件

可编程控制器的程序，必须借助机内器件来表达，这就要求在可编程控制器内部设置能代表控制过程中各种事物的、具有各种各样功能的元器件，即编程元件。

编程元件是由电子电路和存储器组成的。例如，输入继电器 X 由输入电路和输入映像寄存器组成；输出继电器 Y 是由输出电路和输出映像寄存器组成；定时器 T、计数器 C、辅助继电器 M、状态继电器 S、数据寄存器 D、变址寄存器 V/Z 等都是由存储器组成的。为了把它们与通常的硬元件区分开，通常把这些元件称为软元件。

软元件是等效概念抽象模拟的元件，并非实际的物理元件。在工作过程中，只注重元件的功能，按元件的功能起名称，而且每个元件都有确定的地址编号，对编程十分重要。

1. FX 系列 PLC 编程元件的地址编号

FX 系列 PLC 编程元件的地址编号由字母和数字两大部分组成，如 X101、Y064。字母表示元件的类型，共有输入继电器 X、输出继电器 Y、辅助继电器 M、状态继电器 S、定时器 T、计数器 C、数据存储器 D 和指针(PI)8 大类。数字表示元件的分配地址，即该类编程元件的序号。输入继电器、输出继电器的序号为八进制，其余器件的序号为十进制。

2. 输入继电器和输出继电器

PLC 的存储器中有一个用来存储 PLC 信号输入/输出(I/O)状态的存储区，称为 I/O 状态表。表上的输入部分表示现场的输入信号，称为输入继电器。表上的输出部分表示所控制的执行单元的状态，称为输出继电器。表 7-13 所示为 FX_{2N}系列 PLC 的输入/输出继电器元件编号。

表 7-13 FX_{2n}系列 PLC 的输入/输出继电器元件编号

型号	FX_{2N}.16M	FX_{2N}.32M	FX_{2N}.48M	FX_{2N}.64M	FX_{2N}.80M	FX_{2N}.128M	扩展时
输入	X0～X7 8 点	X0～X17 16 点	X0～X27 24 点	X0～X37 32 点	X0～X47 40 点	X0～X77 64 点	X0～X267 184 点
输出	Y0～Y7 8 点	Y0～Y7 16 点	Y0～Y27 24 点	Y0～Y37 32 点	Y0～Y47 40 点	Y0～Y77 64 点	Y0～Y267 184 点

1）输入继电器(X)

输入继电器是PLC接收外部输入的开关量信号的窗口，与PLC的输入端子相连，PLC通过光电耦合器将外部信号的状态读入并存储在输入映像区中。输入端可外接控制开关、按钮、限位开关、传感器、常开触点或常闭触点，也可接多个触点组成的串并联电路。在梯形图中，可无限次使用输入继电器的常开触点和常闭触点。每个输入继电器线圈与PLC的一个输入端子相连。

图7-1所示为PLC控制系统示意图。图中X0端子外接的输入电路接通时，它对应的输入映像区的状态为“1”，断开时状态为“0”。输入继电器的状态唯一地取决于外部输入信号的状态，不受用户程序的控制，因此，梯形图中只出现输入继电器的触点，不能出现输入继电器的线圈。

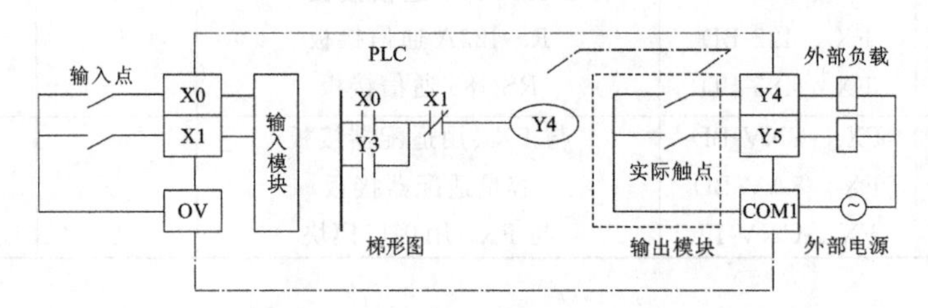

图7-1 PLC控制系统示意图

值得注意的是，因为PLC只在每一扫描周期开始时读取输入信号，所以输入信号为ON和OFF的持续时间应大于其扫描周期。若不满足这一条件，没有脉冲捕捉功能的PLC会丢失此输入信号。

FX_{2N}系列PLC输入继电器编号范围为X0～X267，共184点。

2）输出继电器(Y)

输出继电器是PLC向外部负载发送信号的窗口，与PLC的输出端子相连，用来将PLC的输出信号传送给输出模块，再由后者驱动外部负载。输出继电器的通断状态由程序执行结果决定。在PLC内部，它有一个线圈和许多对的常开触点、常闭触点，触点可无限次使用。

如图7-1所示，Y4的线圈“通电”，继电器型输出模块中对应的硬件继电器的常开触点闭合，使外部负载工作。

FX_{2N}系列PLC输出继电器编号范围为Y0～Y267(184点)。但输入/输出总点数不能超过256。

3. 辅助继电器

PLC中设有许多辅助继电器(M)，其作用类似于继电器控制系统中的中间继电器，常用于逻辑运算中间状态的存储及信号类型的变换。它们不能接收外部的输入信号，也不能直接驱动外部负载，只供内部编程使用。其线圈只能由程序驱动：除某些特殊辅助继电器线圈由系统程序驱动外，绝大多数继电器线圈由用户程序驱动。每一个辅助继电器的线圈也有许多常开触点和常闭触点，供用户编程时使用。由于辅助继电器的存在，使PLC的功能大为增强，编程变得十分灵活。

FX_{2N}系列PLC的辅助继电器分为通用型辅助继电器、断电保持型辅助继电器和特殊辅助继电器3种。

1）通用型辅助继电器

FX_{2N}系列PLC的通用型辅助继电器的元件编号为M_0～M499，共500点，没有断电保持功能。

如果在PLC运行时电源突然中断，输出继电器和通用型辅助继电器将全部变为OFF。

若电源再次接通，除了因外部输入信号而变为ON的以外，其余的仍将保持为OFF状态。

2）断电保持型辅助继电器

FX_{2N}系列PLC的断电保持型辅助继电器的元件编号为M500～M3071，共2572点，其中的M500～M1023可用软件来设定使其成为非断电保持型辅助继电器。断电保持型辅助继电器具有记忆功能，在系统断电时可保持断电前的状态，当系统重新通电后的第1个扫描周期将保持其断电瞬间的状态。

对于某些要求记忆电源中断瞬间状态的控制系统，重新通电后再现其状态，就可使用断电保持型辅助继电器。

图7-2中所示X0和X1分别是启动按钮和停止按钮，M600通过Y0控制外部的电动机，如果电源中断时，M600为“1”状态，由于电路的记忆作用，当PLC重新通电后，M600将保持为“1”状态，使Y0继续为ON，电动机重新开始运行。

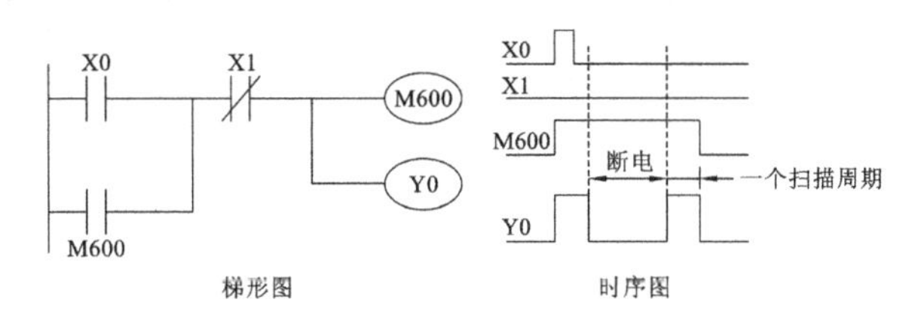

图7-2　断电保持功能

应注意，断电保持型辅助继电器只在PLC重新通电后的第1个扫描周期保持断电瞬间的状态。

3）特殊辅助继电器

FX_{2N}系列PLC的特殊辅助继电器的元件编号为M8000～M8255，共256点。它们用来表示PLC的某些状态，起着特殊的专用内部继电器的作用，如提供时钟脉冲和标志（如进位、借位标志），设定PLC的运行方式，或者用于步进顺控，禁止中断，计数器的加、减计数设定等。特殊辅助继电器分为触点利用型和线圈驱动型两类。

（1）触点利用型。

触点利用型特殊辅助继电器的线圈由PLC的系统程序驱动，用户程序直接使用其触点，不出现它们的线圈。触点利用型特殊辅助继电器的举例如下。

① M8000-运行监视继电器。当PLC执行用户程序时，M8000状态为“ON”；停止执行时，M8000状态为“OFF”。

② M8002-初始化脉冲继电器。M8.002仅在M8000由OFF变为ON状态时的一个扫描周期内为“ON”。可用M8002的常开触点对有断电保持功能的元件进行初始化、复位或置初始值。

③ M8005-锂电池电压降低报警继电器。当锂电池电压下降至规定值时变为“ON”，可用它的触点驱动输出继电器和外部指示灯提醒工作人员更换锂电池。

M8011～M8014分别为10 ms、100 ms、1 s和1 min时钟脉冲继电器。如图7-3所示，以10 ms时钟脉冲继电器为例说明它们的功能。10 ms时钟脉冲继电器的功能为：其触点以10 ms为周期重复通/断动作，即ON：5 ms，OFF：5 ms。

（2）线圈驱动型。

线圈驱动型特殊辅助继电器的线圈由用户程序驱动，使PLC执行特定操作，用户并不使用它们的触点。线圈驱动型特殊辅助继电器的举例如下。

① M8030-锂电池电压指示特殊辅助继电器。线圈“通电”后，“电池电压降低”发光二极

管熄灭。

②M8033-PLC 停止时输出保持特殊辅助继电器。线圈“通电”时 PLC 进入 STOP 状态后，所有输出继电器的状态保持不变。

③ M8034-禁止输出特殊辅助继电器。线圈“通电”时，禁止所有的输出，其应用如图 7-4 所示。

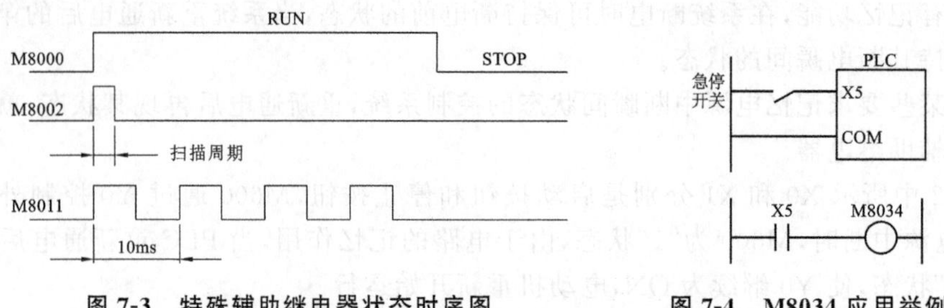

图 7-3 特殊辅助继电器状态时序图　　图 7-4 M8034 应用举例

④ M8039-定时扫描特殊辅助继电器。线圈“通电”时，PLC 以 D8039 中指定的扫描时间工作。

4. 状态继电器

状态继电器(S)是用于编制顺序控制程序的一种编程元件(状态标志)，它与 STL 指令(步进梯形指令)一起使用。状态继电器的常开和常闭触点在 PLC 内部可自由使用，且使用次数不限。在不对状态继电器使用步进梯形指令时，也可把它们作为通用的辅助继电器(M)在程序中使用。FX_{2N}系列 PLC 的状态继电器的元件编号为 S0～S999，共 1 000 点。分为通用状态继电器、锁存状态继电器和报警器用状态继电器 3 种类型。

1) 通用状态继电器

通用状态继电器没有断点保持功能。其元件编号为 S0～S499，共 500 点。在使用 IST(初始化状态功能)指令时，其中的 S0～S9 供初始状态使用；S10～S19 供返回原点使用。

2) 锁存状态继电器

锁存状态继电器具有断电保持功能，在 PLC 断电时用带锂电池的 RAM 或 EEPROM 保存其 ON/OFF 状态。其元件编号为 S500～S899，共 400 点。

3) 报警器用状态继电器

使用应用指令 ANS(信号报警器置位)和 ANR(信号报警器复位)时，状态继电器可用作外部故障诊断的输出，称为信号报警器。报警器用状态继电器的元件编号为 S900～S999，共 100 点。

5. 定时器

PLC 的定时器(T)是通过累积时钟脉冲达到延时作用的编程元件，相当于继电控制系统中的通电延时型时间继电器。它包括一个设定值寄存器(一个字长)、一个当前值寄存器(一个字长)和一个用来存储其输出触点状态的映像区(占二进制的一位)，这 3 个存储单元使用同一个元件号。

PLC 的定时器内部结构是一个时间寄存器，是根据时钟脉冲累计计时的，时钟脉冲宽度有 1 ms、10 ms、100 ms 3 挡。在编程时，应给出一个时间常数即设定值，时间寄存器预置一个设定值(时间常数)后，在时钟脉冲作用下，进行加一操作。当时间寄存器的内容等于设定值时，表示定时时间到，定时器有输出。常数 K 和数据存储器(D)的内容都可作为定时器的设定值。

FX_{2N}系列 PLC 的定时器分为通用定时器和积算定时器两种。FX_{2N}系列 PLC 各定时器个数和元件编号如表 7-14 所示。

表 7-14　FX_{2n}系列 PLC 各定时器个数和元件编号

定　时　器	脉冲宽度(时间基数)	元件编号	元件个数	定 时 范 围
100 ms 通用定时器	100 ms	T0～T199	200	0.1～3 276.7 s
10 ms 通用定时器	10 ms	T200～T245	46	0.01～327.67 s
1 ms 积算定时器	1 ms	T246～T249	4	0.001～32.767 s
100 ms 积算定时器	100 ms	T250～T255	6	0.1～3 276.7 s

1）通用定时器

通用定时器没有断电保持功能，在控制条件为断开或停电时将复位。图 7-5 所示为通用定时器的工作原理及动作时序图。当控制触点 X1 接通时，T120 的当前值寄存器从 0 开始，对 100 ms 的时钟脉冲进行累加记数。当计数值等于设定值 268 时，定时器的常开触点接通，常闭触点断开，即 T120 的输出触点在其线圈被驱动 100 ms×268＝26.8 s 后动作。X1 的常开触点断开后，定时器 T120 复位，当前值恢复为 0，它的常开触点断开。

其逻辑功能是控制触点 X1 接通时，T120 开始定时，26.8 s 后，Y5 输出为 1。

2）积算定时器

积算定时器有断电保持功能。图 7-6 所示为积算定时器的工作原理及时序图。当 X1 的常开触点接通时，T250 的当前值寄存器对 100 ms 时钟脉冲进行累加计数，X1 的常开触点断开或停电时停止定时，当前值保持不变。当 X1 的常开触点再次接通或重新上电时继续定时，累计时间为 855×100 ms＝85.5 s 时，T250 的触点动作。因为积算定时器的线圈断电时不复位，需要用 X2 的常开触点使 T250 强制复位。

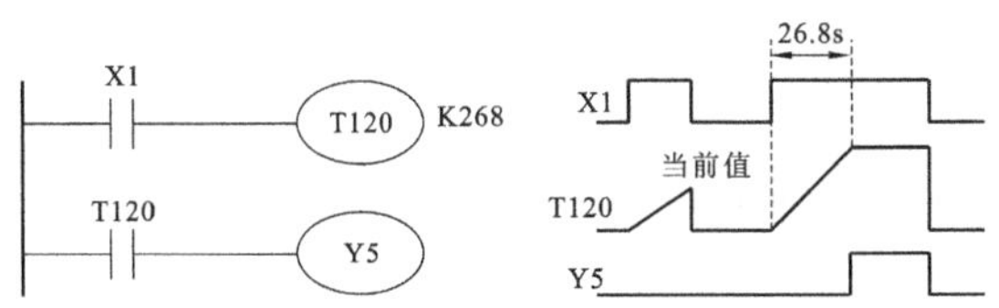

图 7-5　通用定时器的工作原理及动作时序图

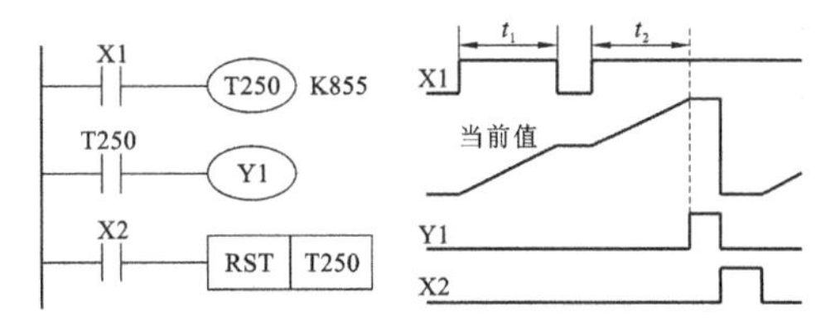

图 7-6　积算定时器的工作原理及动作时序图

其逻辑功能是控制触点 X1 接通时，T250 开始定时，85.5 s 到后，Y5 输出为 1。当控制触点 X2 接通时，复位指令 RST 使 T250 复位。

6. 计数器

计数器(C)在程序中用于计数控制，计数的次数由编程时设定的系数 K 决定。包括内部计数器和高速计数器两类。FX_{2N}系列 PLC 的计数器如表 7-15 所示。

表 7-15　FX_{2n}系列 PLC 的计数器

PLC	名　称	元 件 编 号	元 件 个 数	设定值范围
内部计数器	16 位普通加计数器	C0～C99	100	1～32 767
	16 位保持加计数器	C100～C199	100	
	32 位普通加/减计数器	C200～C219	20	0.214 748 364 8～+2 147 483 647
	32 位保持加/减计数器	C220～C234	15	
外部高速计数器	高速计数器	C235～C255	21	

1）内部计数器

内部计数器用于对 PLC 的内部映像区 X、Y、M、S 信号进行记数，记数脉冲为“ON”或“OFF”的持续时间，且持续时间应大于 PLC 的扫描周期，其响应速度通常小于几十赫兹。FX_{2N}系列 PLC 的内部计数器有 16 位加计数器和 32 位双向计数器两种。

（1）16 位加计数器。

16 位加计数器可分为 16 位通用计数器和 16 位保持加计数器。保持加计数器可累计计数，它们在电源中断时可保持其状态信息，重新送电后能立即按断电时的状态恢复工作。

图 7-7 所示为 16 位加计数器的梯形图及时序图。图中，X0 的常开触点接通后，C8 复位，对应的存储单元被置“0”，它的常开触点断开，常闭触点接通，同时计数当前值被置“0”。X1 用来提供计数输入信号，当计数器的复位输入电路断开，计数输入电路每次由断开变为接通（即记数脉冲的上升沿）时，计数器的当前值加“1”。在 5 个记数脉冲之后，C8 的当前值等于设定值 5，它对应的位存储单元的内容被置“1”，其常开触点接通，常闭触点断开。再来记数脉冲时当前值不变，直到复位输入电路接通，计数器的当前值被置为“0”，其触点才全部复位。计数器也可通过数据寄存器来指定设定值。

（2）32 位双向计数器。

32 位双向计数器的加/减计数方式由特殊辅助继电器 M8200～M8234 设定。当对应的特殊辅助继电器为“ON”时，为减计数，反之则为加计数。计数器的当前值在最大值 2 147 483 647时加 1，将变为最小值0. 214 748 364 8，类似地，当前值 0. 214 748 364 8 减 1 时，将变为最大值 2 147 483 647，这种计数器称为“环形计数器”。

32 位计数器的设定值设定方法有两种：一种是由常数 K 设定；另一种是通过指定数据寄存器设定。通过指定数据寄存器设定时，32 位设定值存放在元件号相连的两个数据寄存器中，如指定是 D0，则设定值存放在 D1 和 D0 中。

图 7-8 所示为加/减计数器的梯形图。其中 X2 为计数方向设定信号，X3 为计数器复位信号，X4 为计数器输入信号。图中 C205 的设定值为 4，在加计数时（即 X2 断开，M8205 为“OFF”时），当计数器的当前值由 3 增加到 4 时，计数器的输出触点为“ON”，当前值大于 4 时，输出触点仍为“ON”。在减法计数时，当前值由 4 减少到 3 时，输出触点变为“OFF”，当前值小于 3 时输出触点仍为“OFF”。当复位输入 X2 的常开触点接通时，C205 被复位，其常开触点断开，常闭触点接通，当前值被置为 0，计数器输出触点为“OFF”。

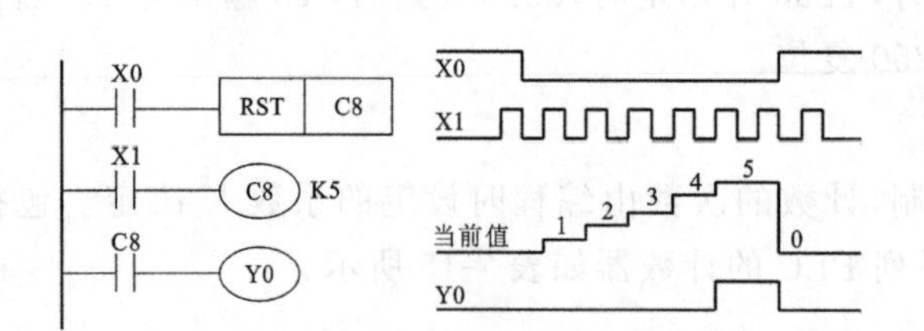

图 7-7　16 位加计数器的梯形图及时序图

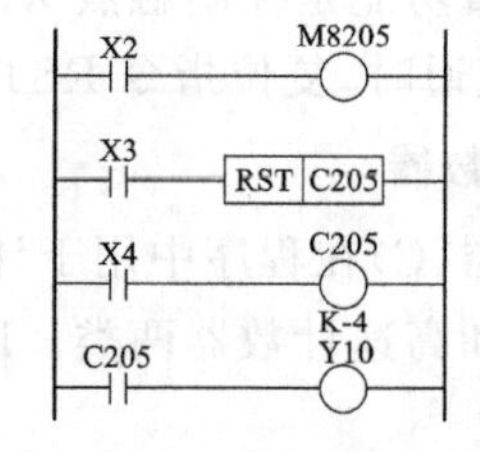

图 7-8　加/减计数器的梯形图

2）高速计数器

高速计数器（HSC）为 C235～C255，共 21 点，均为 32 位加/减计数器。高速计数信号只能从 6 个输入端子 X0～X5 输入，每个输入端子只能作为一个高速计数器的输入，所以最多只能同时用 6 个高速计数器工作。

高速计数器分为单相高速计数器（C235～C240）、两相双向计数器（C246～C250）、A、B 相型双计数输入高速计数器（C251～C255）3 种。单相和两相双向计数器最高计数频率为 10 kHz，A、B 相计数器最高计数频率为 5 kHz。有关高速计数器的用法详见 FX_{2N}系列 PLC

的技术手册。

高速计数器的最高计数频率受两个因素限制:一个是输入响应速度;另一个是全部高速计数器的处理速度。由于高速计数器是采用中断处理方式操作,因此,计数器用得越少,计数频率就越高。

7. 数据寄存器

数据寄存器(D)用于存放各种数据。在进行输入/输出处理、模拟量检测与控制以及位置控制时,需要数据寄存器存储数据和参数。数据寄存器为16位,可存储16位二进制数或一个字,也可用两个数据寄存器合并起来存放32位数据(双字)。FX_{2N}系列PLC数据寄存器可分为以下4种。

1) 通用数据寄存器(D0~D199)

将数据写入通用数据寄存器后,其值将保持不变,直到下一次被改写。PLC从"RUN"状态进入"STOP"状态时,所有的通用数据寄存器的值均被改写为"0"。但是,如果特殊辅助继电器M8033为"ON",PLC从"RUN"状态进入"STOP"状态时,通用数据寄存器的值将保持不变。

2) 断电保持数据寄存器(D200~D511)

断电保持数据寄存器具有断电保持功能,PLC从"RUN"状态进入"STOP"状态时,断电保持数据寄存器的值保持不变。通过程控参数设定,可改变断电保持数据寄存器的范围。

3) 特殊数据寄存器(D8000~D8255)

特殊寄存器是具有特殊用途的寄存器,用来控制和监视PLC内部的各种工作方式和元件,如电池电压、扫描时间、正在动作的状态的元件编号等。PLC通电时,这些数据寄存器被写入默认值。

4) 文件数据寄存器(D1000~D7999)

文件数据寄存器以500点为单位,外部设备可对其进行文件的存取。文件寄存器实际上被设置为PLC的参数区。文件数据寄存器与断电保持数据寄存器是重叠的,以保证数据不会丢失。应注意的是,FXIS的文件寄存器只能用外部设备(如手持式编程器或运行编程软件的计算机)来改写,其他系列的文件寄存器可通过BMOV(块传送)指令来改写。

8. 变址寄存器

FX_{2N}系列PLC有V0~V7和Z0~27共16个变址寄存器,在32位操作时将V、Z合并使用,Z为低位,V为高位,变址寄存器用来改变编程元件的元件号、操作数、修改常数等。

例如,当V0=11时,数据寄存器的元件号D5V0相当于D16,即11+5=16。通过修改变址寄存器的值,可改变实际的操作数。变址寄存器也可用来修改常数,如当Z0=23时,K3520相当于常数58,即23+35=58。

9. 指针

指针(P/I)包括分支和子程序用的指针(P)及中断用的指针(I)。在梯形图中,指针放在左侧母线的左边。

分支和子程序用的指针以PO~P63共64点作为标号,用来指定跳转指令CJ的跳步目标或子程序调用指令CALL所调用的子程序的标号。

中断用指针以I0~I8共9点为标号,用于指出某一中断源的中断入口地址,执行到IRET指令返回到中断指令的下一条指令。例如,当定时器中断指令I610为每隔10 ms就执行标号为I610后面的中断程序,并根据IRET指令返回。

10. 常数

FX_{2N}系列PLC还具有两个常数(K/H)。

常数 *K* 用来表示十进制常数，16 位常数的范围为 0.327 68～+32 767，32 位常数的范围为 0.214 748 364 8～+2 147 483 647。

常数 *H* 用来表示十六进制常数，十六进制包括 0～9 和 A～F 这 16 个数字，16 位常数的范围为 0～FFFF，32 位常数的范围为 0～FFFFFFFF。

7.2 FX 系列 PLC 的基本逻辑指令

FX_{2N} 系列 PLC 有基本指令 27 条，步进指令 2 条，功能指令 128 种 298 条。本节介绍基本指令。

1）LD、LDI、OUT 指令

LD (Load)，取指令：常开触点与母线连接的指令，每一个以常开触点开始的逻辑行都用此指令。

LDI (Load Inverse)，取反指令：常闭触点与母线连接的指令，每一个以常闭触点开始的逻辑行都用此指令。

OUT(out)，线圈驱动指令：驱动线圈的输出指令。

LD 与 LDI 指令可以用于 X、Y、M、T、C 和 S，它们还可以与 ANB、ORB 指令配合，用于分支电路的起点。OUT 指令可以用于 Y、M、T、C 和 S，但是不能用于输入继电器。

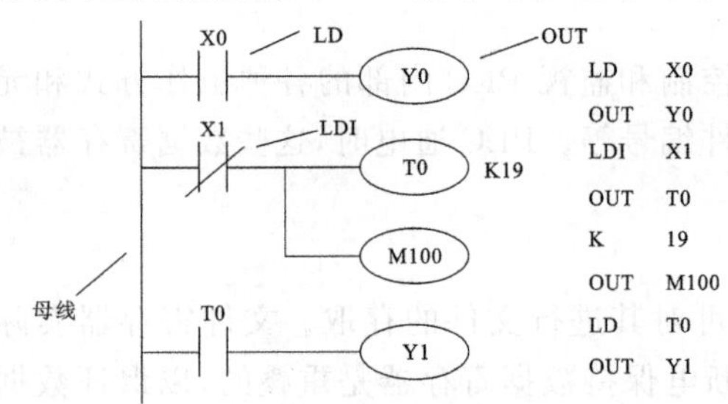

图 7-9　LD、LDI、OUT 指令的使用

OUT 指令可以连续使用若干次，相当于线圈的并联。定时器和计时器的 OUT 指令之后应设置常数 K，作为定时器和计时器的设定值，常数占一个步序，也可以指定数据寄存器的元件号，用它里面的数作为设定值。

LD、LDI、OUT 指令的使用如图 7-9 所示。

2）AND 与 ANI 指令

AND (And)，与指令：一个常开触点串联连接指令，完成逻辑“与”运算。

ANI (And Inverse)，与非指令：一个常闭触点串联连接指令，完成逻辑“与非”运算。

AND 和 ANI 指令可以用于 X、Y、M、T、C 和 S。

单个触点(而不是电路块)与左边的电路串联时使用 AND 和 ANI 指令，串联触点的个数没有限制。在图 7-10 中，“OUT M101”指令之后通过 T1 的触点去驱动 Y4，称为连续输出。只要按正确的次序设计电路，就可以多次使用连续输出。

3）OR 与 ORI 指令

OR (Or)，或指令：用于单个常开触点的并联，实现逻辑“或”运算。

ORI (Or Inverse)，或非指令：用于单个常闭触点的并联，实现逻辑“或非”运算。

OR、ORI 指令可以用于 X、Y、M、T、C 和 S，是从该指令的当前步开始，对前面的 LD、LDI 指令并联连接。并联的次数无限制。OR 与 ORI 指令的使用如图 7-11 所示。

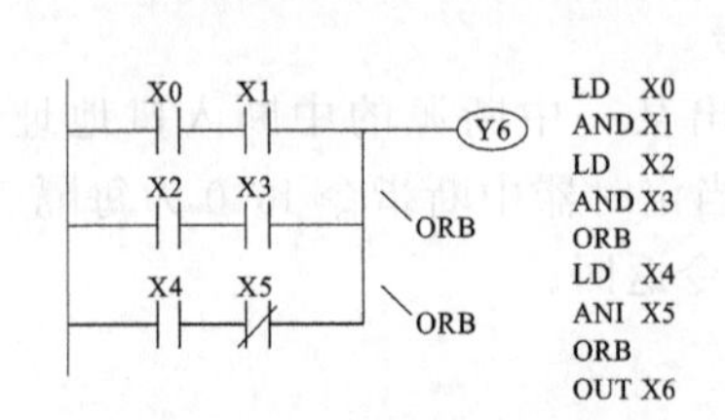

图 7-10　AND 与 ANI 指令的使用

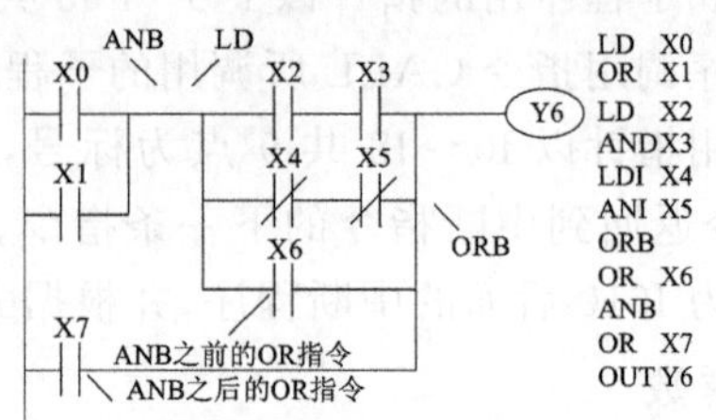

图 7-11　OR 与 ORI 指令的使用

4) ORB 与 ANB 指令

ORB (Or Block),串联电路块的并联连接指令。两个以上的触点串联连接而成的电路块称为“串联电路块”,将串联电路块与上面的电路并联时用 ORB 指令。ORB 指令不带元件号,它相当于两个触点间的一条垂直边线。每个串联电路块的起点都要用 LD 或 LDI 指令,在整个串联电路块的指令的后面用 ORB 指令,如图 7-12 所示。

ANB (And Block),并联电路块的串联连接指令。ANB 指令将一个并联电路块与前面的电路串联。在使用 ANB 指令之前,应先完成并联电路块的内部连接。并联电路块中各支路的起始触点使用 LD 或 LDI 指令。在整个并联电路块的指令的后面用 ORB 指令,如图 7-13 所示。

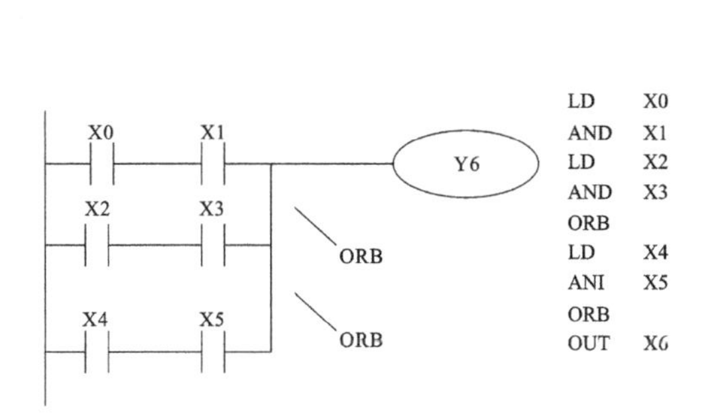

LD X0
AND X1
LD X2
AND X3
ORB
LD X4
ANI X5
ORB
OUT X6

图 7-12 ORB 指令

ANB
LD
X0
X2
X3
Y6
X4
X5
X1
X6
ORB
X7
ANB之前的OR指令
ANB之后的OR指令

LD X0
OR X1
LD X2
AND X3
LDI X4
ANI X5
ORB
OR X6
ANB
OR X7
OUT Y6

图 7-13 ANB 指令

编程时,当每个串联/并联的电路块结束后,紧接着就使用 ORB/ANB 指令,则串联/并联的电路块数无限制。但若将串联/并联的所有电路块都编完后再连续多次使用 ORB/ANB,则指令不能连续使用 7 次,即串联/并联的电路块数不能超过 7 个。

5) LDP、LDF、ANDP、ANDF、ORP 和 ORF 指令

LDP、ANDP、ORP 指令:这些是进行上升沿检测的触点指令,仅在指定位元件由 OFF→ON 上升沿变化时,使驱动的线圈接通一个扫描周期。

LDP、ANDF、ORF 指令:这些是进行下降沿检测的触点指令,仅在指定位元件由 ON→OFF 下降沿变化时,使驱动的线圈接通一个扫描周期。

脉冲指令的使用如图 7-14 所示。

6) 堆栈指令(MPS、MRD、MPP)

在 FX 系列 PLC 中有 11 个存储单元,它们专门用来存储程序运算的中间结果,称为栈存储器。

MPS,进栈指令:将运算结果送入栈存储器的第一段,同时将先前送入的数据依次移到栈的下一段。

MRD,读栈指令:将栈存储器的第一段数据(最后进栈的教据)读出,栈内所有数据不因此发生移动。

MPP,出栈指令:将栈存储器的第一段数据(最后进栈的教据)读出且该数据从栈中消失,同时将栈中其他数据依次上移。

堆栈指令的使用如图 7-15 所示。

图 7-15(a)所示为一层栈,进栈后的信息可使用无数次,最后一次使用 MPP 指令弹出信号;图 7-15(b)所示为二层栈,它使用了两个栈单元。

使用堆栈指令时应注意以下几个问题:

(1) 堆栈指令没有目标元件;

(2) MPS 和 MPP 必须配对使用;

X2 X3 Y0 M3 T5 M0

```
LDP   X2
ORF   X3
OUT   Y0
LD    M3
ANDP  T5
OUT   M0
```

图 7-14　脉冲指令的使用

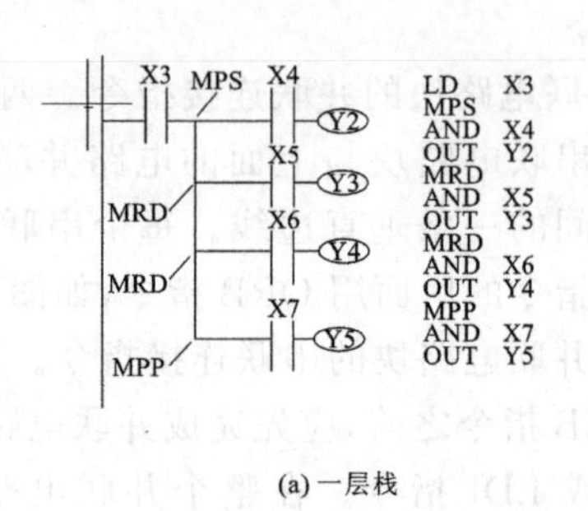

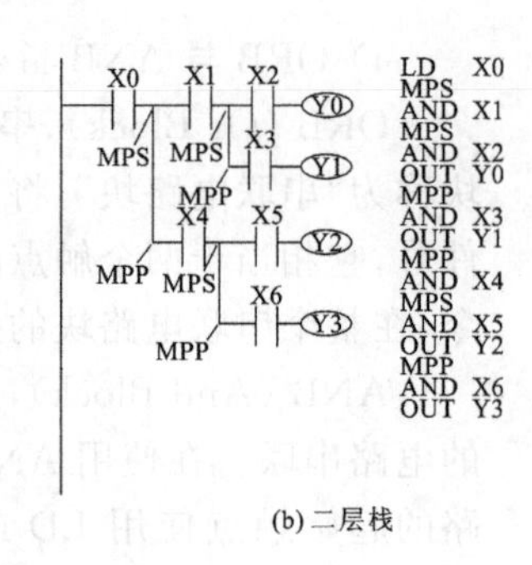

图 7-15　堆栈指令的使用

(3) 由于栈存储单元只有 11 个，所以栈的层次最多为 11 层。

7) 主控与主控复位指令(MC、MCR)

MC (master control)，主控指令：用于公共触点的连接，执行 MC 后，左母线移到 MC 触点的后面。

MCR (master control reset)，主控复位指令：利用 MCR 指令恢复原左母线的位置。

在编程时，经常会碰到许多线圈同时受一个或一组触点控制的情况，如果在每个线圈的控制电路中都串入同样的触点，将占用很多存储单元，使用主控指令就可以解决这一问题。MC、MCR 指令的使用如图 7-16 所示。

图中利用“MC N0 M100”实现左母线右移，使 Y0、Y1 都在 X0 的控制之下。其中 N0 表示嵌套等级，在无嵌套结构中，N0 的使用次数无限制。利用 MCR N0 恢复到原左母线状态，如果 X0 断开，则会跳过 MC、MCR 之间的指令向下执行。

在一个 MC 指令区内若再次使用 MC 指令称为嵌套。嵌套级数最多为 8 级，编号应该按 N0～N7 的顺序增加，每级的返回用对应的 MCR 指令，从编号大的嵌套级开始复位，不可越级复位。图 7-17 所示为多重嵌套主控指令的一个应用例子。

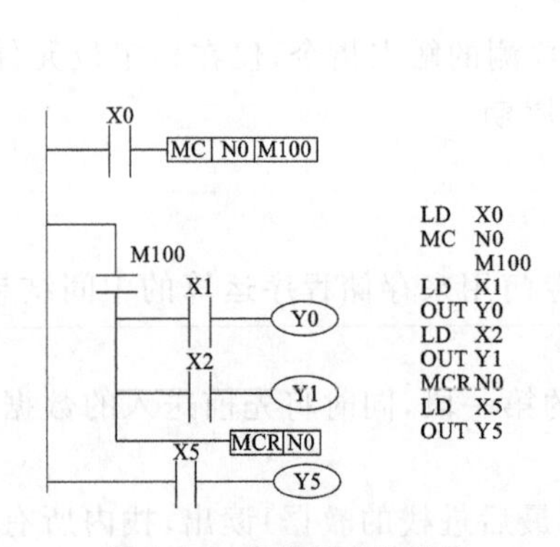

图 7-16　主控指令的使用

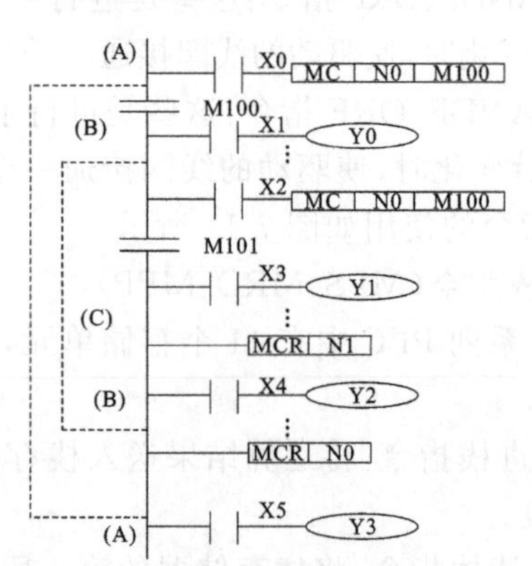

图 7-17　多重嵌套主控指令的应用

使用 MC、MCR 指令时，应注意以下几个问题。

(1) MC、MCR 指令的目标元件为 Y 和 M，不能用特殊辅助继电器。MC 占 3 个程序步，MCR 占 2 个程序步。

(2) 主控触点在梯形图中与一般触点垂直(如图 7-17 中的 M100)。主控触点是与左母线相连的常开触点。

(3) MC 指令的输入触点断开时，在 MC 和 MCR 之内的积算定时器、计数器、用复位/置位指令驱动的元件保持其先前状态不变；非积算定时器和计数器，用 OUT 指令驱动的元件将复位，如图 7-16 所示，当 X0 断开，Y0 和 Y1 即变为 OFF。

8）置位与复位指令(SET、RST)

SET,置位指令:当 SET 的执行条件满足时,所指定的元件接通。此时,即使 SET 的执行条件断开,所接通的软元件仍然保持接通状态,直到遇到复位信号为止。SET 的目标软元件可为 Y、M、S。

RST,复位指令:其目标软元件可为 Y、M、S、T、C、D、Z、V。当 RST 的执行条件满足时,所指定的软元件复位。

SET、RST 指令的使用如图 7-18 所示。

在图 7-18 中,当 X0 常开触点接通时,Y0 变为 ON 状态并一直保持该状态,即使 X0 断开,Y0 的 ON 状态仍维持不变。只有当 X1 的常开触点闭合时,Y0 才变为 OFF 状态并保持,此后即使 X1 常开触点断开,Y0 也仍为 OFF 状态。

在一个梯形图中,SET 和 RST 指令的编程次序可以 SET,但当两条指令的执行条件同时有效时,后编程的指令将优先执行。对于同一目标元件,SET、RST 可多次使用。RST 指令常被用来对 D、Z、V、的内容清"0",还用来复位积算定时器和计数器。

9）微分指令(PLS、PLF)

PLS,上升沿微分输出指令:在输入信号上升沿产生一个扫描周期的脉冲输出。

PLF,下降沿微分输出指令:在输入信号下降沿产生一个扫描周期的脉冲输出。

微分指令的使用方法如图 7-19 所示。

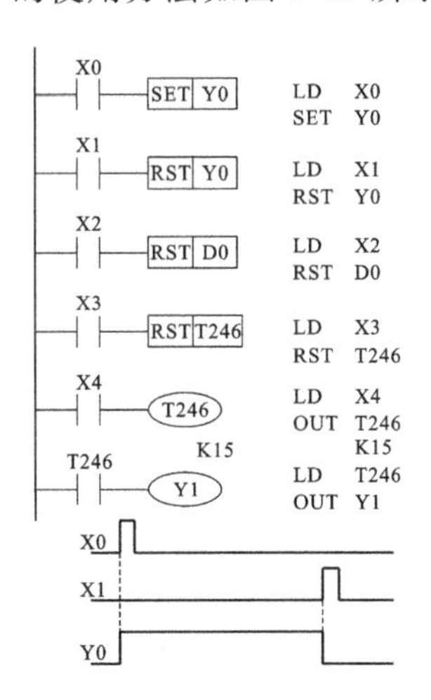

图 7-18 SET、RST 指令的使用

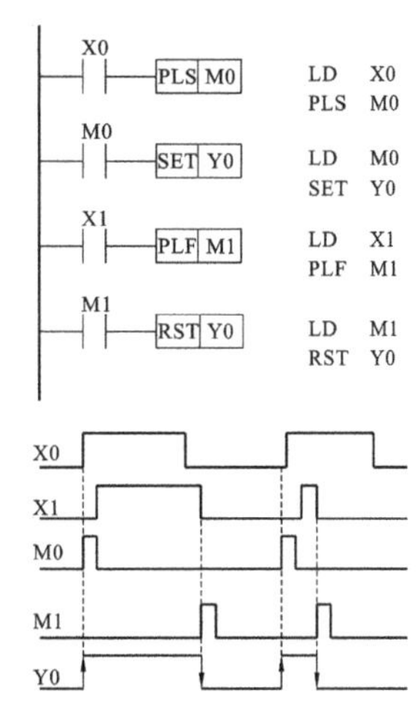

图 7-19 微分指令的使用方法

利用微分指令检测到信号的边沿,通过置位和复位指令控制 Y0 的状态。PLS 和 PLF 指令只能用于输出继电器和辅助继电器。图 7-19 中的 M0 仅在 X0 的常开触点由断开变为接通(即 X0 的上升沿)时的一个扫描周期内为 ON, M1 仅在 X1 的常开触点由接通变为断开(即 X1 的下降沿)时的一个扫描周期内为 ON。

10）取反、空操作和结束指令(INV、NOP、END)

INV,取反指令:执行该指令后将原来的运算结果取反。取反指令的使用如图 7-20 所示。

在图 7-20 中,如果 X0 断开,则 Y0 为 ON,否则 Y0 为 OFF。使用时应注意 INV 不能像指令表中的 LD、LDI、LDP、LDF 那样与母线连接,也不能像指令表中的 OR、ORI、ORP、ORF 指令那样单独使用。

NOP,空操作指令:使该步无操作。在程序中加入空操作指令,在变更程序或增加指令时可以使步序号不变化。用 NOP 指令也可以替换一些已写入的指令来修改梯形图程序。但需要注意,若将 LD、LDI、ANB、ORB 等指令换成 NOP 指令后,会引起梯形图程序对应的电路结构发生很大的变化，导致出错。用 NOP 指令修改电路的结果如图 7-21 所示。

图 7-20 取反指令使用

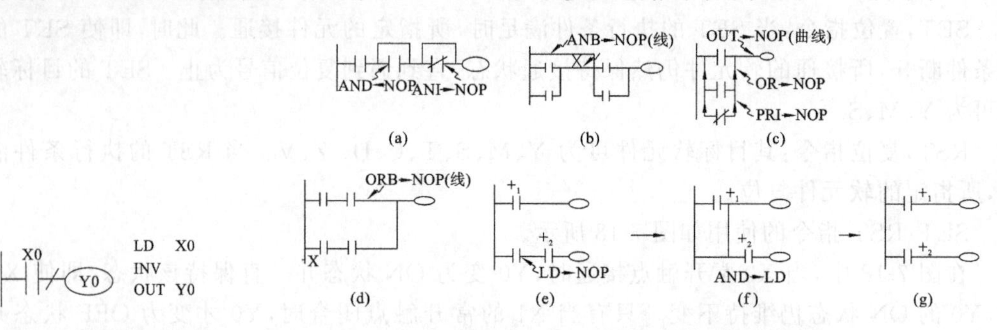

图 7-21 用 NOP 指令修改电路的结果

(1) AND、ANI 指令改为 NOP 指令时，会使相关触点短路，如图 7-21(a)所示。

(2) ANB 指令改为 NOP 指令时，使前面的电路全部短路，如图 7-21(b)所示。

(3) OR 指令改为 NOP 指令时使相关电路切断，如图 7-21(c)所示。

(4) ORB 指令改为 NOP 指令时，前面的电路全部切断，如图 7-21(d)所示。

(5) 图 7-21(e)中 LD 指令改为 NOP 指令时，则与上面的 OUT 电路纵接，电路如图 7-21(f) 所示。若图 7-21(f)中 AND 指令改为 LD 指令，电路就变成了图 7-21(g)所示。

(6) 当执行程序全部清“0”操作时，所有指令均变成 NOP 指令。

END，表示程序结束：若程序的最后不写 END 指令，则 PLC 总是从用户程序的第一步执行到最后一步，再返回第 0 步，不断循环；若有 END 指令，当扫描到 END 时，不再扫描后面的程序，将直接返回第 0 步循环，这样可以缩短扫描周期。

在程序调试时，可在程序中插入若干 END 指令，将程序划分若干段，在确定前面程序段无误后，依次删除 END 指令。

7.3 FX2N 系列 PLC 的步进指令

步进指令又称 STL 指令。在 FX_{2N} 系列 PLC 中，步进指令有两条：步进接点指令 STL 和步进返回指令 RET。

(1) 步进接点指令 STL 用于激活某个状态 S，从主母线上引出状态 S 接点(始终为常开接点)，建立子母线，以使该状态下的所有操作均在子母线上进行，其梯形图符号为-|STL|-。

(2) 步进返回指令 RET 用于使步进控制程序返回主母线，步进控制程序的结尾必须使用 RET 指令，其梯形图符号为-[RET]-。

(3) 步进指令必须配合状态继电器 S 才具有步进功能。

(4) 步进指令必须配合使用 SET 指令，以使步进接点激活。

(5) 步进指令使用的状态继电器 S 一般应具有由小到大的连续性。下一个状态继电器被激活(置位、接通)时，上一个状态继电器复位(断开)，此所谓“步进”。

(6) 步进指令梯形图须由 SFC 图(称作状态转移图或功能图)转化而来，且两者可以相互转化。在安装了相应软件的编程器上可以直接输入 SFC 图。

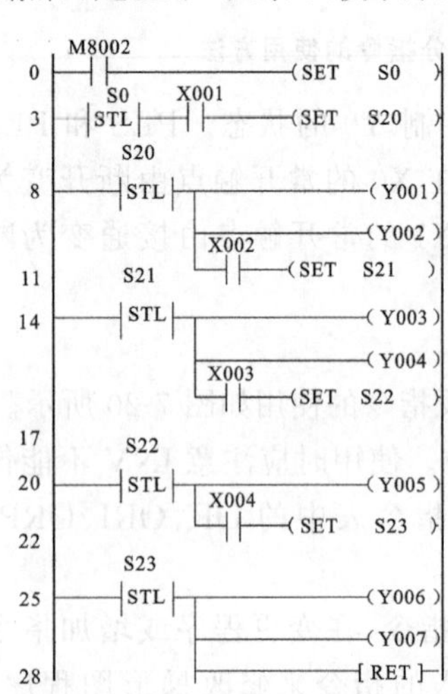

图7-22 某机械进给控制系统梯形图

例 7-1 某机械进给控制系统梯形图如图 7-22 所示。

该图使用了步进指令，PLC运行的第一个扫描周期，M8002接通，激活初始状态S0，当X001接通时，S20接点接通，Y001和Y002输出，S0断开；当X002接通时，S21接点接通，Y003和Y004输出，S20断开；当X003接通时，S22接点接通，Y005输出，S21断开，如此下去直至见到RET时步进程序结束。

7.4 FX2N系列PLC的功能指令

1. 功能指令的梯形图表示形式

功能指令采用梯形图和助记符相结合的形式。功能图在梯形图中用功能框表示。在功能框中，用功能指令代码或通用的助记符形式表示该功能指令。图7-23所示的功能指令MEAN的梯形图，这是一条“求平均值”的功能指令，指令的代码是45。当X0为ON时，可以求出D0、D1、D2中数据的平均值，并将结果送到D10中。

图中动合触点X0＝ON是该条功能指令的执行条件，其后的方框即为功能指令的梯形图形式。由图可见，功能指令与一般的汇编指令相似，也是由助记符和操作数两部分组成的。

(1) 助记符部分。功能框的第一段即为助记符部分，表示该指令应完成的功能。由于功能指令有很多种类型，所以每条功能指令都设有相应的代码(功能号)，如求平均值指令的代码为45。但是为了便于记忆，每个功能指令都有一个助记符，对应FNC45的助记符是MEAN，表示“求平均值”。在使用编程器编程时，按下功能指令键后，再输入该条指令的代码后，在编程器上实际显示的就是相应的助记符。

(2) 操作数部分有的功能指令只需要指定功能号，但更多的功能指令在指定功能号的同时还需要指定操作元件。操作元件由操作数组成。功能框的第二部分为操作数部分。

操作数部分由“源操作数”[S.]“目标操作数”[D.]和“数据个数”n三部分组成。无论操作数有多少，其排列顺序总是源操作数、目标操作数、数据个数。数据个数n实际是源操作数和目标操作数的补充说明。在图7-23中的源操作数为D0、D1、D2(D的个数由n确定)，n＝K3表示源操作数有3个；目标操作数为D10。因为有的指令并不是直接给出数据，而给出的是存放操作数的地址，所以[S.]和[D.]也称源地址和目的地址。

2. 功能指令的通用表达形式及执行方式

功能指令的通用表达形式如图7-24所示。

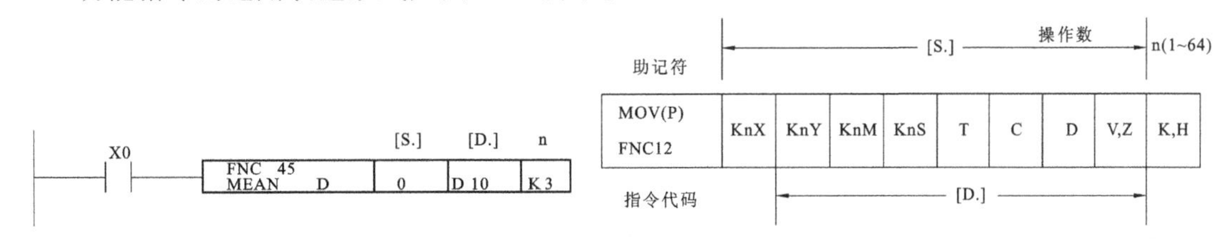

图7-23 功能指令MEAN的梯形图　　图7-24 功能指令的通用表达式

图中的前一部分表示指令的代码和助记符，如图中所示的数据传送指令；指令的代码为12，MOV为指令的助记符；图中(P)表示采用脉冲执行方式(pulse)，在执行条件满足时仅在一个扫描周期内执行(默认状态为连续执行方式)。功能指令可以处理16位数据和32位数据，默认状态为16位数据。图中若有符号(D)，则表示指令的数据为32位(double)，如图7-25所示。

在图的后一部分中[S.]表示源操作数(source)，当源操作数不止一个时，可以用[S1.]、[S2.]表示；[D.]表示目标操作数(destination)，当目标操作数不止一个时，用[D1.]、[D2.]表示。当补充说明n不止一个时，用n1、n2……或m1、m2……表示。这里要注意的是X不能作为目标操作数使用。

[S.]和[D.]中的符号"."表示操作数可以使用变址方式。当n表示常数时,用K表示十进制数,用H表示十六进制数。

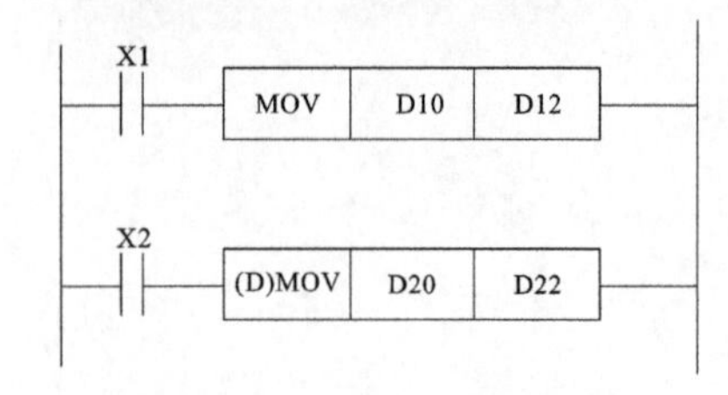

图 7-25 32位数据处理说明

图7-25中的第一个梯级执行的是数据传送功能,在满足执行条件X1为ON时,将D10中的数据送到D12中,处理的是16位数据。

图7-25中第二个梯级执行的是将D21和D20中的数据送到D23和D22中,处理的是32位数据。处理32位数据时,用元件号相邻的两个元件组成元件对。元件对的首位地址用奇数和偶数均可以。建议元件对的首位地址统一用偶数编号,例如D10、D12;D20、D22等。

3. 功能指令的操作数及变址操作

1) 功能指令的操作数

可编程控制器的编程元件根据内部位数的不同,可分为位元件和字元件。

位元件指用于处理ON/OFF状态的继电器,其内部只能存一位数据0或1,例如输出继电器Y和一般辅助继电器M。而字元件是由16位寄存器组成,用于处理16位数据,如数据寄存器D和变址寄存器V和Z都是16位数据寄存器。常数K、H和指针P用于在PLC内存中存放的都是16位数据,所以都是字元件。计数器C和定时器T也是字元件,用于处理16位数据。

若要处理32位数据,用两个相邻的数据寄存器就可以组成32位数据寄存器。一个位元件虽然只能表示一位数据,但是可以采用16个位元件组合在一起,作为一个字元件使用,即用位元件组成字元件。

功能指令的助记符后面可以有0~4个操作教,这些操作数主要有以下几种形式。

(1) 位元件。如X、Y、M和S。

(2) 常数K、H或指针P。

(3) 字元件。如T、C和D等。

(4) 位元件组合。由位元件X、Y、M和S组合成的位元件组合,作为字元件用于数据处理。

2) 用位元件组成字元件的方法

在FX系列PLC中,使用4位BCD码表示一位十进制数据,这样采用4个位元件,就可以表示一个十进制数据,所以在功能指令中,是将多个位元件按4位一组的原则来组合的,例如KnMi。

KnMi中n表示组数,规定一组有4个位元件,4×n为用位元件组成字元件的位数。K1表示有4位,K2表示8位,K4表示16位;进行16位数据处理时,其数据可以是4~16位,即用k1~ K4表示。32位数据操作时,数据可以是4~32位,则用K1~K8表示。

KnMi中i为首位元件号,即存放数据最低位的元件。

例如:K2 M0表示存放的数据为8位,即由M7~M0组成的8位数据,M0是最低位。K4M10表示由M25到M10组成的16位数据,M10是最低位。K1Y0表示数据为4位,由输出继电器Y3~Y0存放,Y0是最低位。K3 Y0表示数据为12位,由输出继电器Y13~Y10和Y7~ Y0存放。

3) 变址操作

变址寄存器V和Z是16位寄存器,V和Z一共有16个,分别为V0~ V7和Z0~ Z7。V和Z除了和通用数据寄存器一样用作数据的读、写之外,主要还用于运算操作数地址的修改。在传送、比较等指令中用来改变操作对象的组件地址，变址方法是将 V、Z 放在各种寄存器的后面，充当操作数地址的偏移量。操作数的实际地址就是寄存器的元件号和 V 或 Z 内容相加的和。当源地址或目标地址寄存器用[S.]或[D.]表示时，可以进行变址操作。当进行 32 位数据操作时，要将 V、Z 组合成 32 位(V、Z)来使用，这时 Z 为低 16 位，V 为高 16 位。32 位指令中用到变址寄存器时只需指定 Z，这时 Z 就代表了 V 和 Z。在 32 位指令中，V、Z 自动组对使用。

在图 7-26 所示的梯形图中，MOV 指令将 K10 送到 V，K20 送到 Z，所以 V、Z 的内容分别为 10、20。

第三个梯级为(D5V)+(D15Z)→(D40Z)，即(D15)+(D35)→(D60)。

又如：若 Z=4，则 D5Z=D9，T6Z=T10，K1Y0Z=K1Y4，K1S2Z=K1S6，可见 V 和 Z 变址寄存器的使用将使编程简单化。

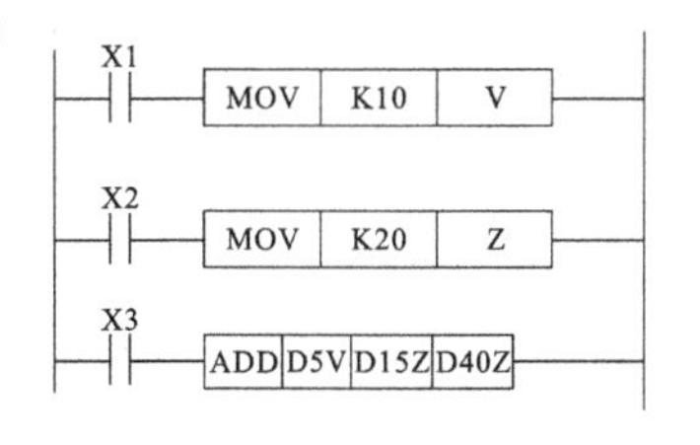

图 7-26 变址操作说明

4）标志位

功能指令在操作过程中，其运算结果可以通过某些特殊辅助继电器或寄存器表示出来，通常称其为标志位。标志位可以分为一般标志位，运算出错位和功能扩展用标志位。

(1) 一般标志位在功能指令操作中，其结果将影响下列标志位。

M8020：零标志，如运算结果为零时动作。

M8021：借位标志，如做减法运算时出现借位时动作。

M8022：进位标志位，如运算结果出现进位时动作。

M8029：指令执行结束标志。

(2) 运算出错标志。如果在功能指令的结构、继电器元件及编号方面有错误，或者在运算过程中出现错误时，下列标志位会动作，并同时记录出错信息。

M8067：运算出错标志。

M8068：运算错误代码编号存储。

M8069：错误发生的步序号记录存储。

PLC 由 STOP→RUN 时都是瞬间清除，若出现运算错误则 M8068 保持动作，而 D8068 中存储发生错误的步序号。

(3) 功能扩展用标志。在部分功能指令中，同时使用由功能指令确定的固有特殊辅助继电器，可进行功能扩展。例如：M8160 为 XCH 交换；M8161 为 8 位处理模式。

4. 程序流程控制指令

FX2N 系列 PLC 的功能指令中程序流程控制指令共有 10 条，其功能号是 FNC00～FNC09。在通常情况下，PLC 的控制程序是顺序逐条执行的，但是在许多场合下却要按控制要求改变程序的执行流程，则可采用流程控制指令来实现。

1）条件跳转指令 CJ

条件跳转指令的操作功能：当跳转条件成立时跳过一段程序，跳转至指令中所表明的标号处执行，被跳过的程序段中不执行的指令，即使输入元件状态发生改变，输出元件的状态也维持不变。若跳转条件不成立则按顺序执行。

在程序中两条跳转指令可以跳转到相同的标号处，如图 7-27 所示。图 7-27 中如果 X10 为 ON，第一条跳转指令生效，从这一步跳转到标号 P9 处。如果 X10 为 OFF，而 X12 为 ON。则第二条跳

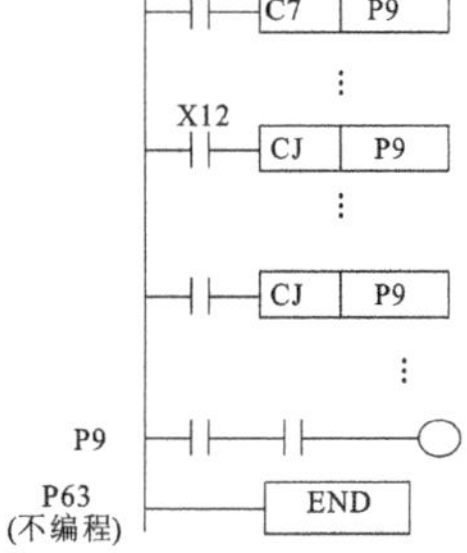

图 7-27 跳转指令的使用说明

转指令生效，程序由此处开始跳到标号 P9 处。

跳转指令使用时应注意以下几点。

(1) 在同一程序中，一个标号只能使用一次，不能在两处或多处使用同一标号。

(2) CJ P63 指令专门用于程序跳转到 END 语句，编程时标号不用输入。

(3) 跳转指令的执行条件若是 M8000，则为无条件跳转，因为 PLC 运行时 M8000 为 ON。

(4) 使用 CJ(P)指令时，跳转只执行一个扫描周期。

2) 中断指令

中断指令包括中断返回指令 IRET、允许中断指令 EI、禁止中断指令 DI。

中断是 CPU 与外设之间进行数据传送的一种方式。数据传送时低速的外设远远跟不上高速 CPU 的节拍，为此可以采用数据传送的中断方式来匹配两者之间的传送速度，以提高 CPU 的工作效率。采用中断方式后，CPU 与外设是并行工作的，平时 CPU 在执行主程序，当外设需要数据传送服务时，才去向 CPU 发出中断请求。在允许中断的情况下，CPU 可以响应外设的中断请求，从主程序中被拉出来，去执行一段中断服务子程序，比如给外设传送一组数据后，就不再与外设联系，而返回主程序。以后每当外设需要数据传送服务时，又会向 CPU 发中断请求。可见 CPU 只有在执行中断服务子程序时才与外设打交道，所以 CPU 的工作效率就大大提高了。

FX 系列 PLC 有两类中断，即外部中断和内部定时器中断。外部中断信号从输入端子输入，可用于机外突发随机事件引起的中断。定时中断是内部中断，是定时器定时时间到引起的中断。

FX 系列 PLC 设置有 9 个中断源，9 个中断源可以同时向 CPU 发中断请求信号，这时 CPU 响应优先级较高的中断源的中断请求。9 个中断源的优先级由中断号决定，中断号小的优先级较高。每个中断源的中断子程序有中断标号，中断标号的格式说明如图 7-28 所示。

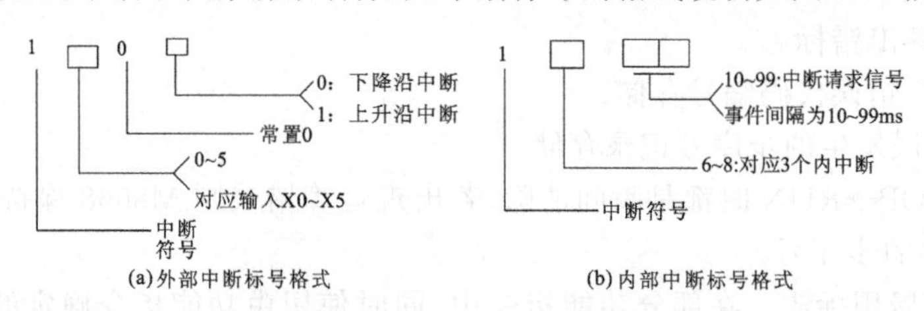

图 7-28　中断信号格式说明

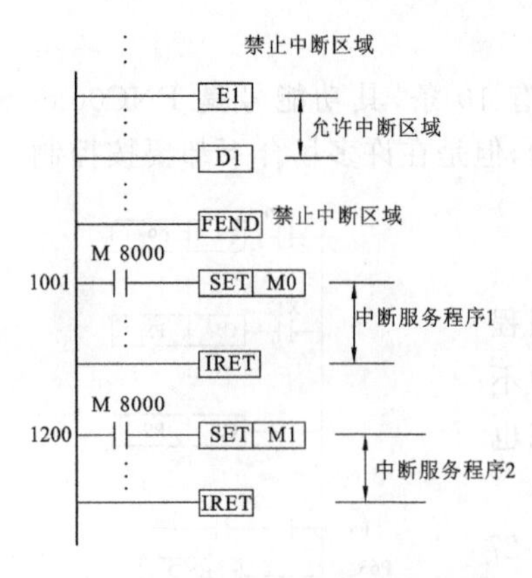

图 7-29　中断指令使用说明

中断标号以 I 开头，又称为 I 指针。外部中断的 I 指针格式如图 7-28(a)所示，共 6 点，对应的外部中断信号的输入口为 X0～X5。例如 1001 的含义是：当输入 X0 从 OFF 变为 ON 时(上升沿)，执行由该指针作为标号的中断服务程序，并在执行 IRET 时返回。内部中断的 I 指针格式如图 7-28(b)所示，共 3 点。内部中断即定时中断，由指定编号为 6～8 的专用定时器控制。设定时间为 10～99 ms，每隔设定时间 PLC 就会自动中断一次。

PLC 一般处在禁止中断状态。指令 EI～DI 之间的程序段为允许中断区间，而 DI～ EI 之间为禁止中断区间，如图 7-29 所示。当程序执行到允许中断区间并且出现中断请求信号时，PLC 执行相应的中断子程序，遇到中断返回指令 IRET 时返回断点处继续执行主程序。在此区间之外，即使有中断请求，CPU 也不会立即相应，而是将这个中断信号存储下来，并在 EI 指令之后被执行。

中断指令使用时应注意以下几点。

(1) 当多个中断信号同时出现时，中断指针号小的具有优先权。

(2) 中断子程序可以进行嵌套，最多可以嵌套两级。

(3) 中断请求信号的宽度必须大于 200 μs。

(4) M8050～M8058 为中断屏蔽寄存器，当其为 ON 时，相应的中断源 0～8 被屏蔽。

3) 主程序结束指令

FEND 指令表示主程序的结束，子程序的开始。

FEND 指令的操作功能：在程序执行到 FEND 时，进行输出处理、输入处理、监视定时器刷新，完成后返回第 0 步。

主程序结束指令使用时应注意以下几点。

(1) 子程序和中断服务程序都必须写在主程序结束指令 FEND 之后，子程序以 SRET 指令结束，中断服务程序以 IRET 指令结束，两者不能混淆。

(2) 当程序中没有子程序或中断服务程序时，也可以没有 FEND 指令。但是程序的最后必须用 END 指令结尾。所以子程序及中断服务程序必须写在 FEND 指令与 END 指令之间。

4) 监视定时器指令

PLC 在循环扫描执行程序时，利用内部定时器(监视定时器)监视执行用户程序的循环扫描时间，如果扫描的时间(从程序的第 0 步到 END 或 FEND 指令之间)超过了规定的时间(FX2 PLC 为 100 ms；FX2N PLC 为 200 ms]时，PLC 将停止工作，此时 CPU 的出错指示灯亮。WDT 指令可以用于循环扫描执行程序中，刷新监视定时器。

为防止执行用户程序超时的情况发生，可以将 WDT 指令插到合适的程序步中及时刷新监视定时器，使顺序程序得以继续执行到 END 或 FEND。如图 7-30(a)所示，将一个 240 ms 的程序分成两个扫描时间为 120 ms 的程序，在两个程序之间插入一条 WDT 指令。

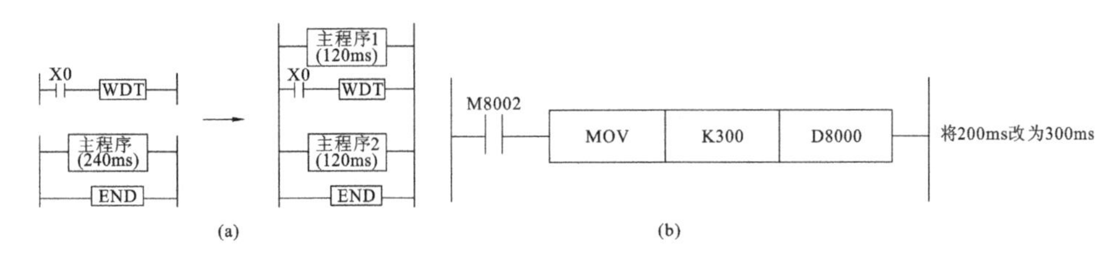

图 7-30　WDT 指令的使用

监视定时器的报警值 200 ms 存储在特殊数据寄存器 D8000 中，它由 PLC 的监控程序写入，同时也允许用户改写 D8000 的内容。可以用功能指令 MOV 来改写 D8000 的内容，如图 7-30(b)所示。在这之后的 PLC 程序将采用新的监视定时器时间执行监视。图 7-30(b)中将监视定时器的报警数值改变为 300 ms。

5) 循环指令

循环指令包括循环开始指令 FOR 和循环结束指令 NEXT。

循环指令的操作功能：控制 PLC 反复执行某一段程序，只要将这段程序放在 FOR-NEXT 之间，待执行完指定的循环次数后(由操作数指定)，才能执行 NEXT 指令后的程序。循环指令的使用说明如图 7-31 所示，图中一共有三层循环嵌套，内层循环次数由 M3～M10 的状态决定，中间循环次数由数据寄存器 D6 中的数据决定，外层循环为 4 次。

循环指令使用时应注意以下几点。

(1) FOR 与 NEXT 指令要求成对使用,FOR 在前,NEXT 在后。

(2) FOR-NEXT 循环指令最多可以嵌套 5 层,图 7-31 所示为三重循环。

(3) 利用 CJ 指令可以跳出 FOR-NEXT 循环体。

5. 数据比较指令

1) 比较指令 CMP

比较指令 CMP 的操作功能:将两个源操作数[S1.]、[S2.]的数据进行比较,并将比较结果送到目标操作数[D.]中。

图 7-32 所示为比较指令的使用说明。在 X0 为 OFF 时,不执行 CMP 指令,M0、M1、M2 的状态保持不变;当 X0 为 ON 时,将两个源操作数[S1.]、[S2.]中的数据进行比较,即 K100(十进制数 100)与 C20 计数器的当前值比较。若 C20 的当前值小于 100,则 M0 为 ON,YO 得电;若 C20 的当前值等于 100,则 M1 为 ON,Y1 得电;若 C20 的当前值大于 100,则 M2 为 ON,Y2 得电。

比较指令使用时应注意以下两点。

(1) 比较的数据均为二进制数,且带符号位比较。

(2) 要清除比较结果时,需采用 RST 和 ZRST 指令。

比较指令的应用示例如图 7-33 所示。图 7-33 所示梯形图采用比较指令实现监视计数值的功能。Y10 按照 1 s 脉冲频率作 ON/OFF 交替变化,为秒脉冲输出指示,同时还给计数器 C0 提供计数脉冲信号。

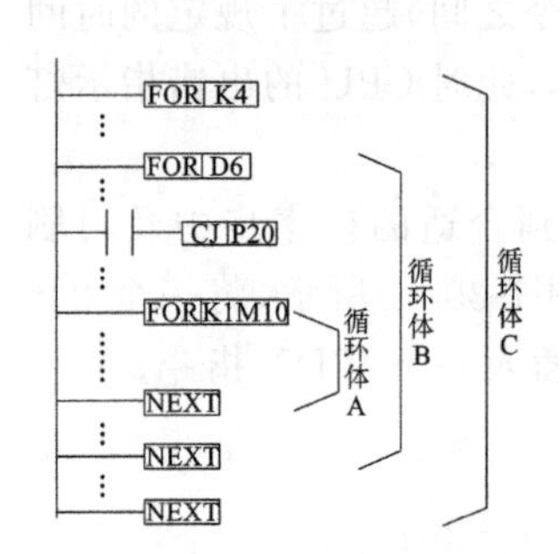

图 7-31 循环指令的使用说明

```
LD   X0
CMP  K100
     C20
     M0
LD   M0
OUT  Y0
LD   M1
OUT  Y1
LD   M2
OUT  Y2
```

图 7-32 比较指令的使用说明

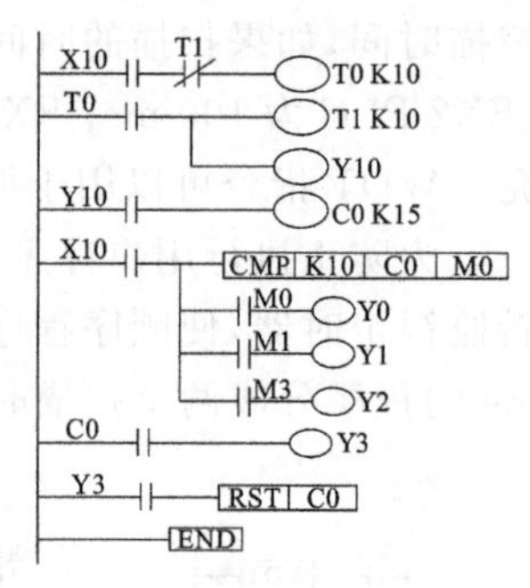

图 7-33 比较指令的应用示例

当 X10 为 ON 时,若计数器的当前值小于 10 时,Y0 有输出;当计数器的当前值等于 10 时,Y1 有输出;当计数器的当前值大小 10 时,Y2 有输出;当计数器的当前值为 15 时,Y3 和 Y2 均有输出,由于采用 Y3 给计数器复位,所以 Y3 的闭合时间仅为一个扫描周期。

2) 区间比较指令 ZCP

区间比较指令的操作功能;将一个操作数[S.]与两个操作数[S1.]、[S2.]形成的区间比较,并将比较结果送到[D.]中。

图 7-34 所示为区间比较指令的使用说明。当 X0 为 ON 时,C30 计数器的当前值与 K100 和 K120 比较,若 C30 的当前值小于 100,则 M1 为 ON,Y1 得电;若 C30 的当前值大于等于 100 并小于等于 120 时,则 M2 为 ON,Y2 得电;若 C30 的当前值大于 120,则 M3 为 ON,Y3 得电。

区间比较指令使用时应注意以下两点。

(1) 区间比较指令比较的数据均为二进制数,且带符号位。

(2) 设置比较区间时,要求[S1.]不得大于[S2.]。

区间比较指令应用示例如图 7-35 所示。图 7-35 中梯形图采用区间比较指令实现监视计数值的功能。特殊辅助继电器 M8013 为 1 秒时钟继电器,给计数器提供计数脉冲信号。

当 X10 为 ON 时，计数器 C1 的当前值和输出端 Y 的关系如下。

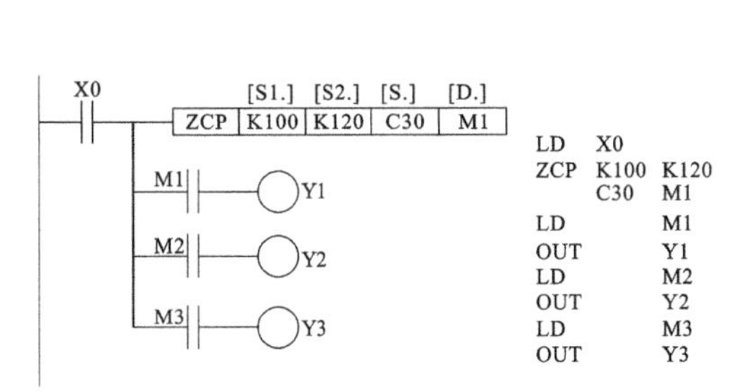

图 7-34　区间比较指令的使用说明

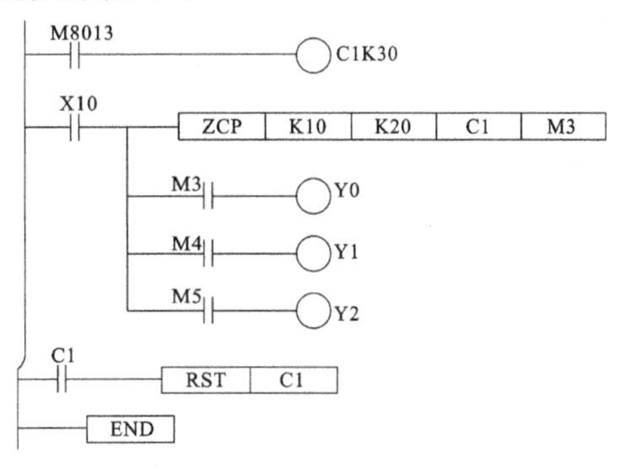

图 7-35　区间比较指令应用示例

① C1 的当前值小于 10 时，Y0 有输出；

② C1 的当前值大于等于 10 小于等于 20 时，Y1 有输出；

③ C1 的当前值大于 20 时，Y2 有输出。

当计数器的当前值为 30 时，C1 复位。在下一个扫描周期，PLC 又开始循环工作。Y0、Y1、Y2 为 ON 的状态均为 10 s。

6. 数据传送指令

1）传送指令 MOV

MOV 指令的操作功能：将源地址中的数据传送到目的地址中。图 7-36 所示为 MOV 指令的使用说明。

例 7-2　图 7-37 所示为用 MOV 指令将定时器的当前值输出。在图 7-37(a)中，当 X10 为 ON 时，将 T10 的当前值由 Y17～Y0 输出。在图 7-37(b)中，当 X11 为 ON 时，将 K500 送到 D10 中，用于设定定时器的时间常数。这两种方法同样也可以使用于计数器。

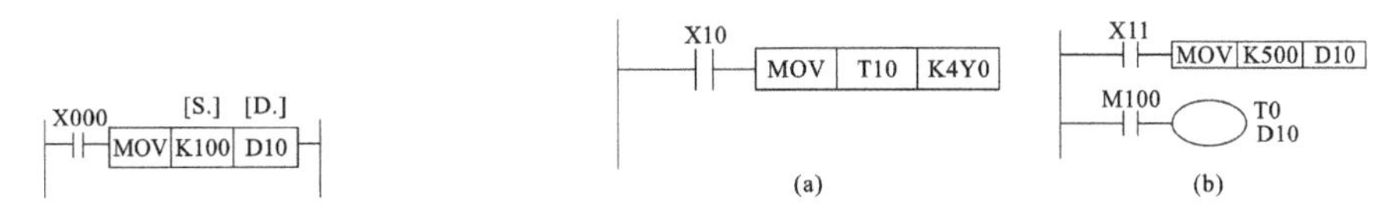

图 7-36　MOV 指令的使用说明

图 7-37　MOV 指令应用示例 1

例 7-3　图 7-38 所示为用 MOV 指令输出数据。图 7-38(b)表示在 M100 为 ON 时，将 X7～X0 状态通过 Y7～Y0 输出，其作用同图 7-38(a)所示的功能。

例 7-4　用 MOV 指令实现电机的 Y-△启动控制。电动机的 Y-△启动控制电气主电路如图 7-39(a)所示，图 7-39(b)所示为 PLC 的 I/O 端接线图，图 7-39(c)所示为 PLC 的控制程序梯形图。X0 为启动按钮，X1 为停止按钮，FR 为过热继电器的动合触点。由图 7-39(a)、(b)可知：当 PLC 的 Y1 端有输出时，KM2 得电，主电路将电动机的绕组连接成 Y 形。当 Y2 端有输出时，KM3 得电，电动机的绕组被接成△形。

当启动按钮闭合(X0＝ON)时，梯形图的第一个梯级执行，将 K3(0011)送到输出端 Y3Y2Y1Y0。由于 Y0＝Y1＝ON，KM1 和 KM2 得电，电动机处于 Y 形启动。当转速上升到一定程度，即启动延时 6 s 后，PLC 执行程序将 K4(0100)送到 Y3Y2Y1Y0，此时 Y0＝Y1＝OFF，只有 Y2＝ON，故 KM3 得电，绕组被接成△形式。由于 Y0＝OFF，电动机此时处于断电且转换为△连接方式的状态，再经延时 1 s 后，执行传送 K5(0101)到 Y3Y2Y1Y0 端，使 Y2＝Y0＝ON，PLC 控制主电路使电动机通电并处于△运行方式，完成电动机的 Y-△启动方式。当闭合停止按钮 X1 或电动机超载(X2＝ON)时，电动机将停止运行。

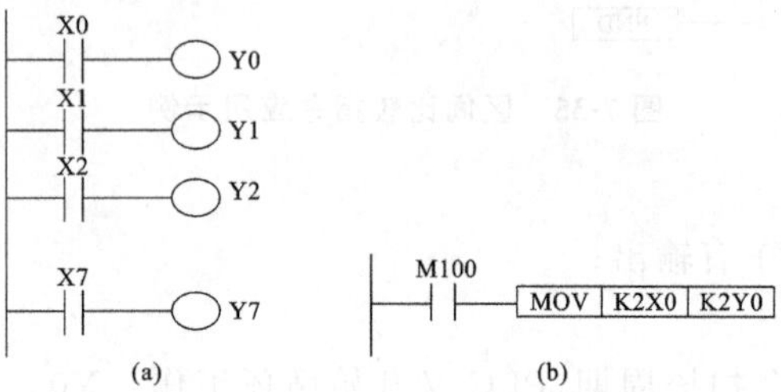

图 7-38　MOV 指令应用示例 2

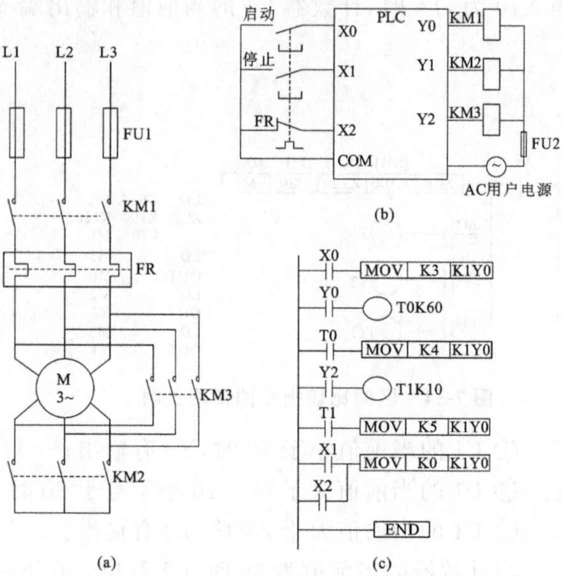

图 7-39　用 MOV 指令实现电动机的 Y-△启动控制

2）块传送指令 BMOV

块传送指令 BMOV 的操作功能：将数据块（由源地址指定元件开始的 n 个数据组成）传送到指定的目的地址中，n 只能取常数 K. H。如果地址超出允许的范围，数据仅传送到允许范围的目的地址中。

（1）数据寄存器间的数据块传送。图 7-40(a)所示为块传送指令的使用说明，对应的指令为 BMOV D0 D10 K3。当 X10 为 ON 时，执行块传送指令，根据 K3 指定的数据块个数为 3，则将 D2～D0 中的内容传送到 D12～D10 中去，如图 7-40(b)所示，传送后 D2～D0 中的内容不变，而 D12～D10 中的内容相应的被 D2～D0 的内容取代。

（2）用位元件组合传送数据块。图 7-41 所示为用位元件组合传送数据块的应用示例。当 X10 为 ON 时，将 M7～M4、M3～M0 的数据相对应地传送到 Y7～Y4 和 Y3～Y0，K1 表示数据是 4 位，补充说明 n 为 K2，表示是两块数据的传送。

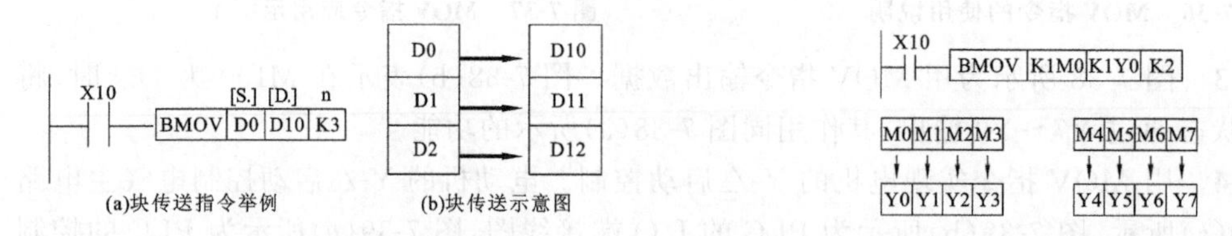

图 7-40　块传送指令的使用说明　　　图 7-41　用位元件组合传送数据块的应用示例

3）多点传送指令 FMOV

多点传送指令 FMOV 的操作功能：将源地址中的数据传送到指定目标开始的 n 个元件中。这 n 个元件中的数据完全相同，指令中给出的是目标元件的首地址。如果元件号超出允许的范围，数据仅送到允许范围的元件中。常用于对某一段数据寄存器的清零或置相同的初始值。

图 7-42 所示为多点传送指令为使用说明。当 X10＝ON 时执行多点传送指令：FMOV K0 D10K3。根据 K3 指定的目标元件个数为 3，则将 K0 传送到 D12～D10 中去，传送后 D12～D10 中的内容被 K0 取代。

例 7-5　数据传送指令的应用示例如图 7-43 所示。假设 PLC 的输入端 K4X0（X17，

X16,X15,…,X11 ,X10 ,X7 ,X6 ,X5,…,X1 ,X0)的 16 位输入状态为 00001000 11110000。在输入 X20=ON 执行 MOV 指令后,将 K2X0(X7~X0)的状态传送给 K2Y0,即 Y7~Y0 的状态为 11110000 。

在 X21=ON 时,执行 BMOV 块传送指令,将 2 块数据块 K2X10、K2X0 分别传到 K2Y10 和 K2Y0,即 K2Y10 状态为 00001000 ,K2Y0 的状态为 11110000。

在 X22=ON 时,执行 FMOV 多点传送指令,将 K2X0 的状态同时传送到 K2Y10 和 K2Y0,即 K2Y10 和 K2Y0 均为 11110000。

例 7-6 图 7-44 所示为彩灯循环控制梯形图。图中采用 4 s 脉冲发生器和 MOV 指令实现对彩灯的控制,即 8 个彩灯按照 2 s 频率隔灯交替点亮。X0 为启动开关,当 X0=ON 时,连接在输出端 Y7~Y0 的 8 个彩灯,实现隔灯显示,每 2 s 交换一次,反复运行。因为 K85 和 K170 在 PLC 内部是两组状态(0,1)完全相反的二进制数码,所以可以实现隔灯显示的功能。

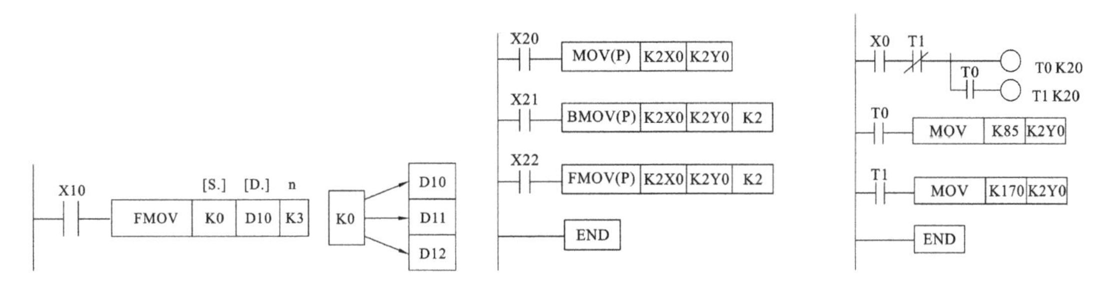

图 7-42 多点传送指令的使用说明 **图 7-43 数据传送指令的应用示例** **图 7-44 彩灯循环控制梯形图**

7. 数据变换指令

1) BCD 变换指令

BCD 变换指令的操作功能:将源地址中的二进制数转换为 BCD 码并送到目标地址中。

图 7-45 所示为 BCD 变换指令的使用说明,对应的指令为 BCD D10 K2Y0。当 X10 为 ON 时,执行 BCD 变换指令,将 D10 中的二进制数转换为 BCD 码,然后将其低 8 位(由 K2 指明)的内容送到 Y7~Y0 中去。

2) BIN 变换指令

BIN 变换指令的操作功能:将源地址中的 BCD 码转换为二进制数并送到目的地址中。此指令的功能与 BCD 交换指令相反。

图 7-46 所示为 BIN 变换指令的使用说明,对应的指令为 BIN K2X0 D10。这条指令可以将 BCD 拨盘的设定值通过 X7~X0 输入到 PLC 中去。当 X10 为 ON 时,执行 BIN 变换指令,将 X7~ X0 端口上输入的两位 BCD 码转换成二进制数,传送到 D10 的低 8 位中。

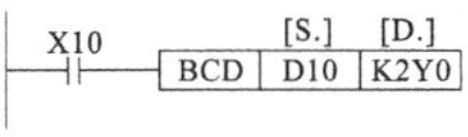

X10 [S.] [D.] BCD D10 K2Y0

X10 [S.] [D.] BIN K2X0 D10

图 7-45 BCD 变化指令的使用说明 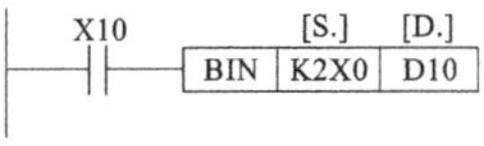 **图 7-46 BIN 变换指令的使用说明**

图 7-47 所示为 BIN、BCD 指令和变址寄存器的应用示例。图中利用特殊辅助继电器 M8000,在 PLC 通电后首先将输入端 X3~X0 输入的 BCD 码转换成二进制数据送到变址寄存器 Z0,采用 Z0 对定时器 T0 实现变址功能(T0Z0)。当改变输入端 X3~X0 的状态从 0000~1001(0~9)变化时,可以将 T0~T9 的当前值转换成 BCD 码后由 Y17~Y0 输出,如图 7-47(b)所示。

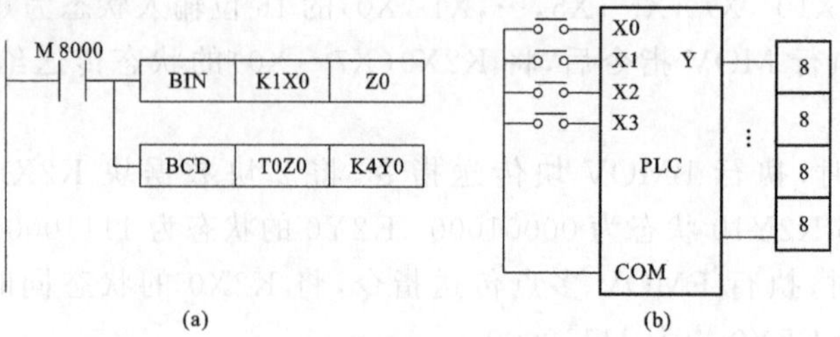

图 7-47　BIN、BCD 指令和变址寄存器的应用示例

8. 算术运算指令

FX 系列 PLC 设置了 10 条算术和逻辑运算指令，其功能号是 FNC20～FNC29。在这些指令中，源操作数可以取所有的数据类型，目标操作数可以取 KnY、KnM、KnS、T、C、D、V 和 Z。

每个数据的最高位为符号位（0 表示为正，1 表示为负）。在 32 位运算中被指定的字编程元件为低位字，紧挨着的下一个字编程元件为高位字。为了避免错误，建议指定操作元件时采用偶数元件号。

若运算结果为 0，零标志 M8020 置 1；16 位运算结果超过 32767 或 32 位运算结果超过 2147483647 时，进位标志 M8022 置 1；16 位运算结果小于－32768 或 32 位运算结果小于－2147483648时，借位标志 M8021 置 1。

如果目标操作数（例如 KnM）的位数小于运算结果，将只保存运算结果的低位。

算术运算指令包括 ADD、SUB、MUL、DIV（二进制加、减、乘、除）指令。

1）加法指令 ADD

二进制加法指令的操作功能：将两个源地址中的二进制数相加，结果送到指定的目的地址中。

图 7-48 所示为算术运算指令的使用说明，图中的 X1＝ON 时，执行（D10）＋（D12）→（D14）。

2）减法指令 SUB

二进制减法指令的操作功能：将两个源地址中的二进制数相减，结果送到指定的目的地址中。图 7-48 中 SUB 采用脉冲执行方式，在 X2 为 ON 时，执行一次（D0）－K22（十进制数 22）→（D10）。

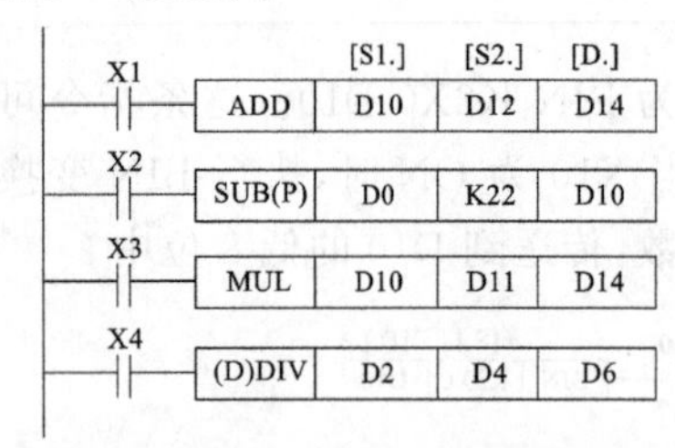

图 7-48　算术运算指令的使用说明

3）乘法指令 MUL

二进制乘法指令的操作功能：将两个源地址中的二进制数相乘，结果（32 位）送到指定的目的地址中。图 7-48 中的 X3＝ON 时执行（D10）×（D11）→（D15、D14），乘积的低 16 位数据送到 D14 中，高 16 位数据送到 D15。

如果该条指令为：(D) MUL D10D12 D14；其操作功能为：（D11，D10）×（D13，D12）＝（D17，D16，D15，D14）。

4）除法指令（DIV）

二进制除法指令的操作功能：将[S1.]除以[S2.]，商送到指定的目标地址中，余数送到[D.]的下一个元件。图 7-47 中的 X4＝ON 时，执行 32 位除法运算功能，（D3、D2）÷（D5、D4），商送到（D7、D6），余数送到（D9、D8）。如果该条指令不是 32 位操作，其指令的形式为：DIV D2 D4 D6，执行 16 位二进制数的除法操作，即（D2）÷（D4），并将商送到 D6 中，余数送到 D7 中。

图 7-49 所示为实现四则运算程序的梯形图。图中 X20 是执行条件，当 X20＝ON 时，可以实现[(20×x)/2]＋3 的运算。式中 x 为输入端 K2X0 送入的数据，运算的结果送到 K2Y0 输出。

9. 加 1、减 1 指令

INC 加 1(Increment)指令，DEC 减 1(Decrement)指令的操作功能为：满足执行条件时，(D)中的内容自动加 1/减 1。这两条指令的运算结果不影响零标志、借位标志和进位标志。

图 7-50 所示为二进制加 1、减 1 指令的使用说明。图中加 1、减 1 指令均采用脉冲执行方式，当 X4 每次由 OFF 变为 ON，D10 中的数增加 1。当 X1 每次由 OFF 变为 ON 时，D11 中的数减 1。如果不用脉冲指令，则每一个扫描周期都要执行一次加 1、减 1 指令。

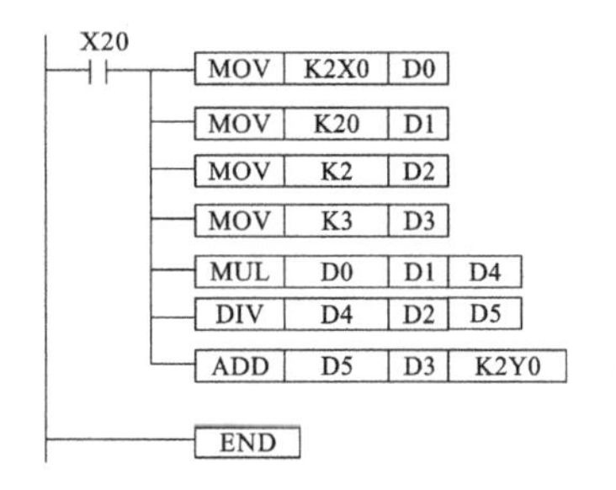

图 7-49　四则运算程序的梯形图

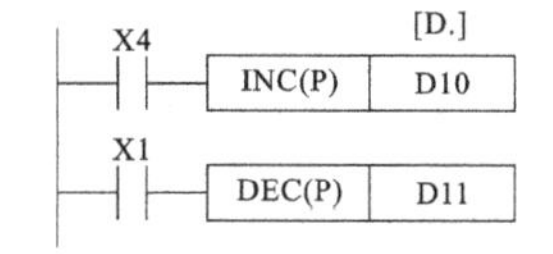

图 7-50　加 1、减 1 指令的使用说明

例 7-7　加 1、减 1 和比较指令的应用如图 7-51 所示。图中通过分别手动控制 X10 和 X11 执行加 1、减 1 操作时，并采用比较指令将加 1 或减 1 过程中 D0 的内容与 K6 比较，实现对数据寄存器 D0 中的内容进行监视。参考图 7-51 所示梯形图程序的原理可以设计一个停车场车位的控制。首先对进入停车场的车辆进行加 1 操作，对出停车场的车辆进行减 1 操作，再采用减法指令，将已进入的车辆数与停车场总的车位数相减，可随时得知停车场现有的空车位，即可对进出停车场的车辆进行控制。

例 7-8　图 7-52 中所示的梯形图可以实现监视 C0～C9 的当前值。用寄存器的变址功能(变址寄存器 Z)、加 1 指令实现 C0～ C9 地址的自动切换，用比较指令控制被监视的最后一个计数器是 C9。

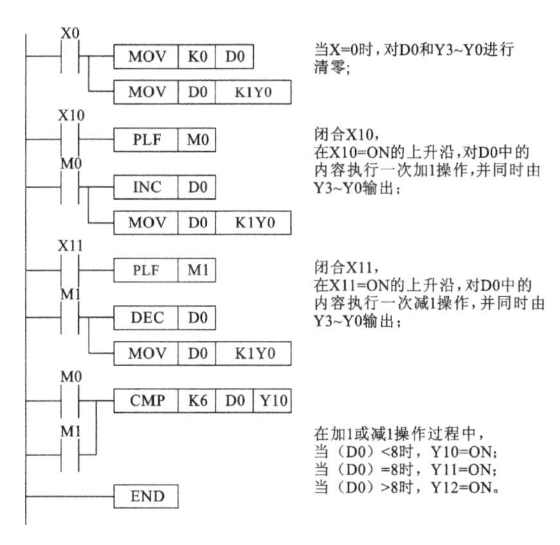

图 7-51　加 1、减 1 和比较指令的应用示例

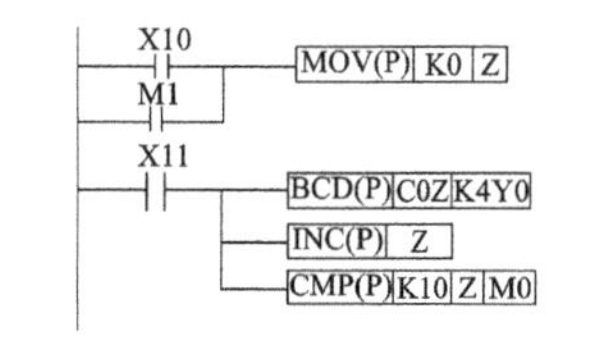

图 7-52　监视 C0～C9 当前值的梯形图

当 X10＝ON 时，将十进制数 0 送变址寄存器中，采用脉冲执行方式对 Z 复位(清零)一

次。在X11第一次为ON时，将C0(Z=0)的当前值转换成BCD码到Y17～Y0输出，随后Z中内容自动加1，接着执行一次比较指令。在X11第二次为ON时，将C1(此时由于Z=1，C0变址为C1)的当前值转换成BCD码到Y输出，以后每当X11由OFF到ON变化一次，都依次将C0,C1,C2,…,C9的当前值输出到Y，一直到Z=10时，比较器结果使M1=ON，将Z再清零一次，又回到初始状态，在X11=ON时继续执行上述的功能。

10. 区间复位指令

区间复位指令ZRST的操作功能：将[D1.]～[D2.]指定的元件号范围内的同类元件成批复位，图7-53所示为区间复位指令ZRST的使用说明。图7-53中，在PLC通电后的第一个扫描周期内，M8002接通，将M0～M499间的辅助继电器全部复位为零状态。

ZRST指令使用时应注意以下几点。

(1) [D1.]的元件号应小于[D2.]的元件号。如果[D1.]的元件号大于[D2.]的元件号，则只有[D1.]指定的元件被复位。

(2) 目标操作数可以取T、C和D，或者取Y、M和S。[D1.]和[D2.]应为同一类型的元件。

(3) 虽然ZRST指令是16位数据处理指令，但[D1.]和[D2.]也可以指定32位计数器。

(4) 可用于元件复位或清零的指令，还有FMOV、RST指令，其使用方法说明如图7-54所示。

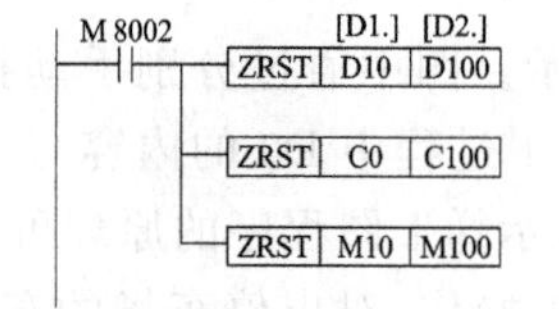

图7-53 区间复位指令ZRST的使用说明

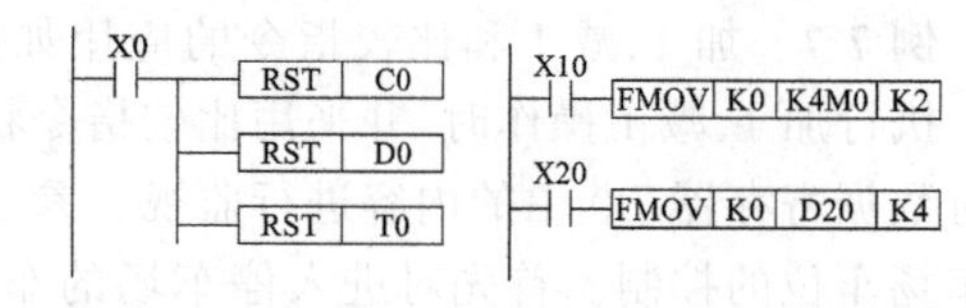

图7-54 其他复位指令的使用方法说明

11. 置初始状态指令IST(Initial State)

置初始状态指令IST与STL指令一起使用，用于自动设置多种工作方式的顺序控制编程。

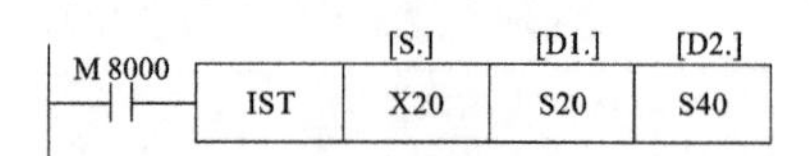

图7-55 置初始状态指令IST的使用说明

置初始状态指令IST的使用说明如图7-55所示。图中程序表明在PLC通电后，M8000接通，执行IST指令。指令指定在自动方式中，所用状态继电器的最小编号应为[D1.]，最大状态继电器的编号应为[D2.]，本例中指定为S20～S40。同时指明：从[s.]开始的连续8个输入继电器的功能是固定的，本例中是从X20开始的8个连号元件。其8个元件X20～X27被自动定义为如下功能：

X20：手动控制　　X24：连续运行(自动)

X21：回原点　　X25：回原点启动

X22：单步运行　　X26：启动

X23：单周期运行　　X27：停止

X20～X27为选择开关或按钮，其中X20～X24不能同时接通，可以使用选择开关或其他编码开关X25～X27为按钮开关。

IST指令使用时应注意以下两点。

(1) 实际设计程序时根据需要确定步状态继电器的使用范围。对于X的编号，只要首位元件号确定，则首元件和其后面的7个连续的元件功能也就确定了。

(2) IST 指令必须写在第一个 STL 指令出现之前，且该指令在一个程序中只能使用一次。IST 指令的应用示例参见机械手的控制程序。

7.5 FX2N 系列 PLC 的 PID 指令

PID 控制算法在 PLC 编程中有专用的编程指令。该指令的功能编号是 FNC88，源操作数[S1]、[S2]、[S3]和目标操作数均为 D，16 位运算占 9 个程序步，[S1]和[S2]分别用来存放给定值 S_V 和当前测量到的反馈值 P_v，([S1]～[S3])+6 用来存放控制参数的值，运算结果(控制器的输出)M_V 存放在[D]中，源操作数[S3]占用从[S3]开始的 25 个数据寄存器，格式如图 7-56 所示。

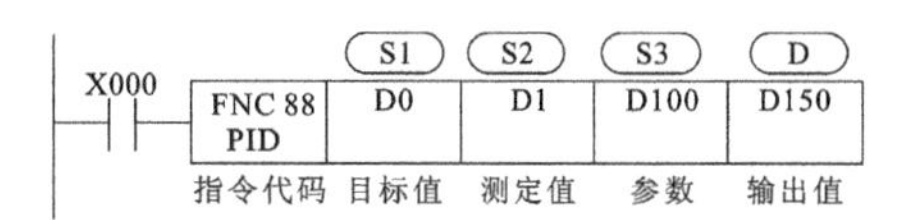

图 7-56 PID 指令格式

PID 指令用于闭环模拟量控制，在 PID 控制开始之前，应使用 MOV 指令将参数设定值预先写入数据寄存器中，如果使用有断电保持功能的数据寄存器，不需要重复写入。如果目标操作数[D]有断电保持功能，应使用初始化脉冲 M8002 的常开触点将它复位。

PID 指令可以在定时中断、子程序、步进梯形指令区和转移指令中使用，但是在执行 PID 指令之前应使用脉冲执行的 MOV 指令将 PID 内部处理器[S3]+7 清零。

FX_{1S}、FX_{1N}、FX_{2NC}与 2.0 以上版本的 FX_{2N}系列 CPU 的 PID 指令有预调整和输出值上下限设置功能，预调整功能可以快速地确定 PID 控制器参数的初始值。

通过设置上下限参数，可以保证 PID 控制设备的安全。在设置 PID 的设定值[S1]之前，为了保证系统的安全，建议暂时关闭 PID 指令，设置好之后再运行 PID 指令。

建议在 PID 指令执行前读取 P_V的输入值。否则，在第一次 PID 运算时将出现一个从 0 到第一个输入值之间的很大的变化量，并产生一个很大的误差。

PID 指令不是用中断方式来处理的，它依赖于扫描工作方式，所以采样周期 Ts 不能小于 PLC 的扫描周期。可以将它设置为扫描周期的整数倍。为了减小定时误差，可以使用固定扫描方式。为了提高采样速率，可以把 PID 指令放在定时中断程序中。

PID 功能指令参数如表 7-16 所示。

表 7-16 PID 功能指令参数

偏移地址	参数功能	参数说明
0	采样时间	1～32 767 ms，小于计算周期则无意义
1	动作方向	Bit0:0:正动作，1:逆动作 Bit1:0:禁止输入变化量过大报警，1:使能该报警 Bit2:0:禁止输出变化量过大报警，1:使能该报警 Bit3:禁用 Bit4:0:禁止参数自调整功能，1:使能该功能 Bit5:0:禁止输出量限幅功能，1:使能该功能 Bit6～15:禁用
2	输入滤波常数	0～99%，对传感器信号滤波
3	比例增益	1～32 767%
4	积分时间	(1～32 767)×100 ms，若设为 0，表示无积分

续表

偏移地址	参数功能	参数说明
5	微分增益	0～100%
6	微分时间	(1～32 767)×100 ms,若设为 0,表示无微分
7～19	禁用	该单元给 PID 功能指令存放中间数据
20	输入变化上限	1～32 767 报警功能使用
21	输入变化下限	1～32 767 报警功能使用
22	输出变化上限	1～32 767 报警功能使用
23	输出变化下限	1～32 767 报警功能使用
24	报警值	Bit0:输入变化上限报警;Bit1:输入变化下限报警 Bit2:输出变化上限报警;Bit3:输出变化下限报警

7.6 FX2N 型 PLC 的编程举例

例 7-9 三相异步电动机正反转控制。当按下正转启动按钮 SB_2(X1)时,电动机的正转控制接触器 KM_1(Y1)接通,电动机正向启动运行;当按下反转启动按钮 SB_3(X2)时,电动机的反转控制接触器 KM_2(Y2)接通,电动机反向启动运行。不论电动机是在正转还是在反转,只要按下停止按钮 SB_1(X0),电动机都会立即停止运行,而且要求程序具有正反转互锁功能。

完成上述要求的控制程序如图 7-57 所示。

例 7-10 在多台电机组成的自动生产线上,有在总操作台上的集中控制和在电机操作台上分散控制的联锁。X2 为选择开关,以其触头为集中控制与分散控制的联锁触头。当 X2 为 ON 时,为电机分散启动控制;当 X2 为 OFF 时,为集中总启动控制。在两种情况下,电机和总操作台都可以发出停止命令。

完成上述要求的控制程序如图 7-58 所示。

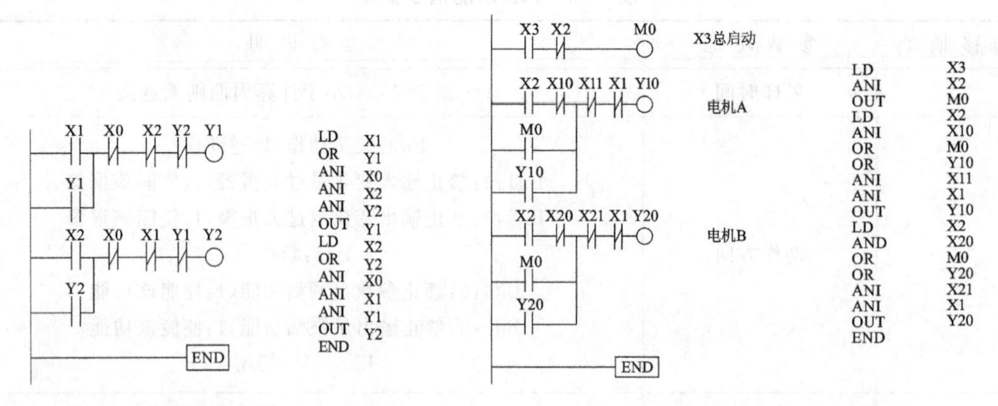

图7-57 三相异步电动机正反转控制程序　　图 7-58 集中和分散的控制程序

例 7-11 定时器的定时范围扩展程序。FX 系列的 PLC 的定时器的最长定时时间为 3 276.7 s,编程延长定时时间。

完成上述控制要求的 PLC 程序和时序图分别如图 7-59 和图 7-60 所示。

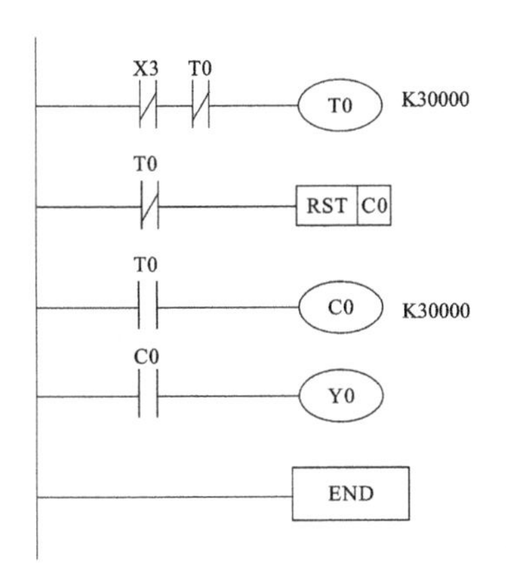

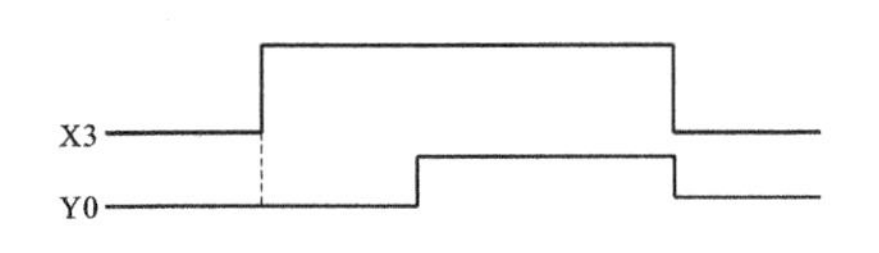

图 7-59　多个定时器组合的定时扩展程序　　图 7-60　定时器和计数器组合的定时时序图

例 7-12　自动门控制程序。如图 7-61 所示为自动门控制系统的顺序功能图。人靠近自动门时，感应器 X0 为 ON，Y0 驱动电动机高速开门，碰到开门减速开关 X1 时，变为减速开门。碰到开门极限开关 X2 时电动机停转，开始延时。若在 0.5 s 内感应器检测到无人，Y2 启动电动机高速关门。碰到关门减速开关 X4 时，改为减速关门，碰到关门极限开关 X5 时电动机停转。在关门期间若感应器检测到有人，则停止关门，T1 延时 0.5 s 后自动转换为高速开门。

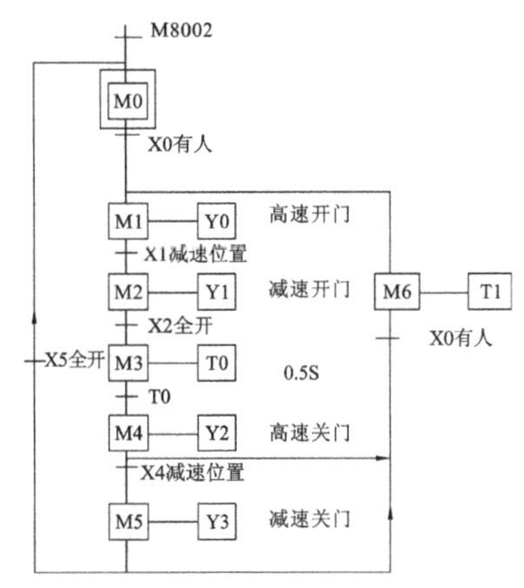

图 7-61　自动门控制系统的顺序功能图

7.7　FX 系列 PLC 编程软件的安装与使用

PLC 编程的设备通常采用手持编程器和个人计算机(PC)。手持编程器携带方便，适合于控制现场；安装有专用编程软件的 PC，具有简单容易、便于修改、监控等优点，适合于固定场所。

本节介绍 FX 系列 PLC 常用编程软件 SWOPC-FXGP/WIN(汉化版)的安装与使用。

1. FX 系列 PLC 编程软件的安装

(1) 将编程软件安装光盘插入光驱，从“我的电脑”中打开光盘驱动器，其文件如图 7-62 所示。

(2) 双击图标“SETUP32. EXE”，弹出安装准备进行对话框，如图 7-63 所示。计算机准备完毕后自动弹出程序设置对话框。

图7-62　SWOPC-FXGP/WIN 安装文件夹窗口

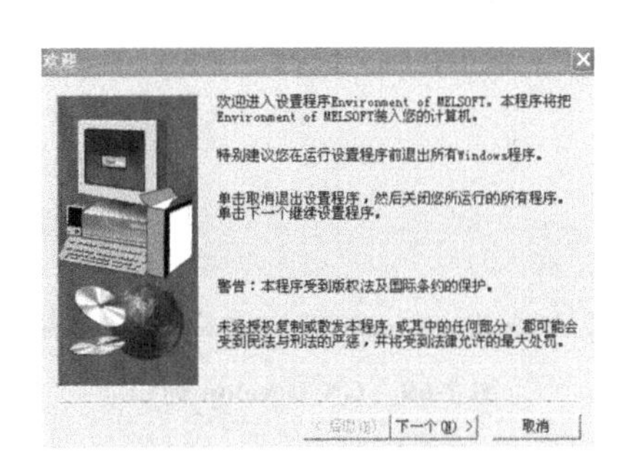

图 7-63　程序设置对话框

（3）单击“程序设置”对话框中的“下一个”按钮，弹出“用户信息”对话框，填入相关内容，如图 7-64 所示。

（4）单击“用户信息”对话框中的“下一个”按钮，弹出“选择目标位置”对话框，如图 7-65 所示。

（5）单击“选择目标位置”对话框中的“浏览”按钮，弹出“选择目录”对话框，如图 7-66 所示。选择安装路径后单击“确定”按钮，回到“选择目标位置”对话框。

图 7-64　用户信息对话框

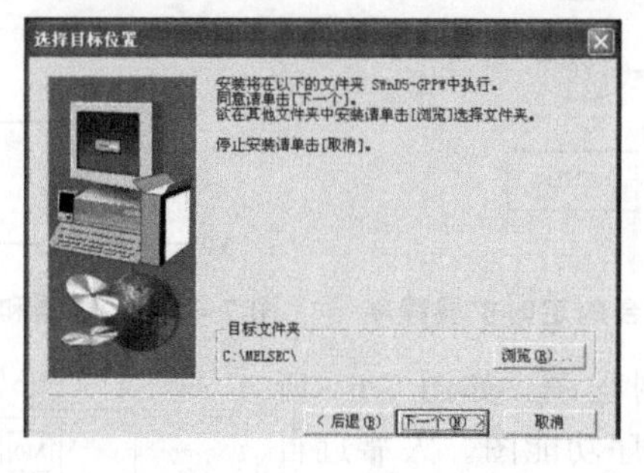

图 7-65　“选择目标位置”对话框

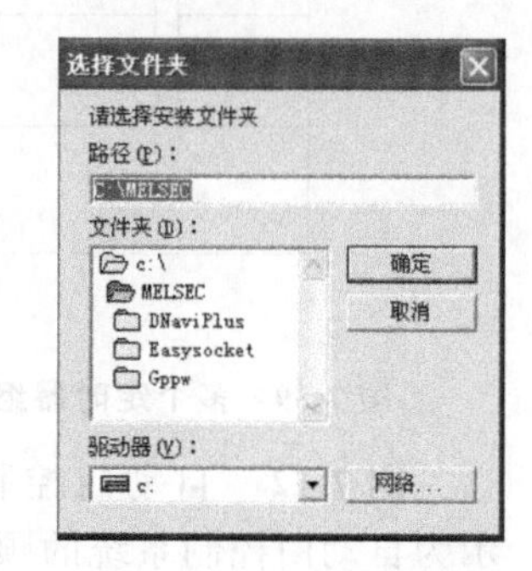

图 7-66　“选择目录”对话框

（6）计算机开始安装软件，如图 7-67 所示。

（7）安装完成后，弹出“信息”对话框，如图 7-68 所示。单击“确定”按钮，安装完成。

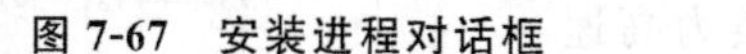

图 7-67　安装进程对话框　　图 7-68　“信息”对话框

至此，软件安装全部完成。以后，只要双击桌面上的图标，即可使用 SWOPC-FXGP/WIN 编程软件。

2. FX 系列 PLC 编程软件的使用

安装了 SWOPC-FXGP/WIN 编程软件之后，即可用它进行梯形图和指令表等程序的输入、编辑、传送、监控等操作了。

1）*启动 SWOPC-FXGP/WIN 编程软件*

双击桌面上的图标，弹出编程软件 SWOPC-XGP/WIN 窗口，如图 7-69 所示。

2）*创建新文件*

单击图 7-68 左上角的“文件”菜单，如图 7-70 所示。

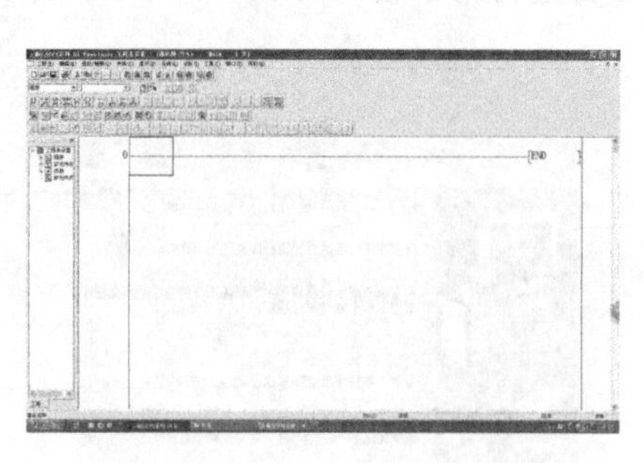

图 7-69　GX Develop 窗口

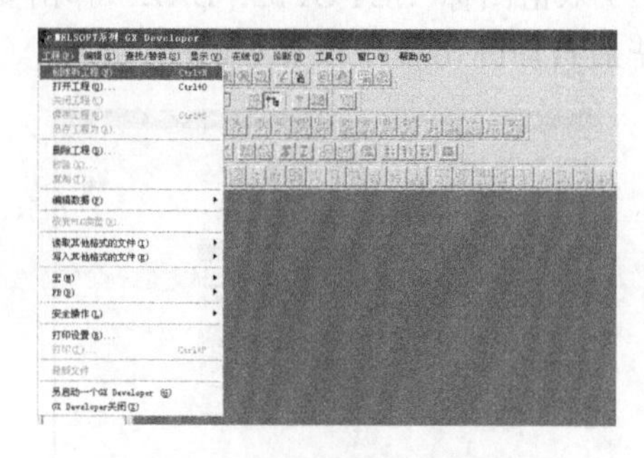

图 7-70　创建新文件窗口

单击“新文件”命令，弹出如图 7-71 所示的“PLC 类型设置”对话框。选择 PLC 类型，本书选择“FX2N”，然后单击“确认”按钮，随后弹出梯形图程序编辑界面，如图 7-72 所示。图中“按钮窗口”可按鼠标左键拖动至所需位置，“光标”可单击鼠标左键在编辑区移动。

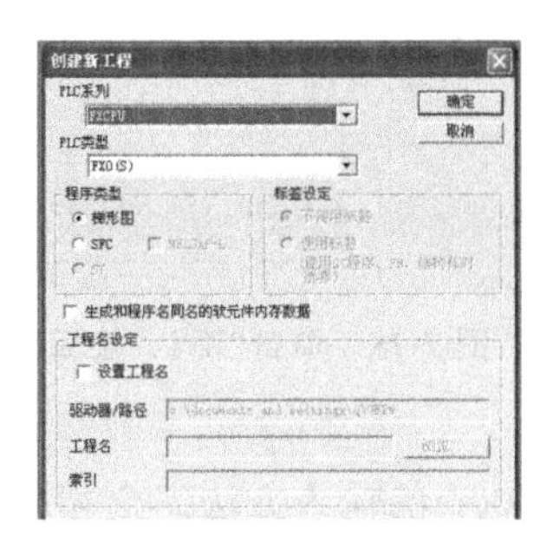

图 7-71 “PLC 类型设置”对话框

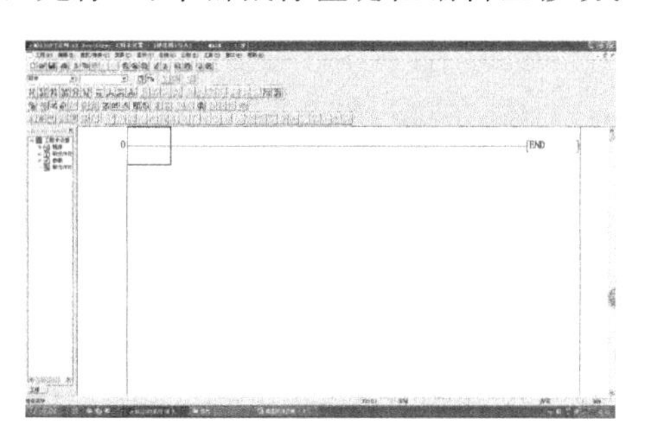

图 7-72 梯形图程序编辑界面

3）输入梯形图程序

下面以几个短小梯形图程序为例，简单说明梯形图元件的输入方法。

例 7-13 输入图 7-73 所示梯形图程序。

（1）输入常开触点 X000。单击“按钮窗口”中的“常开触点”F5按钮，弹出如图 7-74 所示的“输入元件”对话框。将光标定在空白条左端，用键盘输入 X000（大小写均可），按回车键或单击“确认”按钮后完成常开触点 X000 的输入，如图 7-75 所示。

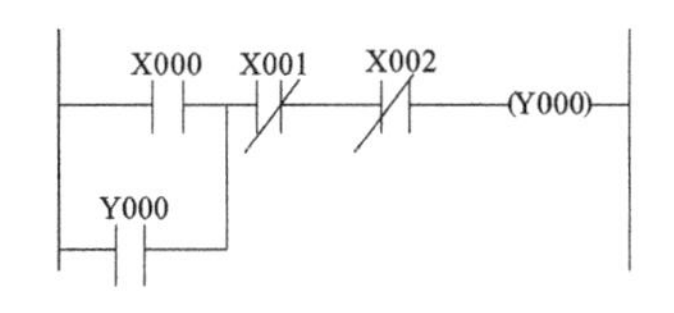

图 7-73 例 7-13 梯形图程序

图 7-74 “输入元件”对话框

（2）串联常闭触点 X001 和 X002 的输入。与常开触点输入方法一样，单击“按钮窗口”中的“常闭触点”F6按钮，同样弹出“输入元件”对话框。将光标定在空白条左端，用键盘输入 X001，按回车键或单击“确认”按钮后完成常闭触点 X001 的输入；X002 的输入不再赘述。输入 X001 和 X002 后的窗口如图 7-76 所示。

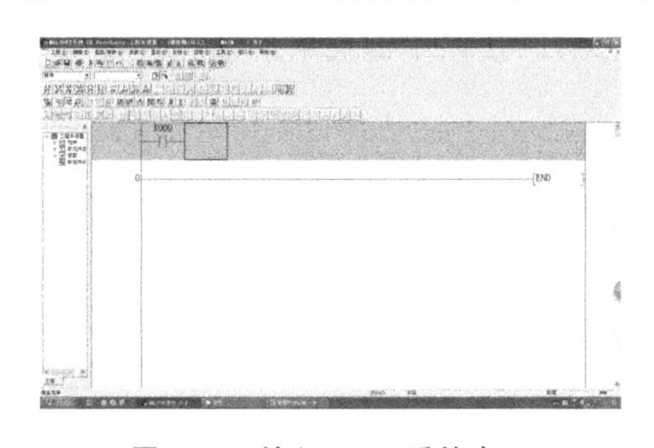

图 7-75 输入 X000 后的窗口

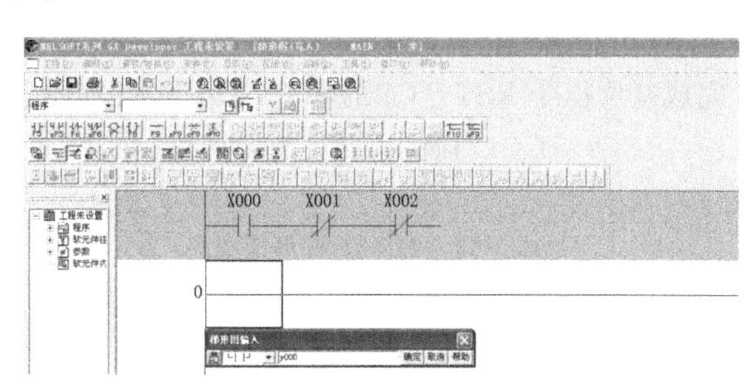

图 7-76 输入 X001 和 X002 后的窗口及触点 Y000 输入对话框

（3）并联常开触点 Y000 的输入。单击“按钮窗口”中的“并联常开触点”按钮sF5，弹出“输入元件”对话框，如图 7-76 所示。用键盘输入 Y000，按回车键或单击“确认”按钮后完成并联常开触点 Y000 的输入，如图 7-77 所示。

（4）线圈 Y000 的输入。单击“按钮窗口”中的“线圈”按钮F7，弹出“输入元件”对话框，如图 7-77 所示。用键盘输入 Y000，按回车键或单击“确认”按钮后完成线圈 Y000 的输入，如图 7-78 所示。

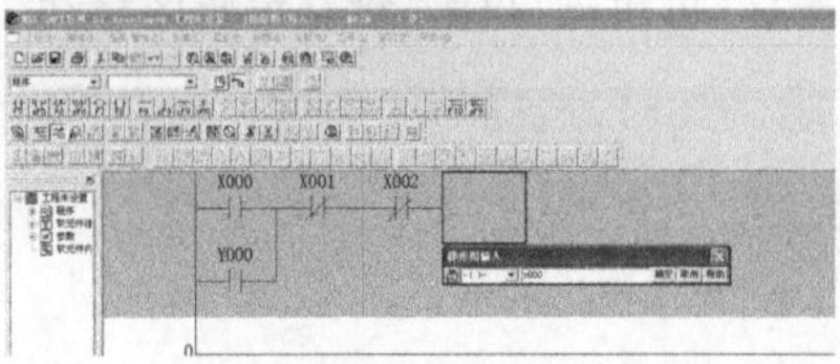

图 7-77　输入 Y000 并联触点后的窗口及线圈 Y000 输入对话框 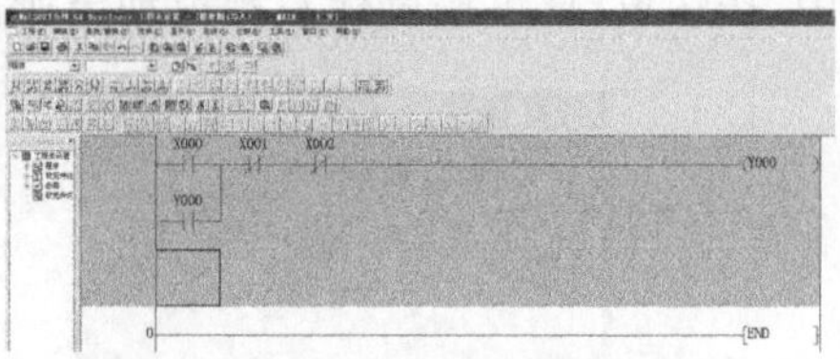　　图 7-78　单击“确认”按钮后窗口

例 7-14　输入如图 7-79 所示的梯形图程序。

(1) 输入常开触点 X000。方法与例 7-13 常开触点 Y000 的输入方法完全相同。

(2) 定时器线圈 T1 的输入。单击“按钮窗口”中的“线圈”按钮，弹出“输入元件”对话框，如图 7-80 所示。用键盘输入“T1 空格键 K20”，按回车键或单击“确认”按钮后完成线圈 T1 的输入，如图 7-81 所示。

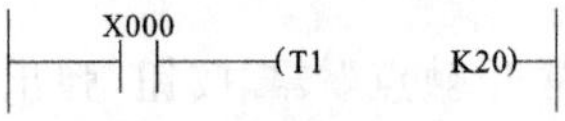

图 7-79　例 7-14 梯形图程序　　图 7-80　“输入元件”对话框

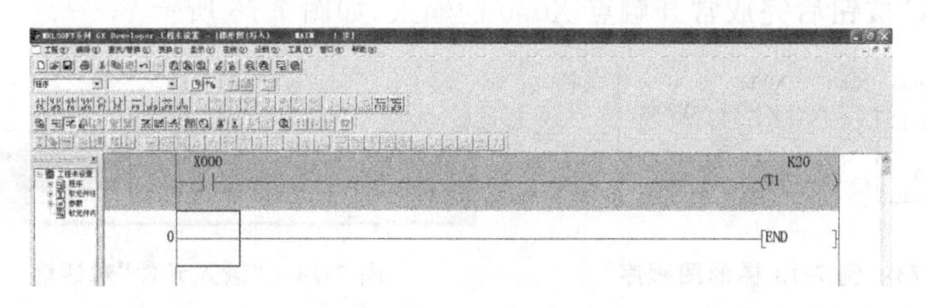

图 7-81　T1 线圈输入后的窗口

例 7-15　输入如图 7-82 所示的梯形图程序。

(1) 输入常开触点 M0。方法与例 7-13 常开触点 X000 的输入方法完全相同。

(2) 输入复位指令 RST　C1。单击“按钮窗口”中的“功能指令”按钮，弹出“输入指令”对话框，如图 7-83 所示。用键盘输入“RST 空格键 C1”，按回车键或单击“确认”按钮后完成复位指令 RST　C1 的输入，如图 7-84 所示。

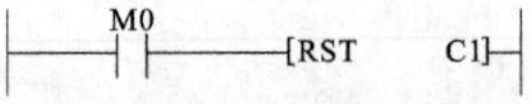

M0　[RST　C1]

图 7-82　例 7-15 梯形图程序

图 7-83　“输入指令”对话框

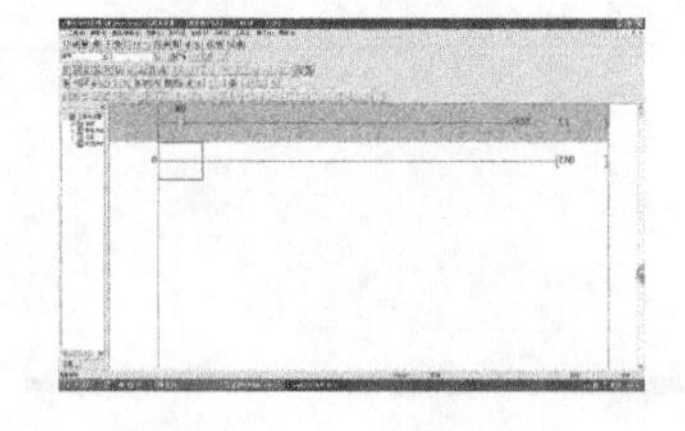

图 7-84　复位指令 RST C1 输入后的窗口

例 7-16　输入如图 7-85 所示的梯形图程序。

(1) 输入常开触点 X000。方法与例 7-13 常开触点 X000 的输入方法完全相同。

(2) 传送功能指令 MOVP　K3　K1Y000 的输入。单击“按钮窗口”中的“功能指令”按钮，弹出“输入指令”对话框，如图 7-86 所示。用键盘输入“MOVP 空格键 K3 空格键 K1Y000”，按回车键或单击“确认”按钮后完成传送功能指令 MOVP　K3　K1Y000 的输入，如图 7-87 所示。

图 7-85　例 7-16 梯形图程序

梯形图输入
-[ ]-　MOVP K3 K1Y000　确定　取消　帮助

图 7-86　“输入指令”对话框

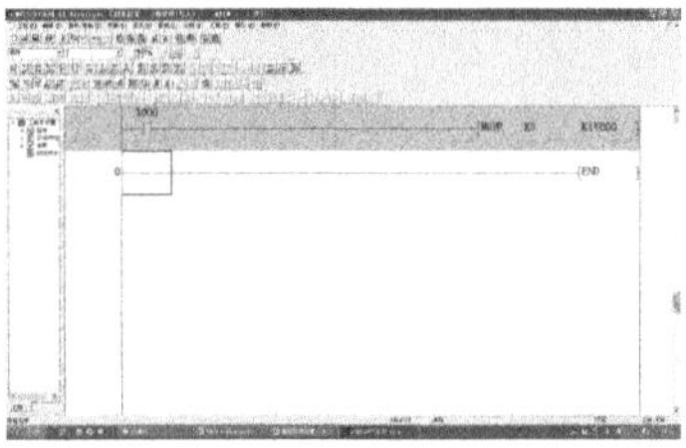

图 7-87　传送指令 MOVP　K3　K1Y000 输入后的窗口

4）修改、删除、插入程序

（1）梯形图元件修改。

将梯形图中的某个元件修改为另一个元件的方法是，在梯形图编辑状态下，双击需要修改的元件，在弹出的“输入元件”对话框中，重新输入正确的元件。注意，这种方法只适用于同类型元件的修改，即修改“按钮窗口”中相同的按钮。例如 X0 常开触点可修改为 M1 常开触点或 Y2 常开触点，Y0 线圈修改为 M1 线圈等。对于修改“按钮窗口”中不相同的按钮，例如将 F5 修改为 F8 或将 F8 修改为 F7，可采用的方法是，将光标覆盖需要修改的元件，然后单击“按钮窗口”中正确元件的按钮，在弹出的“输入元件”对话框中，重新输入正确的元件。

例 7-17　将图 7-85 所示梯形图程序中的传送功能指令 MOVP　K3　KIY000 修改为 Y000 线圈。

① 将光标覆盖 MOVP　K3　K1Y000。

② 单击“按钮窗口”中的 F8 按钮，弹出“输入元件”对话框。

③ 输入 Y000，按回车键。

（2）删除编辑。

将光标移至需要删除元件的右侧，按下键盘上的退格键 BackSpace，即可删除该元件。但是，删除后的地方将无任何元件，包括横线。如果此时需要输入其他元件，可单击“按钮窗口”中需要输入元件的按钮，在弹出的“输入元件”对话框中，输入正确的元件，按回车键即可；如果不需要输入元件，代之以横线，则单击“按钮窗口”中的 F9 按钮，原来的元件就变为横线了。

如果需要删除梯形图中的竖线，应将光标移至删除竖线的右上方，单击“按钮窗口”中的删除按钮即可。

（3）插入编辑。

如果需要插入元件，只要将光标移至需要插入位置的横线上，单击“按钮窗口”中需要插入元件的按钮，在弹出的“输入元件”对话框中，输入正确的元件，按回车键即可。

如果需要新插入一行，只要将光标移至插入行的下一行首端元件上，执行“编辑”|“行插入”命令，即可产生一个新的空行，在此空行上即可编辑新的梯形图程序。编辑状态下的空行，在转换过程中自动消除。

5）转换梯形圈

执行“工具”|“转换”命令，如图 7-88 所示，或者直接单击“转换”按钮即可将创建的梯形图转换格式后存入计算机。图 7-89 所示为转换后的梯形图窗口，转换前的灰色部分变为白色，说明转换成功。梯形图有问题的，将不能被转换。

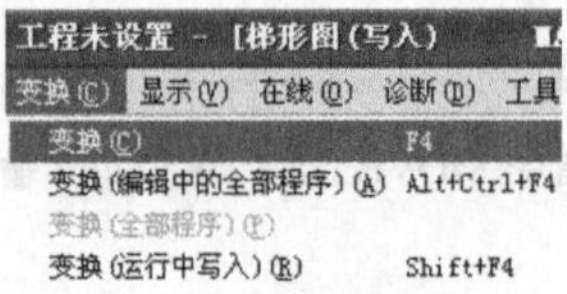

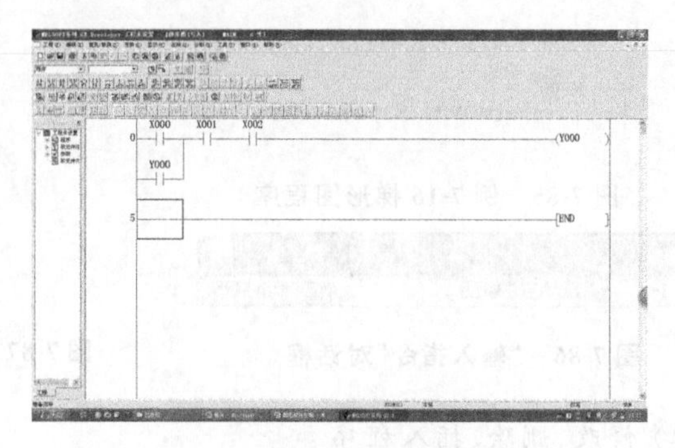

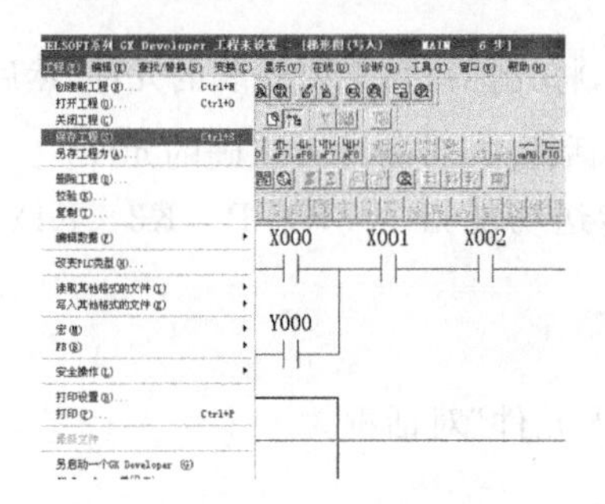

图 7-88 梯形图转换命令

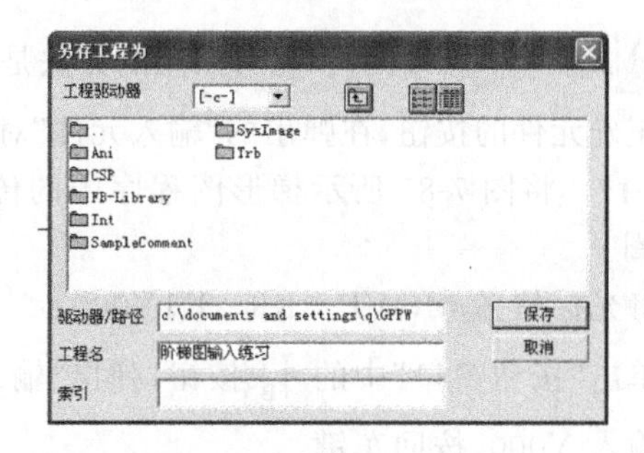

图 7-89 转换后的梯形图窗口

6）保存文件

如图 7-90 所示，梯形图在执行"文件"|"保存"命令后，弹出如图 7-91 所示的文件保存对话框，在该对话框中选择文件保存地址并赋名，单击"确定"按钮后，在该对话框中输入文件题头名，单击"确认"按钮后完成文件保存操作。

图 7-90 文件保存命令窗口

图 7-91 文件保存对话框

思考题与习题 7

1. 根据图 7-92 所示的梯形图，试写出相应的指令语句。

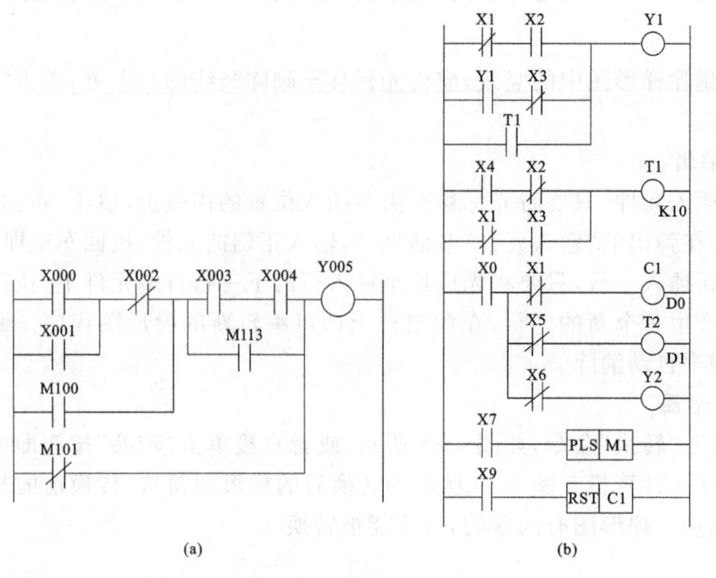

图 7-92 习题 1 示例

2. 分析表 7-17、表 7-18 所示的指令语句,试画出相应的梯形图。

表 7-17　习题 2 指令语句 1

步序号	助记符	操作数	步序号	助记符	操作数	步序号	助记符	操作数
0000	LD	X0	0006	AND	X5	0012	AND	M1
0001	AND	X1	0007	LD	X6	0013	ORB	
0002	LD	X2	0008	AND	X7	0014	AND	M2
0003	ANI	X3	0009	ORB		0015	OUT	Y4
0004	ORB		0010	ANB				
0005	LD	X4	0011	LD	M0			

表 7-18　习题 2 指令语句 2

步序号	助记符	操作数	步序号	助记符	操作数
000	LD	X0	007	OR	X6
001	OR	X1	008	ANB	
002	LD	X2	009	OR	X3
003	AND	X3	010	OUT	Y10
004	LDI	X4	011	AND	X10
005	AND	X5	012	OUT	Y11
006	ORB		013	OUT	Y12

3. 将图 7-93 所示的梯形图简化后,再写出相应的指令语句。

4. 分析图 7-94 所示的梯形图,写出在 5 个扫描周期的 I/O 状态表。设在第一个周期所有的输入信号均为 OFF,在第 2 个周期所有的信号均为 ON,在第 3 个扫描周期 X1=ON,X2=OFF;在第 4 个扫描周期 X1=OFF,X2=ON,在第 5 个扫描周期所有的信号均为 OFF。

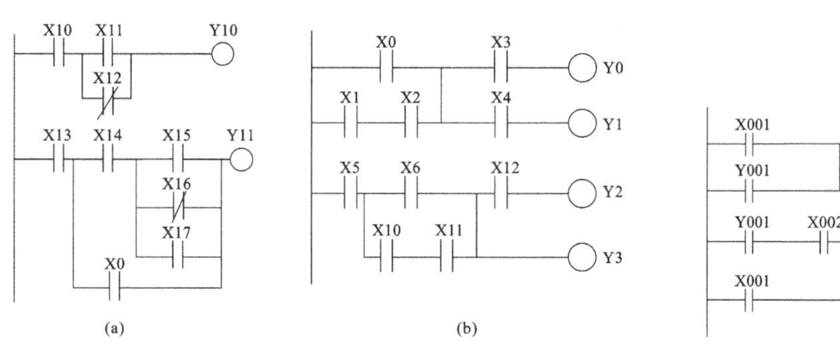

图 7-93　习题 3 示例　　**图 7-94　习题 4 示例**

5. 根据图 7-95 所示的时序波形图,试画出相应的梯形图。

6. 根据图 7-96 所示的 STL 功能图,试画出相应的梯形图并写出指令语句。

7. 分析图 7-97 所示的梯形图,试设计一个小型的 PLC 控制系统,用于对锅炉鼓风机和引风机的启动、停止进行控制。控制要求为:首先启动引风机,延迟 12 s 后鼓风机再启动;停止时鼓风机首先停止,延迟 15 s 后引风机再停止(启动为 X10,停止为 X11,引风机为 Y1,鼓风机为 Y2)。

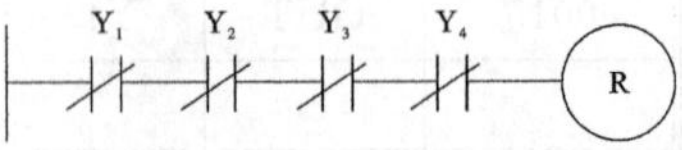

图 7-95　习题 5 示例 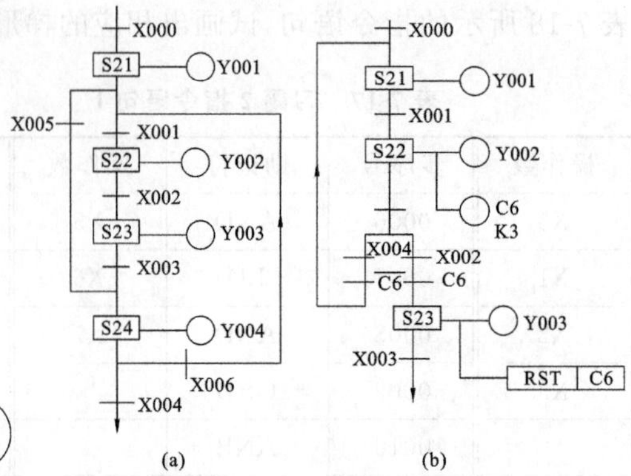　　　　图 7-96　习题 6 示例 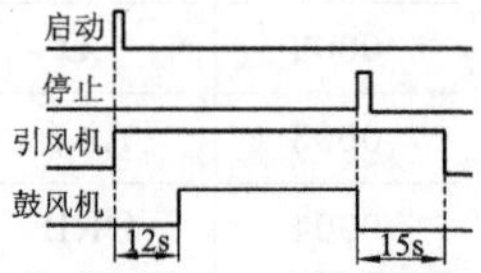　　　　图 7-97　习题 7 示例

8. 某三相电动机的控制要求为：按 1 次按钮后，电动机运行 5 s、停止 10 s；该动作重复执行 3 次后自动停止。试设计梯形图并写出指令语句。

9. 分析图 7-98 所示的梯形图，根据输入信号的变化，试画出其他元件相对应的波形图。

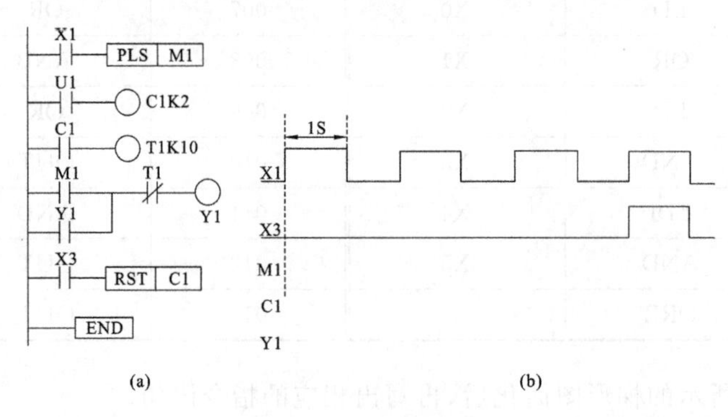

图 7-98　习题 9 示例

10. 分析图 7-99 所示的时序波形图，试设计相应的梯形图并写出指令语句。

11. 现在 2 台电动机(KM1、KM2)需要进行控制。其控制要求为：KM1 启动后 50 s，KM2 才能启动；KM2 启动后 KM1 才能停止。KM2 可以随时停止。试设计梯形图并写出指令语句。I/O 地址分配如下：

KM1 的启动：X11　KM1 的停止：X21　KM1：Y1

KM2 的启动：X12　KM2 的停止：X22　KM2：Y2

12. 简述在图 7-100 所示的功能指令中，X0、(D)、(P)、D10、D14 的含义，该条指令有什么功能？

13. 设 X0～X17 的状态为 0000 1000 1111 0001，在图 7-101 所示梯形图的各个梯形满足执行条件时，试分析写出输出 Y 端的对应状态。

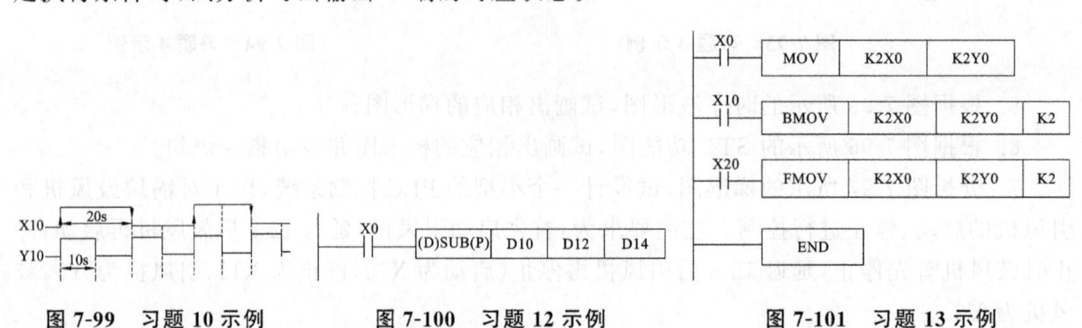

图 7-99　习题 10 示例　　　　图 7-100　习题 12 示例　　　　图 7-101　习题 13 示例

第8章 欧姆龙CPM1A系列可编程序控制器

PLC在工业控制中应用比较广泛，自从1969年美国数字设备公司(DEC)生产出世界上第一台PLC以来，涌现出了很多PLC的生产厂家及产品。本章主要从产品的型号分类、性能指标、内部资源分配和编程元件、指令系统以及应用举例五个方面分别介绍了目前国内市场上应用比较广泛的欧姆龙(OMRON)PLC的相关知识及编程方法。

8.1 OMRONC系列PLC概述

日本OMRON(立石公司)是世界上生产PLC的著名厂商之一。OMRONC系列PLC产品以其良好的性价比被广泛地应用于化学工业、食品加工、材料处理、工业控制过程等领域。

OMRONC系列PLC产品门类齐、型号多、功能强、适应面广，大致可分为微型、小型、中型和大型4大类产品。整体式结构的微型PLC是以C20P为代表的机型；叠装式(或称紧凑型)结构的微型机以CJ型机最为典型，它具有超小型和超薄型的尺寸。小型PLC以P型机和CPM型机最为典型，这两种都属于坚固整体型结构，其体积更小、指令更丰富、性能更优越，通过I/O扩展可实现10～140点输入/输出点数的灵活配置，并可连接可编程终端直接从屏幕上进行编程。OMRON中型机以C200H系列最为典型，主要有C200H、C200HS、C200HX、C200HG、C200HE等型号产品。中型机在程序容量、扫描速度和指令功能等方面都优于小型机，除具备小型机的基本功能外，它同时可配置更完善的接口单元模块，如模拟量I/O模块、温度传感器模块、高速记数模块、位置控制模块、通信连接模块等。可以与上位计算机、下位PLC及各种外部设备组成具有各种用途的计算机控制系统和工业自动化网络。

在一般的工业自动控制系统中，小型PLC要比大、中型机的应用更为广泛。在电气设备的控制应用方面，一般采用小型PLC都能够满足需求。本书将以OMRON公司CPM1A小型机为例做简要介绍。

8.2 CPM1A系列系统配置

与所有小型机一样，CPM1A系列PLC采用整体式结构，内部由基本单元、电源、系统程序区、用户程序区、输入/输出接口、I/O扩展单元、编程器接口、其他外部设备等组成。

8.2.1 基本单元

CPM1A系列整体式PLC的基本单元又称主机单元，内含CPU，可以单独使用，是PLC控制系统不可缺少的部分，其外部连接口主要有I/O接线端子、各种外连插座或插槽，以及各种运行信号指示灯等部分。I/O接线端子可直接用来连接控制现场的开关、按钮、传感器等输入信号和接触器、电磁阀等输出信号，总的I/O端子数量就称为I/O点数，CPM1A系列整体式CPU可分作10点、20点、30点、40点。

在 CPM1A 系列 PLC 主机面板上有两个隐藏式插槽。一个是通信编程器插槽，插接手持式编程器即可进行编程和现场调试，或者配接一个专用适配器 RS-232 即可与个人计算机(PC)连接，在 Windows 系统平台下可直接用梯形图进行编程操作，大大改进了编程环境，并可以进行实时监控和调试。另一个是 I/O 扩展插槽，可用于连接 I/O 扩展单元。

CPU 主机面板上设有若干 LED 指示灯，LED 指示灯亮或闪烁表示单元状态，如表 8-1 所示。

表 8-1 CPU 主机面板 LED 指示灯状态指示

LED	显　示	状　态
POWER(绿)	亮	电源接上
	灭	电源切断
RUN(绿)	亮	运行/监视模式
	灭	编辑模式或停止异常过程中
ERROR/ALARM(红)	亮	发生故障
	闪烁	发生警告
	灭	正常时
COMM(橙)	闪烁	与外设端口通信中
	灭	上述以外

8.2.2 I/O 扩展单元

I/O 扩展单元主要用于增加 PLC 系统的 I/O 点数以满足实际应用的需要，I/O 扩展单元没有 CPU，不能单独使用，只有 I/O 扩展插槽而没有通信编程器插槽。在它的左右两侧设有 I/O 连接插座，当 CPU 单元需要扩展 I/O 点数时，可直接采用带扁平电缆的插头连接即可。输入、输出端子分别连接输入或输出电路，其对应 LED 显示灯亮、灭分别表示输入或输出的接通状态。扩展单元的 I/O 点数分别为 12 点和 8 点，只有 I/O 为 30 点和 40 点的 CPU 单元才能扩展，且最多连接 3 个 I/O 扩展单元。

8.2.3 编程器

CPM1A 系列 PLC 可采用多种编程设备进行编程，在现场调试和编程比较常用的是手持式编程器。这种编程器体积小、结构紧凑、便于携带，它通过连接电缆直接插入编程器槽，在距主机一定距离处即可进行编程。利用手持式编程器可进行用户程序的输入、修改、调试，以及对系统运行情况进行监控等操作。手持式编程器只能用助记符号指令输入程序，而不能直接显示梯形图。

CPM1A 系列 PLC 也可以采用计算机进行编程和实时监控，OMRON 公司 SYSMACC 系列 PLC 配备专用编程软件 CX. Programmer。

8.3 CPM1A 系列性能指标

(1) CPM1A 系列主机的规格如表 8-2 所示。

（2）CPM1A 系列机 CPU 单元特性如表 8-3 所示。

（3）CPM1A 系列 I/O 扩展单元特性如表 8-4 所示。

（4）CPM1A 系列 CPU 单元、I/O 扩展单元继电器输出特性如表 8-5 所示。

表 8-2 CPM1A 系列主机的规格

类 型	型 号	输出形式	电 源
10 点 I/O 输入：6 点 输出：4 点	CPM1A-10CDR-A	继电器	AC 100～240 V
	CPM1A-10CDR-D	继电器	DC 24 V
	CPM1A-10CDT-D	晶体管（NPN）	DC 24 V
	CPM1A-10CDT1-D	晶体管（PNP）	
20 点 I/O 输入：12 点 输出：8 点	CPM1A-20CDR-A	继电器	AC 100～240 V
	CPM1A-20CDR-D	继电器	DC 24 V
	CPM1A-20CDT-D	晶体管（NPN）	DC 24 V
	CPM1A-20CDT1-D	晶体管（PNP）	
30 点 I/O 输入：18 点 输出：12 点	CPM1A-30CDR-A	继电器	AC 100～240 V
	CPM1A-30CDR-D	继电器	DC 24 V
	CPM1A-30CDT-D	晶体管（NPN）	DC 24 V
	CPM1A-30CDT1-D	晶体管（PNP）	
40 点 I/O 输入：24 点 输出：16 点	CPM1A-40CDR-A	继电器	AC 100～240 V
	CPM1A-40CDR-D	继电器	DC 24 V
	CPM1A-40CDT-D	晶体管（NPN）	DC 24 V
	CPM1A-40CDT1-D	晶体管（PNP）	

注：晶体管 NPN 型的输出 COM 端接 DC 电源的“－”极。

表 8-3 CPM1 系列机 CPU 单元特性情况

项 目	规 格	电 路 图
输入电压	DC 20.4～26.4 V	IN IN 4.7k(2k) DC 24V 820Ω (510)Ω COM 输入LED 内部 电路 注：括号内阻值为 00000～00002 的情况。
输入阻抗	IN00000～00002：2 kΩ 其他：4.7kΩ	
输入电流	IN00000～00002：12 mA 其他：5 mA	
ON 电压	最小 DC 14.4 V	
OFF 电压	最大 DC 5.0 V	
ON 响应时间	1～128 ms 以内（默认 8 ms）	
OFF 响应时间	1～128 ms 以内（默认 8 ms）	

表 8-4　CPM1A 系列机 I/O 扩展单元特性

项　目	规　格	电 路 图
输入电压	DC 20.4～26.4 V	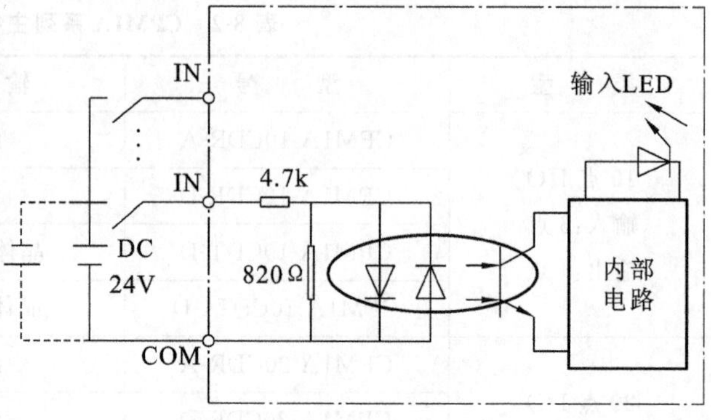
输入阻抗	4.7 kΩ	
输入电流	5 mA	
ON 电压	最小 DC 14.4 V	
OFF 电压	最大 DC 5.0 V	
ON 响应时间	1～128 ms 以内(默认为 8 ms)	
OFF 响应时间	1～128 ms 以内(默认为 8 ms)	

表 8-5　CPM1A 系列机 CPU 单元、I/O 扩展单元继电器输出特性

项　目			规　格	电 路 图
最大开关能力			AC 250 V/2 A($\cos\varphi=1$) DC 24/2 A(4 A/公共端)	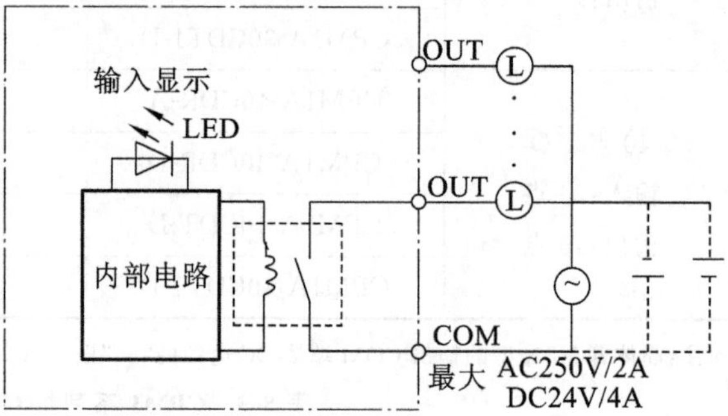
最小开关能力			DC 5 V,10 mA	
继电器寿命	电气性	阻性负载	30 万次	
		感性负载	10 万次	
	机械性		2 000 万次	
ON 响应时间			15 ms 以下	
OFF 响应时间			15 ms 以下	

输入电路的 ON/OFF 响应时间为 1 ms/2 ms/4 ms/8 ms/16 ms/32 ms/64 ms/128 ms 中的一个,这由 PLC 设定区 DM6620～ DM6625 中的设置决定。

输入点 00000～00002 作为高速计数输入时,输入电路的响应很快。计数器输入端 00000(A 相)、00001(B 相)响应时间足够快,满足高速计数频率(单相 5 kHz、两相 2.5 kHz)的要求;复位输入端 00002(Z 相)的响应时间为 ON:100 μs,OFF:500 μs。

输入点 00000～00006 作为中断输入时,从输入 ON 到执行中断子程序的响应时间为0.3 ms。

(5) CPM1A 系列机 CPU 单元、I/O 扩展单元晶体管输出特性如表 8-6 所示。

(6) CPM1A 系列机通道单元的规格如表 8-7 所示。

(7) CPM1A 系列机特殊功能单元规格如表 8-8 所示。

表 8-6　CPM1A 系列机 CPU 单元、I/O 扩展单元晶体管输出特性

项　　目	规　　格	电　路　图
最大开关能力	DC 20.4～26.4 V 300 mA	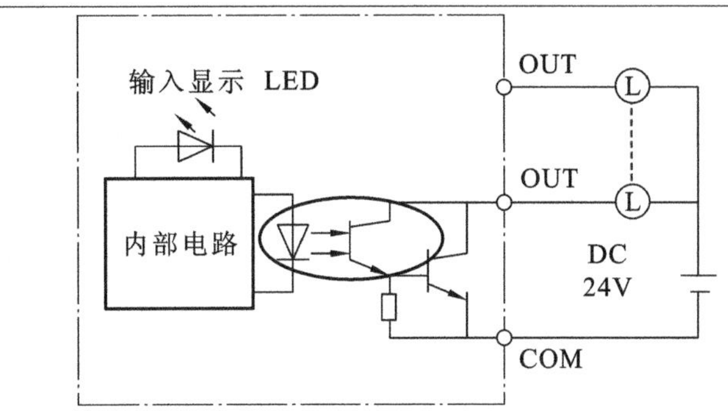 输入显示 LED　内部电路　OUT　OUT　L　L　DC 24V　COM
最小开关能力	10 mA	
漏电流	0.1 mA 以下	
残留电压	1.5 V 以下	
ON 响应时间	0.1 ms 以下	
OFF 响应时间	1 ms 以下	

表 8-7　CPM1A 系列机通道单元规格

名　　称	项　　目	规　　格
RS232C 通信适配器	型号	CPM1A-CIF01
	功能	在外设端口和 RS232C 口之间作电平转换
RS422 通信适配器	型号	CPM1A-CIF11
	功能	在外设端口和 RS422 端口之间作电平转换
RS422 通信适配器	型号	CPM1A-CIF01/CIF02
	功能	外设端口与 25/9 引脚的计算机串行端口连接时用(电缆长度为 3.3 m)
链接适配器	型号	B500-AL004
	功能	用于个人计算机 RS232C 口到 RS422 口的转换
Compo Bus/S I/O 链接单元	型号	CPM1A-SRT21
	功能	主单元/从单元:Compo Bus/S 从单元 I/O 点数:8 点输入,8 点输出 占用 CPM1A 的通道:1 个输入通道,1 个输出通道(与扩展单元相同的分配方式) 结点数:用 DIP 开关设定

表 8-8　CPM1A 系列机特殊功能单元规格

名　　称	项　　目	规　　格
模拟量 I/O 单元	型号	CPM1A-MAD01
	模拟量输入	输入路数:2 输入信号范围:电压 0～10 V 或 1～5 V,电流 4～20 mA 分辨率:1/256 精度 1.0%(全程量) 转换 A/D 数:8 位二进制数
	模拟量输出	输出路数:1 输出信号范围:电压 0～10 V 或－10～10 V,电流 4～20 mA 分辨率:1/256(当输出信号的范围是－10～10V 时为 1/512) 精度:1.0%(全程量) 数据设定:带符号的 8 位二进制数
	转换时间	最大 10 ms/单元
	隔离方式	模拟量 I/O 信号间无隔离,I/O 端子和 PLC 间采用光电耦合隔离

续表

名　称	项　目	规　格	
温度传感器和模拟量输出单元	型号	CPM1A-TS101-DA	
	Pt100 输入	输入路数:2 输入信号范围:最小 Pt100:82.3 Ω/－40 ℃;最大 Pt100:194.1 Ω/＋250 ℃ 分辨率:0.1 ℃ 精度:1.0%(全程量)	
温度传感器和模拟量输出单元	模拟量输出	输出路数:1 输出信号范围:电压 0～10 V 或－10～10 V,电流 4～20 mA 分辨率:1/256(当输出信号的范围是－10～10 V 时为 1/512) 精度:1.0%(全程量)	
	转换时间	最大 60 ms/单元	
温度传感器输出单元	型号	CPM1A-TS001/TS002	CPM1A-TS101/TS102
	输入类型	热电耦:K1、K2、J1、J2 之间选一(由旋转开关设定)	铂热电阻:Pt100、JPt100 之间选一(由旋转开关设定)
温度传感器输出单元	输入点数	TS001、TS101:2 点	TS002、TS102:4 点
	精度	1.0%(全程量)	
	转换时间	250 ms/所有点	
	温度转换	4 位 16 进制	
	绝缘方式	光电耦合绝缘(各温度输入信号之间)	

(8) CPM1A 系列机性能指标如表 8-9 所示。

表 8-9　CPM1A 系列机性能指标

项目		10 点 I/O 型	20 点 I/O 型	30 点 I/O 型	40 点 I/O 型
控制方式		存储程序方式			
输入输出控制方式		循环扫描方式和即时刷新方式并用			
编程语言		梯形图方式			
指令长度		1 步/1 指令、1～5 步/1 指令			
指令种类	基本指令	14 种			
	应用指令	79 种,139 条			
处理速度	基本指令	LD 指令＝1.72 μs			
	应用指令	MOV 指令＝15.3 μs			
程序容量		2048 字			
最大 I/O 点数	仅本体	10 点	20 点	30 点	40 点
	扩展时	—	—	50 点、70 点、90 点	60 点、80 点、100 点
输入继电器(IR)		IR00000～00915		不作为 I/O 继电器使用的通道,可作为内部辅助继电器使用	
输出继电器(IR)		IR01000～01915			

续表

项目		10 点 I/O 型	20 点 I/O 型	30 点 I/O 型	40 点 I/O 型
内部辅助继电器(IR)		512 点:IR20000～23115(IR200～231)			
特殊辅助继电器(SR)		384 点:SR23200～25515(SR232～255)			
暂存继电器(TR)		8 点:TR0～7			
保持继电器(HR)		320 点:HR0000～1915(HR00～19)			
辅助记忆继电器(AR)		256 点:AR0000～1515(AR00～15)			
链接继电器(LR)		256 点:LR0000～1515(LR00～15)			
定时器/计数器(TIM/CNT)		128 点:TIM/CNT00～127 100 ms 型:TIM000～127 10 ms 型(高速定时器):TIM000～127(100 ms 定时器通道号共用) 减法计数器,可逆计数器			
数据存储器(DM)	可读/写	1002 字:DM0000～0999、DM1022～1023			
	故障履历存入区	22 字:DM1000～1021			
	只读	456 字:DM6144～6599			
	PLC 系统设定区	56 字:DM6600～6655			
停电保持功能		保持继电器,辅助记忆继电器,计数器数据内存的内容保持			
内存后备		快闪内存:用户程序,数据内存(只读)(无电池保持) 超级电容:数据内存(读/写),保持继电器,辅助记忆继电器,计数器(保持 20 天/环境温度 25℃)			
输入时间常数		可设定 1 ms/2 ms/4 ms/8 ms/16 ms/32 ms/64 ms/128 ms 中的一个			
模拟电位器		2 点(BCD:0～200)			
输入中断		2 点		4 点	
快速响应输入		与外部中断输入共用(最小输入脉冲宽度 0.2 ms)			
间隔定时器中断		1 点(0.5～319 968 ms、单次中断模式或重复中断模式)			
高速计数器		1 点　单相 5 kHz 或两相 2.5 kHz(线性计数方式) 递增模式:0～65535(16 位) 递减模式:－32767～＋32797(16 位)			
脉冲输出		1 点　20 Hz～2 kHz(单相输出:占空比 50%)			
自诊断功能		CPU 异常(WDT)、内存检查、I/O 总线检查			
程序检查		无 END 指令、程序异常(运行时一直检查)			

8.4　CPM1A 系列指令系统

CPM1A 系列 PLC 具有比较丰富的指令集,按其功能可分为基本逻辑指令和特殊功能指令两大类。其指令功能与 FX 系列 PLC 大同小异,这里不再详述。

CPM1A 系列 PLC 指令一般由助记符和操作数两部分组成,助记符表示 CPU 执行此命令所要完成的功能,而操作数指出 CPU 的操作对象。

8.4.1 基本逻辑指令

CPM1A 系列 PLC 的基本逻辑指令与 FX 系列 PLC 较为相似，编程和梯形图表达方式也大致相同，CPM1A 系列 PLC 的基本逻辑指令如表 8-10 所示。

表 8-10 CPM1A 系列 PLC 的基本逻辑指令

<table>
<tr><th>指令名称</th><th>指令符</th><th>功能</th><th>操作数</th></tr>
<tr><td>取</td><td>LD</td><td>读入逻辑行或电路块的第 1 个常开触点</td><td rowspan="6">00000～01915
20000～25507
HR0000～1915
AR0000～1515
LR0000～1515
TIM/CNT000～127
TR0～7
* TR 仅用于 LD 指令</td></tr>
<tr><td>取反</td><td>LDNOT</td><td>读入逻辑行或电路块的第 1 个常闭触点</td></tr>
<tr><td>与</td><td>AND</td><td>串联一个常开触点</td></tr>
<tr><td>与非</td><td>ANDNOT</td><td>串联一个常闭触点</td></tr>
<tr><td>或</td><td>OR</td><td>并联一个常开触点</td></tr>
<tr><td>或非</td><td>ORNOT</td><td>并联一个常闭触点</td></tr>
<tr><td>电路块与</td><td>ANDLD</td><td>串联一个电路块</td><td rowspan="2">无</td></tr>
<tr><td>电路块或</td><td>ORLD</td><td>并联一个电路块</td></tr>
<tr><td>输出</td><td>OUT</td><td>输出逻辑行的运算结果</td><td rowspan="4">00000～01915
20000～25507
HR0000～1915
AR0000～1515
LR0000～1515
TIM/CNT000～127</td></tr>
<tr><td>输出求反</td><td>OUTNOT</td><td>求反输出逻辑行的运算结果</td></tr>
<tr><td>置位</td><td>SET</td><td>置继电器状态为接通</td></tr>
<tr><td>复位</td><td>RSET</td><td>使继电器复位为断开</td></tr>
<tr><td>定时</td><td>TIM</td><td>接通延时定时器(减算)
设定时间 0～9910.9 s</td><td rowspan="2">TIM/CNT000～127
设定值 0～9999
定是单位为 0.1 s
计数单位为 1 次</td></tr>
<tr><td>计数</td><td>CNT</td><td>减法计算器
设定值 0～9999 次</td></tr>
</table>

8.4.2 功能指令

CPM1A 系列 PLC 提供的功能指令主要用来实现程序控制、数据处理、算术运算等。这类指令在简易编程器上一般没有对应的指令键，而是为每个指令规定了一个功能代码，用两位数字表示。在输入这类指令时先按下“FUN”键，再按下相应的代码。下面介绍部分常用的功能指令。

1. 空操作指令 NOP

本指令不作任何的逻辑操作，故称空操作，也不使用继电器，无须操作数。该指令应用在程序中留出一个地址，以便调试程序时插入指令，还可用于微调扫描时间。

2. 结束指令 END

本指令单独使用，无须操作数，是程序的最后一条指令，表示程序到此结束。PLC 在执行用户程序时，当执行到 END 指令时就停止执行程序阶段，转入执行输出刷新阶段。如果程序中遗漏 END 指令，编程器执行时则会显示出错信号："NOENDINSET"，当加上 END 指令后，PLC 才能正常运行。本指令也可用来分段调试程序。

3. 互锁指令 IL 和互锁清除指令 ILC

这两条指令无须操作数，IL 指令为互锁条件，形成分支电路，使新母线以便与 LD 指令连用，表示互锁程序段的开始；ILC 指令表示互锁程序段结束。IL 和 ILC 指令应当成对配合使用，否则会出错。

IL/ILC 指令的功能是：如果控制 IL 的条件成立(即 ON)，则执行互锁指令。若控制 IL 的条件不成立(即 OFF)，则 IL 与 ILC 之间的互锁程序段不执行，即位于 IL/ILC 之间的所有继电器均为 OFF，此时所有定时器将复位，但所有的定时器/计数器、移位寄存器及保持继电器均保持当前值。

4. 跳转开始指令 JMP 和跳转结束指令 JME

这两条指令无须操作数，JMP 指令表示程序转移的开始，JME 指令表示程序转移的结束。JMP/JME 指令应配对使用，否则 PLC 会显示出错。JMP/JME 指令组用于控制程序分支。当 JMP 的条件为 ON，则整个梯形图按顺序执行，如同 JMP/JME 指令不存在一样。当 JMP 条件为 OFF 时，程序转去执行 JME 后面的第 1 条指令；此时输出继电器保持目前状态，定时器/计数器及移位寄存器均保持当前值。

5. 逐位移位指令 SFT

本指令带两个操作数，以通道为单位，第 1 个操作数为首通道号 D1，第 2 个操作数为末通道号 D2。其功能相当于一个串行输入移位寄存器。

移位寄存器有数据输入端(IN)、移位时钟端(CP)及复位端(R)，必须按照输入(IN)、时钟(CP)、复位(R)和 SFT 指令的顺序进行编程。当移位时钟由 OFF→ON 时，将(D1～D2)通道的内容，按照从低位到高位的顺序移动一位，最高位溢出丢失，最低位由输入数据填充。当复位端输入 ON 时，参与移位的所有通道数据均复位，即都为 OFF。逐位移位指令在使用起始通道和结束通道时必须在同一种继电器中且起始通道号≤结束通道号。

6. 锁存指令 KEEP

本指令使用的操作数有 01000～01915、20000～25515、HR0000～HR1915，其功能相当于锁存器，当置位端(S 端)条件为 ON 时，KEEP 继电器一直保持 ON 状态，即使 S 端条件变为 OFF，KEEP 继电器也保持 ON，直到复位端(R 端)条件为 ON 时，继电器才变为 OFF。KEEP 指令主要用于线圈的保持，即继电器的自锁电路可用 KEEP 指令实现。若 SET 端和 RES 端同时为 ON，则 KEEP 继电器优先变为 OFF。锁存继电器指令编写必须按置位行(S 端)、复位行(R 端)和 KEEP 继电器的顺序来编写。

7. 前沿微分脉冲指令 DIFU 和后沿微分脉冲指令 DIFD

本指令使用操作数有 01000～01915、20000～25515、HR0000～HR1915，DIFU 的功能是在输入脉冲的前(上升)沿使指定的继电器接通一个扫描周期之后释放，而 DIFD 的功能是在输入脉冲的后(下降)沿使指定的继电器接通一个扫描周期之后释放。

8. 快速定时器指令 TIMH

本指令操作数占两行：一行为定时器号 000～127(不得与 TIM 或 CNT 重复使用同号)；另一行为设定时间。设定的定时时间可以是常数，也可以由通道 000CH～019CH、20000CH～25515CH、HR0000～HR1915 中的内容决定，但必须为 4 位 BCD 码。其作用与基本指令中的普通定时器的作用相似，唯一区别是 TIMH 定时精度为 0.01 s，定时范围为 0～910.99 s。

9. 比较指令 CMP

本指令的功能是将源通道 S 中的内容与目标通道 D 中的内容进行比较，其比较结果送到 PLC 的内部专用继电器 25505、05506、25507 中进行处理后输出，输出状态如表 8-11 所示。

表 8-11　比较结果输出专用继电器状态表

SMR	25505	25506	25507
S>D	ON	OFF	OFF
S=D	OFF	ON	OFF
S<D	OFF	OFF	ON

比较指令 CMP 用于将通道数据 S 与另一通道数据 D 中的十六进制数或 4 位常数进行比较，S 和 D 中至少有一个是通道数据。

10. 数据传送指令 MOV 和数据求反传送指令 MOVN

这两条指令都是用于数据的传送。当 MOV 前面的状态为 ON 时，执行 MOV 指令，在每个扫描周期中把 S 中的源数据传送到目标 D 所指定的通道中去。当 MOV 前面的状态为 OFF 时，执行 MOVN 指令，在每个扫描周期中把 S 中的源数据求反后传送到目标 D 所指定的通道中去。执行传送指令后，如果目标通道 D 中的内容全为零时，则标志位 25506 为 ON。

11. 进位置位指令 STC 和进位复位指令 CLC

这两条指令的功能是将进位标志继电器 25504 置位(即置 ON)，或者强制将进位标志继电器 25504 复位(即置 OFF)。当这两条指令前面状态为 ON 时，执行指令，否则不执行指令。通常在执行加、减运算操作之前，先执行 CLC 指令来清除进位，以确保运算结果正确。

12. 加法指令 ADD

本指令是将两个通道的内容或一个通道的内容与一个常数相加，再把结果送至目标通道 D。操作数中被加数 S1、加数 S2、运算结果 D 的内容如表 8-12 所示。

表 8-12　加法指令的操作数内容

S1/S2	000～019CH	200～231CH	HR00～HR19	TIM/CNT000～127	DM0000～1023 DM6144～6655	4 位常数
D	010～019CH	200～231CH	HR00～HR19	—	DM0000～1023	—

注：DM6144～6655 不能用程序写入(只能用外围设备设定)。

13. 减法指令 SUB

本指令与 ADD 指令相似，是把两个 4 位 BCD 数作带借位减法，差值送入指定通道，其操作数同 ADD 指令。在编写 SUB 指令语言时，必须指定被减数、减数和差值的存放通道。

 8.5　COM1A 系列 PLC 指令应用举例

8.5.1　CPM1A 型 PLC 的编程举例

例 8-1　机床多点异地启动，用三个按钮 SB_1(00001)、SB_2(00002)和 SB_3(00003)来启动

电机，用一个按钮 SB_4（00004）来停止电机。

完成上述要求的控制程序如图 8-1 所示。

例 8-2 两位工人合抬一张钢板，放入大型冲床的模具中，然后每人按下各自操作台上的任意一个按钮 SB_1（00001）或 SB_2（00002）和 SB_3（00003）或 SB_4（00004）。这时离合器动作，即电磁铁 Y_1（01001）吸合，惯性轮带动冲头下行，完成一次冲压加工。

完成上述要求的控制程序如图 8-2 所示。

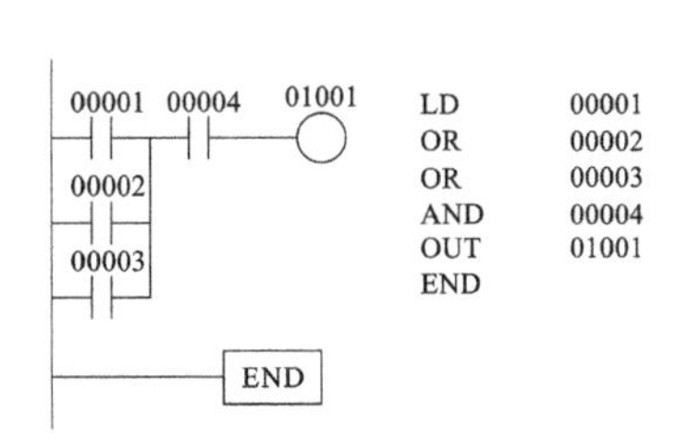

图 8-1 机床多点异地启动控制程序

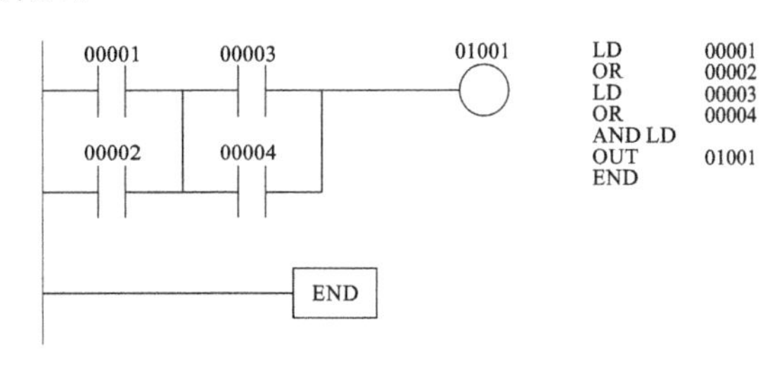

图 8-2 冲床多点启动控制程序

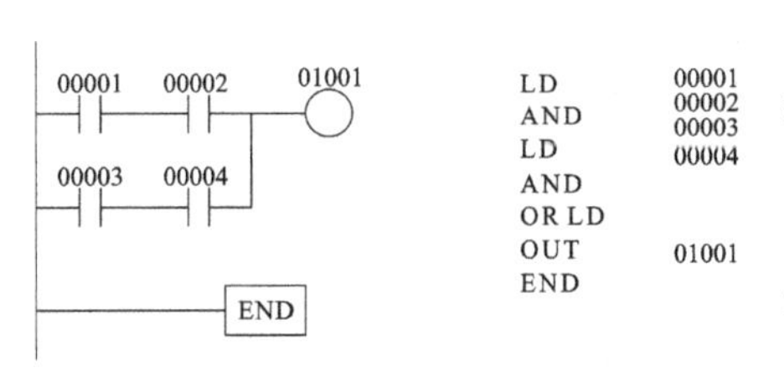

图 8-3 气缸多侧启动控制程序

例 8-3 用一个气缸将轴承压入轴承座，为了操作方便在气缸的每个侧面各放两个按钮 SB_1（00001）或 SB_2（00002）和 SB_3（00003）或 SB_4（00004）。工人在任意一侧同时按下两个按钮，电磁阀 Y（01001）得电，气缸伸出，将轴承压入轴承座。

完成上述要求的控制程序如图 8-3 所示。

例 8-4 有五台电机 M_1～M_5，都有启动和停止控制按钮。要求按顺序启动，即前级电机不启动，后级电机就无法启动；前级电机停，后级电机也都停。

（1）I/O 分配如表 8-13 所示。

表 8-13 五台电机顺序启动控制程序 I/O 分配表

PLC 输入地址		PLC 输出地址	
PLC 地址	功　能	PLC 地址	功　能
00001	电机 M_1 启动按钮	01001	电机 M_1 控制接触器 KM_1
00002	电机 M_2 启动按钮	01002	电机 M_2 控制接触器 KM_2
00003	电机 M_3 启动按钮	01003	电机 M_3 控制接触器 KM_3
00004	电机 M_4 启动按钮	01004	电机 M_4 控制接触器 KM_4
00005	电机 M_5 启动按钮	01005	电机 M_5 控制接触器 KM_5
00006	电机 M_1 停止按钮		
00007	电机 M_2 停止按钮		
00008	电机 M_3 停止按钮		
00009	电机 M_4 停止按钮		
00010	电机 M_5 停止按钮		

（2）完成上述控制要求的 PLC 程序如图 8-4 所示。

例 8-5 有三个通风机，设计一个监视系统监视通风机的运转。如果有两个或两个以上在运转，信号灯就持续发亮；如果只有一个通风机在运转，信号灯就以 0.5 Hz 的频率闪烁；如果三个通风机都不运转，信号灯就以 2 Hz 的频率闪烁。用一个开关来控制系统的工作，开关闭合时系统工作，开关断开时系统就不工作，信号灯熄灭。

（1）I/O 分配如表 8-14 所示。

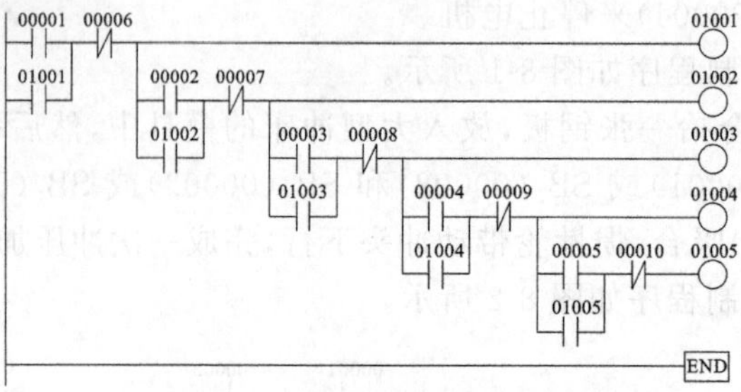

图 8-4　五台电机顺序启动控制程序

表 8-14　通风机监视系统控制程序 I/O 分配表

PLC 输入地址		PLC 输出地址	
PLC 地址	功　能	PLC 地址	功　能
00000	控制开关	01000	信号灯
00001	通风机 M_1 状态监视开关		
00002	通风机 M_2 状态监视开关		
00003	通风机 M_3 状态监视开关		

(2) 完成上述控制要求的 PLC 程序如图 8-5 所示。

例 8-6　顺序控制的设计举例：两处送料小车的控制。

小车送料过程如图 8-6 所示，初始状态小车停在装料位 ST_1，启动按钮按下后先装料 15 s；然后小车右行，到达 ST_2 位后卸料；延时 10 s 后，小车左行返回到装料位 ST_1；装料 15 s 后再右行，到达 ST_3 位后再卸料；10 s 后返回装料位 ST_1；如此不断循环，直到按下停止按钮，小车又停在 ST_1 装料位后停止工作。

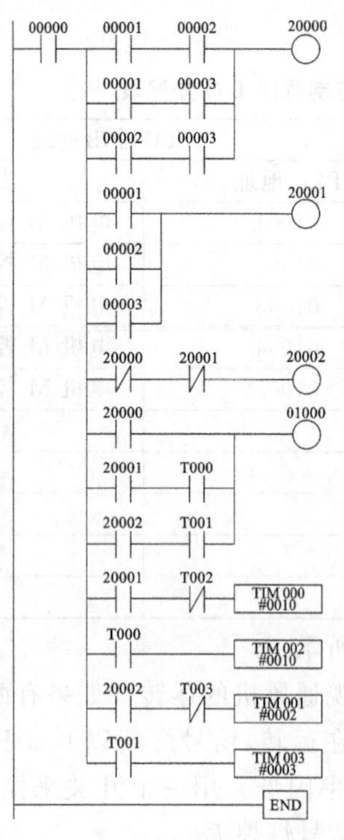

图8-5　通风机监视系统控制程序

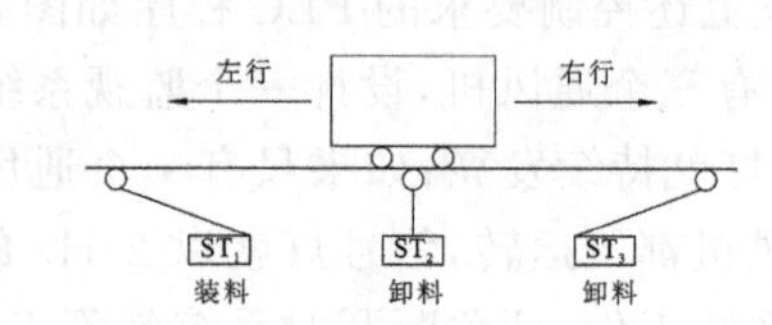

图 8-6　小车送料过程

（1）I/O 分配如表 8-15 所示。

（2）顺序功能图如图 8-7 所示。

（3）完成上述控制要求的 PLC 程序如图 8-8 所示。

表 8-15　两处送料小车控制程序 I/O 分配表

PLC 输入地址		PLC 输出地址	
PLC 地址	功　　能	PLC 地址	功　　能
00000	启动按钮	01000	小车右行
00001	ST_1	01001	小车左行
00002	ST_2	01002	小车装料
00003	ST_3	01003	小车卸料
00004	停止按钮		

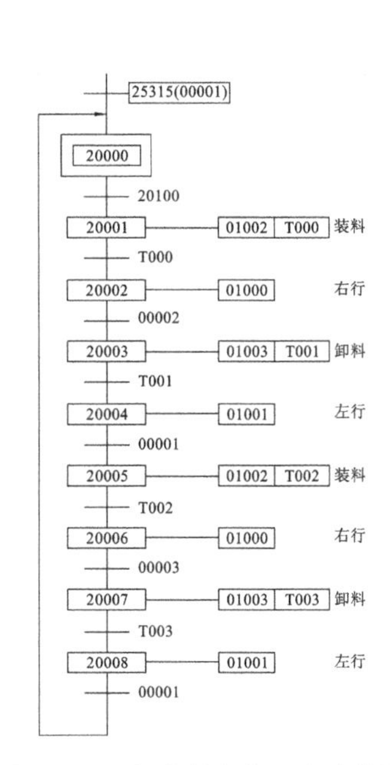

图 8-7　两处送料小车顺序功能图

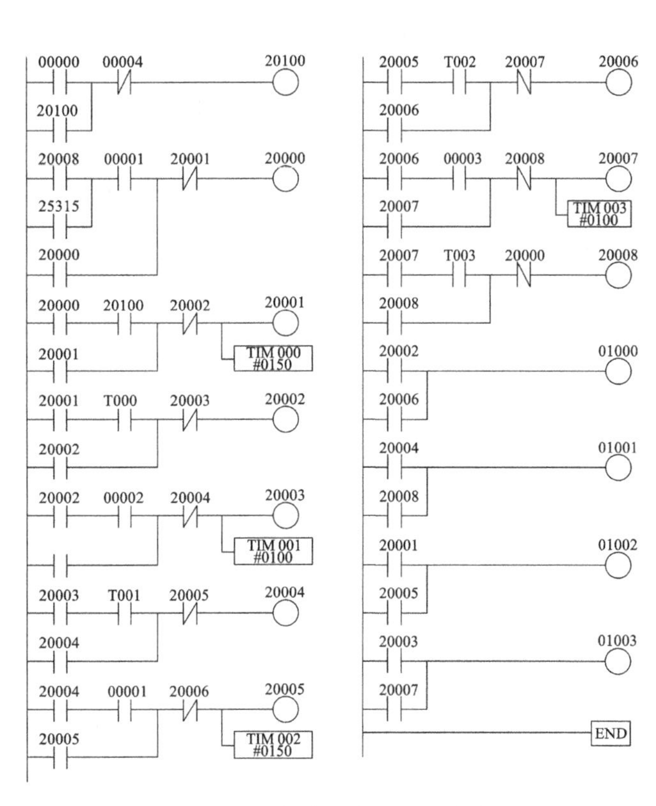

图 8-8　两处送料小车 PLC 程序

8.6　CX-Programmer 编程软件的安装与使用

8.6.1　Cx-Programmer 软件界面

启动 CX-Programmer 后，窗口显示如图 8-9 所示。单击“文件”菜单中的“新建”命令或快捷按钮，出现如图 8-10 所示的“改变 PLC”对话框。

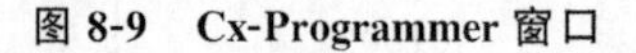

图 8-9　Cx-Programmer 窗口

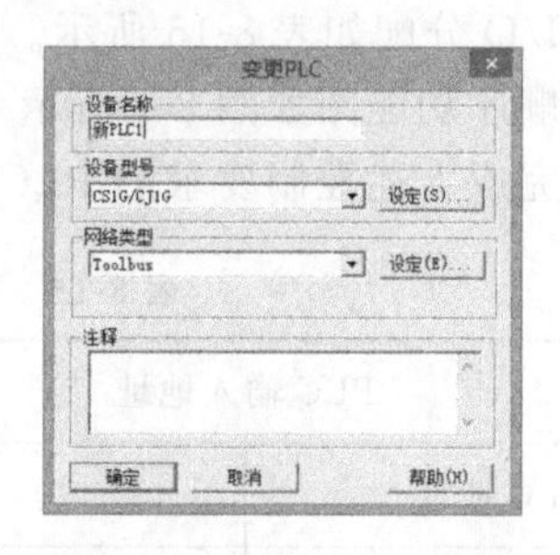

图 8-10　“改变 PLC”对话框

(1) 在“设备名称”栏中输入用户为 PLC 定义的名称。例如，输入“TrafficController”。

(2) 在“设备型号”栏中选择 PLC 的系列。例如，选择“CPM2 * ”。单击“设置”按钮，可进一步配置 CPU 型号，如选择“CPU10”。

(3) 在“网络类型”栏中选择 PLC 的网络类型，如选择“SYSMACWAY”。单击“设置”按钮，出现“网络设定”对话框，它有三个选项卡。单击“驱动器”选项卡，选择计算机通信端口、设定通信参数等。计算机与 PLC 的通信参数应设置一致，否则不能通信。单击“网络”选项卡，可以进行网络参数设定。若使用 Modem，可单击“调制解调器”选项卡来设置相关参数。单击“确定”或“取消”按钮，确认或放弃操作，并回到“改变 PLC”对话框。

(4) 在“注释”栏中输入与此 PLC 相关的注释。

(5) 在“改变 PLC”对话框中，单击“确定”按钮，显示如图 8-11 所示的 CX-Programmer 主窗口，表明建立了一个新工程。若单击“取消”按钮，则放弃操作。

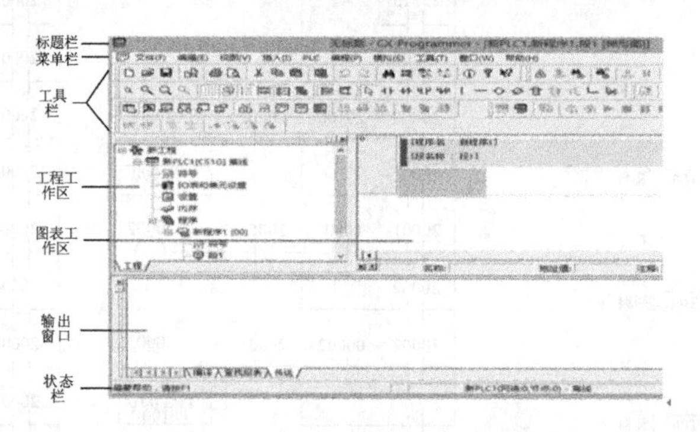

图 8-11　CX-Programmer 主窗口

CX-Programmer 主窗口的组成如下。

(1) 标题栏：显示打开的工程文件名称、编程软件名称和其他信息。

(2) 菜单栏：将 CX-Programmer 的全部功能，按各种不同的用途组合起来，以菜单的形式显示。通过单击主菜单各选项及下拉子菜单中的命令，可进行相应的操作。

(3) 工具栏：将 CX-Programmer 中经常使用的功能以按钮的形式集中显示，工具栏的按钮是执行各种操作的快捷方式之一。可以通过“视图”菜单中的“工具栏”来选择要显示的快捷按钮。

(4) 状态栏：位于窗口的底部，状态栏显示即时帮助、PLC 在线/离线状态、PLC 工作模式、连接的 PLC 和 CPU 类型、PLC 扫描循环时间、在线编辑缓冲区大小以及显示光标在程序窗口中的位置。可以通过“视图”菜单中的“状态栏”来打开和关闭状态栏。

(5) 工程工作区：位于主窗口的左边，显示一个工程的分层树形结构。一个工程下可生成多个 PLC，每一个 PLC 包括全局符号、IO 表、设置、内存、程序等，而每一个程序包括本地符号表和程序段。

(6) 图表工作区:位于主窗口的右边,是编辑梯形图和助记符程序的区域。当建好一个新的工程或者把一个新的 PLC 添加到工程中时,图表工作区将显示一个空的梯形图视图。

(7) 输出窗口:位于主窗口的下面,可以显示编译程序结果、查找报表和程序传送结果等。

CX-Programmer 可以使用标准 Microsoft Windows 的一些特性。

(1) 新建、打开和保存:新建、打开和保存是对工程文件的操作,与 Windows 应用软件的操作方法是一样的。

(2) 打印、打印预览:CX-P 支持的打印项目有梯形图程序、全局符号表和本地符号表等。

(3) 剪切、复制和粘贴:可以在工程内、工程间、程序间复制和粘贴一系列对象;可以在梯形图程序、助记符视图、符号表内部或两者之间来剪切、复制和粘贴各个对象。

(4) 拖放:在能执行剪切、复制、粘贴的地方,通常都能执行拖放操作,单击一个对象后,按住鼠标不放,将鼠标移动到接受这个对象的地方,然后松开鼠标,对象将被放在接受该对象的地方。例如,可以从图表工作区中的符号表里拖放符号,来设置梯形图中指令的操作数;可以将符号拖放到监视窗口;也可以将梯形图元素(接触点/线圈/指令操作数)拖放到监视窗口中。

(5) 撤销和恢复:撤销和恢复操作是对梯形图、符号表等图表工作区中的对象进行的。

(6) 查找和替换:能够对工程工作区中的对象或者在当前窗口进行查找和替换。

在工程工作区使用查找和替换操作,此操作将搜索所选对象下的一切内容。例如,当从工程工作区内的一个 PLC 程序查找文本时,该程序的本地符号表也被搜索;当从工程对象开始搜索时,将搜索工程内所有 PLC 中的程序和符号表。

也可以在相关的梯形图和符号表窗口被激活的时候开始查找,这样,查找就被限制在一个单独的程序或者符号表里面了。

查找和替换的对象可以是文本(助记符、符号名称、符号注释和程序注释),也可以是地址和数字。

对于文本对象,除了对单个文本操作外,还可以使用通配符“*”实现对部分文本的操作。例如,在查找内容中输入“ab*”、替换内容中输入“tr*”,将会把“about”变成“trout”,将“abort”变成“trort”。

对于地址对象,除了对单个地址操作外,还可以对一个地址范围进行操作。例如,在查找内容中输入“DM100—DM102”,将查找地址“DM100”、“DM101”和“DM102”;在查找内容中输入“DM100—DM102”,在替换内容中输入“LR00—”,将把地址范围“DM100—DM102”移动到以“LR00”开头的新地址,把“DM100”移到“LR00”,把“DM101”移到“LR01”,依次类推。

对于数字对象,有必要确认要处理的是浮点数还是整数,任何以“+”、“-”开头或者带有小数点的操作数都是浮点数。这里要注意,BCD 操作数在程序窗口中以“#”开头,但它是十进制。在“查找”对话框中使用“#”前缀就意味着这是一个十六进制值,因此,“#10”在查找中将同 BCD 操作数“#16”相匹配。

在“查找”对话框中,单击“报表”按钮,产生一个所有查找结果的报告。一旦报告被生成,将显示在输出窗口的“寻找报表”窗口中。

(7) 删除:PLC 离线时,工程中的大多数项目都可以被删除,但工程不能被删除。PLC 处于离线状态时,梯形图视图和助记符视图中所有的内容都能被删除。

(8) 重命名一个对象:PLC 离线时,工程文件中的一些项目可被重命名,如为工程改名,向 PLC 输入新的名称等。

8.6.2 程序编辑

以图 8-12 为例，说明编写梯形图的过程。

在工程工作区中双击“段 1”，显示出一个空的梯形图视图。下面介绍利用梯形图工具栏中的按钮来编辑“星-三角”控制梯形图程序。

1. 编辑接触点

编辑接触点的步骤如下。

(1) 单击梯形图工具栏中的“新建常开接点”按钮，将其放在 0 号梯级的开始位置，将出现如图 8-13 所示的“编辑接点”对话框。

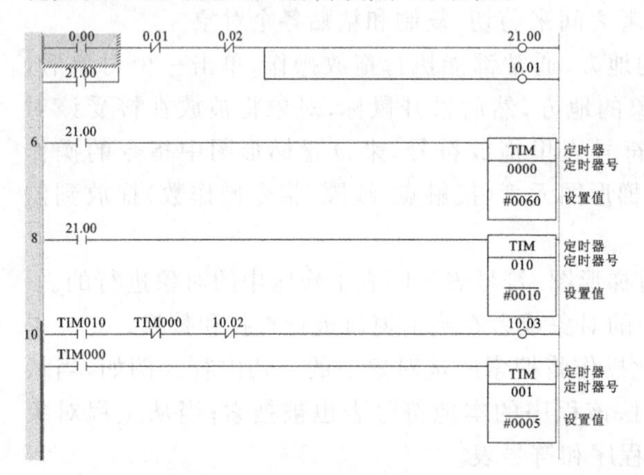

图 8-12 “星-三角”控制梯形图

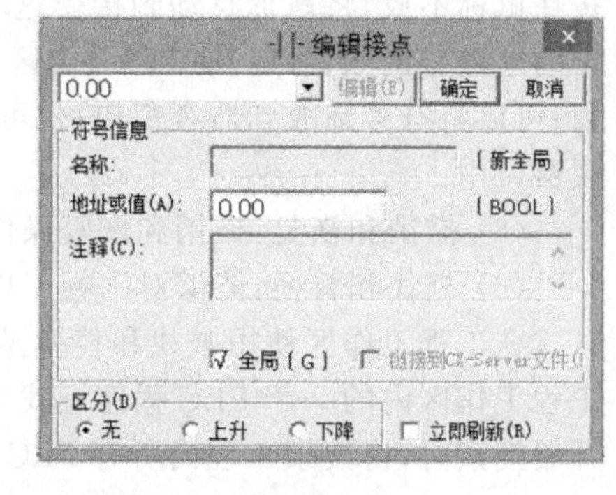

图 8-13 “编辑接触点”对话框

(2) 在“地址和名称”栏中输入接触点的地址或名称。可以直接输入或者在其下拉列表(表中为全局符号表和本地符号表中已有的符号)中选择符号。本例在“地址和名称”栏中选择 0.00。也可以定义一个新的符号，这时“地址或值”栏由灰变白，在此栏中输入相应的地址，并把它添加到本地或者全局符号表中去。如果需要输入一个自动定位地址的符号，只需输入符号名称即可。如果不需要符号名称，可直接输入地址。

(3) 单击对话框中的“确定”按钮保存操作，单击“取消”按钮放弃操作。

现在梯级边缘将显示一个红色的记号(颜色可以定义)，这是因为该梯级未编辑完，CX-Programmer认为这是一个错误。

2. 编辑线圈

从第 0 行开始涉及线圈的输入问题，下面介绍线圈的编辑方法。

在 0 号梯级添加一个常闭接触点“0.01”和另一个常闭接触点“0.02”后，下一步开始编辑线圈，其步骤如下。

(1) 在梯形图工具栏中选择“新建线圈”按钮，单击“0.02”的右侧，出现如图 8-14 所示的“编辑线圈”对话框。

(2) 在“地址和名称”栏中输入线圈的地址和名称。也可以定义一个新的符号，这时“地址或值”栏由灰变白，在此栏中输入相应的地址，并把它添加到本地或者全局符号表中去。

如果需要输入一个自动定位地址的符号，则只需输入符号名称即可。如果不要符号名称，则直接输入地址。

(3) 单击对话框中的“确定”按钮，完成编辑线圈的操作，单击“取消”按钮放弃操作。

在梯形图工具栏中选择“新建水平线”按钮，将接触点和线圈连接起来。以下几个梯级可作类似的编辑。

3. 编辑指令

在梯形图工具栏中选择“新建 PLC 指令”按钮，并单击接触点的右侧，则出现如图 8-15 所示的“编辑指令”对话框。

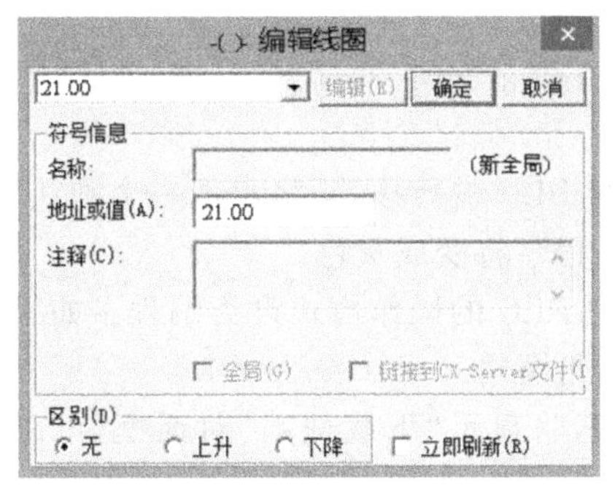

图 8-14 “编辑线圈”对话框

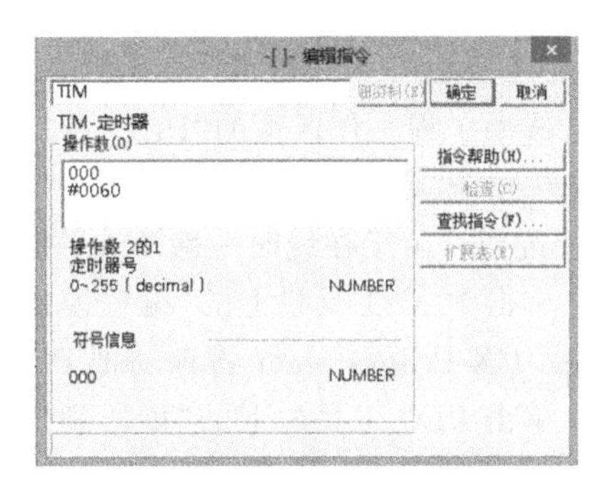

图 8-15 “编辑指令”对话框

按以下步骤输入指令。

(1) 在“指令”栏中输入指令名称或者指令码。当输入了正确的号码，相应的指令名称将自动分配。要输入一个具有立即刷新属性的指令，在指令的开头使用感叹号!；要插入一条微分指令，在指令的开始部分对上升沿微分使用@符号，对下降沿微分使用%符号。

也可以单击“查找指令”按钮，将显示“查找指令”对话框，此处提供了所选机型的指令列表，选择一条指令后单击“确定”按钮，又返回到“编辑指令”对话框。

(2) 在“操作数”栏中输入指令操作数，操作数可以是符号、地址和数值。

本例在“指令”栏中输入“TIM”。在“操作数”栏中输入两个操作数(“000”和“＃0060”)。

(3) 单击“编辑指令”对话框中的“确定”按钮完成操作，一条指令就添加到梯形图中了。单击“取消”按钮可放弃该操作。

(4) 在梯形图工具栏中选择“新建水平线”按钮，将接触点和指令连接起来。

此时，在梯级的边缘不再有红色的记号，这表明该梯级里面已经没有错误了。

在最后一个梯级里，添加指令“EMD”。

4. 给程序添加注释

在编写程序时添加注释，可以提高程序的可读性。选择梯级的属性来给梯级添加注释。选择梯形图元素(接触点、线圈和指令)的属性来为其设置注释。文本作为注释，被添加到梯形图中并不被编译。当一个注释被输入时，相关元素的右上角将会出现一个圆圈。这个圆圈包括一个梯级中标识注释的特定号码。当在“工具”菜单的“选项”命令中作一定设置后，注释内容会出现在圆圈的右部(对输出指令)或者出现在梯级(条)批注列表中。

8.6.3 PLC 操作模式

PLC 能够被设置成下列四种工作模式中的一种。

1. 编程模式

该模式下，PLC 不执行程序，可下载程序和数据。

2. 调试模式

该模式下，对 CV 系列 PLC 可用，能够实现用户程序的基本调试。

3. 监视模式

该模式下，可对运行的程序进行监视，在线编辑必须在该模式下进行。

4. 运行模式

该模式下，PLC 执行用户程序。

PLC 的四种工作模式可通过单击 PLC 工具栏中的相应按钮来切换。

8.6.4 把程序传送到 PLC

(1) 选中工程工作区里的“PLC”。

(2) 单击 PLC 工具栏中的“在线工作”按键，与 PLC 进行连接，将出现一个确认对话框，选择“是”按钮。由于在线时一般不允许编辑，所以程序将变成灰色。

(3) 单击 PLC 工具栏上的“编程模式”按钮，把 PLC 的操作模式设为编程。如果未做这一步，那么 CX-Programmer 将自动把 PLC 设置成此模式。

(4) 单击 PLC 工具栏上的“传送到 PLC”按钮，将显示“下载选项”对话框，可以选择的项目有程序、内存分配、设置、符号。

(5) 按照需要选择后，单击“确定”按钮，出现“下载”窗口。

(6) 当下载成功后，单击“确定”按钮，结束下载。

8.6.5 从 PLC 传送程序到计算机

(1) 选中工程工作区里的“PLC”。

(2) 单击 PLC 工具栏中的“在线工作”按钮，与 PLC 进行连接，将出现一个确认对话框，选择“是”按钮。

(3) 单击 PLC 工具栏里的“从 PLC 传送”按钮，将显示“上载选项”对话框，可以选择的项目有程序、内存分配、设置、符号。

(4) 按照需要选择后，单击“确定”按钮确认操作，出现确认传送对话框。

(5) 单击“确定”按钮确认操作，出现“上载”窗口。

(6) 当上载成功后，单击“确定”按钮，结束上载。

8.6.6 比较程序

(1) 选中工程工作区里的“PLC”。

(2) 单击 PLC 工具栏中的“与 PLC 比较”按钮，将显示“比较选项”对话框。可以选择的项目有程序、内存分配。

(3) 按照需要选择后，单击“确定”按钮确认操作，出现“比较”窗口。与 PLC 程序之间的比较细节显示在“输出”窗口的“编译”窗口中。

(4) 当比较成功后，单击“确定”按钮，结束比较。

8.6.7 在线编辑

虽然下载的程序已经变成灰色，以防止被直接编辑，但还是可以选择在线编辑特性来修改梯形图程序。

当使用在线编辑功能时，要使 PLC 运行在“监视”模式下，而不能在“运行”模式下。使用以下步骤可进行在线编辑。

(1) 拖动鼠标，选择要编辑的梯级。

(2) 单击 PLC 工具栏中的“与 PLC 比较”按钮，以确认编辑区域的内容和 PLC 内的是否相同。

(3) 单击程序工具栏中的“在线编辑梯级”按钮，梯级的背景将会改变，表明它现在已经是一个可编辑区，此时可以对梯级进行编辑。此区域以外的梯级不能改变，但是可以把这些梯级里面的元素复制到可编辑梯级中去。

（4）当对编辑结果满意时，单击程序工具栏中的“发送在线编辑修改”按钮，所编辑的内容将被检查并且被传送到 PLC，一旦这些改变被传送到 PLC，编辑区域将再次变成只读。

若想取消所做的编辑，则单击程序工具栏中的“取消在线编辑”按钮，即可以取消在确定改变之前所做的任何在线编辑，编辑区域也将变成只读。在线编辑不能改变符号的地址和类型。

8.6.8 程序监视

一旦程序运行，就可以对其进行监视。可按以下步骤启动和停止程序监视。

（1）在工程工作区中双击某一程序段，在图表工作区显示梯形图程序。

（2）单击 PLC 工具栏中的“在线工作”按钮，与 PLC 进行连接。将出现一个确认对话框，选择“是”按钮。

（3）单击 PLC 工具栏中的“监视模式”或“运行模式”按钮（注意：只能在这两种模式下进行程序监视）。

（4）单击 PLC 工具栏中的“切换 PLC 监视”按钮，可监视梯形图中数据的变化和程序的执行过程。再次单击“切换 PLC 监视”按钮，停止监视。

8.6.9 暂停监视

暂停监视能够将普通监视及时冻结在某一点，在检查程序的逻辑时很有用处。可以通过手动或者触发条件来触发暂停监视功能，下面介绍暂停监视操作。

确认打开“梯形图”程序，并处在“监视”模式下。

（1）选择一定的梯级范围以便于监视。

（2）单击 PLC 工具栏中的“触发器暂停”按钮，出现“暂停监视设置”对话框，选择触发类型：“手动”或者“触发器”。

① 触发器：在“地址和姓名”栏中输入一个地址，或者使用浏览器来定位一个符号。选择“条件”类型：“上升沿”、“下降沿”或输入触发的“值”。当暂停监视功能工作时，监视仅仅发生在所选区域，选择区域以外的地方无效。要恢复完全监视，可再次单击“触发器暂停”按钮。

② 手动：选择“手动”，单击“确定”按钮后，开始监视。等到屏幕上出现感兴趣的内容时，单击 PLC 工具栏中的“暂停”按钮，暂停功能发生作用。要恢复监视，可再次单击“暂停”按钮，监视将被恢复，等待另一次触发暂停监视。

当使用“触发器”类型时，也可以通过单击 PLC 工具栏中的“暂停”按钮来手动暂停。

练 习 题

1. 叙述 CPM2A 主机面板的各端子和端口的作用。

2. CPM2A 系列 PLC 有哪些特殊功能单元？

3. CPM2A 系列 PLC 的编程工具有哪几种？编程工具与 PLC 怎样连接？

4. CPM2A 系列 PLC 的内部继电器区是怎样划分的？哪些继电器有断电保持功能？

5. DM6144～DM6599 为只读存储区，DM6600～DM6655 为系统设定区，以上两个程序中只能读不能写。这些 DM 单元的数据如何输入？

6. 设置模拟设定电位器的作用是什么？模拟设定电位器设定的数据存在何处？

7. 为什么继电器型的 PLC 不宜输出高速脉冲信号？

本章小结

欧姆龙 CPM1A 系列机外形结构应特别注意接线端子和接口的作用。I/O 扩展单元 CPM1A 系列的 I/O 扩展单元有三种类型，七种规格。CPM1A 系列的编程工具有两种，即手执编程器和装有专用编程软件的个人计算机。欧姆龙 CPM1 系列机的内部资源有内部继电器(IR)、特殊辅助继电器(SR)、链接继电器(LR)、定时器/计数器(TC)、数据存储区(DM)。

思考题与习题 8

1. 试指出 CPM1A 系列主机面板各端子的位置及作用。
2. 说明 CPM1A 系列机 PLC 的 I/O 扩展配置及 I/O 编号。
3. 指出 CPM1A 系列机 PLC 特殊功能单元的规格。
4. 指出 CPM1A 系列机输入和输出继电器各占有多少通道。
5. CPM1A 系列机特殊辅助继电器共有多少个继电器号？其作用是什么？
6. CPM1A 系列机数据存储继电器区是怎样分配通道的？其作用各是什么？
7. 绘出下列指令程序的梯形图，并比较其功能，指出哪个更加合理。

(1)			(2)		
	LD	1000		LD	00002
	LD	00000		AND	00003
	ANDNOT	00001		AND	00004
	ORLD			LD	00000
	LD	00002		ANDNOT	00001
	AND	00003		ORLD	
	AND	00004		OR	1000
	ORLD			OUT	1000
	OUT	1000			

8. 将下列指令助记符转换成梯形图，并说明其工作情况。

LD	00005
TIM01	＃00010
LD	TIM001
OUT	01001

9. 举例说明什么是 ANDLD 和 ORLD 的集中编程法。
10. CNT 指令的功能是什么？其输入端 CP 和 R 哪个优先执行？
11. END 指令的功能是什么？如果程序结尾没有编写该指令，可编程序控制器能否正常工作？
12. IL-ILC 指令使用时要注意哪些问题？
13. IL-ILC 和 JMP-JME 指令的区别是什么？
14. SFT 指令指定的继电器是否一定是同一通道编号相连的继电器？为什么？
15. CNTR 指令符号有几个输入端？各有什么作用？
16. 数据比较(CMP)指令执行后比较的结果是如何区分的？
17. 执行 BIN 指令前后，源通道和结果通道中各存在什么数制的数？
18. 译码(MLPX)指令的功能是什么？简述其标志位的含义。
19. 高速计数与一般计数的读数特点有何不同？

第9章 可编程序控制器的程序设计

尽管PLC的编程语言多种多样，但目前绝大多数PLC都是将梯形图语言作为自己的第一编程语言。

因此，本章在可编程序控制器指令系统的基础上，介绍可编程序控制器程序设计的方法、原则和技巧，并且列举一些典型程序应用的例子。

9.1 梯形图的编程规则

9.1.1 梯形图的编程方法

PLC使用的梯形图语言沿用了传统继电器-接触器控制系统中的电气术语和图形符号，并在编程元件数量、使用功能上得到了加强。在编制梯形图程序的过程中，可以直接借鉴许多经典的继电器-接触器控制系统的电路设计原则和设计方法，根据常用基本程序设计范例，经过适当改造而形成PLC程序，习惯上称此种方法为经验设计法。

对于控制功能和生产工艺较为复杂的控制对象，采用经验设计法往往很难下手，设计周期长，分析、修改和维护工作量很大，不利于充分发挥PLC的特点。因此，PLC在不断增强硬件功能的同时，也从编程方法上提出了更为先进的解决办法——顺序控制设计法。其中，顺序功能指令就是专门为顺序控制设计法设计的，三菱FX_{2N}系列PLC有专门的步进梯形指令(STL)。

经验设计法和顺序控制设计法往往需要结合起来，各自发挥在程序设计方面的优点，如设备的手动控制要求通常都比较简单，功能单一，可以考虑使用经验设计法完成，而自动控制则相对比较复杂，可以使用顺序控制设计法编程实现。

采用经验设计法设计梯形图程序通常是直接建立输入、输出关系。在一些典型电路的基础上，根据被控对象对控制系统的具体要求，不断地修改和完善梯形图，有时需要多次反复地调试和修改梯形图，增加很多辅助触点和中间编程元件，最后才能得到较为满意的结果。经验设计法的试探性和随意性很强，解决问题的结果不唯一，其设计步骤如下：① 根据被控设备的工作原理和生产工艺，配置输入、输出的元件编号；② 制定输入、输出的控制逻辑关系，理清输出负载的启动条件、停止条件的逻辑组合，利用起、保、停电路或置位/复位指令编写梯形图。

顺序控制设计法将在后续章节中详细介绍。

9.1.2 梯形图的基本概念

梯形图与电器控制系统的电路图很相似，具有直观易懂的优点，很容易被工厂电气人员掌握，特别适用于开关量逻辑控制。在梯形图编程中，常用到以下四个基本概念。

1. 软继电器

PLC梯形图中的某些编程元件沿用了继电器这一名称，如输入继电器、输出继电器、内部辅助继电器等，但是它们不是真实的物理继电器，而是一些存储单元(软继电器)，每一个软继电器与 PLC 存储器中映像寄存器的一个存储单元相对应。该存储单元如果为状态"1",则表示梯形图中对应软继电器的线圈"通电",其常开触点接通,常闭触点断开,称这种状态是该软继电器的"1"或"ON"状态。如果该存储单元为状态"0",对应软继电器的线圈和触点的状态与上述的相反,称该继电器为"0"或"OFF"状态。使用中也常将这些软继电器称为编程元件。

2. 能流

如图 9-1 所示触点 1、触点 2 接通时,有一个假想的"概念电流"或称能流(power flow)从左向右流动,这一方向与执行用户程序时的逻辑运算的顺序是一致的。能流只能从左向右流动。利用能流这一概念,可以帮助我们更好地理解和分析梯形图。图 9-1(a)中可能有两个方向的能流流过触点 5(经过触点 1、5、4 或经过触点 3、5、2),这不符合能流只能从左向右流动的原则,因此应该为如图 9-1(b)所示的梯形图。

3. 母线

梯形图两侧的垂直公共线称为母线(bus bar)。在分析梯形图的逻辑关系时,为了借用继电器电路图的分析方法,可以想象左右两侧母线(左母线和右母线)之间有一个左正右负的直流电源电压,母线之间有能流从左向右流动(右母线可以不画出)。

4. 梯形图的逻辑解算

根据梯形图中各触点的状态和逻辑关系,求出与图中各线圈对应的编程元件的状态,称为梯形图的逻辑解算。梯形图中逻辑解算是按从左至右、从上到下的顺序进行的。解算的结果,马上可以被后面的逻辑解算所利用。逻辑解算是根据输入映像寄存器中的值,而不是根据解算瞬时外部输入触点的状态来进行的。

9.1.3 梯形图编程规则

(1) 继电器(输入继电器、输出继电器、内部辅助继电器)、定时/计数器等器件的触点可以多次重复使用,不必用复杂的程序结构来减少触点的使用次数,也就是说内部继电器的触点数是无穷多,可以任意使用。

(2) 线圈不能直接与左边母线相连。如果需要,可以通过一个没有使用的内部辅助继电器的动断触点或者使用专用内部辅助继电器 25313(常 ON 继电器)来连接,如图 9-2 所示。

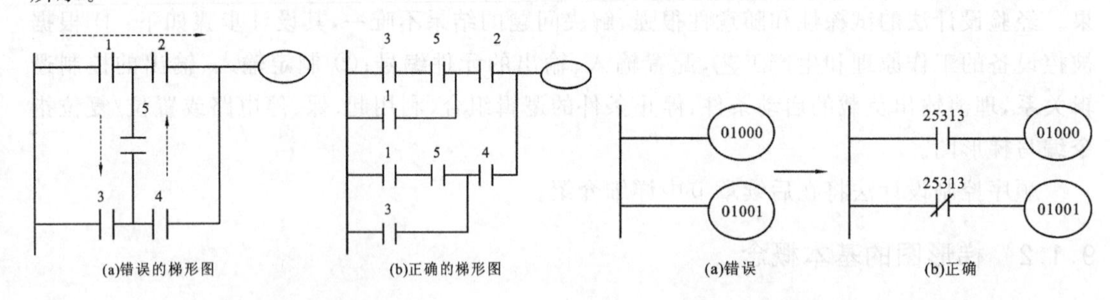

图 9-1 梯形图　　图 9-2 线圈不能直接与母线相连

(3) 同一编号的线圈在同一程序中应避免使用两次,否则易引起误操作。

(4) 梯形图中串联触点和并联触点的个数没有限制,可以无限制地串联和并联触点,如图 9-3 所示。

(5) 两个以上线圈可以并联输出。如图 9-4 所示。

（6）梯形图应符合顺序执行的原则，即从左到右、从上到下地执行，如果不符合顺序执行的电路不能直接编程。也就是说，触点应画在水平线上，不画在垂直线上。如图 9-5（a）所示梯形图中 00003 触点就无法直接编程，可修改成图 9-5(b)所示进行编程。

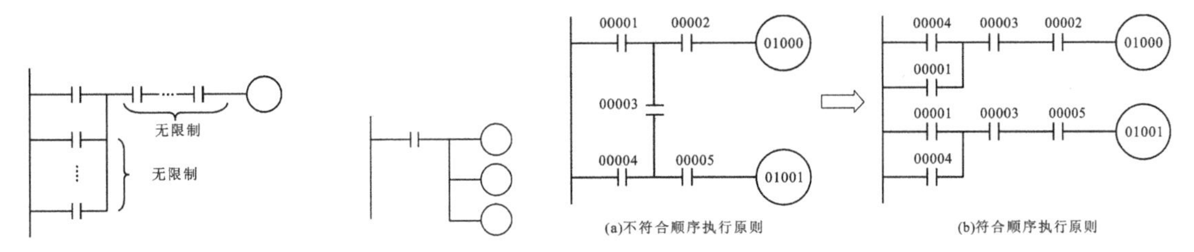

图 9-3　梯形图中串联触点和并联触点的个数无限制　**图 9-4　两个以上线圈可以并联输出**　**图 9-5　编程应符合顺序执行原则**

（7）编程按“上重下轻”、“左重右轻”原则进行时，可使程序指令减少，既节省编程时间，也减少了占用内部存储器的空间。例如，图 9-6(a)所示梯形图将触点多的支路安排在下面，将触点少的支路安排在上面，就不符合“上重下轻”的原则，应将触点多的支路安排在上面，将触点少的支路安排在下面，如图 9-6（b)所示。

图 9-6(a)的指令表程序为：

① LD　00002
② LD　01000
③ ORLD
④ OUT　01000

图 9-6(b)的指令表程序为：

① LD 00001
② AND 01000
③ OR 00002
④ OUT 01000

对比图 9-6(a)、(b)的指令表程序可见：图 9-6(b)少使用了 OR-LD 指令，这在程序较大的软件编制过程中，就会体现出优势。

对于图 9-7(a)所示梯形图，可将其改成图 9-7(b)所示梯形图，这样就符合“左重右轻”的原则。

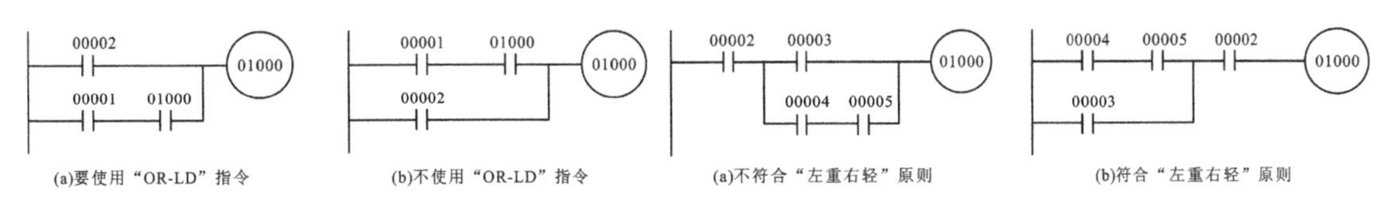

图 9-6　按“上重下轻”原则安排触点的梯形图　**图 9-7　按“左重右轻”安排触点的梯形图**

图 9-7(a)的指令表程序为：

①LD 00002
②LD 00003
③LD 00004
④AND 00005
⑤ORLD
⑥ANDLD
⑦OUT 01000

图 9-7(b)的指令表程序为：

①LD 00004
②AND 00005
③OR 00003
④AND 00002
⑤OUT 01000

（8）复杂电路的处理。对于结构复杂的电路，可以重复使用一部分触点画出它们的等效电路，充分利用可编程序控制器内部继电器触点数可以无限制使用的特点，然后再编程就比较容易了，如图 9-8(a)所示。

对照图 9-8(a)、(b)中的虚线可见，对应输出继电器 01000 的 4 条支路逻辑关系没有发生变化，所以这两个图是等效的，但图 9-8(b)的编程要简单得多，而且很直观，不过使用的指

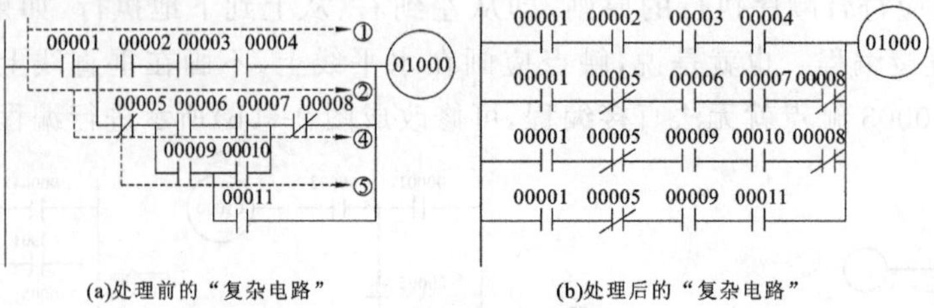

(a)处理前的“复杂电路”　　(b)处理后的“复杂电路”

图 9-8　复杂电路的处理

令数可能会增多。

9.2　PLC 程序设计方法

9.2.1　经验设计法

所谓经验设计法，就是根据生产工艺要求直接设计出控制线路。在具体的设计过程中常有两种做法：一种是根据生产机械的工艺要求，适当选用现有的典型环节，将它们有机地组合起来，综合成所需要的控制线路；另一种是根据工艺要求自行设计，随时增加所需的电器元件和触点，以满足给定的工作条件。

1）经验设计法的基本步骤

一般的生产机械电气控制电路设计包括主电路和辅助电路等的设计。

（1）主电路设计　主要考虑电动机的启动、点动、正反转、制动及多速电动机的调速，另外，还考虑包括短路、过载、欠压等各种保护环节以及联锁、照明和信号等环节。

（2）辅助电路设计　主要考虑如何满足电动机的各种运转功能及生产工艺要求。首先根据生产机械对电气控制电路的要求，设计出各个独立环节的控制电路，然后再根据各个控制环节之间的相互制约关系，进一步拟定联锁控制电路等辅助电路的设计，最后考虑线路的简单、经济和安全、可靠，据此来修改线路。

（3）反复审核电路是否满足设计原则　在条件允许的情况下，进行模拟试验，逐步完善整个电气控制电路的设计，直至电路动作准确无误。

2）经验设计法的特点

（1）易于掌握，使用很广，但一般不易获得最佳设计方案。

（2）要求设计者具有一定的实际经验，在设计过程中往往会因考虑不周发生差错，影响电路的可靠性。

（3）当线路达不到要求时，多用增加触点或电器数量的方法来加以解决，所以设计出的线路常常不是最简单经济的。

（4）需要反复修改草图，一般需要进行模拟试验，设计速度慢。

在熟悉继电接触器控制电路设计方法的基础上，如果能透彻地理解 PLC 各种指令的功能，凭借经验可设计出相应的程序。根据工艺要求与工作过程，将现有的典型环节电路集聚起来，边分析、边画图、边修改。

下面以一个简单的控制为例来介绍这种编程方法。

例 9.1　按下 SB1，电动机 M 正转 5 s 后停止并自行反转 5 s，时间到，反转停，又自行正转 5 s……如此循环 4 次后电动机自动停止，按下 SB2，电动机在任一状态均可停止。

做出 I/O 分配，如下表所示：

输　　入		输　　出	
SB1	SB2	正转	反转
00000	00001	01000	01001

由控制任务可知，这是一个在电动机正反转基础上延升的设计。首先，设计正转控制（见图 9-9）。

在自锁正转的基础上添加时间定时器 TIM000，定时到切断正转电路。将 TIM000 常开触点作为反转启动信号即可（见图 9-10）。

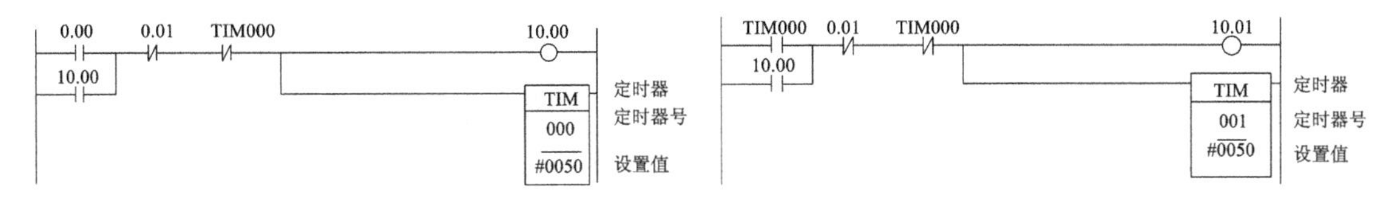

图 9-9　梯形图一

图 9-10　梯形图二

同样，在反转的基础上添加时间定时器 TIM001，定时到切断反转电路，同时将 TIM001 常开触点作为新一轮正转启动信号（见图 9-11）。

第四次 01001 一闭合，CNT002 计数将减为 0，CNT002 常闭触点将切断，01001 继续工作 5 s。因此，计 TIM001 常开触点工作的次数合适（见图 9-12）。

CNT002 复位信号可根据需要设计，这里简单地采用 SB2，将 CNT002 常闭触点串接至需要控制的电路中即可（见图 9-13）。

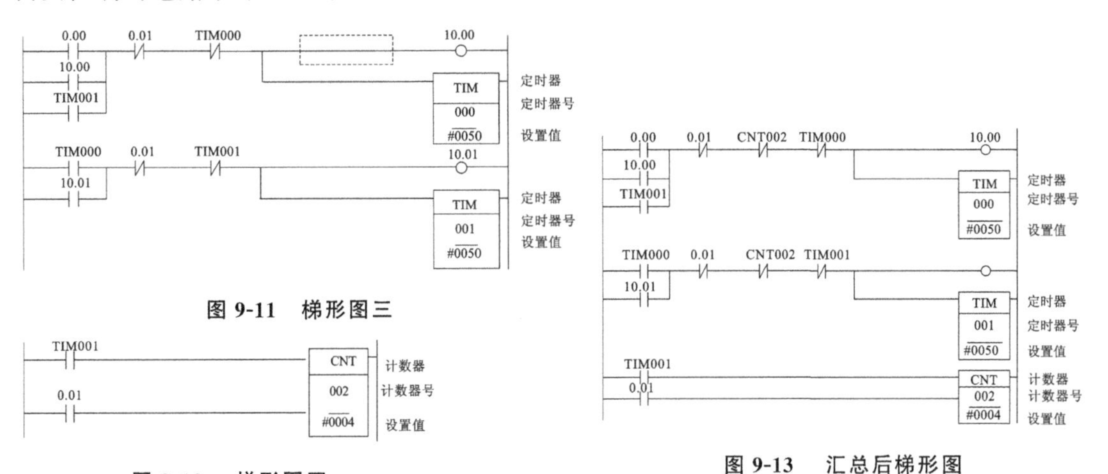

图 9-11　梯形图三

图 9-12　梯形图四

图 9-13　汇总后梯形图

9.2.2　逻辑设计法

逻辑设计法适用于主要对开关量进行控制的系统。它是以逻辑代数及其化简法为基础，是一种实用可靠的程序设计方法。逻辑设计法是将控制电路中元件的通、断电状态视为以触点通、断电状态为逻辑变量的逻辑函数，对经过化简的逻辑函数，利用 PLC 的逻辑指令设计出满足要求的且较为简单的控制程序。

为了便于学习逻辑设计法，避开大量的理论陈述，这里以一个简单的控制为例介绍这种编程方法。

通风机运行系统中有一个监视子系统，其任务是对 4 台通风机工作状态进行监视，并按其工作状态不同发出不同形式信号：

(1) 3 台及 3 台以上开机时，绿灯常亮；

(2) 2 台开机时，绿灯以 5Hz 的频率闪烁；

(3) 1 台开机时，红灯以 5Hz 的频率闪烁；

(4) 全部停机时，红灯常亮。

对于这种通风机运行状态监视的问题，必须把 4 台通风机的各种运行状态的信号输入到 PLC 中(由 PLC 外部的输入电路来实现)；各种运行状态对应的显示信号是 PLC 的输出。假设 4 台通风机分别为 Y_1，Y_2，Y_3，Y_4，红灯为 R，绿灯为 G。由于各种运行状态所对应的显示状态是唯一的，故可将几种运行情况分开进行程序设计。

1. 红灯常亮

当 4 台通风机都停机时红灯常亮。设灯常亮为“1”、灭为“0”，通风机开机为“1”、停机为“0”，其状态如表 9-1 所示。由状态表可得 R 的逻辑函数：

$$R=\overline{Y_1}\,\overline{Y_2}\,\overline{Y_3}\,\overline{Y_4}$$

根据逻辑函数可以画出其梯形图，如图 9-14 所示。

表 9-1　红灯常亮状态表

Y_1	Y_2	Y_3	Y_4	R
0	0	0	0	1

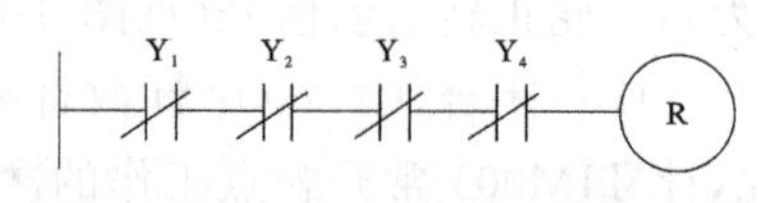

图 9-14　红灯常亮梯形图

2. 绿灯常亮

能引起绿灯常亮的情况有 5 种，状态表见表 9-2。

由状态表可得 R 的逻辑函数：

$$G=\overline{Y_1}Y_2Y_3Y_4+Y_1\overline{Y_2}Y_3Y_4+Y_1Y_2\overline{Y_3}Y_4+Y_1Y_2Y_3\overline{Y_4}+Y_1Y_2Y_3Y_4$$

显然，此时的逻辑函数表达式没有经过化简，如果根据这个逻辑函数画梯形图会很麻烦，所以必须对它进行化简。化简后的逻辑函数式为：

$$G=Y_1Y_2(Y_4+Y_3)+Y_3Y_4(Y_1+Y_2)$$

画出的梯形图如图 9-15 所示。

表 9-2　绿灯常亮状态表

Y_1	Y_2	Y_3	Y_4	G
0	1	1	1	1
1	0	1	1	1
1	1	0	1	1
1	1	1	0	1
1	1	1	1	0

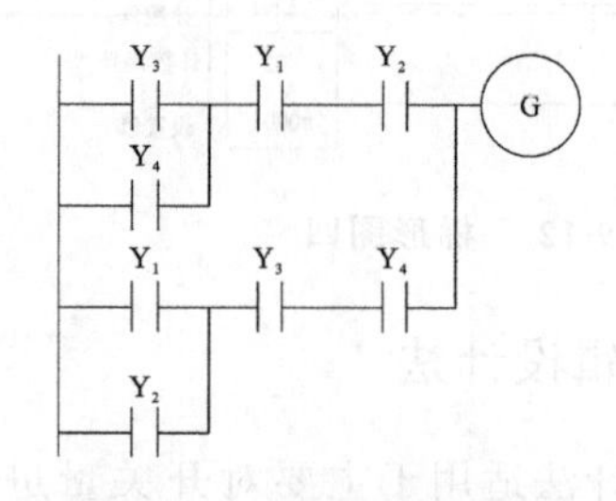

图 9-15　绿灯常亮梯形图

3. 红灯闪烁

设红灯闪烁为“1”，状态表如表 9-3 所示。由状态表可得 R 的逻辑函数：

$$R=\overline{Y_1}\,\overline{Y_2}\,\overline{Y_3}Y_4+\overline{Y_1}\,\overline{Y_2}Y_3\overline{Y_4}+\overline{Y_1}Y_2\overline{Y_3}\,\overline{Y_4}+Y_1\overline{Y_2}\,\overline{Y_3}\,\overline{Y_4}$$

化简后为：

$$R=\overline{Y_1}Y_2(\overline{Y_3}Y_4+Y_3+\overline{Y_4})+\overline{Y_3}\,\overline{Y_4}(\overline{Y_1}Y_2+Y_1\overline{Y_2})$$

画出梯形图如图 9-16 所示。其中 25501 能产生 0.2 s 即 5 Hz 的脉冲信号。

表 9-3 红灯闪烁状态

Y_1	Y_2	Y_3	Y_4	R
0	0	0	1	1
0	0	1	0	1
0	1	0	0	1
1	0	0	0	1

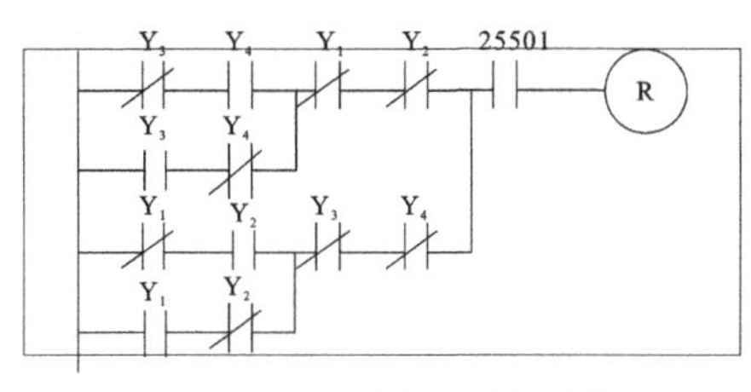

图 9-16 红灯闪烁梯形图

4. 绿灯闪烁

设绿灯闪烁为“1”,状态表如表 9-4 所示。由状态表可得 G 的逻辑函数:

$$G=\overline{Y_1}\,\overline{Y_2}Y_3Y_4+\overline{Y_1}Y_2\overline{Y_3}Y_4+\overline{Y_1}Y_2Y_3\overline{Y_4}+Y_1\overline{Y_2}\,\overline{Y_3}Y_4+Y_1\overline{Y_2}Y_3\overline{Y_4}+Y_1Y_2\overline{Y_3}\,\overline{Y_4}$$

化简后为:

$$G=(\overline{Y_1}Y_2+Y_1\overline{Y_2})(\overline{Y_3}Y_4+Y_3\overline{Y_4})+\overline{Y_1}\,\overline{Y_2}Y_3Y_4+Y_1Y_2\overline{Y_3}\,\overline{Y_4}$$

画出的梯形图如图 9-17 所示。

表 9-4 绿灯闪烁状态

Y_1	Y_2	Y_3	Y_4	G
0	0	1	1	1
0	1	0	1	1
0	1	1	0	1
1	0	0	1	1
1	0	1	0	1

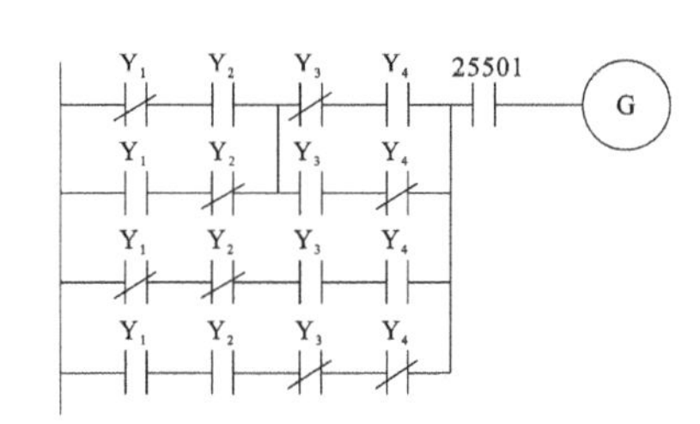

图 9-17 绿灯闪烁梯形图

5. PLC 的 I/O 点分配

通风机监视子系统有 Y_1、Y_2、Y_3、Y_4 4 个输入信号,以及 R、G 两个输出信号,其 I/O 点分配如表 9-5 所示。

表 9-5 I/O 点分配表

输入				输出	
Y_1	Y_2	Y_3	Y_4	R	G
00101	00102	00103	00104	01101	01102

根据 I/O 点分配表及图 9-14、图 9-15、图 9-16、图 9-17 可得到梯形图,如图 9-18 所示。

逻辑计算法要求对数字电路基本知识较为熟悉,特别是对逻辑函数化简方法应能够运用自如。

9.2.3 转换设计法

转换法是将继电器电路图转换为功能相同的 PLC 梯形图。原有的继电器控制系统经过长期使用和考验,已经被证明能完成系统要求的控制功能,继电器电路图与 PLC 梯形图

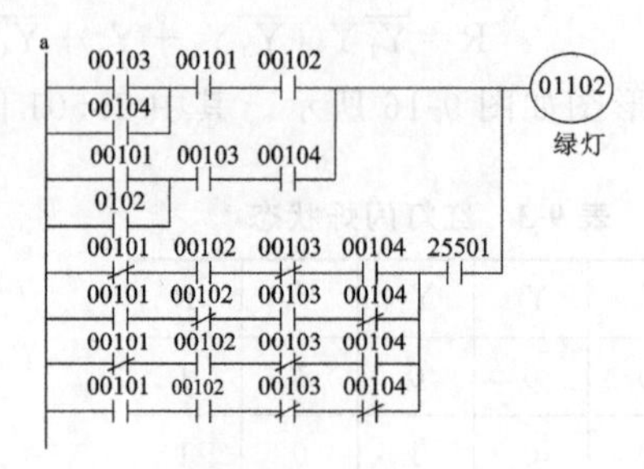

图 9-18　通风机运行状态显示的梯形图

有很多相似之处，因此，根据继电器电路图来设计 PLC 梯形图是一条捷径。

1. 转换法设计步骤

（1）根据继电器电路图分析控制系统的工作原理。

（2）确定 PLC 的 I/O 点数，列出 I/O 分配表。

（3）画 PLC 外部接线图。

（4）画对应的梯形图。

（5）优化梯形图。

2. 转换法的应用

例 9.2　图 9-19 所示为三相异步电动机正反转控制的继电器电路图，试将该电路图转换为功能相同的 PLC 梯形图。

解：① 分析动作原理。

按下 SB1，接触器 KM1 得电并自锁，互锁，电动机正转，按下 SB 或 FR 动作，KM1 失电，电动机停止。

按下 SB2，接触器 KM2 得电自锁，互锁，电动机反转，按下 SR 或 FR 动作，KM2 失电，电动机停止。

② 确定 I/O 信号，写出 I/O 分配表。

输入信号：SB——X0；　SB1——X1；　SB2——X2；　FR——X3。

输出信号：KM1——Y1；　KM2——Y2。

③ 画 PLC 外部接线图，如图 9-20 所示。

④ 画出对应的 PLC 梯形图，如图 9-21 所示。

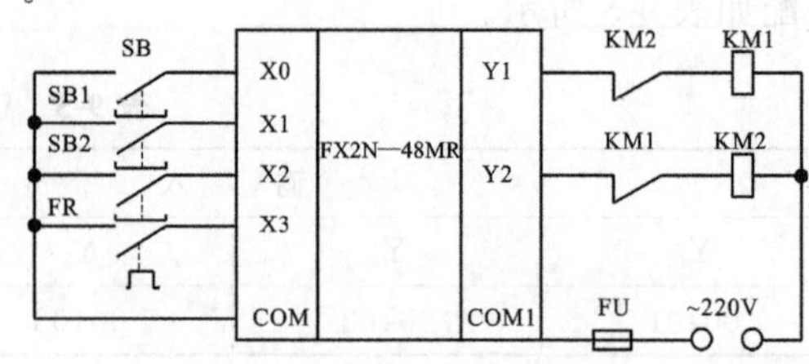

图 9-20　电动机正反转的外部接线图

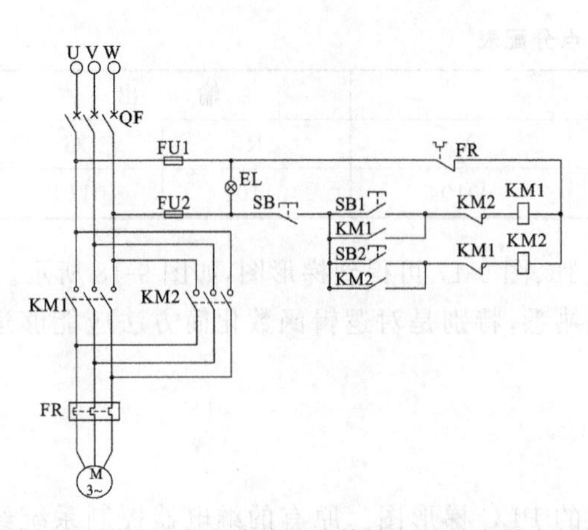

图 9-19　三相异步电动机正反转控制的继电器电路图

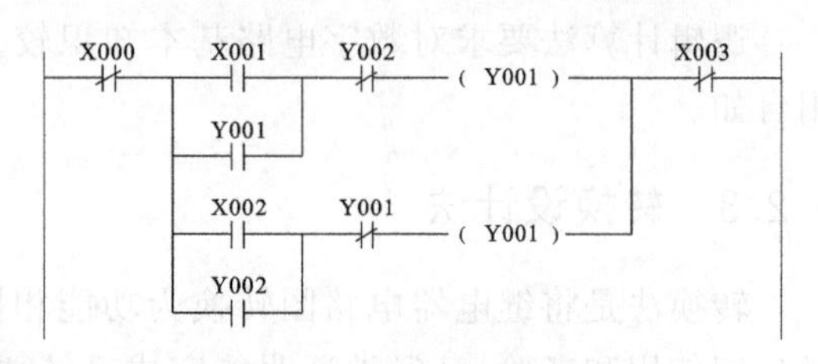

图 9-21　继电器电路图对应的梯形图

⑤ 画出优化梯形图,如图 9-22 所示。

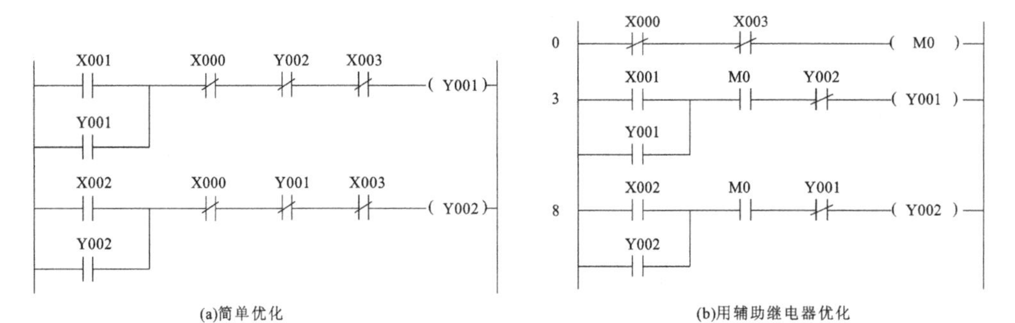

(a)简单优化 (b)用辅助继电器优化

图 9-22 电动机正反转的优化梯形图

例 9.3 图 9-23 所示为三相异步电动机串电阻启动控制的继电器电路图,试将该继电器电路图转换为功能相同的 PLC 的外部接线图和梯形图。

解:① 分析动作原理。

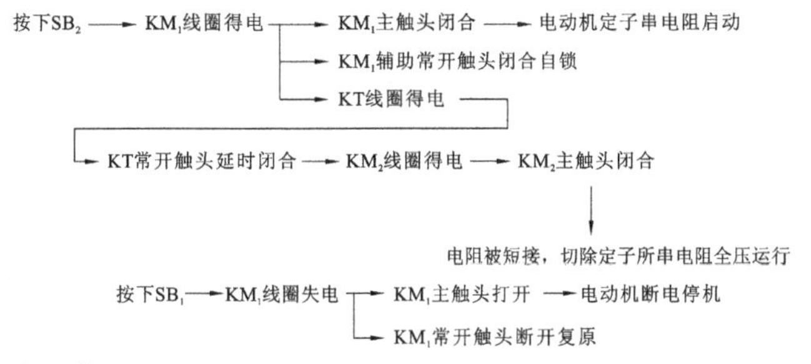

② 确定输入/输出信号。

输入信号:SB1 启动按钮——X0;

SB2 停止按钮——X1;

FR 热继电器——X2。

输出信号:接触器 KM1——Y0;

接触器 KM2——Y1。

③ 画出 PLC 的外部接线图,如图 9-24 所示。

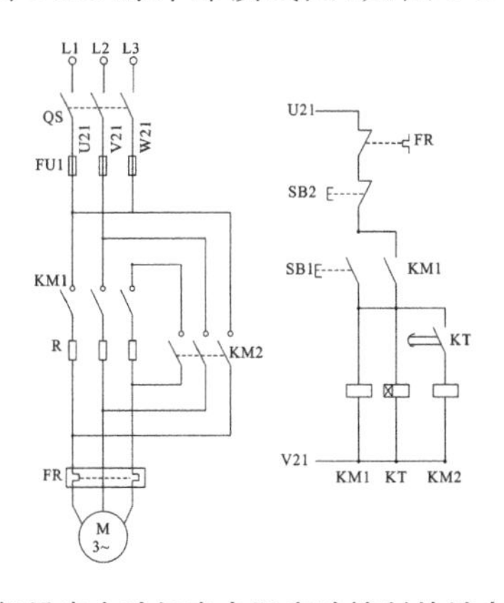

图 9-23 三相异步电动机串电阻启动控制的继电器电路图

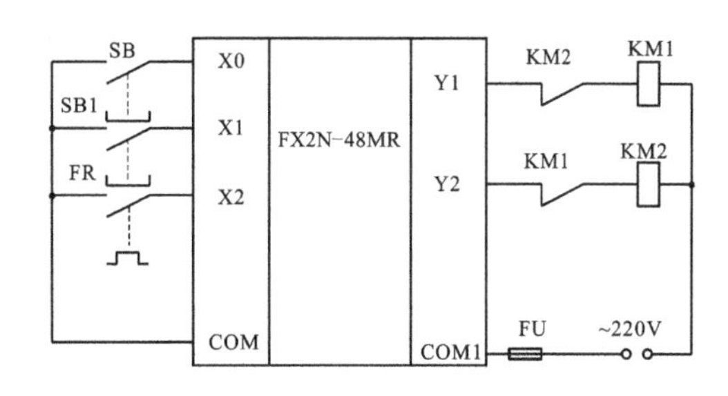

图 9-24 串电阻启动外部接线图

④ 画出对应的梯形图,如图 9-25 所示。

⑤ 画出优化梯形图,如图 9-26 所示。

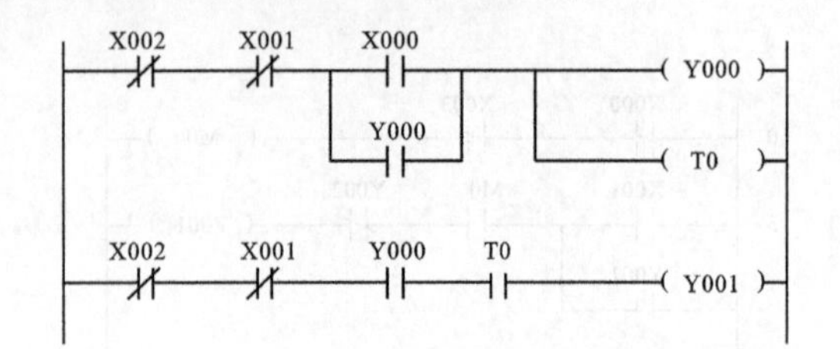

图 9-26　对应的梯形图

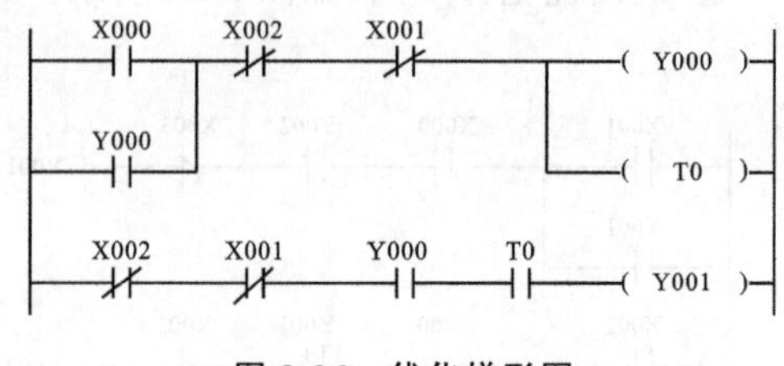

图 9-26　优化梯形图

9.3　顺序控制设计法

顺序控制设计法的特点是规律性很强，按照相对固定的模式，即可完成程序的编写，虽然编出的程序偏长，但程序结构简单清晰、便于阅读，这是其他方法所不能比拟的。

顺序控制设计法将控制系统的工作全过程按其状态的变化划分为若干个阶段，这些阶段称为“步”。图 9-27 中所示为 10 步，划分的依据是 PLC 输出量的状态有无变化。除某些步是由时间决定的外，步在时间长短上是没有规定的。

各相邻步之间的转换是由转换条件决定的。当不满足转换条件时，系统继续执行当前步；当系统满足转换条件时，则从当前步进入下一步。常见的转换条件有按钮、限位开关传感器的通/断、定时器、计数器动合触点的接通等。

流程图又叫状态转移图、状态图或功能表图。流程图不是一种语言形式，并不涉及所描述的控制功能的具体技术，而是一种主要适用于顺序控制功能的专门的程序设计结构形式，是描述控制系统的控制过程、功能和特性的一种图。

9.3.1　流程图的基本结构

顺序功能流程图又称顺序功能表图，主要由步、转换、转换条件、有向连线（即路径）和动作（或命令）组成。图 9-28 给出了一个较典型的顺序功能流程图的基本结构。

1）步

步用矩形方框表示，方框中的数字是步的编号，有时也用编程元件（如 PLC 的内部继电器）代表各步，因此也可用相应编程元件号作为步的编号。步在顺序控制流程图中一般可用单线方框表示。图 9-28 中除起始框外共有四个控制功能步，完成四种控制功能。

在顺序功能流程图中，动作用与相应的步的矩形框相连的矩形框以及其中的文字或符号表示。如果某一步有几个动作，可以用图 9-29 中的两种画法来表示，在每一步内的动作是同时进行的，一般不分先后顺序。

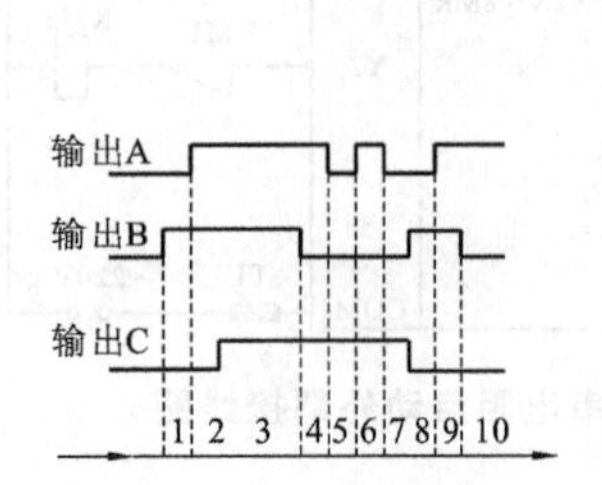

图 9-27　转换条件的表达

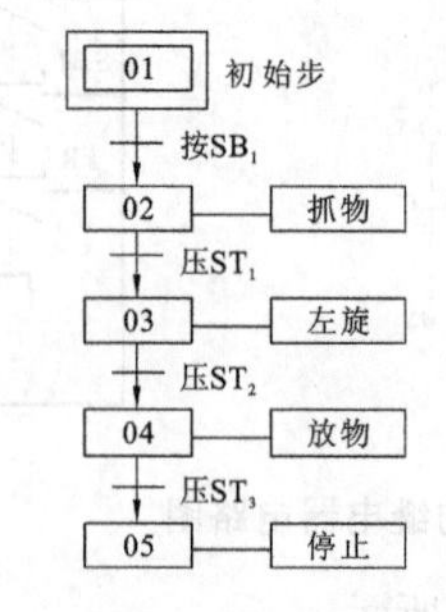

图 9-28　机械手控制功能流程图的基本结构

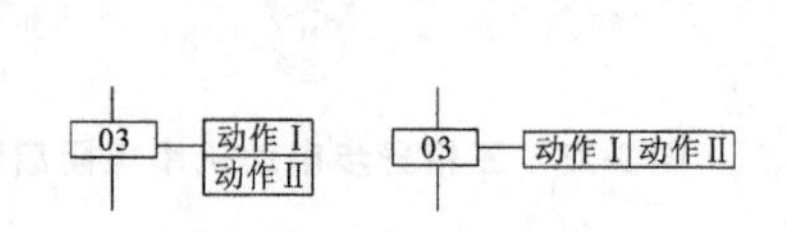

图 9-29　几个动作的画法

当系统在某一步处于活动状态时，该步则称为“活动步”。

控制过程开始阶段的活动步与初始状态相对应，称为“初始步”。初始步用双线框表示。

每一个流程图至少应该有一个初始步。步与步之间用有向连线连接，步与步之间又用转换将其隔开，表示当相邻两步之间的转换条件得到满足时，转换才能得以实现。

2）转换

转换是结束某一步的操作而启动下一步操作的条件，这种条件是各种控制信号的综合结果；若条件不满足则继续执行本步操作。转换在顺序控制流程中一般用与有向连线垂直的短横线表示。图 9-28 中共有四种转换条件，分别控制四个步的执行情况。

图 9-30 中表示几种不同转换条件的方式，转换条件可以用文字语言、布尔代数表达或图形符号标注在表示转换的短线旁边。例如，转换条件 X 和 $\overline{X}$ 分别表示当二进制逻辑信号 X 为“1”状态和为“0”状态时，转换实现。符号 ↑X 和 ↓X 分别表示当从 0→1 状态和从 1→0 状态时，转换实现。当 5 为高电平时，表明步是活动的，否则步是不活动的。

如果转换的前级步或后续步不止一个，转换的实现称为同步实现，如图 9-31 所示。如果某转换的所有前级步都是活动的，并且满足相应的转换条件，则转换实现。同步实现的有向连线水平部分用双线表示，如果在画图时有向连线必须断开（如在复杂的图中，或者用几个图来表示一个流程图），应在断开处标明下一步的标号和页数，如“步 294 页”。

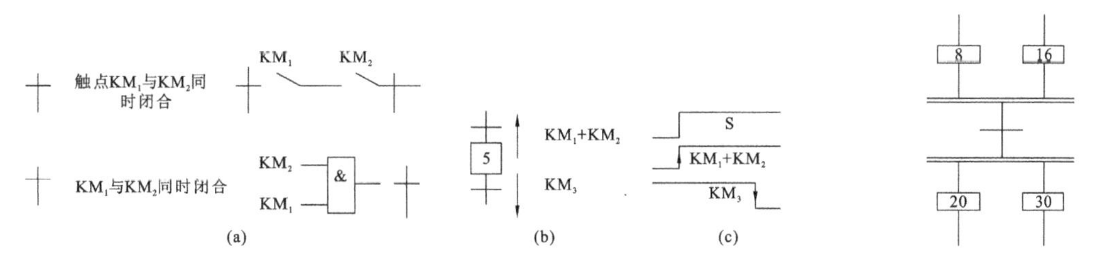

图 9-30　转换条件的表达

图 9-31　转换的同步实现

3）路径

路径表示了各功能步之间的连接顺序关系。这种连接顺序关系包括选择路径和并行路径。选择路径之间的关系是指哪条路径的转换条件最先得到满足，这条路径就被选中，程序就按这条路径向下执行。选择路径的分支与合并一般用单横线表示。并行路径之间的关系是指只要转换条件得到满足，其下面的所有路径必须同时都被执行。并行路径的分支与合并一般用双横线表示。

PLC 对顺序功能流程图的扫描遵照从上至下、从左至右的原则，先从起始开始向下执行，遇到选择路径就依据转换条件去执行相应路径上的步。遇到并行路径就首先执行最左边的路径，然后依次向右执行，直至完成全部并行路径后再向下执行。当执行到结束步时，根据结束步的转换条件决定是结束还是返回执行起始步，依次循环。

9.4　常用基本环节程序

下面介绍一些常用基本电路的编程。

1. 启动和复位电路

在 PLC 的程序设计中，启动和复位电路是构成梯形图的最基本的常用电路。

由输入和输出继电器构成的梯形图如图 9-32(a)所示，由输入和锁存继电器构成的梯形图如图 9-32(b)所示，输入/输出波形图如图 9-32(c)所示。

当 0.00 的输入端接通时，输入继电器 0.00 线圈接通，其常开触点 0.00 闭合，输出继电器线圈 10.00 接通并由其常开触点自保持（图 9-32(b)采用的是锁存继电器）。当 0.01 的输入端接通时，输入继电器 0.01 的常开触点打开(图 9-32(b)中常开触点 0.01 闭合，锁存继电器 KEEP10.00 复位)，使输出 10.00 为 OFF。其电路功能为：输入 0.00 为 ON 时，输出 10.00为 ON；输入 0.01 为 ON 时，输出 10.00 为 OFF。

2. 触发电路

(1) 在 PLC 的程序设计中，经常需要使用单脉冲来实现一些只需执行一次的指令，还可作为计数器、移位寄存器的复位或作为系统的启动、停止的信号。由输入 0.00 和前沿微分指令 DIFU 构成的电路如图 9-33 所示。其电路功能为：输入 0.00 的脉冲前沿，使输出继电器 10.00 闭合一个扫描周期 T，然后打开。

(2) 由输入 0.00 和后沿微分指令构成的梯形图如图 9-34 所示。其电路功能为：输入 0.00的脉冲后沿，使输出继电器 10.00 闭合一个扫描周期 T，而后打开。

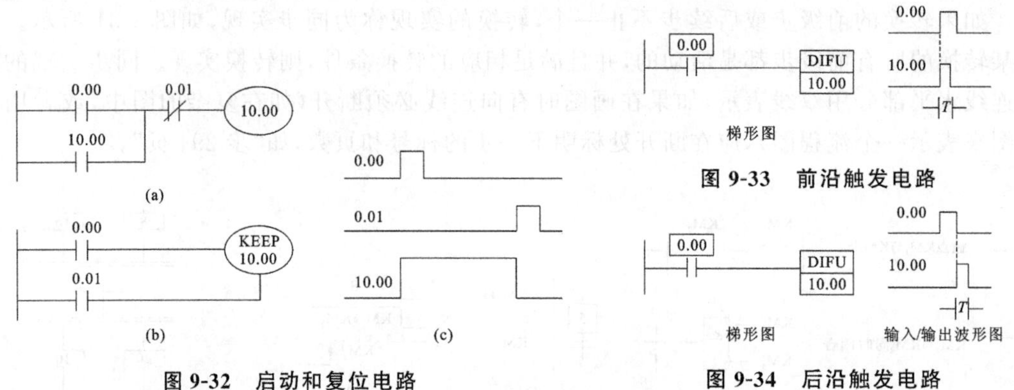

图 9-33 前沿触发电路

图 9-32 启动和复位电路

图 9-34 后沿触发电路

3. 分频电路(二分频)

在 t1 时刻输入 0.00 接通的上沿，内辅继电器 200.00 接通一个扫描周期 T，使输出 10.00 接通，其常开触点 10.00 闭合。当输入 0.00 的第二个脉冲到来时，内部辅助继电器 200.01 接通，其常闭触点 200.01 打开，使 10.00 断开。从图 9-35 的波形图中可以看出，输出 10.00 波形的频率为输入 0.00 波形频率的一半。

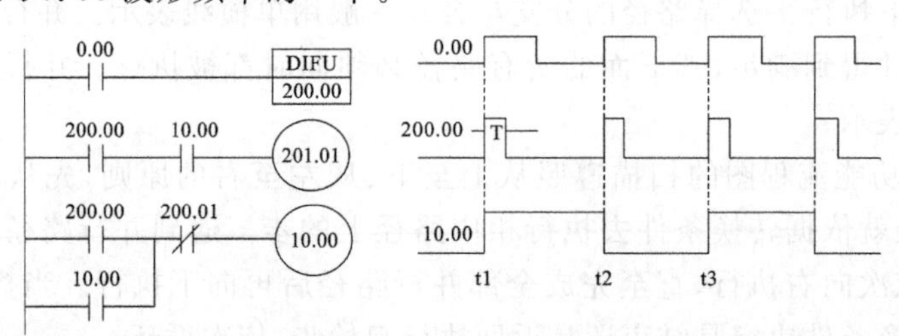

图 9-35 二分频器电路

功能：输入 0.00 为 ON，输出 10.00 为 ON，直到输入 0.00 第二次为 ON 时，输出 10.00 变为 OFF，输出 10.00 的变化频率是输入 0.00 变化频率的一半。

4. 延时接通电路

PLC 中的定时器 TIM 与其他器件组合可构成各种时间控制电路。C 系列 PLC 中的定时器是通电延时型定时器，定时器输入信号一经接通，定时器的设定值立即开始做减法运算。当设定值减为零时，定时器才有输出，此时定时器的常开触点闭合，常闭触点断开。当定时器输入断开时，定时器复位，即由当前值恢复到设定值，其输出的常开触点断开，常闭触点闭合。

(1) 输入端 0.00 接不带自锁按钮开关电路。图 9-36 所示为输入 0000 端接不带自锁按钮开关延时接通电路。当 0.00 端输入接通时，输入继电器 0.00 线圈接通，其常开触点 0.00

闭合，定时器 TIM000 线圈接通，TIM000 的设定值 t 开始递减，经过 t 时间后，当前值减为零，TIM00 的常开触点闭合，输出继电器 10.00 接通(10.00 为 ON)。即输入接通 t 时间后，输出 10.00 接通。

(2) 输入端 0.00 接自锁按钮开关电路。图 9-37 所示为输入 0.00 接自锁按钮开关电路，当 0.00 端输入接通时，输入继电器的线圈 0.00 接通，其常开触点 0.00 闭合，内部辅助继电器 200.00 接通，其常开触点 200.00 接通构成自保持电路，同时常开触点 200.00 闭合并接通定时器 TIM000，TIM000 的设定值开始递减，经过 t 时间设定值减为零时，TIM000 常开触点闭合，输出继电器 10.00 延迟 t 时间后接通。当输入 0.01 端接通后，内部辅助继电器 200.00 断电，其常开触点 200.00 断开，定时器 TIM000 复位。其输出的常开触点 TIM000 断开，使输出 10.00 断开。

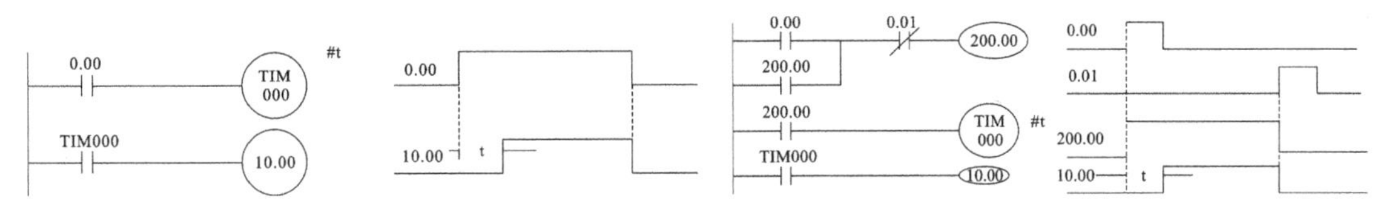

图 9-36 延时接通电路(一)　　图 9-37 延时接通电路(二)

功能：输入 0.00 端接通 t 时间后，输出 10.000 接通。

5. 延时断开电路

(1) 输入 0.00 端接带自锁按钮开关电路。当输入 0.00 端接通时，输入继电器 0.00 线圈接通，其常开触点 0.00 闭合，定时器 TIM000 的设定值 t 开始递增运算。输出继电器10.00接通，经过 t 时间 TIM000 有输出，其常闭触点断开，输出继电器 10.00 断开，如图 9-38 所示。

(2) 输入 0.00 端接不带自锁的开关电路。当输入 0.00 端接通，内部辅助继电器200.00 线圈接通，其常开触点 200.00 闭合，输出 10.00 接通，同时定时器 TIM000 线圈接通，延时 t 时间后，TIM000 的常闭触点打开，输出 10.00 线圈断开，如图 9-39 所示。

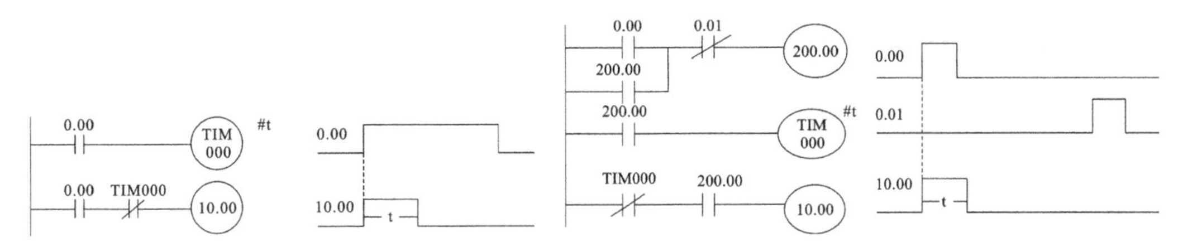

图 9-38 延时断开电路(一)　　图 9-39 延时断开电路(二)

功能：当输入 0.00 为 ON 时，输出 10.00 为 ON，经过 t 时间后输出 10.00 变为 OFF。

6. 长时间延时电路

(1) 采用两个或两个以上定时器的电路。当输入 0.00 端接通时，TIM000 线圈接通，延时 t1 时间后，TIM000 有输出，其常开触点 TIM000 闭合，TIM001 线圈接通，延时 t2 时间后，其常开触点 TIM001 闭合，接通输出继电器 10.00 线圈，显然输入 0.00 接通后，延时t1＋t2 的时间，输出 10.00 接通，如图 9-40 所示。

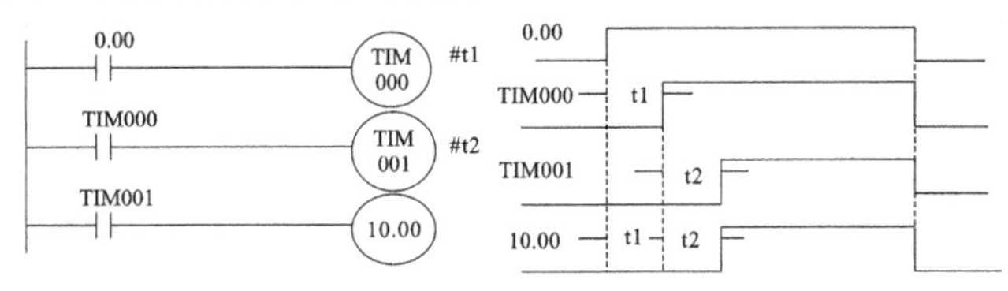

图 9-40 两个定时器构成的延时电路

(2) 采用定时器和计数器组成的电路。当输入 0.00 端接通时，TIM000 线圈开始接通，经过 t 时间后，其常开触点 TIM000 闭合，计数器 CNT001 开始做递减计数运算，与此同时 TIM000 的常闭触点打开，TIM000 线圈断电，常开触点 TIM000 打开，计数器 CNT001 仅计数一次，而后 TIM000 线圈又接通，如此循环……当 CNT001 计数器经过 mt 时间后，计数器 CNT001 有输出，其常开触点 CNT001 闭合，输出 10.00 接通。显然，输入 0.00 端接通后，延时 mt 时间，输出 10.00 接通，如图 9-41 所示。

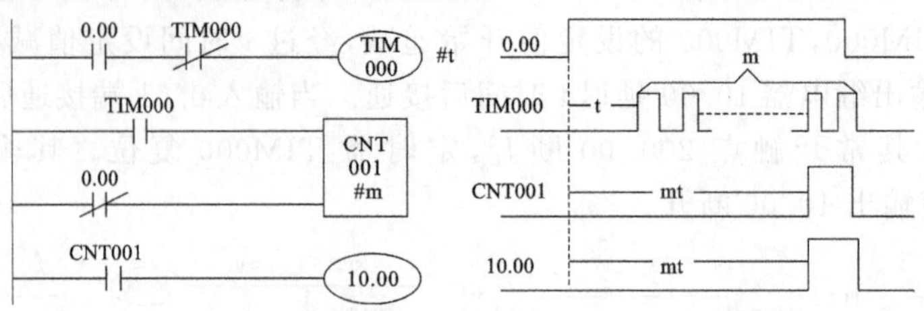

图 9-41 长时间延时电路

(3) 采用两个或两个以上计时器组成的电路。输入 0.00 端接通后，CNT000 开始计数，经过 m1 s，CNT000 有输出，其常开触点闭合，CNT001 计数一次，CNT000 复位；又经 m1 s，CNT001 计数两次……如此循环，经过数值 m1×m2 后，CNT001 有输出，其常开触点闭合，接通输出继电器 10.00，其梯形图如图 9-42 所示，输入/输出波形图如图 9-43 所示。

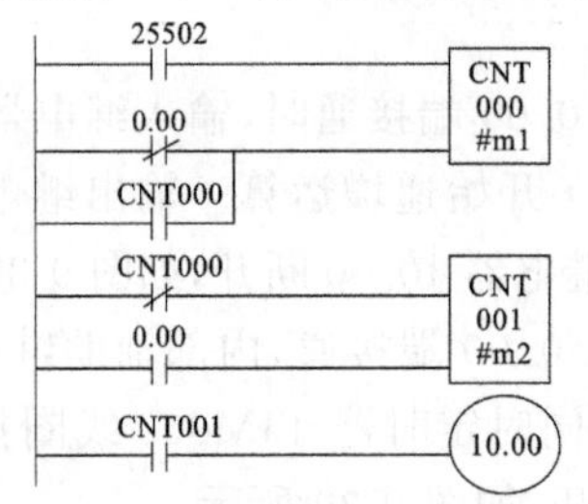

图 9-42 采用计数器延时电路梯形图

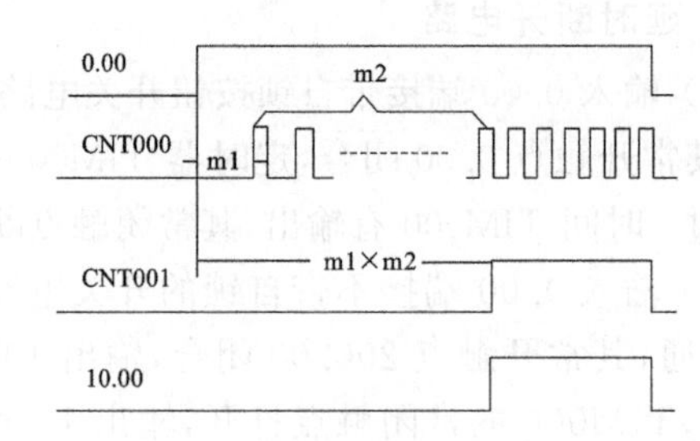

图 9-43 输入/输出波形图

7. 顺序延时接通电路

(1) 采用定时器的编程电路。为便于说明，现采用三个定时器，设 t1 ＝10 s，t2＝20 s，t3＝30 s，其输入/输出定时波形图如图 9-44 所示。

根据定时波形图的要求，采用定时器指令设计的梯形图如图 9-45 所示。定时器的定时范围为 000.0～999.9 s。如果采用高速定时器 TIMH 代替 TIM，可以使之精确到 0.01 s。

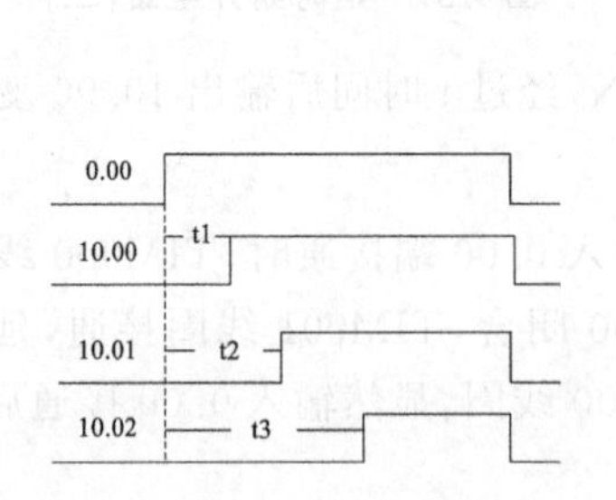

图 9-44 输入/输出定时波形图

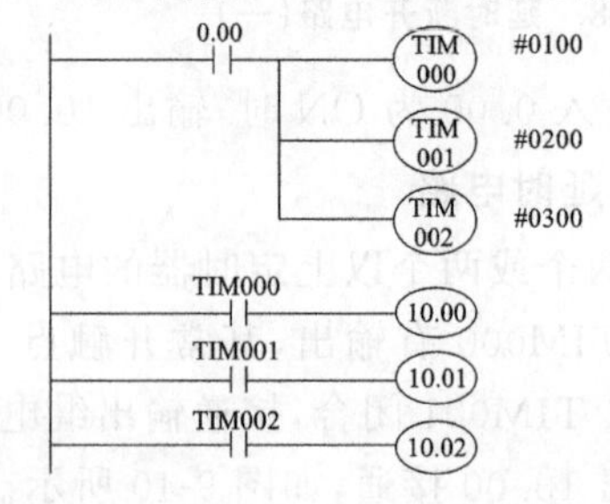

图 9-45 采用定时器指令设计的梯形图

(2) 采用计数器的编程电路。按图 9-44 定时图的要求，采用计数器指令设计的梯形图如图 9-46 所示。其定时范围为 0000～9999 s。

当输入 0.00 端接通时，计数器 CNT000、CNT001、CNT002 分别接通，开始计数。经 10 s，CNT000 有输出，使其常开触点 CNT000 接通，输出继电器 10.00 为 ON；经过20 s，

CNT001 有输出，使 10.01 为 ON；经过 30 s，CNT002 有输出，使 10.02 为 ON，完成了顺序延时的控制功能。

(3) 采用计数器和比较指令的编程电路。可用计数器与比较指令编程，按图 9-44 中的定时要求，其编程电路如图 9-47 所示。

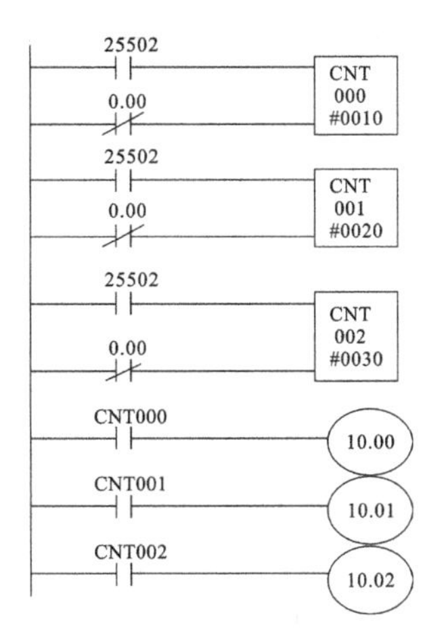

图 9-46　采用计数器指令设计的梯形图

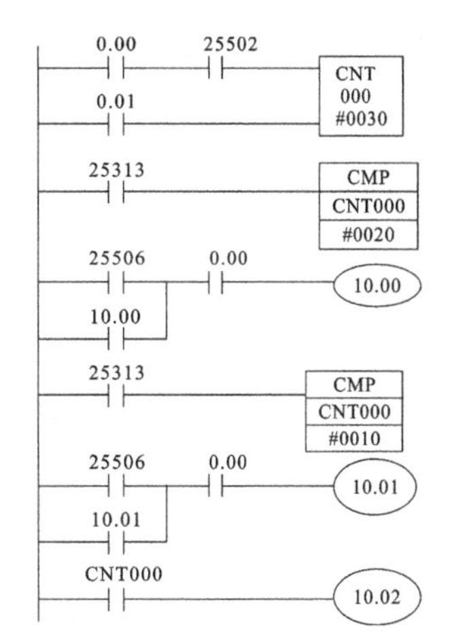

图 9-47　采用计时器与比较指令构成的延时接通电路

CNT000 被定时于 30 s，用两个 CMP 来监视它的当前值。第一个 CMP 的常数为 20 s，第二个 CMP 的常数为 10 s。当输入 0.00 端接通，CNT000 开始减计数，10 s 后 25506 变为 ON，它是连接输出继电器 10.00 的，所以 10.00 变为 ON；CNT000 当前值为 10 时，25506 再次为 ON，这时输出继电器 10.01 变为 ON；30 s 后输出继电器 10.02 变为 ON。显然只用了一个 CNT000，即可完成顺序延时接通的功能。

8. 顺序循环执行电路

(1) 采用移位寄存器指令 SFT 的编程电路。要使输出继电器 10.00、10.01、10.02……10.07 按顺序分别接通 1 s 并循环执行，可采用移位寄存器指令 SFT 进行编程，其编程电路如图 9-48 所示。

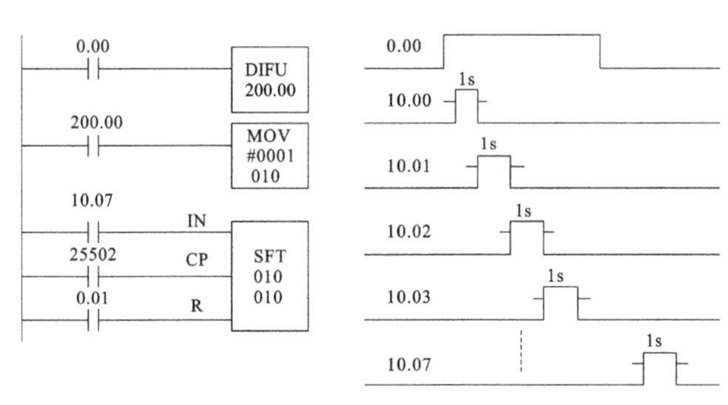

图 9-48　顺序循环执行电路

当启动开关接通输入 0.00 时，其输入 0.00 波形的上升沿、内部辅助继电器线圈 200.00 接通，使其常开触点 200.00 接通。传送指令 MOV 将常数 0001 送至 010 通道的 10.00 点，即 10.00 为 ON，在移位寄存器 SFT 作用下，使输出继电器 10.00、10.01、10.02……10.07 按顺序分别接通 1 s，当 10.07 接通时，又使输出继电器 10.00 为 ON。如此循环下去，并完成了顺序循环执行的功能。

(2) 采用定时器的编程电路。为便于说明，现采用三个定时器。要求输出继电器 10.00

接通 t1 时间后 10.00 断开，输出继电器 10.01 接通；10.01 接通 t2 时间后，10.01 断开，输出继电器 10.02 接通；10.02 接通 t3 时间后，10.02 断开，10.00 再次接通……如此顺序循环执行。根据这一控制要求，其编程电路如图 9-49 所示。

9. 扫描计数电路

如果在某些场合需要计算扫描的次数，可采用如图 9-50 所示的电路来实现。

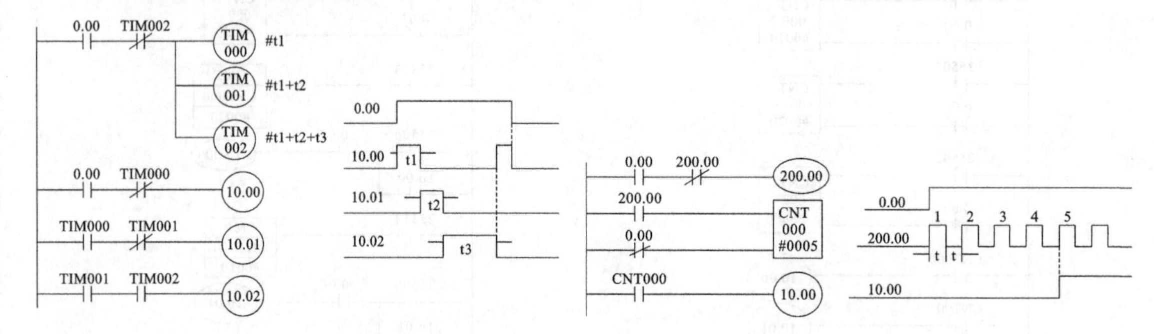

图 9-49　采用定时器的编程电路　　　　图 9-50　扫描计数电路

输入 0.00 接通时，内部辅助继电器 200.00 每隔一个扫描周期接通一次，每次接通一个扫描周期，计数器 CNT000 计一次数，到达设定值时，计数器有输出，CNT000 的常开触点接通，输出继电器 10.00 接通。

10. 报警电路

在控制系统发生故障时，应能及时报警，通知操作人员，采取相应的措施，图 9-51 所示电路在发生故障时，可产生声音和灯光报警。

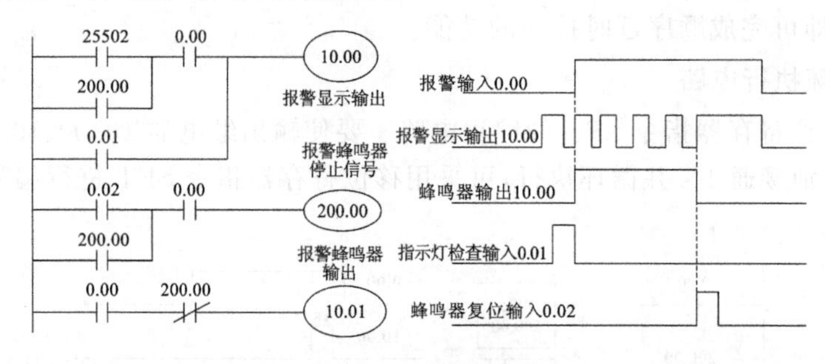

图 9-51　报警电路

当有报警信号输入时，即当常开触点 0.00 闭合，输出继电器 10.00 产生间隔为 1 s 的断续信号输出，接在 10.00 输出端的指示灯闪烁。同时输出继电器 10.01 接通，接在 10.01 输出端的蜂鸣器发声。此后按下蜂鸣器复位输入按钮 0.02，内部辅助继电器 200.00 接通，其常闭触点 200.00 打开，输出继电器 10.01 断开，蜂鸣器停响，而内部辅助继电器 200.00 的常开触点闭合，使输出继电器 10.00 持续接通，报警指示灯亮。只有当报警输入信号 0.00 消失，输入继电器 0.00 的常开触点断开，报警指示灯才会熄灭。

为了在平时检查报警电路是否处于正常工作状态，设置有检查按钮接在 PLC 的输入 0.01端，当按下检查按钮时，输入继电器 0.01 的常开触点闭合，输出继电器 10.00 接通，报警指示灯亮，从而确定报警指示灯是否完好。

11. 实现掉电保护的电路

PLC 运行时，若电源突然中断，PLC 内部辅助继电器、输出继电器将断开，电源恢复后，就无法维持断电以前的状态。在某些场合，在 PLC 断电前的一些状态需要保持，以便当

PLC 恢复运行时能保持被控设备工作的连续性，利用保持继电器可实现这一要求。

保持继电器的特点是在 PLC 断电后电源再恢复时，能维持停电前的状态，也可以用保持继电器作为锁存继电器的线圈来实现掉电保护，其电路如图 9-52 所示。

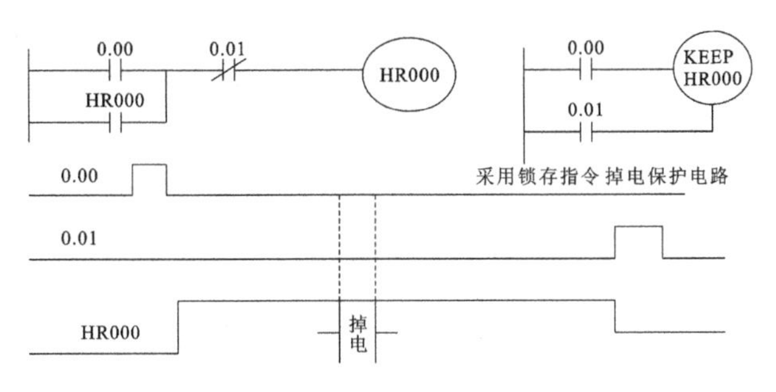

图 9-52　掉电保护电路

12. 优先电路

当有多个输入时，电路仅接收第一个输入的信号，而对以后的输入不予接收，即先输入优先，其电路如图 9-53 所示。

四个输入中任何一个先输入，如 0.01 先接通，则输出 10.01 接通，使其常闭触点 10.01 全部打开，即使再输入 0.00、0.02、0.03，输出 10.00、10.02、10.03 也不会接通，没有输出。

如果有多个位置的输入，而仅对某一个位置的输入优先，其电路如图 9-54 所示，接到 PLC 输入端 0.03 位置的输入最优先。

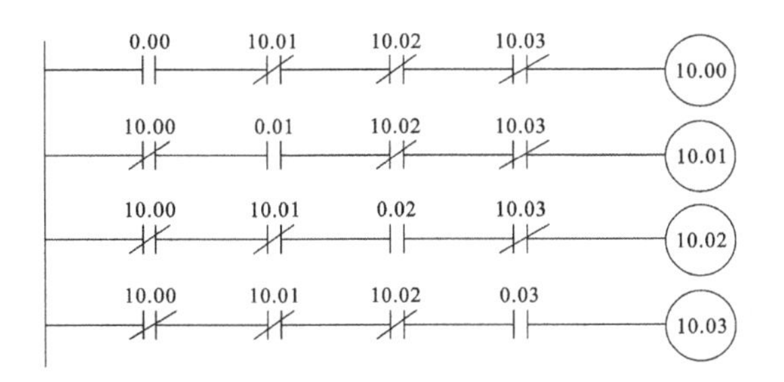

图 9-53　先输入优先电路

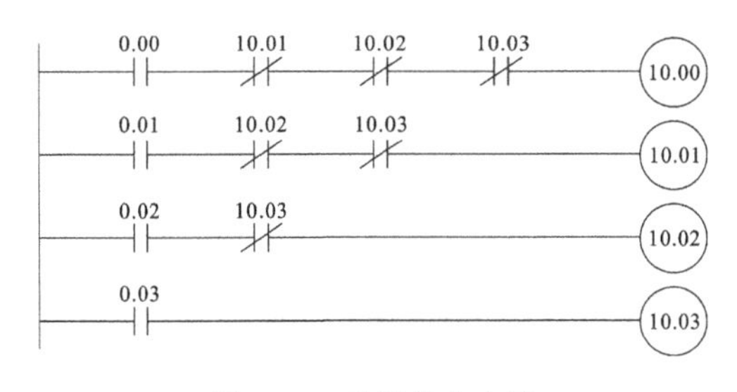

图 9-54　位置优先电路

13. 电动机正反转控制

（1）三菱 PLC 系列　其 I/O 分配如下表所示。

输　入			输　出	
SB1（停止）	SB2（正启）	SB3（反启）	正转	反转
X000	X002	X003	Y001	Y002

在梯形图中，将 Y1 和 Y2 的常闭触点分别与对方的线圈串联，可以保证它们不会同时为 ON，因此 KM1 和 KM2 的线圈不会同时通电，这种安全措施在继电器电路中称为“互锁”。除此之外，为了方便操作和保证 Y1 和 Y2 不会同时为 ON，在梯形图中还可以设置“按钮联锁”，即将反转启动按钮 X3 的常闭触点与控制正转的 Y1 的线圈串联，将正转启动按钮 X2 的常闭触点与控制反转的 Y2 的线圈串联。设 Y1 为 ON，电动机正转，这时如果想改为反转运行，可以不按停止按钮 SB1，直接按反转启动按钮 SB3，X3 变为 ON，它的常闭触点断开，使 Y1 线圈“失电”，同时 X3 的常开触点接通，使 Y2 的线圈“得电”，电动机由正转变为反转。

梯形图中的互锁和按钮联锁电路只能保证输出模块中与 Y1 和 Y2 对应的硬件继电器

的常开触点不会同时接通。由于切换过程中电感的延时作用,可能会出现一个接触器还未断弧,另一个却已合上的现象,从而造成瞬间短路故障。可以用正反转切换时的延时来解决这一问题,但是这一方案会增加编程的工作量,也不能解决接触器触点故障引起的电源短路事故。如果因主电路电流过大或接触器质量不好,某一接触器的主触点被断电时产生的电弧熔焊而被黏结,其线圈断电后主触点仍然是接通的。这时如果另一接触器的线圈通电,仍将造成三相电源短路事故。为了防止出现这种情况,应在 PLC 外部设置由 KM1 和 KM2 的辅助常闭触点组成的硬件互锁电路[见图 9-55(a)],假设 KM1 的主触点被电弧熔焊,这时它与 KM2 线圈串联的辅助常闭触点处于断开状态,因此 KM2 的线圈不可能得电。

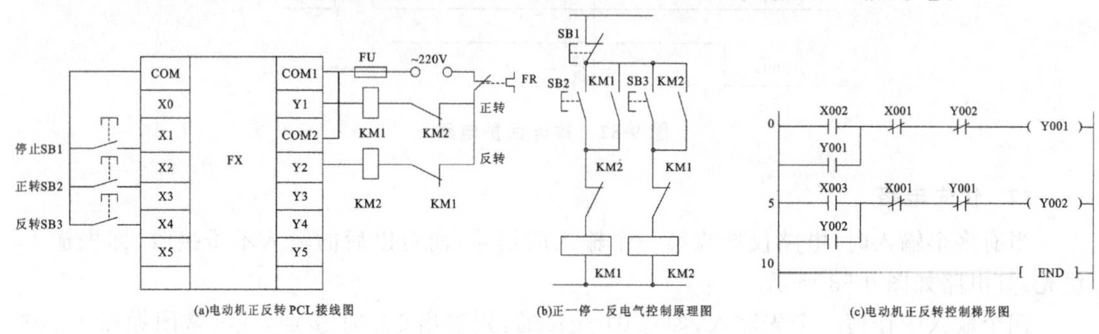

图 9-55　电动机正反转控制

图 9-55(a)中的 FR 是作过载保护用的热继电器,异步电动机长期严重过载时,经过一定延时,热继电器的常闭触点断开,常开触点闭合。其常闭触点与接触器的线圈串联,过载时接触器线圈断电,电动机停止运行,起到保护作用。

有的热继电器需要手动复位,即热继电器动作后要按一下它自带的复位按钮,其触点才会恢复原状,即常开触点断开,常闭触点闭合。这种热继电器的常闭触点可以如图 9-55(a)所示那样接在 PLC 的输出回路,仍然与接触器的线圈串联,这种方案可以节约 PLC 的一个输入点。

有的热继电器有自动复位功能,即热继电器动作后电动机停转,串接在主回路中的热继电器的热元件冷却,热继电器的触点自动恢复原状。如果这种热继电器的常闭触点仍然接在 PLC 的输出回路,电动机停转后过一段时间会因热继电器的触点恢复原状而自动重新运转,可能会造成设备和人身事故。因此有自动复位功能的热继电器的常闭触点不能接在 PLC 的输出回路,必须将它的触点接在 PLC 的输入端(可接常开触点或常闭触点),用梯形图来实现电动机的过载保护。如果用电子式电动机过载保护器来代替热继电器,也应注意它的复位方式。

(2) 欧姆龙 PLC 系列　其 I/O 分配如下表所示。

输　入			输　出	
SB1(停止)	SB2(正启)	SB3(反启)	正转	反转
00000	00002	00003	01000	01001

欧姆龙 PLC 接线图和梯形图如图 9-56 所示。

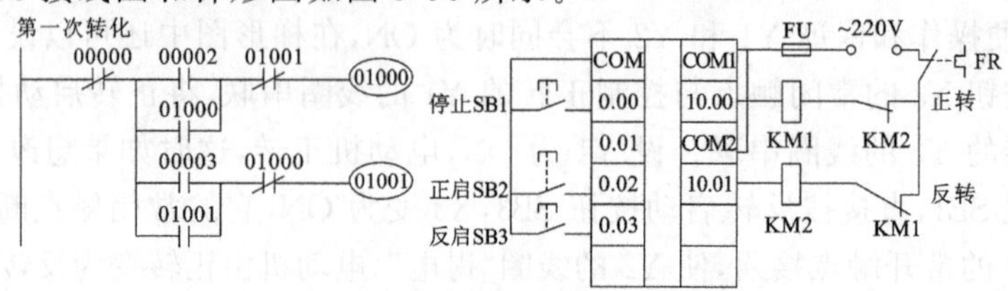

图 9-56　欧姆龙 PLC 接线图和梯形图

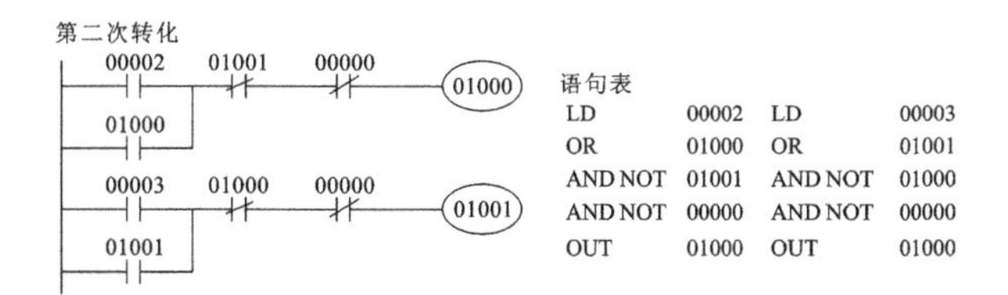

续图 9-56

(3) 西门子 PLC 系列　其 I/O 分配如下表所示。

输　入			输　出	
SB1(停止)	SB2(正启)	SB3(反启)	正转	反转
I0.0	I0.1	I0.2	Q0.0	Q0.1

西门子 PLC 接线图和梯形图如图 9-57 所示。

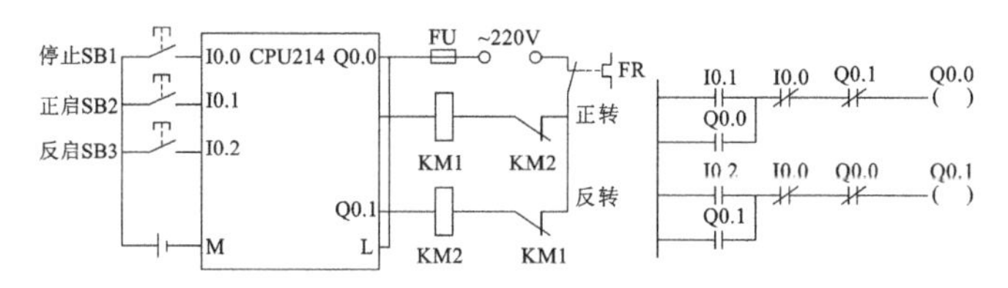

图 9-57　西门子 PLC 接线图和梯形图

14. 星形-三角形降压启动控制

(1) 欧姆龙 PLC 系列　其 I/O 分配如下表所示。

输　入			输　出		
SB1(停止)	SB2(启动)	FR(过载)	KM	KM_Y	$KM_\triangle$
00000	00002	00001	01000	01001	01002

欧姆龙 PLC 电气原理图和 PLC 接线图如图 9-58 所示。

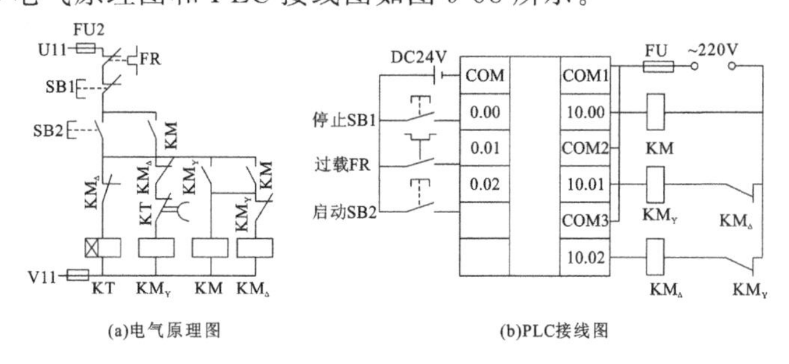

图 9-58　欧姆龙 PLC 电气原理图和 PLC 接线图

相应的欧姆龙 PLC 梯形图如图 9-59、图 9-60、图 9-61 所示。

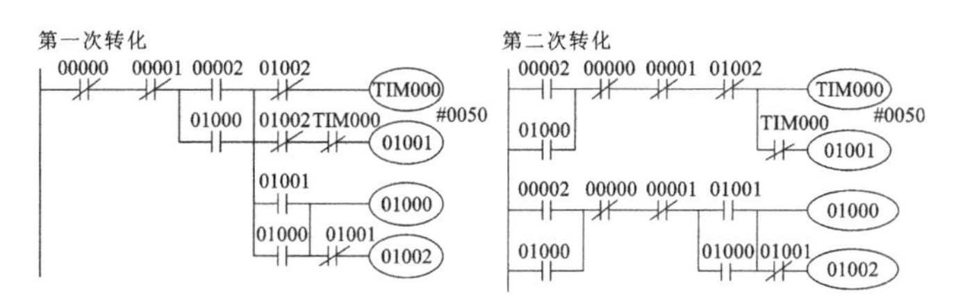

图 9-59　欧姆龙 PLC 梯形图(一)

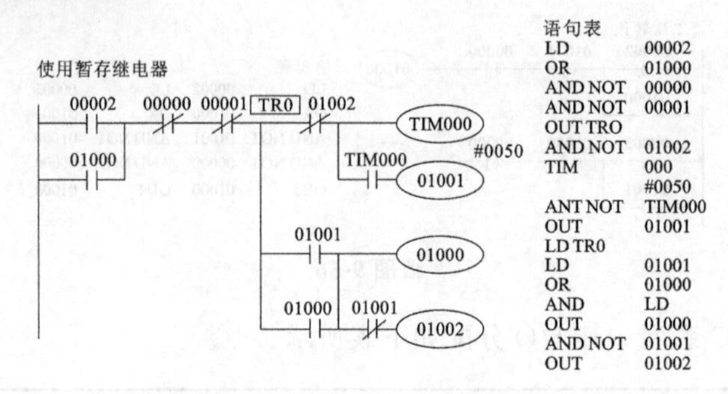

图 9-60　欧姆龙 PLC 梯形图(二)

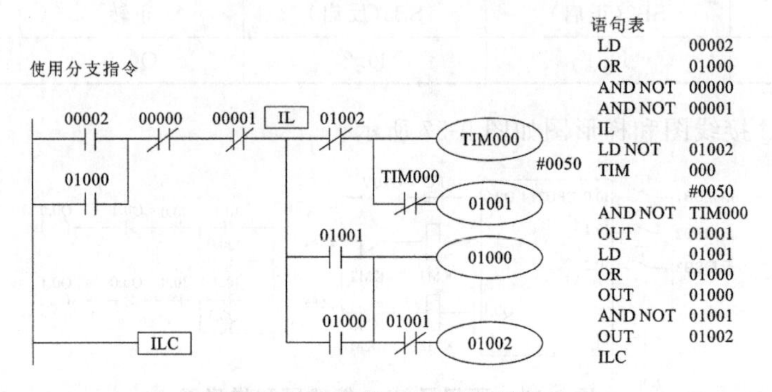

图 9-61　欧姆龙 PLC 梯形图(三)

(2) 三菱 PLC 系列　其 I/O 分配如下表所示。

输　入			输　出		
SB1(停止)	SB2(启动)	FR(过载)	KM	KM_Y	$KM_\triangle$
X0	X2	X1	Y0	Y1	Y2

三菱 PLC 梯形图如图 9-62 所示。

(3) 西门子 PLC 系列　其 I/O 分配如下表所示。

输　入			输　出		
SB1(停止)	SB2(启动)	FR(过载)	KM	KM_Y	$KM_\triangle$
I0.0	I0.2	I0.1	Q0.0	Q0.1	Q0.2

西门子 PLC 梯形图如图 9-63 所示。

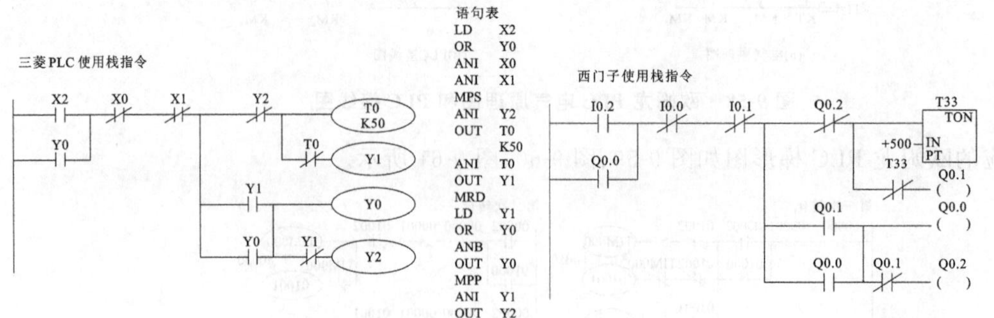

图 9-62　三菱 PLC 梯形图　　　图 9-63　西门子 PLC 梯形图

9.5 应用举例

9.5.1 十字路口交通信号灯的PLC控制

1. 交通信号灯设置示意图

交通信号灯设置示意图如图9-64所示。

2. 控制要求

(1) 接通启动按钮后，信号灯开始工作，南北向红灯、东西向绿灯同时亮。

(2) 东西向绿灯亮30 s后，闪烁3次(每次0.5 s)，接着东西向黄灯亮，2 s后东西向红灯亮，35 s后东西向绿灯又亮……如此不断循环，直到停止工作。

(3) 南北向红灯亮35 s后，南北向绿灯亮，30 s后南北向绿灯闪烁3次(每次0.5 s)，接着南北向黄灯亮，2 s后南北向红灯又亮……如此不断循环，直至停止工作。

3. 交通信号灯时序图

交通信号灯时序图如图9-65所示。

4. I/O分配表及I/O接线图

I/O分配表如表9-6所示。

表9-6 I/O分配表

输入信号	启动按钮SB_1	I0.1
	停止按钮SB_2	I0.2
输出信号	南北向红灯HL_1、HL_2	Q0.0
	南北向黄灯HL_3、HL_4	Q0.1
	南北向绿灯HL_5、HL_6	Q0.2
	南北向红灯HL_7、HL_8	Q0.3
	南北向黄灯HL_9、HL_{10}	Q0.4
	南北向绿灯HL_{11}、HL_{12}	Q0.5

I/O接线图如图9-66所示。

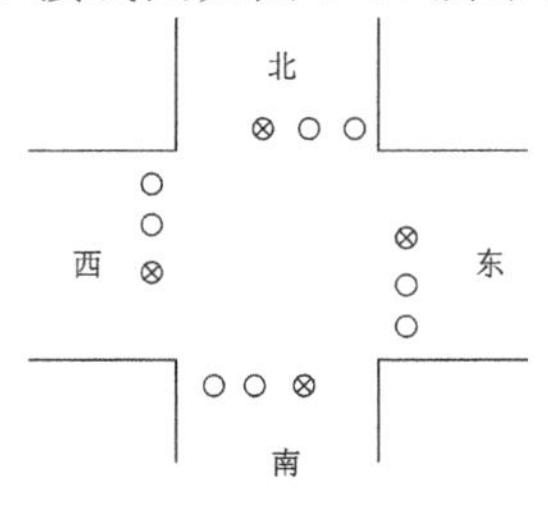

图9-64 交通信号灯示意图

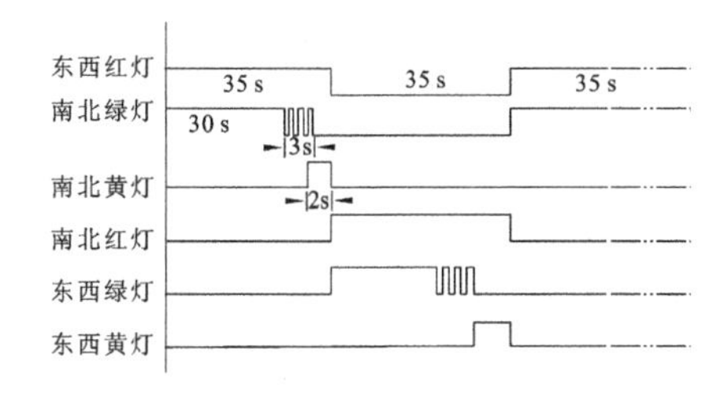

图9-65 交通信号灯时序图

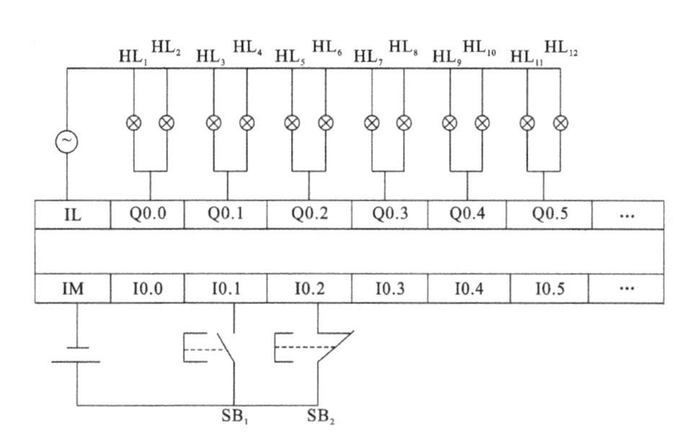

图9-66 交通灯I/O接线图

5. 程序设计

根据控制要求及交通信号灯的时序图设计程序，选用 S7-200 的 CPU224 模块控制交通信号灯。

交通信号灯梯形图如图 9-67 所示。

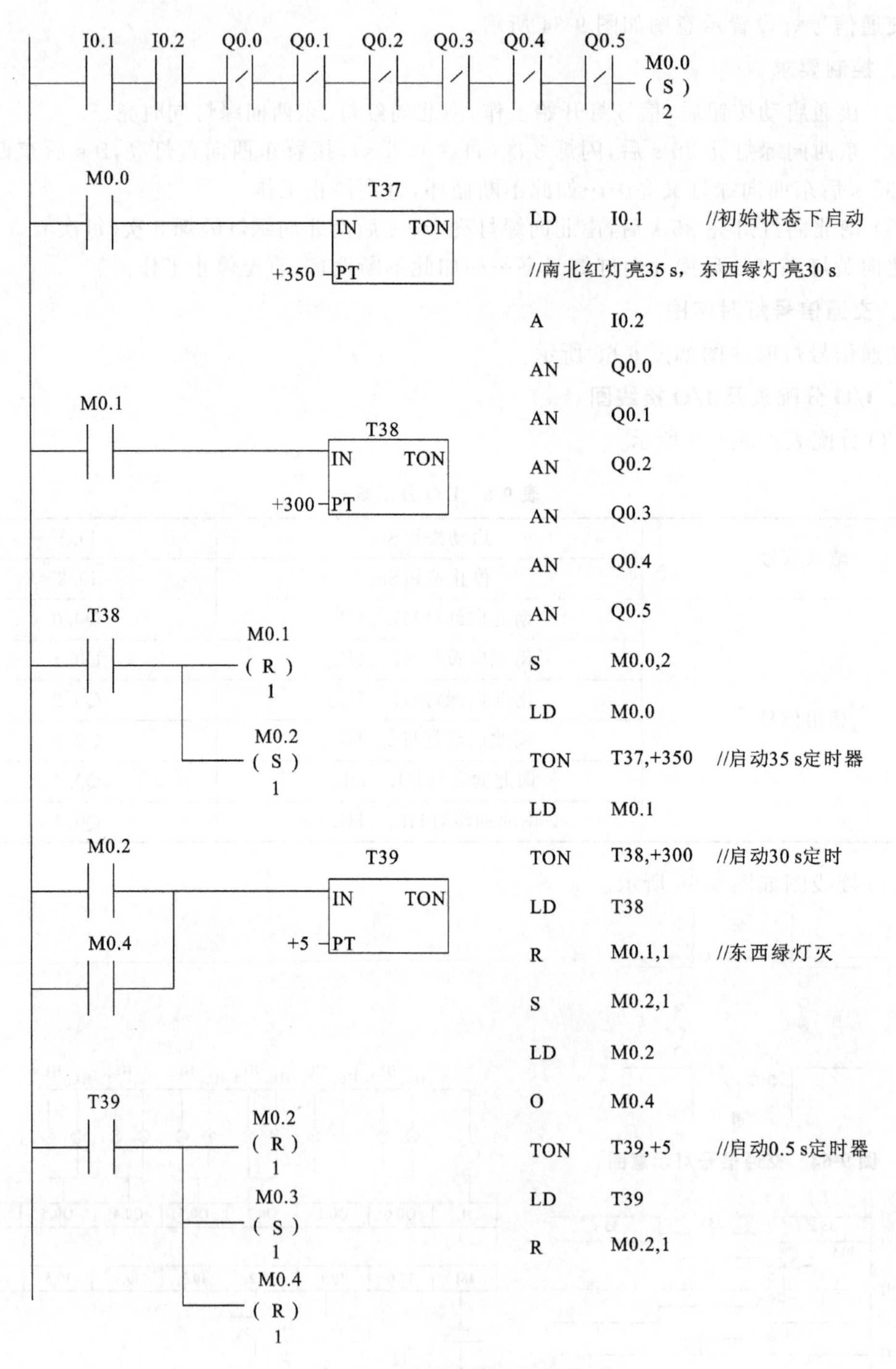

图 9-67　交通信号灯梯形图

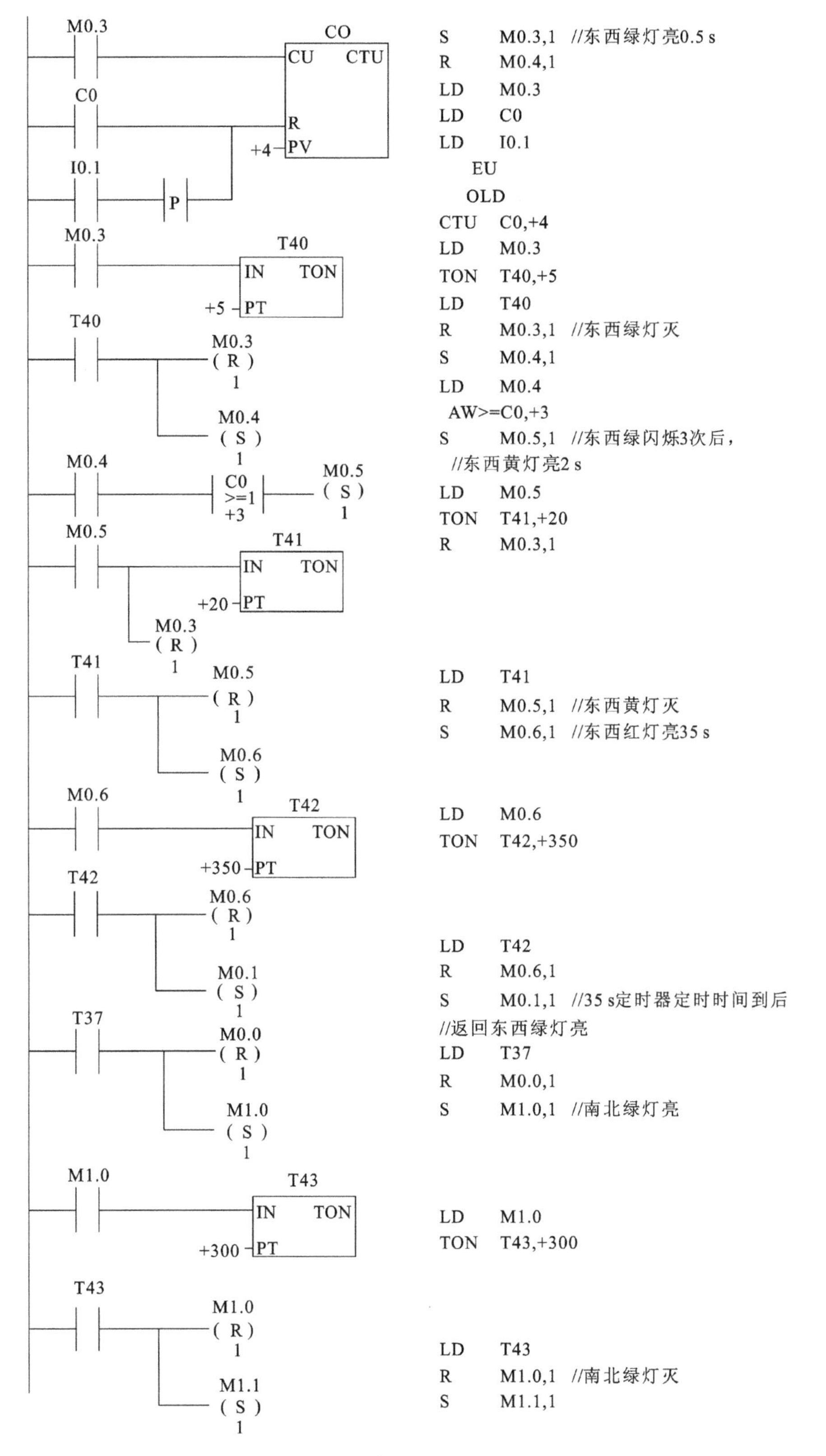
S M0.3,1 //东西绿灯亮0.5 s
R M0.4,1
LD M0.3
LD C0
LD I0.1
EU
OLD
CTU C0,+4
LD M0.3
TON T40,+5
LD T40
R M0.3,1 //东西绿灯灭
S M0.4,1
LD M0.4
AW>=C0,+3
S M0.5,1 //东西绿闪烁3次后，
//东西黄灯亮2 s
LD M0.5
TON T41,+20
R M0.3,1
LD T41
R M0.5,1 //东西黄灯灭
S M0.6,1 //东西红灯亮35 s
LD M0.6
TON T42,+350
LD T42
R M0.6,1
S M0.1,1 //35 s定时器定时时间到后
//返回东西绿灯亮
LD T37
R M0.0,1
S M1.0,1 //南北绿灯亮
LD M1.0
TON T43,+300
LD T43
R M1.0,1 //南北绿灯灭
S M1.1,1

续图 9-67

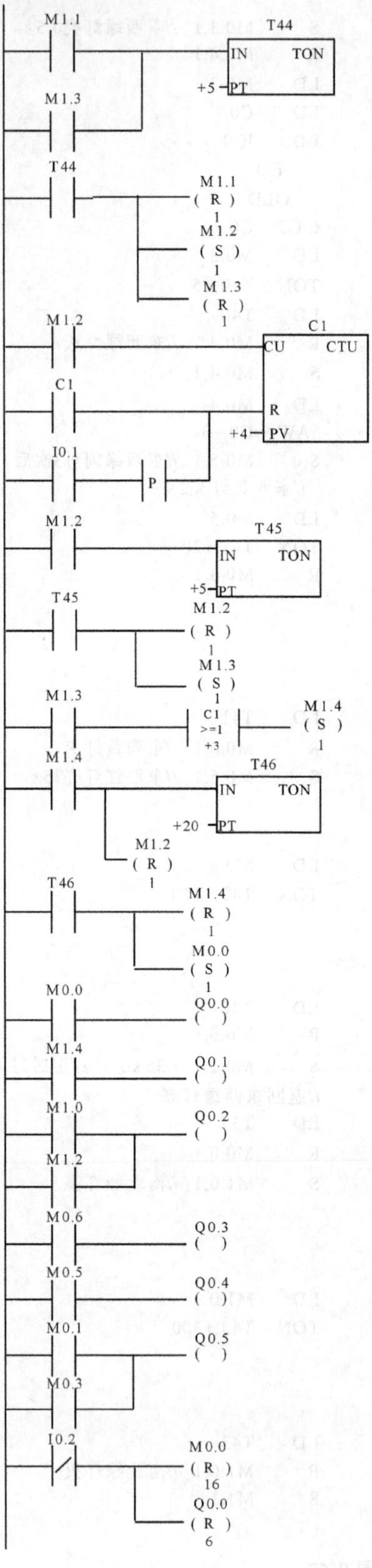

```
LD    M1.1
O     M1.3
TON   T44,+5

LD    T44
R     M1.1,1
S     M1.2,1    //南北绿灯亮 0.5s
R     M1.3,1

LD    M1.2
LD    C1
LD    I0.1
EU
OLD
CTU   C1,+4

LD    M1.2
TON   T45,+5

LD    T45
R     M1.2,1    //南北绿灯灭
S     M1.3,1

LD    M1.3
AW>=C1,+3
S     M1.4,1    //南北绿闪烁3次后，
//南北黄灯亮2s
LD    M1.4
TON   T46,+20
R     M1.2,1

LD    T46
R     M1.4,1
S     M0.0,1    //返回南北红灯亮35s

LD    M0.0
=     Q0.0      //南北红灯亮
LD    M1.4
=     Q0.1      //南北黄灯亮
LD    M1.0
O     M1.2
=     Q0.2      //南北绿灯亮

LD    M0.6
=     Q0.3      //东西红灯亮

LD    M0.5
=     Q0.4      //东西黄灯亮
LD    M0.1
O     M0.3
=     Q0.5      //东西黄灯亮

LDN   I0.2
R     M0.0,16
R     Q0.0,6    //停止工作
```

续图 9-67

9.5.2 5组抢答器控制程序

1. 控制要求

(1) 5个组参加抢答比赛,比赛规则及所使用的设备如下。

设有主持人总台及各个参赛组分台。总台设有总台灯、总台音响、总台“开始”按钮及总台“复位”按钮。分台设有分台灯及分台“抢答”按钮。

各组抢答必须在主持人给出题目,说了“开始”并同时按下“开始”控制按钮后的10 s内进行,如提前抢答,抢答器报出“违例”信号,若10 s时间到,还无人抢答,抢答器给出应答时间到的信号,该题作废。在有人抢答的情况下,抢答成功组必须在30 s内完成答题,否则作超时处理。

(2) 灯光及音响信号的意义安排如下。

音响及某分台灯亮:正常抢答。

音响及总台灯亮:无人应答及超时处理。

音响、某分台灯及总台灯亮:违例。

在一个题目回答终了后,主持人按下“复位”按钮,抢答器恢复原始状态,为第2轮抢答做好准备。

2. 5组抢答器元器件安排

为了清晰地表达总台灯、各分台灯及总台音响这些输出器件的工作条件,机内器件除了选用表示应答时间和答题时间的两个定时器外,还选用一些辅助继电器,其分配情况如表9-7所示。

表9-7 5组抢答器控制PLC器件分配表

输入器件	输入点	输出器件	输出点	其他机内器件
总台复位按钮SB	X0	总台音响	Y0	M0:公共控制触点继电器
1分台按钮SB1	X1	1号台灯	Y1	M1:应答时间辅助继电器
2分台按钮SB2	X2	2号台灯	Y2	M2:抢答辅助继电器
3分台按钮SB3	X3	3号台灯	Y3	M3:答题时间辅助继电器
4分台按钮SB4	X4	4号台灯	Y4	M4:音响启动信号辅助继电器
5分台按钮SB5	X5	5号台灯	Y5	T0:音响时限1 s
总台开始按钮SB6	X010	总台灯	Y010	T1:应答时限10 s
				T2:答题时限30 s

3. 程序清单

5组抢答器程序清单如图9-68所示。

程序解释:程序中,应用主控及主控复位指令实现控制。

当主持人按下总台“开始”按钮SB6后,开始抢答,根据音响及各台灯的情况,判断出哪个组抢答成功。

抢答成功组必须在30 s内完成答题,否则作超时处理。

当主持人按下总台“复位”按钮SB后,辅助继电器M10得电,其常闭触点断开,抢答器恢复原始状态。

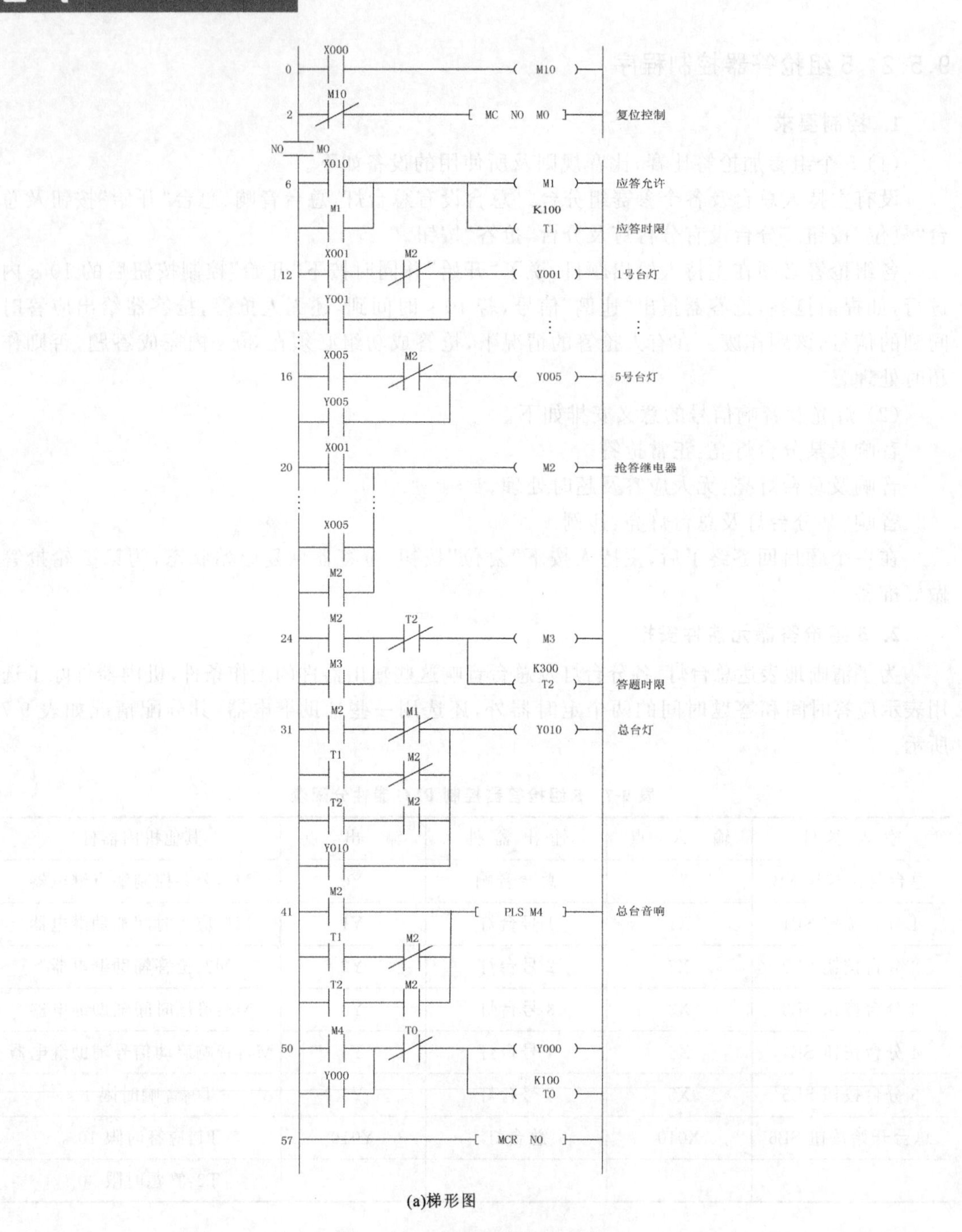

(a)梯形图

图 9-68　5 组抢答器程序清单

0	LD	X000			36	OR	X005	
1	OUT	M10			37	OR	M2	
2	LDI	M10			38	OUT	M2	
3	MC	N0	M0		39	LD	M2	
6	LD	X010			40	OR	M3	
7	OR	M1			41	ANI	T2	
8	OUT	M1			45	OUT	M3	
9	OUT	T1	K100		43	OUT	T2	K300
12	LD	X001			46	LD	M2	
13	ANI	M2			47	ANI	M1	
14	OR	Y001			48	LD	T1	
15	OUT	Y001			49	ANI	M2	
16	LD	X002			50	ORB		
17	ANI	M2			51	LD	T2	
18	OR	Y002			52	AND	M2	
19	OUT	Y002			53	ORB		
20	LD	X003			54	OR	Y010	
21	ANI	M2			55	OUT	Y010	
22	OR	Y003			56	LD	M2	
23	OUT	Y003			57	LD	T1	
24	LD	X004			58	ANI	M2	
25	ANI	M2			59	ORB		
26	OR	Y004			60	LD	T2	
27	OUT	Y004			61	AND	M2	
28	LD	X005			62	ORB		
29	ANI	M2			63	PLS	M4	
30	OR	Y005			65	LD	M4	
31	OUT	Y005			66	OR	Y000	
32	LD	X001			67	ANI	T0	
33	OR	X002			68	OUT	Y000	
34	OR	X003			69	OUT	T0	K100
35	OR	X004			72	MCR	N0	

(b)指令表

续图 9-68

思考题与习题 9

1. 用 PLC 设计一个先输入优先电路。辅助继电器 M200～M203 分别表示接收 X0～X3 的输入信号(若 X0 有输入,M200 线圈接通,依此类推)。其电路功能如下。

(1) 当未加复位信号时(X4 无输入),这个电路仅接收最先输入的信号,而对以后的输入不予接收。

(2) 当有复位信号时(X4 加一短脉冲信号),该电路复位,可重新接收新的输入信号。

2. 编程实现“通电”和“断电”均延时的继电器功能。具体要求是:若 X0 由断变通,延时 10 s 后 Y1 得电,若 X0 由通变断,延时 5 s 后 Y1 断电。

3. 按一下启动按钮,灯亮 10 s,暗 5 s,重复 3 次后停止工作。试设计其梯形图。

4. 若传送带产品检测器(X0)在 30 s 内没有检测到产品通过,则蜂鸣报警(Y0),开关 X1 为报警停止键,其中产品通过时,X0 接通,报警输出要求通 500 ms,断 1 s,用经验设计法设计该程序。

5. 试设计电动机 1 和电动机 2 的互锁控制程序,要求:只有在电动机 1 启动后,电动机 2 才能动作,电动机 1 和电动机 2 同时停止,当电动机 1 运行后,电动机 2 可以自行启动和停止,设计其梯形图。

6. 设计一个单按钮电动机启停控制程序,电动机的启动和停止采用同一个按钮,按一下,电动机启动,再按一下,电动机停止。

第⑩章 PLC 控制系统设计

随着 PLC 的普及和推广,其应用领域越来越广泛。特别是在许多新建项目和设备的技术改造中,常常采用 PLC 作为控制装置。本章主要介绍 PLC 控制系统设计的步骤和内容、PLC 的选择方法、PLC 在使用中应注意的问题、PLC 与网络通信以及 PLC 在控制系统中的应用实例。

10.1 PLC 控制系统设计基本原则与内容

10.1.1 PLC 控制系统设计的基本原则

任何一种电气控制系统都是为了实现生产设备或生产过程的控制要求和工艺需要,从而提高产品质量和生产效率。因此,在设计 PLC 控制系统时,应遵循以下基本原则:

(1) 充分发挥 PLC 功能,最大限度地满足被控对象的控制要求。

(2) 在满足控制要求的前提下,力求使控制系统简单、经济、适用及维护方便。

(3) 保证控制系统的安全可靠。

(4) 应考虑生产的发展和工艺的改进,在选择 PLC 的型号、I/O 点数和存储容量时,应留有适当的余量,以利于系统的调整和扩充。

10.1.2 PLC 控制系统设计的内容

PLC 控制系统设计的主要内容包括以下几方面。

(1) 分析控制对象,明确设计任务和要求。

(2) 选定 PLC 的型号,对控制系统的硬件进行配置。

(3) 选择所需的 I/O 模块,编制 PLC 的 I/O 分配表和 I/O 端子接线图。

(4) 根据系统设计要求编写程序规格要求说明书,再用相应的编程语言进行程序设计。

(5) 设计操作台、电气柜,选择所需的电气元件。

(6) 编写设计说明书和操作使用说明书。

根据具体控制对象,上述内容可以适当调整。

10.2 PLC 控制系统设计步骤

由于 PLC 的结构和工作方式与一般微型计算机和继电器相比各有特点,所以其设计的步骤也不相同,具体设计步骤如下。

1. 熟悉被控对象,制定控制方案

分析被控对象的工艺过程及工作特点,了解被控对象机、电、液之间的配合,确定被控对象对 PLC 控制系统的控制要求。

2. 确定 I/O 设备

根据系统控制要求,确定用户所需的输入设备(如按钮、行程开关、选择开关等)和输出设备(如接触器、电磁阀、信号指示灯等),由此确定 PLC 的 I/O 点数。

3. 选择 PLC

选择时主要包括 PLC 机型、容量、I/O 模块、电源的选择。

4. 分配 PLC 的 I/O 地址

根据生产设备现场需要,确定控制按钮,选择开关、接触器、电磁阀、信号指示灯等各种输入输出设备的型号、规格、数量;根据所选的 PLC 型号,列出 I/O 设备与 I/O 端子的对照表,以便绘制 PLC 外部 I/O 接线图和编制程序。

5. 设计软件及硬件

设计软件及硬件包括 PLC 程序设计、控制柜(台)等硬件的设计及现场施工。由于程序与硬件设计可同时进行,因此 PLC 控制系统的设计周期可大大缩短,而对于继电器接触器控制系统必须先设计出全部的电气控制线路后才能进行施工设计。

PLC 程序设计的一般步骤如下。

(1) 对于较复杂系统,需要绘制系统的功能图;对于简单的控制系统也可省去这一步。

(2) 设计梯形图程序。

(3) 根据梯形图编写指令表程序。

(4) 对程序进行模拟调试及修改,直到满足控制要求为止。调试过程中,可采用分段调试的方法,并利用编程器的监控功能。

硬件设计及现场施工的步骤如下。

(1) 设计控制柜及操作面板电器布置图及安装接线图。

(2) 控制系统各部分的电气互连图。

(3) 根据图样进行现场接线,并检查。

6. 联机调试

联机调试是指将模拟调试通过的程序进行在线统调。开始时,先带上输出设备(接触器线圈、信号指示灯等),不带负载进行调试。利用编程器的监控功能,采用分段调试的方法进行。各部分都调试正常后,再带上实际负载运行,如不符合要求,则对硬件和程序作调整。通常只需修改部分程序即可。

7. 整理技术文件

整理技术文件包括整理设计说明书、电气安装图、电气元件明细表及使用说明书等。

10.3 PLC 控制系统设备的选择

PLC 的品种繁多,其结构形式、性能、容量、指令系统、编程方式、价格等各有不同,适用的场合也各有侧重。因此,合理选择 PLC,对于提高 PLC 控制系统技术经济指标有着重要意义。下面从 PLC 的机型选择、容量选择、I/O 模块选择、电源模块选择等方面分别加以介绍。

1. PLC 的机型选择

PLC 机型选择主要考虑结构、功能、统一性等几个方面。在结构方面对于工艺过程比较固定,环境条件较好的场合,一般维修量较小,可选用整体式结构的 PLC。其他情况可选用模块式的 PLC。功能方面一般小型(低档)PLC 具有逻辑运算、定时、计数等功能,对于只需要开关量控制的设备都可满足。对于以开关量为主,带少量模拟量控制的系统,可选用带

A/D、D/A 转换，加减运算和数据传送功能的增强型低档 PLC。而对于控制比较复杂，要求实现 PID 运算、闭环控制、通信联网等功能的系统，可视控制规模及其复杂程度，选用中档或高档 PLC。但是中、高档 PLC 价格较贵，一般大型机主要用于大规模过程控制和集散控制系统等场合。为了实现资源共享，采用同一机型的 PLC 配置，配以上位机后，可把控制各个独立系统的多台 PLC 连成一个多级分布式控制系统，相互通信，集中管理。

2. PLC 的容量选择

PLC 的容量包括 I/O 点数和用户存储容量两个方面。

1）I/O 点数

PLC 的 I/O 点的价格比较高，因此应该合理选用 PLC 的 I/O 点的数量，在满足控制要求的前提下力争使 I/O 点最少，但必须留有一定的备用量。通常 I/O 点数是根据被控对象的输入、输出信号的实际需要，再加上 10%～15%的备用量来确定。

2）用户存储容量

用户存储容量是指 PLC 用于存储用户程序的存储器容量。需要的用户存储容量的大小由用户程序的长短决定。

一般可按下式估算，再按实际需要留适当的余量(20%～30%)来选择。

存储容量＝开关量 I/O 点总数×10＋模拟量通道数×100

3. I/O 模块选择

一般 I/O 模块的价格占 PLC 价格的一半以上。不同的 I/O 模块，其电路及功能也不同，直接影响 PLC 的应用范围和价格。下面仅介绍有开关量 I/O 模块的选择。

1）开关量输入模块的选择

PLC 的输入模块是用来检测接收现场输入设备的信号，并将输入的信号转换为 PLC 内部接受的低电压信号。常用的开关量输入模块的信号类型有三种：直流输入、交流输入和交流/直流输入。选择时一般根据现场输入信号及周围环境来决定。交流输入模块接触可靠，适合于有油雾、粉尘的恶劣环境下使用；直流输入模块的延迟时间较短，还可以直接与接近开关、光电开关等电子输入设备连接。

开关量输入模块按输入信号的电压大小分有直流 5 V、12 V、24 V、48 V、60 V 等；交流 110 V、220 V 等。选择时应根据现场输入设备与输入模块之间的距离来决定。一般 5 V、12 V、24 V 用于传输距离较近的场合，较远的应选用电压等级较高的模块。

2）开关量输出模块的选择

PLC 的输出模块是将 PLC 内部低电压信号转换为外部输出设备所需的驱动信号。选择时主要应考虑负载电压的种类和大小、系统对延迟时间的要求、负载状态变化是否频繁等。对于开关频率高、电感性、低功率因数的负载，适合使用晶闸管输出模块，但模块价格较高，过载能力稍差。继电器输出的价格便宜，既可以用于驱动交流负载，又可用于直流负载，而且适用的电压范围较宽、导通压降小，同时承受瞬时过电压和过电流的能力较强。但它属于有触点元件，其动作速度较慢、寿命短，可靠性较差，因此，只能适用于不频繁通断的场合。当用于驱动感性负载时，其触点动作频率不超过 1 Hz。

4. 电源模块的选择

电源模块的选择只需考虑电源的额定输出电流就可以了。电源模块的额定电流必须大于 CPU 模块、I/O 模块以及其他模块的总消耗电流。电流模块选择仅对于模块式结构的 PLC 而言，对于整体式 PLC 不存在电源的选择。

10.4 PLC控制系统的工艺设计

PLC控制系统的工艺设计包括PLC供电系统的设计、电气柜结构设计和现场布置图设计等。

1. PLC供电系统的设计

(1) 电源进线处应该设置紧急停止PLC的硬线主控继电器，它可以专用一只零压继电器，也可以借用液压泵电机接触器的常开触点。

(2) 用户电网电压波动较大或附近有大的电磁干扰源，需在电源与PLC间加设隔离变压器或电源滤波器，使用隔离变压器的供电。

(3) 当输入交流电断电时，应不破坏控制器程序和数据，故使用UPS供电。

(4) 在控制系统不允许断电的场合，考虑供电电源的冗余，采用双路供电。

2. 电气柜结构设计

PLC的主机和扩展单元可以和电源断路器、控制变压器、主控继电器以及保护电器一起安装在控制柜内，既要防水、防粉尘、防腐蚀，又要注意散热，若PLC的环境温度大于550 ℃时，要用风扇强制冷却。

与PLC装在同一个开关柜内、但不是由PLC控制的电感性元件，如接触器的线圈，应并联消弧电路，保证PLC不受干扰。

PLC在柜内应远离动力线，两者之间的距离应大于200 mm，PLC与柜壁间的距离不得小于100 mm，与顶盖、底板间距离要在150 mm以上。

3. 现场布置图设计

(1) PLC系统应单独接地，其按地电阻应小于100 Ω，不可与动力电网共用接地线，也不可接在自来水管或房屋钢筋构件上，但允许多个PLC机或与弱电系统共用接地线，接地极应尽量靠近PLC主机。

(2) 敷设控制线时要注意与动力线分开敷设(最好保持200 mm以上的距离)，分不开时要加屏蔽措施，屏蔽要有良好接地。控制线要远离有较强的电气过渡现象发生的设备(如晶闸管整流装置、电焊机等)。交流线与直流线、输入线与输出线都最好分开走线。开关量、模拟量I/O线最好分开敷设，后者最好用屏蔽线。

10.5 减少I/O点的方法

PLC在实际应用中经常会碰到两个问题：一是PLC的输入或输出点数不够，需要扩展，而增加扩展单元将提高成本；二是选定的PLC可扩展输入或输出点数有限，无法再增加。因此，在满足系统控制要求的前提下，合理使用I/O点数，尽量减少所需的I/O点数是很有意义的。这不仅可以降低系统硬件成本，还可以解决已使用的PLC进行再扩展时I/O点数不够的问题。下面给出一些常用的减少PLC输入输出点数的方法。

1. 减少输入点数的方法

一般来说PLC的输入点数是按系统的输入设备或输入信号的数量来确定，但实际应用中，经常通过以下方法，可达到减少PLC输入点数的目的。

1）分时分组输入

一般控制系统都存在多种工作方式，但各种工作方式又不可能同时运行。所以，可将这几种工作方式分别使用的输入信号分成若干组，PLC运行时只会用到其中的一组信号。因此，各组输入可共用PLC的输入点，这样就使所需的PLC输入点数减少。

如图10-1所示，系统有“自动”和“手动”两种工作方式。将这两种工作方式分别使用的输入信号分成两组：“自动输入信号S1～S8”、“手动输入信号Q1～Q8”。两组输入信号共用PLC输入点X000～X007（如S1与Q1共用PLC输入点X000）。用“工作方式”选择开关SA来切换“自动”和“手动”信号输入电路，并通过X010让PLC识别是“自动”信号，还是“手动”信号，从而执行自动程序或手动程序。

2）输入触点的合并

将某些功能相同的开关量输入设备合并输入。如果是常闭触点则串联输入；如果是常开触点则并联输入。这样就只占用PLC的一个输入点。一些保护电路和报警电路就常常采用这种输入方法。

例如某负载可在多处启动和停止，可以将三个启动信号并联，将三个停止信号串联，分别送给PLC的两个输入点，如图10-2所示。与每一个启动信号和停止信号占用一个输入点的方法相比，不仅节省了输入点，还简化了梯形图。

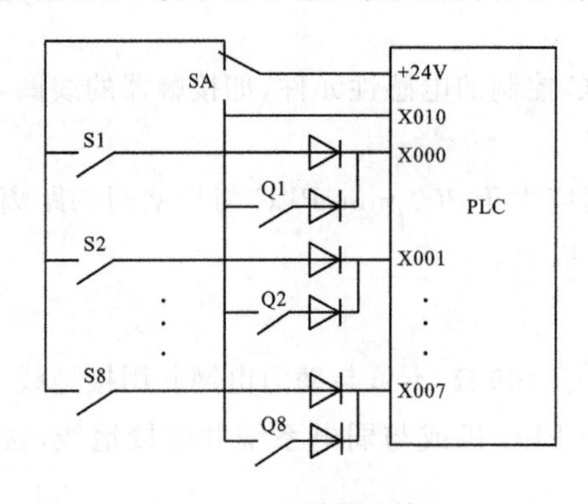

图10-1　分时分组输入

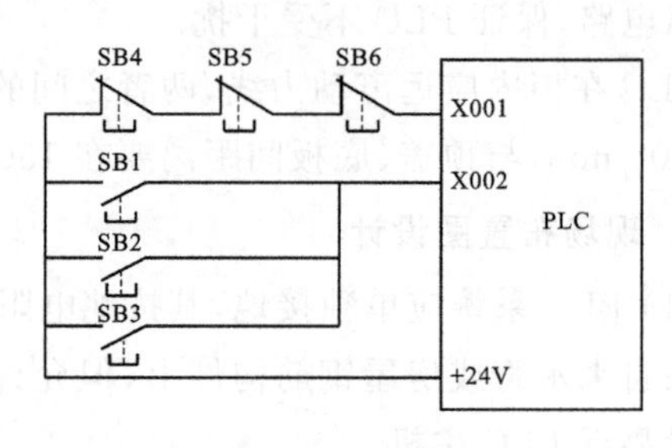

图10-2　输入触点合并

2. 减少输出点数的方法

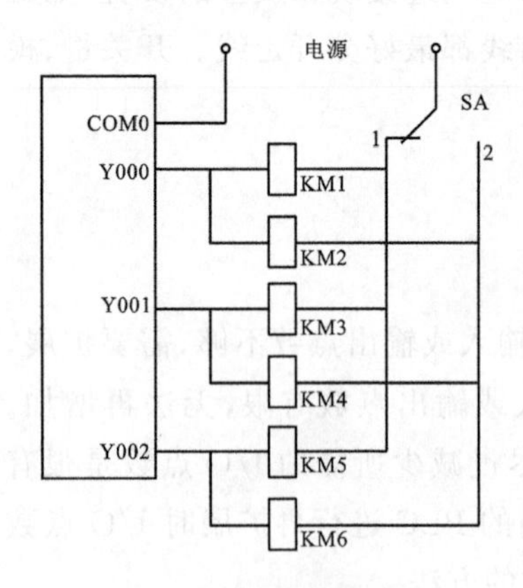

图10-3　分组输出

1）分组输出

当两组负载不会同时工作，可通过外部转换开关或通过受PLC控制的电器触点进行切换，这样PLC的每个输出点可以控制两个不同时工作的负载，如图10-3所示。KM1、KM3、KM5，KM2、KM4、KM6这两组不会同时接通，可用外部转换开关SA进行切换。

2）并联输出

两个通断状态完全相同的负载，可并联后共用PLC的一个输出点。但要注意PLC输出点同时驱动多个负载时，应考虑PLC输出点的驱动能力是否足够。

3）负载多功能化

一个负载实现多种用途。例如在传统的继电器电路中，一个指示灯只指示一种状态。而在PLC系统中，利用PLC编程功能，很容易实现用一个输出点控制指示灯的常亮和闪烁，这样一个指示灯就可以表示两种不同的信息，从而节省了输出点数。

4）某些输出设备可不进 PLC

系统中某些相对独立、比较简单的部分可考虑直接用继电器电路控制。

10.6 提高 PLC 控制系统可靠性措施

PLC 专为在工业环境下应用而设计，其显著特点之一就是高可靠性。为了提高 PLC 的可靠性，PLC 本身在软、硬件上均采取了一系列抗干扰措施，在一般工厂内使用完全可以可靠地工作，一般平均无故障时间可达几万小时。但这并不意味着 PLC 的环境条件及安装使用可以随意处理。在过于恶劣的环境条件下，如强电磁干扰、超高温、超低温、过欠电压等情况，或安装使用不当等，都可能导致 PLC 内部存储信息的破坏，引起控制紊乱，严重时还会使系统内部的元器件损坏。为了提高 PLC 控制系统运行的可靠性，必须选择合理的抗干扰措施，使系统正常可靠地工作。

10.6.1 PLC 控制系统干扰的主要来源

1. 空间的辐射干扰

空间的辐射电磁场（EMI）主要由电力网络、电气设备的暂态过程、雷电、无线电广播、电视、雷达、高频感应加热设备等产生，通常称为辐射干扰，其分布极为复杂。其影响主要通过两条路径：一是直接对 PLC 内部的辐射，由电路感应产生干扰；二是对 PLC 通信网络的辐射，由通信线路的感应引入干扰。辐射干扰与现场设备布置及设备所产生的电磁场大小特别是频率有关。

2. 电源的干扰

因电源引入的干扰造成 PLC 控制系统故障的情况很多，更换隔离性能好的 PLC 电源，才能解决问题。PLC 系统的正常供电电源均由电网供电。由于电网覆盖范围广，它将受到所有空间电磁干扰而在线路上感应电压和电流。尤其是电网内部的变化，如开关操作浪涌、大型电力设备起停、交直流传动装置引起的谐波、电网短路暂态冲击等，都通过输电线路传到电源原边。

3. 信号线引入的干扰

与 PLC 控制系统连接的各类信号传输线，除了传输有效的各类信息外，总会有外部干扰信号侵入。

此干扰主要有两种途径：一是通过变送器供电电源或共用信号仪表的供电电源串入的电网干扰，这往往被忽视；二是信号线受空间电磁辐射感应的干扰，即信号线上的外部感应干扰，这是很严重的。由信号引入干扰会引起 I/O 信号工作异常，大大降低测量精度，严重时将引起元器件损伤。对于隔离性能差的系统，还将导致信号间互相干扰，引起共地系统总线回流，造成逻辑数据变化、误动和死机。PLC 控制系统因信号引入干扰造成 I/O 模件损坏相当严重，由此引起系统故障的情况也很多。

4. 接地系统混乱的干扰

PLC 控制系统正确的接地，是为了抑制电磁干扰的影响，又能抑制设备向外发出干扰；而错误的接地，反而会引入严重的干扰信号，使 PLC 系统无法正常工作。PLC 控制系统的地线包括系统地、屏蔽地、交流地和保护地等。这样会引起各个接地点电位分布不均,不同接地点间存在地电位差,引起地环路电流,影响系统正常工作。例如电缆屏蔽层必须一点接地,如果电缆屏蔽层两端A、B都接地,就存在地电位差,有电流流过屏蔽层,当发生异常情况时,地线电流将更大。

屏蔽层、接地线和大地也有可能构成闭合环路,在变化磁场的作用下,屏蔽层内会出现感应电流,通过屏蔽层和芯线之间的耦合干扰信号回路。若系统地与其它接地处理混乱,所产生的地环流就可能在地线上产生电位分布,影响PLC内逻辑电路和模拟电路的正常工作。PLC工作的逻辑电压干扰容限较低,逻辑地电位的分布干扰容易影响PLC的逻辑运算和数据存贮,造成数据混乱、程序跑飞或死机。模拟地电位的分布将导致测量精度下降,引起信号测控失真和误动作。

5. PLC系统内部的干扰

主要由系统内部元器件及电路间的相互电磁辐射产生,如逻辑电路相互辐射及其对模拟电路的影响,模拟地与逻辑地的相互影响及元器件间的相互不匹配使用等。要选择具有较多应用实绩或经过考验的系统。

10.6.2 抗干扰措施

1. 硬件抗干扰措施

1) PLC控制系统的工作环境

(1) 温度:PLC要求环境温度在0～55 ℃。安装时不能放在发热量大的元件附近,四周通风散热的空间应足够大;基本单元与扩展单元双列安装时要有30 mm以上的距离;开关柜上、下部应有通风的百叶窗,防止太阳直接照射。如果环境温度超过55 ℃要设法强迫降温。

(2) 湿度:一般应小于85%,以保证PLC有良好的绝缘性。

(3) 震动:应使PLC远离强烈的震动源。防止振动频率为10～55 KHz的频繁或连续振动。当使用环境不可避免震动时,必须采取减震措施。

(4) 空气:避免有腐蚀和易燃气体,例如氯化氢、硫化氢等。对于空气中有较多粉尘或腐蚀性气体的环境,可将PLC安装在封闭性较好的控制室或控制柜中,并安装空气净化装置。

(5) 电源:PLC采用单相工频交流电源供电时,对电压的要求不严格,也具有较强的抗电源干扰能力。对于可靠性要求很高或干扰较强的环境,可以使用带屏蔽层隔离变压器减少电源干扰。一般PLC都有直流24 V输出提供给输入端,当输入端使用外接直流电源时,应选用直流稳压电源。因为普通的整流滤波电源,由于波纹的影响,容易使PLC接收到错误信息。

2) 安装与布线

动力线、控制线以及PLC的电源线和I/O线应分别配线,隔离变压器与PLC和I/O之间应采用双绞线连接。PLC应远离强干扰源如电焊机、大功率硅整流装置和大型动力设备,不能与高压电器安装在同一个开关柜内。PLC的输入与输出最好分开走线,开关量与模拟量信号线也要分开敷设。模拟量信号的传送采用屏蔽线,屏蔽层应一端或两端接地,接地电阻应小于屏蔽层电阻的1/10。PLC基本单元与扩展单元以及功能模块的连接线缆应用单独敷设,以防外界信号干扰。交流输出线和直流输出不要用同一个根电缆,输出线应尽量远离高电压线和动力线。

3）I/O 端的接线

（1）输入接线：输入接线一般不要超过 30 m，但如果环境干扰较小，电压降不大时，输入接线可适当长些。输入/输出线不能用同一根电缆，输入/输出线要分开。尽可能采用常开触点形式连接到输入端，使编制的梯形图与继电器原理图一致，便于阅读。

（2）输出接线：输出端接线分为独立输出和公共输出。在不同组中，可采用不同类型和电压等级的输出电压，但在同一组中的输出只能用于同一类型、同一电压等级的电源。

由于 PLC 的输出元件被封装在印制电路板上，并且连接至端子板，若将连接输出元件的负载短路，将烧毁印制电路板，因此，应用熔丝保护输出元件。

采用继电器输出时，所承受的电感性负载的大小，会影响到继电器的工作寿命，因此使用电感性负载时应选择工作寿命较长的继电器。

4）PLC 的接地

良好的接地是保证 PLC 可靠性工作的重要条件，可以避免偶然发生的电压冲击危害。PLC 的接地线与设备的接地端相连，接地线的截面积应不小于 2 mm^2，接地电阻要小于 100 Ω；如果要扩展单元，其接地点应与基本单元的接地点连在一起。为了有效抑制加在电源和输入、输出端的干扰，应给 PLC 接上专用的地线，接地点应与动力设备的接地点分开；如果达不到这种要求，也必须做到与其它设备公共接地，接地点要尽量靠近 PLC，严禁 PLC 与其他设备串联接地。

2. 软件抗干扰措施

硬件抗干扰措施的目的是尽可能地切断干扰进入控制系统，但由于干扰存在的随机性，尤其是在工业生产环境下，硬件抗干扰措施并不能将各种干扰完全拒之门外，这时，可以发挥软件的灵活性与硬件措施相结合来提高系统的抗干扰能力。

1）利用“看门狗”方法对系统的运动状态进行监控

PLC 内部具有丰富的软元件，如定时器、计数器、辅助继电器等，利用它们来设计一些程序，可以屏蔽输入元件的误信号，防止输出元件的误动作。在设计应用程序时，可以利用“看门狗”方法实现对系统各组成部分运行状态的监控。如用 PLC 控制某一运动部件时，编程时可定义一个定时器作“看门狗”用，对运动部件的工作状态进行监视。定时器的设定值，为运动部件所需要的最大可能时间。在发出该部件的动作指令时，同时启动"看门狗"定时器。若运动部件在规定时间内达到指定位置，发出一个动作完成信号，使定时器清零，说明监控对象工作正常；否则，说明监控对象工作不正常，发出报警或停止工作信号。

2）消抖

振动环境中，行程开关或按钮常常会因为抖动而发出误信号，一般的抖动时间都比较短，针对抖动时间短的特点，可用 PLC 内部计时器经过一定时间的延时，得到消除抖动后的可靠有效信号，从而达到抗干扰的目的。

3）用软件数字滤波的方法提高输入信号的信噪比

为了提高输入信号的信噪比，常采用软件数字滤波来提高有用信号真实性。对于有大幅度随机干扰的系统，采用程序限幅法，即连续采样五次，若某一次采样值远远大于其它几次采样的幅值，那么就舍去之。对于流量、压力、液面、位移等参数，往往会在一定范围内频繁波动，则采用算术平均法。即用 n 次采样的平均值来代替当前值。一般认为：流量 $n=12$，压力 $n=4$ 最合适。对于缓慢变化信号如温度参数，可连续三次采样，选取居中的采样值作为有效信号。对于具有积分器 A/D 转换来说，采样时间应取工频周期（20 ms）的整数倍。

实践证明其抑制工频干扰能力超过单纯积分器的效果。

10.7 PLC与网络通信

PLC通信包括PLC之间、PLC与上位计算机之间、PLC和其他智能设备之间的通信。PLC相互之间的连接,使众多相对对立的控制任务构成一个控制工程整体,形成模块控制体系;PLC与计算机的连接,将PLC用于现场设备直接控制,计算机用于编程、显示、打印和系统管理,构成"集中管理,分散控制"的分布式控制系统(DCS)满足工厂自动化(FA)系统发展的需要。

10.7.1 网络概述

1. 联网目的

PLC联网就是为了提高系统的控制功能和范围,将分布在不同位置的PLC之间、PLC与计算机、PLC与智能设备通过传送介质连接起来,实现通信,以构成功能更强的控制系统。现场控制的PLC网络系统,极大地提高了PLC的控制范围和规模,实现了多个设备之间的数据共享和协调控制,提高了控制系统的可靠性和灵活性,增加了系统监控和科学管理水平,便于用户程序的开发和应用。

2. 网络结构

网络结构又称为网络的拓扑结构,它主要指如何从物理上把各个节点连接起来形成网络。常用的网络结构包括链接结构、联网结构。

1) 链接结构

该结构较简单,它主要指通过通信接口和通信介质(如电缆线等)把两个节点链接起来。链接结构按信息在设备间的传送方向可分为单工通信方式、半双工通信方式、全双工通信方式。

假设有两个节点A和B,单工通信方式是指数据传送只能由A流向B,或只能由B流向A。半双工通信方式是指在两个方向上都能传送数据,即对某节点A或B既能接收数据,也能发送数据,但在同一时刻只能朝一个方向进行传送。全双工通信方式是指同时在两个方向上都能传送数据的通信方式。

由于半双工和全双工通信方式可实现双向数据传输,故在PLC链接及联网中较为常用。

2) 联网结构

指多个节点的连接形式,常用连接方式有三种。如图10-4所示。

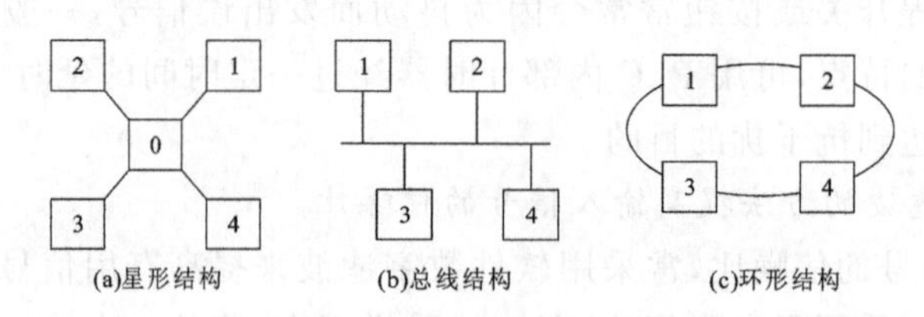

图10-4 联网结构示意图

(1) 星形结构。该结构只有一个中心节点,网络上其他各节点都分别与中心节点相连,通信功能由中心节点进行管理,并通过中心节点实现数据交换。

(2) 总线结构。这种结构的所有节点都通过相应硬件连接到一条无源公共总线上,任何一个节点发出的信息都可沿着总线传输，并被总线上其他任意节点接收。它的传输方向是从发送节点向两端扩散传送。

（3）环形结构。该结构中的各节点通过有源接口连接在一条闭合的环形通信线路中，是点对点式结构，即一个节点只能把数据传送到下一个节点。若下一个节点不是数据发送的目的节点，则再向下传送直到目的节点接收为止。

3. 网络通信协议

在通信网络中，各网络节点，各用户主机为了进行通信，就必须共同遵守一套事先制定的规则，称为协议。1979 年国际标准化组织（ISO）提出了开放式系统互连参考模型 OSI，该模型定义了各种设备连接在一起进行通信的结构框架。网络通信协议共有七层，从低到高分别是物理层、数据链路层、网络层、传输层、会话层、表示层、应用层。

4. 通信方式

1）并行数据传送与串行数据传送

（1）并行数据传送。并行数据传送时所有数据位是同时进行的，以字或字节为单位传送。并行传输速度快，但通信线路多、成本高，适合近距离数据高速传送。PLC 通信系统中，并行通信方式一般发生在内部各元件之间、基本单元与扩展模块或近距离智能模板的处理器之间。

（2）串行数据传送。串行数据传送时所有数据是按位进行的。串行通信仅需要一对数据线就可以，在长距离数据传送中较为合适。PLC 网络传送数据的方式绝大多数为串行方式，而计算机或 PLC 内部数据处理、存储都是并行的。若要串行发送、接收数据，则要进行相应的串行数据转换成并行数据后再处理。

2）异步方式与同步方式

（1）异步方式。异步方式又称为起止方式。它靠起始位和波特率来保持同步，在发送字符时，要先发送起始位，然后才是字符本身，最后是停止位。字符之后还可以加入奇偶校验位。异步传送较为简单，但要增加传送位，将影响传输速率。

（2）同步方式。同步方式要在传送数据的同时，也传递时钟同步信号，并始终按照给定的时刻采集数据。同步方式传递数据虽提高了数据的传输速率，但对通信系统要求较高。

PLC 网络多采用异步方式传送数据。

5. 网络配置

网络配置与建立网络的目的、网络结构以及通信方式有关，但任何网络，其结构配置都包括硬件、软件两个方面。

1）硬件配置

硬件配置主要考虑两个问题：一是通信接口；二是通信介质。

（1）通信接口。

PLC 网络的通信接口多为串行接口，主要功能是进行数据的并行与串行转换，控制传送的波特率及字符格式，进行电平转换等。常用的通信接口有 RS-232、RS-422、RS-485。

RS-232 接口是计算机普遍配置的接口，其接口的应用既简单又方便。它采用串行的通信方式，数据传输速率低，抗干扰能力差，适用于传输速率和环境要求不高的场合。

RS-422 接口的传输线采用平衡驱动和差分接收的方法，电平变化范围为 12 V（±6 V），因而它能够允许更高的数据传输速率，而且抗干扰性更高。它克服了 RS-232 接口容易产生共模干扰的缺点。RS-422 接口属于全双工通信方式，在工业计算机上配备的较多。

RS-485接口是RS-422接口的简化,它属于半双工通信方式,依靠使能控制实现双方的数据通信。计算机一般不配RS-485接口,但工业计算机配备RS-485接口较多。PLC的不少通信模块也配用RS-485接口。如SIEMENS公司的S7系列CPU均配置了RS-485接口。

(2)通信介质。

通信接口主要靠介质实现相连,以此构成信道。常用的通信介质有:多股屏蔽电缆、双绞线、同轴电缆及光缆。此外,还可以通过电磁波实现无线通信。RS-485接口多用双绞线实现连接。

2)软件配置

要实现PLC的联网控制,就必须遵循一些网络协议。不同公司的机型,通信软件各不相同。软件一般分为两类,一类是系统编程软件,用以实现计算机编程,并把程序下载到PLC,且监控PLC工作状态。如西门子公司的SREP7-Micro/WIN软件。另一类为应用软件,各用户根据不同的开发环境和具体要求,用不同的语言编写的通信程序。

10.7.2 S7系列PLC的网络类型及配置

S7系列PLC为用户提供了强大的通信功能,本节介绍其通信协议、通信设备及S7系列PLC组建的几种典型网络及其硬件配置。

1. PLC网络类型

1)简单网络

简单网络是指以个人计算机为主站,一台或多台同型号的PLC为从站,组成简易集散控制系统。在这种系统中,个人计算机充当操作站,实现显示、报警、监控、编程及操作等功能,而多台PLC负责控制任务;PLC也可以作为主站,其他多台同型号PLC作为从站,构成主从式网络。在主站PLC上配有彩色显示器及打印机等,以便完成操作站的各项功能。多台设备通过传输线相连,可以实现主从设备间的通信。

2)多级复杂网络

现代大型工业企业PLC控制系统中,一般采用多级网络的形式。不同PLC厂家的自动化系统网络结构的层数及各层的功能分布有所差异。但基本都是从上到下,各层在通信基础上相互协调,共同发挥着作用。实际应用中,一般采用3~4级子网构成复合型结构,而不一定是OSI参数模型的七层,不同层采用相应的通信协议。

2. PLC网络常用通信协议

S7-200CPU支持多样的通信协议。根据所使用的S7-200CPU,网络可支持一个或多个协议,包括通用协议和公司专用协议。专用协议包括点到点接口协议(PPI)、多点接口协议(MPI)、Profibus协议、自由通信接口协议和USS协议。

1)PPI协议

PPI(point to point interface)协议是西门子专门为S7-200系列PLC开发的一个通信协议。该协议主要应用于对S7-200的编程、S7-200之间的通信及S7-200与HMI产品的通信,可以通过PC/PPI电缆或两芯屏蔽双绞线进行联网。支持的波特率为9.6 kbps、19.2 kbps和187.5 kbps。

PPI是一个主/从协议。在这个协议中,S7-200一般作为从站,自己不发送信息,只有当主站，如西门子编程器、TD200 等 HMI，给从站发送申请时，从站才进行响应。

如果在用户程序中将 S7-200 设置（由 SMB30 设置）为 PPI 主站模式，则这个 S7-200CPU 在 RUN 模式下可以作为主站。一旦被设置为 PPI 主站模式，就可以利用网络读（NETR）和网络写（NETW）指令来读写另外一个 S7-200 中的数据。当 S7-200CPU 作为 PPI 主站时，它仍可以作为从站响应来自其他主站的申请。

PPI 通信协议是一个令牌传递协议，对于一个从站可以响应多少个主站的通信请求，PPI 协议没有限制，但是在不加中继器的情况下，网络中最多只能有 32 个主站，包括编程器、HMI 产品或被定义为主站的 S7-200。

2）MPI 协议

MPI(multi-point interface)协议允许主-主通信和主-从通信，S7-200 可以通过通信接口连接到 MPI 网上，主要应用于 S7-300/400CPU 与 S7-200 通信的网络中。应用 MPI 协议组成的网络，通信支持的波特率为 19.2 Kbps 或 187.5 Kbps。通过此协议，实现作为主站的 S7-300/400CPU与 S7-200 的通信。在 MPI 网中，S7-200 作为从站，从站之间不能通信，S7-300/400作为主站，当然主站也可以是编程器或 HMI 产品。

MPI 协议可以是主/主协议或主/从协议，协议如何操作有赖于通信设备的类型。如果是 S7-300/400CPU 之间通信，那就建立主/主连接，因为所有的 S7-300/400CPU 在网站中都是主站。如果设备是一个主站与 S7-200CPU 通信，那么就建立主/从连接，因为S7-200CPU是从站。

3）Profibus 协议

Profibus 协议用于分布式 I/O 设备（远程 I/O）的高速通信。该协议的网络使用 RS-485 标准双绞线，适合多段、远距离通信。Profibus 网络常有一个主站和几个 I/O 从站。主站初始化网络并核对网络上的从站设备和配置中的匹配情况。如果网络中有第二个主站，则它只能访问第一个主站的从站。

在 S7-200 系列的 CPU 中，CPU222、224、226 都可以通过增加 EM227 扩展模块来支持 Profibus-DP 网络协议。协议支持的波特率为 9.6 Kbps 至 12 Mbps。

4）自由口协议

自由口通信模式是指 CPU 串行通信口可由用户程序控制，自定义通信协议。应用此通信方式，S7-200PLC 可由与已知任何通信协议、具有串口的智能设备和控制器（例如打印机、条码阅读器、调制解调器、变频器、上位 PC 机等）进行通信，当然也可用于两个 CPU 之间的通信。当连接的智能设备具有 RS-485 接口时，可以通过双绞线进行连接。当连接的智能设备具有 RS-232 接口时，可以通过 PC/PPI 连接起来进行自由口通信。此时通信支持的波特率为 1.2～115.2 Kbps。

应注意的是，只有在 CPU 处于 RUN 模式时才能允许自由口模式，此时编程器无法与 S7-200 进行通信。当 CPU 处于 STOP 模式时，自由口模式通信停止，通信模式自动转换成正常的 PPI 协议模式，编程器与 S7-200 恢复正常的通信。

5）USS 协议

USS 协议是西门子传动产品（变频器等）通信的一种协议，S7-200 提供 USS 协议的指令，用户使用这些指令可以方便地实现对变频器的控制。通过串行 USS 总线最多可接 30 台变频器（从站），然后用一个主站（PC，西门子 PLC）进行控制，包括变频器的启/停、频率设定、参数修改等操作，总线上的每个传动装置都有一个从站号(在传动设备的参数中设定)，主站依靠此从站号识别每个传动装置。

3. 通信设备

与 S7-200 相关的主要有以下网络设备。

1）通信口

S7-200CPU 主机上的通信口是符合欧洲标准 EN 50170 中的 Profibus 标准的 RS-485 兼容 9 针 D 型连接器。

2）网络连接器

网络连接器可以用来把多个设备连接到网络中。网络连接器有两种类型：一种仅提供连接到主机的接口；另一种则增加了一个编程接口。两种连接器都有两组螺丝端子，可以连接网络的输入和输出。

3）通信电缆

通信电缆主要有 Profibus 网络电缆和 PC/PPI 电缆。

(1) Profibus 网络电缆

Profibus 现场总线使用屏蔽双绞线电缆。Profibus 网络电缆的最大长度取决于通信波特率和电缆类型。当波特率为 9600bps 时，网络电缆最大长度为 1200 m。

(2) PC/PPI 电缆

利用 PC/PPI 电缆和自由口通信功能可把 S7-200 连接到带有 RS-232 标准接口的许多设备，如计算机、编程器和调制解调器等。

PC/PPI 电缆的一端是 RS-485 接口，用来连接 PLC 主机；另一端是 RS-232 接口，用于连接计算机等设备。电缆中部有一个开关盒，上面有 4 个或 5 个 DIP 开关，用来设置波特率、传送字符数据格式和设备模式。5 个 DIP 开关与 PC/PPI 通信方式如图 10-5 所示。

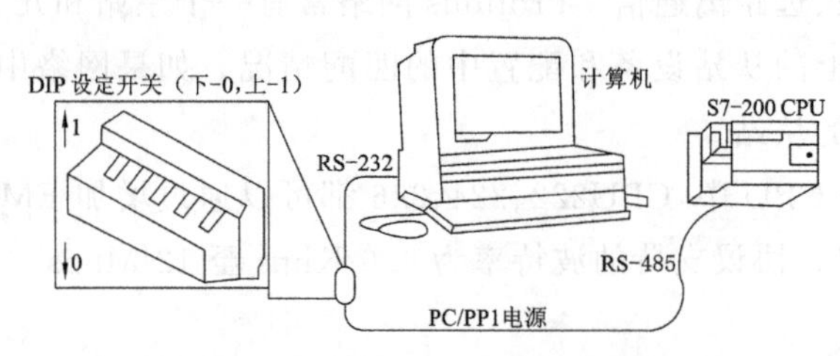

图 10-5　PPI 方式的 CPU 通信

4）网络中继器

网络中继器在 Profibus 网络中，可以用来延长网络的距离，允许给网络加入设备，并且提供一个隔离不同网络段的方法。每个网络中最多有 9 个中继器，每个中继器最多可再增加 32 个设备。

5）其他设备

除了以上设备之外，常用的还有通信处理器 CP、多机接口卡(MPI 卡)和 EM277 通信模块等。

10.7.3　S7 系列 PLC 产品组建的几种典型网络

S7 系列 PLC 常见的通信网络主要有把计算机或编程器作为主站，把操作面板作为主站和把 PLC 作为主站等类型，这几种类型中又可分为单主站 PPI、多主站 PPI 和复杂的 PPI 网络几类。

1. 仅使用 S7-200 设备配置网络

1）单主站 PPI 网络

对于简单的单主站网络来说，编程站可以通过 PC/PPI 电缆或者通信卡(CP)与 S7-200 组成单主站 PPI 网络进行通信，如图 10-6 所示。图中计算机(STEP 7-Micro/WIN32)或人机界面(HMI)设备(如 TD200、TP 或 OP)是网络的主站，S7-200 是网络的从站。

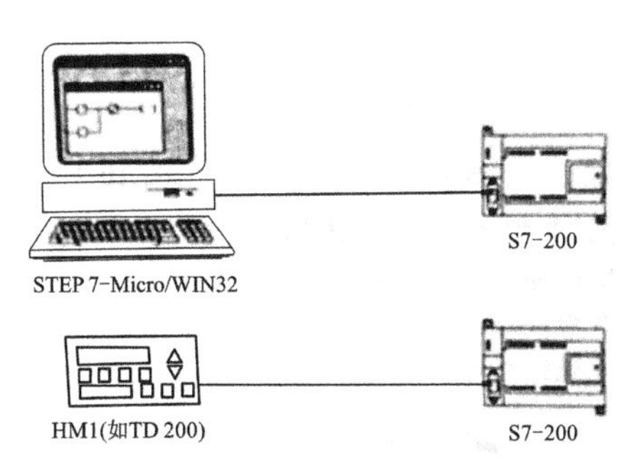

图 10-6 单主站 PPI 网络

STEP 7-Micro/WIN32 可访问网络上所有的 CPU，每次只与一个 s7-200 通信。网络上的主站器件可以向从站器件发出通信请求，从站器件只能响应主站请求。多数情况下，S7-200 被配置为从站，可响应主站的请求。

对于单主站 PPI 网络，配置 STEP 7-Micro/WIN32 时可使用 PPI 协议，如果可能的话，请不要选择多主站网络，也不要选中 PPI 高级选择。

2）多主站 PPI 网络

编程站通过 PC/PPI 电缆或者通信卡(CP)与 s7-200 可以组成多主站单从站 PPI 网络，如图 10-7 所示，也可构成多主站多从站，如图 10-8 所示。计算机(STEP 7-Micro/WIN32)和人机界面(HMI)设备都是网络的主站，s7-200 是网络的从站。对于多主站 PPI 网络，配置 STEP 7-Micro/WIN32 使用 PPI 协议时，应选择多主站，最好选择 PPI 选项框，必须为两个主站分配不同的站地址，才能保证通信成功。

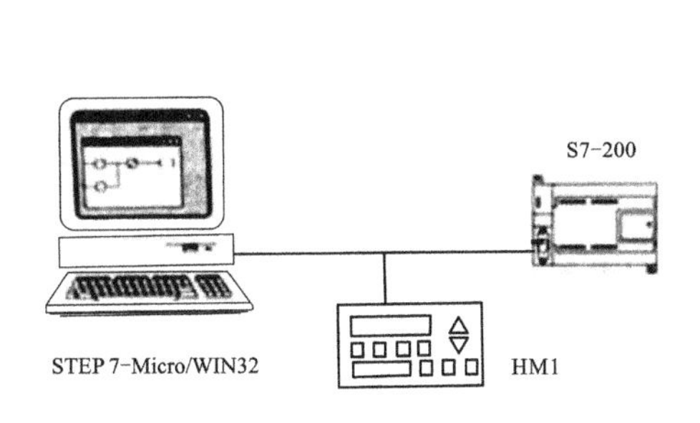

图 10-7 只带一个从站的多主站

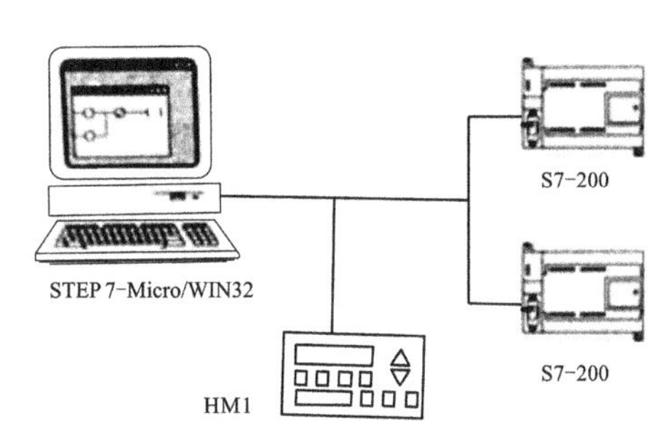

图 10-8 多个从站和多个主站

3）复杂的 PPI 网络

图 10-9 和图 10-10 给出了一个点对点通信的有多个从站的多主站网络实例。计算机(STEP 7-Micro/WIN32)和人机界面(HMI)设备通过网络指令读写 s7-200 的数据，同时 s7-200 之间可以使用网络读写指令 NETR、NETW 相互读写数据(点对点通信)。图中所有设备(主站和从站)都应分配不同的地址。对于多从站多主站构成的复杂 PPI 网络，配置 STEP 7-Micro/WIN32 使用 PPI 协议时，应选择多主站并选择 PPI 高级选项框，如果使用的电缆是 PPI 多主站电缆，那么多主站网络和 PPI 高级选项框便可忽略。

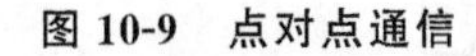

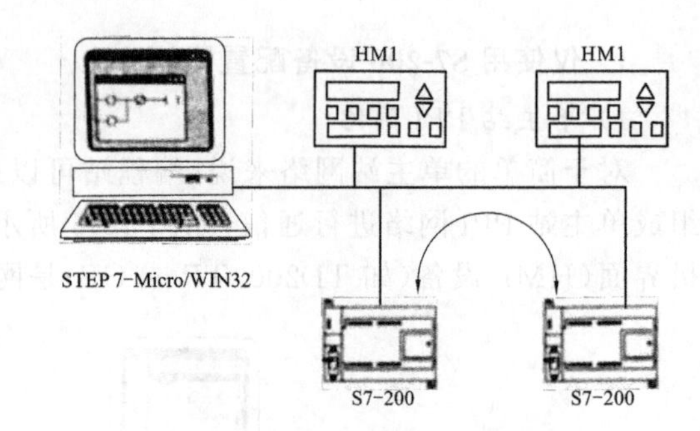

图 10-9　点对点通信　　图 10-10　HMI 设备及点对点通信

2. 使用 S7-200、S7-300 和 S7-400 设备配置网络

图 10-11 给出了一个包含 3 个主站(计算机、HMI、S7-300)的网络，S7-300 和 S7-400 可采用 MPI 协议并通过 XGET 和 XPUT 指令来读写 S7-200 的数据。MPI 协议不支持 S7-200 做主站运行。网络波特率可以达到 187.5 Kbps。

如果通信波特率超过 187.5 Kbps，S7-200CPU 必须使用 EM277 模块连接网络，计算机(STEP 7-Micro/WIN32)必须使用通信卡(CP)与网络来连接，如图 10-12 所示。

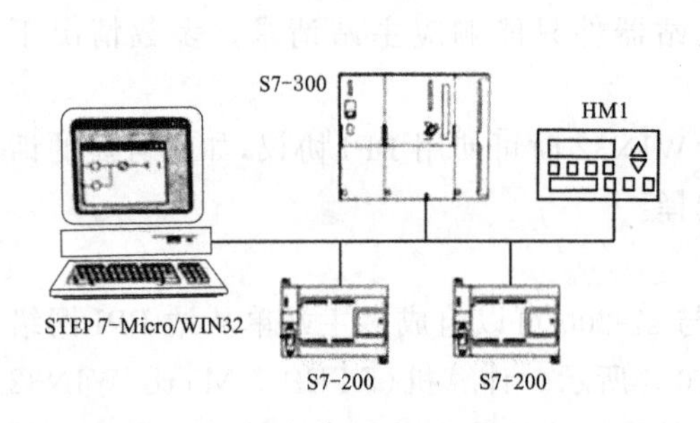

图 10-11　波特率可达到 187.5 Kbps

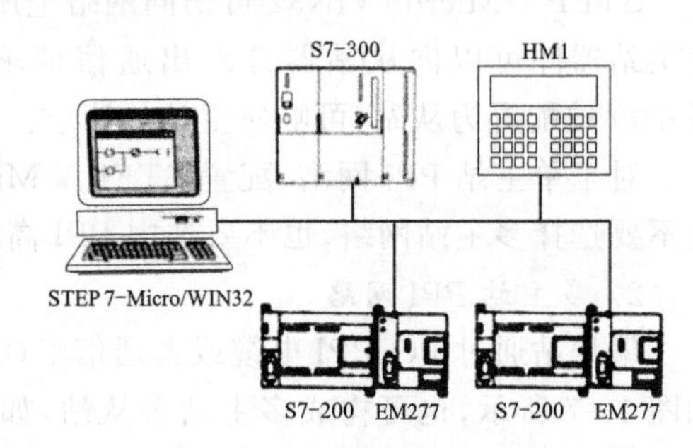

图 10-12　波特率高于 187.5 Kbps

10.8　PLC 控制系统中的应用实例

由于 PLC 具有可靠性高和应用的简便性，在国内外迅速普及和应用。PLC 从替代继电器的局部范围进入到过程控制、位置控制、通信网络等领域。本节结合典型的实例来介绍 PLC 控制系统的应用。

1. PLC 在带式输送机中的应用

带式输送机广泛地用于冶金、化工、机械、煤矿和建材等工业生产中。图 10-13 所示为某原材料带式输送机的示意图。原材料从料斗经过 PD1、PD2 两台带式输送机送出；由电磁阀 M0 控制从料斗向 PD1 供料；PD1、PD2 分别由电动机 M1 和 M2 控制。

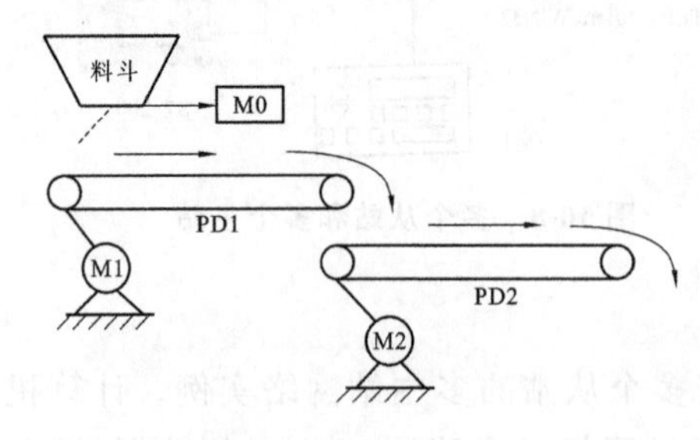

图 10-13　某原材料带式输送机示意图

1) 控制要求

(1) 初始状态。料斗、皮带 PD1 和皮带 PD2 全部处于关闭状态。

(2) 启动。启动时为了避免在前段输送带上造成物料堆积，要求逆物料流动的方向按一定的时间间隔顺序启动。其操作步骤如下：

皮带 PD2→延时 5 s→皮带 PD1→延时 5 s→料斗 M0

（3）停止操作。停止时为了使输送带上不留剩余的物料，要求顺物料流动的方向按一定的时间间隔顺序停止。其停止的顺序如下：

料斗→延时 10 s→皮带 PD1→延时 10 s→皮带 PD2

（4）故障停止。在带式输送机的运行中，若输送带 PD1 过载，应把料斗和输送带 PD1 同时关闭，输送带 PD2 应在输送带 PD1 停止 10 s 后停止。若输送带 PD2 过载，应把输送带 PD1、输送带 PD2（M1、M2）和料斗 M0 都关闭。

2）I/O 地址分配

启动按钮	X000	M0 料斗控制	Y000
停止按钮	X001	M1 接触器	Y001
M1 热继电器	X003	M2 接触器	Y002
M2 热继电器	X004		

3）程序设计

用步进指令根据带式输送机控制要求设计的功能图如图 10-14 所示。与功能图对应的带式输送机的梯形图如图 10-15 所示。

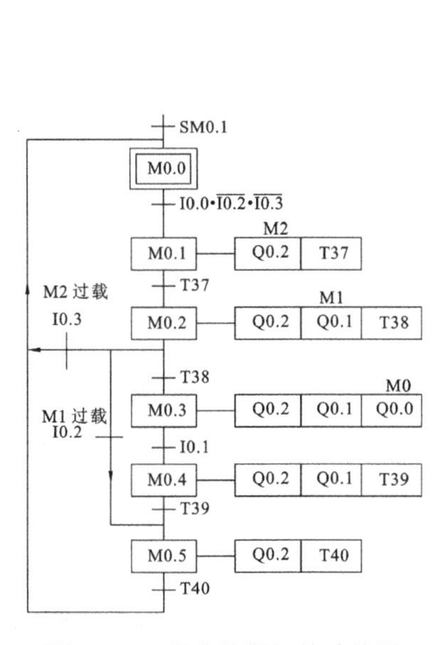

图 10-14　带式输送机的功能图

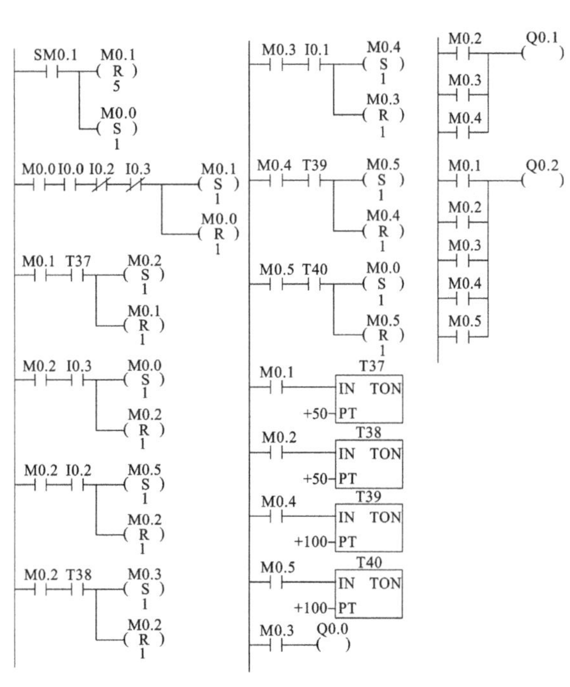

图 10-15　带式输送机的梯形图

2. PLC 在机床中的应用

以 T68 镗床控制系统为例进行介绍。

1）电气控制任务

T68 镗床的电气设备及控制要求在前面已详述，已知双速电动机 M1 作为主轴及进给的驱动，电动机 M2 为进给快速移动的驱动。对 M1 的具体控制要求如下。

（1）正反转点动控制及反接制动。

（2）正反转连续运转及反接制动。

（3）高、低速的转换控制。

2）输入输出点的分配

输入输出设备和PLC的输入输出端子分配见表10-1，输入输出设备与PLC的接线如图10-16所示。

表10-1 I/O分配表

输入端		输出端	
输入设备	PLC输入端子号	输出设备	PLC输出端子号
M1的停止按钮SB6	X000	M1正转接触器KM1	Y000
M1的正转按钮SB1	X001	M1反转接触器KM2	Y001
M1的反转按钮SB2	X002	限流电阻接触KM3	Y002
M1的正转点动按钮SB3	X003	M2正转接触器KM4	Y003
M1的反转点动按钮SB4	X004	M2反转接触器KM5	Y004
高低速转换行程开关ST	X005	M1低速△接触KM6	Y005
主轴变速行程开关ST1	X006	M1高速YY接触KM7	Y006
主轴变速行程开关ST2	X007	M1高速YY接触KM8	Y007
进给变速行程开关ST3	X010		
进给变速行程开关ST4	X011		
工作台或主轴箱机动进给限位ST5	X012		
主轴或花盘刀架机动进给限位ST6	X013		
快速M2电动机正转限位ST7	X014		
快速M2电动机反转限位ST8	X015		
M1热继电器触点FR	X016		
速度继电器正转触点KS1	X017		
速度继电器反转触点KS2	X020		

3）绘制梯形图

（1）M1正反转控制的梯形图。

用PLC来完成对M1的正反转控制，需要PLC内部继电器M101和M102作为正反转控制的辅助继电器，为了可靠地保证正反转的切换，要用定时器T1和T2来完成0.5 s的转换延时，图10-17所示为M1的正反转控制梯形图。

（2）M1反接制动的梯形图。

速度继电器KS有两对独立的常开触点KS1和KS2。当电动机M1正转时KS1闭合，而反转时KS2闭合。KS1串接在反转电路中，KS2串接在正转电路中。当电动机正转时，通过自锁使反转电路不能得电。当按下停止按钮SB6，X000动作，使正转电路断电，与此同时反转电路通电，进行反接制动。当速度低到速度继电器触点KS断开时，反转电路断电，制动结束，如图10-18所示。

（3）高低速转换控制的梯形图。

ST为高、低速选择开关，当将操作手柄推向高速位置时，ST被压下，X005接通，经过定时器T3延时后，其常闭触点将低速接触器KM6断电；其常开触点将高速接触器KM7、KM8通电，此时电动机M1绕组为YY连接，进入高速运行，如图10-19所示。

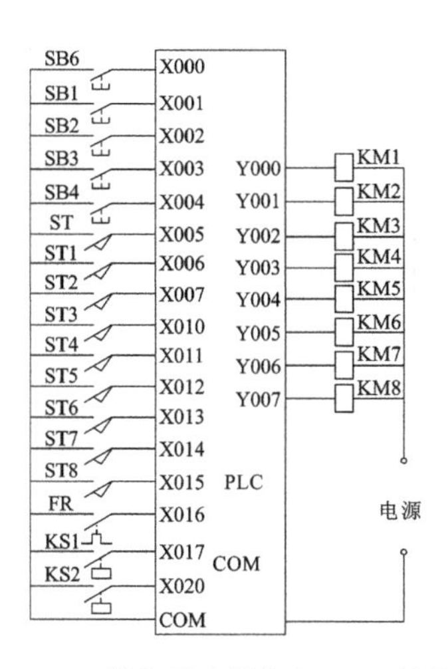

图 10-16　输入输出设备与 PLC 的接线

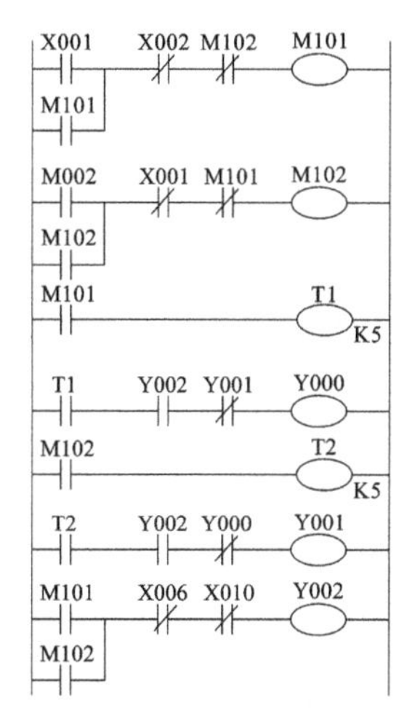

图 10-17　M1 正反转控制梯形图

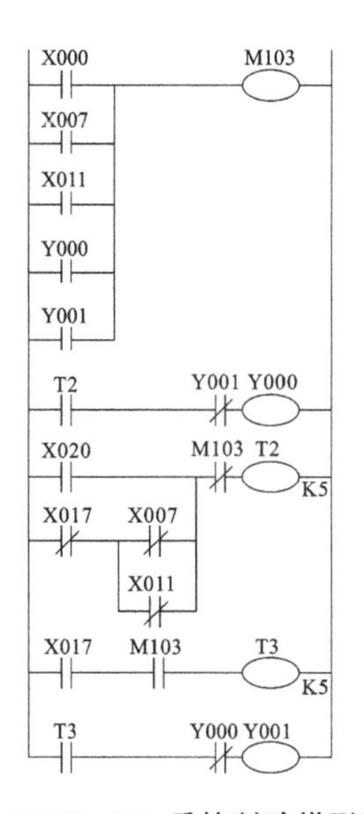

图 10-18　M1 反接制动梯形图

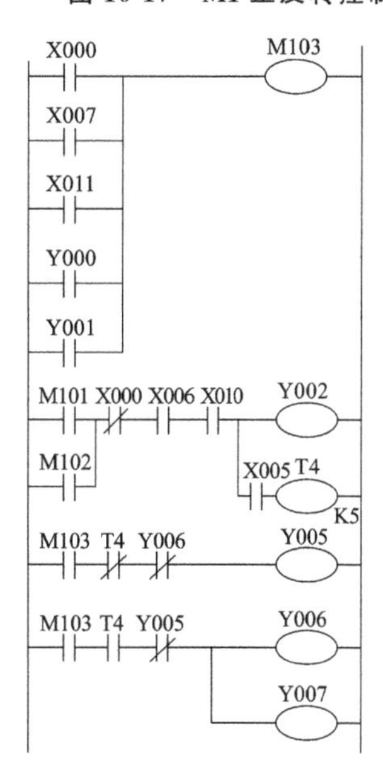

图 10-19　M1 高低速转换控制梯形图

在上述梯形图的基础上进行合并整理，适当增加一些程序并去掉多余的程序，最后设计出 T68 普通镗床的梯形图，如图 10-20 所示。

思考题与习题 10

1. PLC 控制系统设计的基本原则和内容是什么？
2. 选择 PLC 机型的主要依据是什么？
3. 简述 PLC 控制系统的设计步骤。
4. 减少 I/O 点的方法有哪些？
5. 提高 PLC 控制系统可靠性的措施有哪些？
6. 全双工通信方式是怎样进行通信的？
7. 半双工通信和全双工通信有什么区别？
8. PLC 网络常用通信协议有哪些？

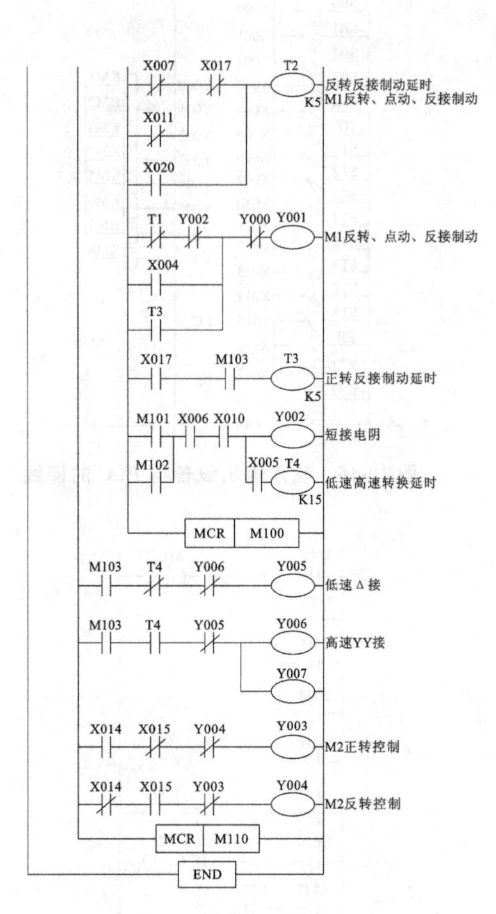

图 10-20 T68 普通镗床 PLC 控制梯形图　　　　续图 10-20

9. 用一个按钮(I0.0)来控制三个输出(Q0.0～Q0.2)。当 Q0.0～Q0.2 都断开时,按一下 I0.0,Q0.0 接通;再按一下 I0.0,Q0.0 断开,Q0.1 接通;再按 I0.0,Q0.1 断开,Q0.2 接通;再按 I0.0、Q0.2 断开,回到三个输出全部断开状态。再操作 I0.0,输出又按以上顺序通断。试设计其梯形图。

10. 设计一个十字路口交通指挥信号灯控制系统,其示意图如图 10-21(a)所示。具体控制要求是:设置一个控制开关,当它闭合时,信号灯系统开始工作,先南北红灯亮、东西绿灯亮;当它断开时,信号灯全部熄灭。信号灯工作按图 10-21(b)所示的时序循环进行。试编制 I/O 分配表,绘出 PLC 外部接线图,设计梯形图程序。

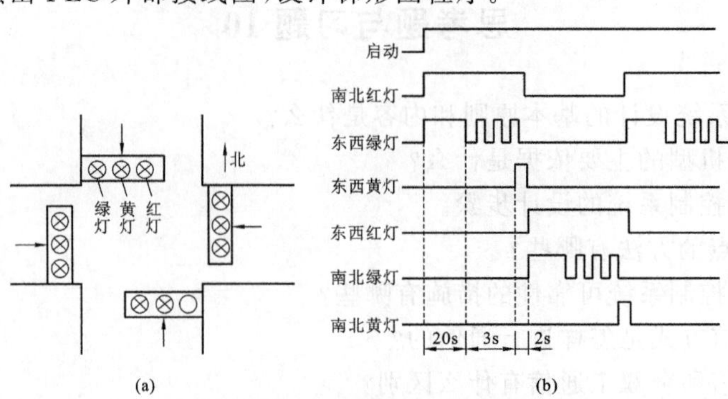

图 10-21 十字路口交通指挥信号灯控制系统示意图

参 考 文 献

[1] 宋文胜,赵斯军. 电气与 PLC 综合控制技术[M]. 苏州:苏州大学出版社,2008.
[2] 高勤. 电器及 PLC 控制技术[M]. 北京:高等教育出版社,2008.
[3] 王霞,杨打生,蒋蒙安. 电气控制与 PLC 应用[M]北京:人民邮电出版社,2011.
[4] 刘品潇. 电气控制与 PLC [M]. 长沙:国防科技大学出版社,2009.
[5] 程周. 电气控制与 PLC 原理及应用(欧姆龙机型)[M]. 北京:电子工业出版社,2012.
[6] 张铮. 机电控制与 PLC[M]. 北京:机械工业出版社,2008.
[7] 杨兴. 工厂电气控制及 PLC 技术[M]. 北京:清华大学出版社,2010.
[8] 刘美俊. 电气控制与 PLC 工程应用[M]. 北京:机械工业出版社,2011.
[9] 刘增良. 电气控制与 PLC 应用技术[M]. 合肥:中国科学技术大学出版社,2013.
[10] 许翏,王淑英. 电气控制与 PLC 应用[M]. 北京:机械工业出版社,2009.
[11] 陈建明. 电气控制与 PLC 应用[M]. 北京:电子工业出版社,2014.